Le temps d'instruire

Exploration
Recherches en sciences de l'éducation

La pluralité des disciplines et des perspectives en sciences de l'éducation définit la vocation de la collection Exploration, celle de carrefour des multiples dimensions de la recherche et de l'action éducative. Sans exclure l'essai, Exploration privilégie les travaux investissant des terrains nouveaux ou développant des méthodologies et des problématiques prometteuses.

Collection de la Société Suisse pour la Recherche en Education, publiée sous la direction de Marcel Crahay, Rita Hofstetter, Nicole Rege Colet et Bernard Schneuwly.

Francia Leutenegger

Le temps d'instruire

Approche clinique et expérimentale
du didactique ordinaire en mathématique

PETER LANG

Bern · Berlin · Bruxelles · Frankfurt am Main · New York · Oxford · Wien

Information bibliographique publiée par «Die Deutsche Bibliothek»
«Die Deutsche Bibliothek» répertorie cette publication dans la «Deutsche Nationalbibliografie»; les données bibliographiques détaillées sont disponibles sur Internet sous ‹http://dnb.ddb.de›.

Publié avec l'appui du Fonds national suisse de la recherche scientifique.

Réalisation couverture: Thomas Jaberg, Peter Lang AG

ISBN 978-3-03911-723-9

© Peter Lang SA, Editions scientifiques internationales, Berne 2009
Hochfeldstrasse 32, Postfach 746, CH-3000 Berne 9
info@peterlang.com, www.peterlang.com, www.peterlang.net

Imprimé en Allemagne

Table des matières

Deuxième partie
Méthodologie de la recherche

Liste des figures

Liste des tableaux

Préface

QUESTIONS VIVES EN DIDACTIQUE COMPARÉE

L'ouvrage de Francia Leutenegger paraît à un moment crucial de l'évolution du débat dans le champ didactique: le courant comparatiste dans lequel s'inscrivent ses recherches s'engage fermement dans l'étude de l'action conjointe entre professeur et élèves et la modélisation qui en résulte (Sensevy & Mercier, Ed., 2007) est l'occasion de revisiter de nombreux pans de l'échafaudage épistémologique, théorique, méthodologique et pratique des travaux didactiques. Bien que l'essentiel des matériaux empiriques exploités ici relève du domaine des mathématiques, ce sont des questionnements issus de l'approche comparatiste en didactique qui soutiennent les analyses et la portée des résultats permet, en écho à d'autres publications du domaine (Leutenegger, 2008; Ligozat, 2008; Ligozat & Leutenegger, 2008), de poser quelques balises d'importance pour les travaux à venir sur l'enseignement/apprentissage de différents contenus à l'école.

En guise de préface, il s'agira donc de cibler quelques questions vives du champ didactique dont le traitement bénéficiera grandement de cet ouvrage qui a notamment le mérite de mettre à la disposition des chercheurs des outils théoriques et méthodologiques souvent évoqués ou invoqués dans des articles sans pouvoir montrer, précisément, la portée épistémologique, la force de leur articulation et le détail du travail sur les *corpus*. Nous pensons en particulier aux démarches, à la fois cliniques et expérimentales, grâce auxquelles l'historicité du processus d'évolution des systèmes didactiques et leur mise en contraste peut se déployer et montrer sa puissance compréhensive et explicative des phénomènes en jeu. Cette étude est donc l'occasion de situer, plus largement, l'orientation des travaux de didactique comparée que Francia Leutenegger et les collaborateurs de notre équipe essayons d'impulser, afin que les divers acteurs de la scène éducative puissent voir, au-delà de la technicité de l'œuvre, un positionnement épistémologique et philosophique et apprécier par conséquent l'utilité d'une telle entreprise.

Il convient de placer au cœur de la problématique didactique, la question de l'articulation entre les *conditions de l'enseignement et de l'apprentissage*, le *statut du sujet enseigné* et le *développement des personnes*. En effet, bien que les didactiques disciplinaires aient longuement et utilement œuvré pour faire émerger et institutionnaliser une science (spécifique de chaque enjeu de savoir) des *conditions* de diffusion des savoirs dans les institutions éducatives, la question de l'accès à ces savoirs par les enseignés et le bénéfice qui en résulte pour les personnes restent dès lors fondamentaux. L'enjeu est à la fois inhérent à la nature socio-culturelle de la personne qui se construit et élabore son identité grâce la fréquentation d'une pluralité d'institutions – en particulier formatives – et à la nature des œuvres culturelles qui ne peuvent évoluer et trouver source d'inventions nouvelles que grâce à des créateurs capables de dégager leur liberté de la pluralité des *assujettissements consentis* à ces institutions. L'oxymore peut d'ailleurs être carrément formulé en termes *d'assujettissements recherchés* à l'intérieur d'espaces-temps institutionnels clairement définis, afin que l'individu s'approprie des œuvres pour en faire des outils non seulement utiles à la reproduction du monde mais à des inventions inédites, dont sa personnalité. L'émancipation des personnes, la constitution d'un individu qui agit «de soi-même» (au sens de Descombes, 2004) ne sont-elles pas l'enjeu d'une réelle société démocratique? Mais nous savons trop à quel point la dérive de «parcellitarisme» (au sens de Caillé, 2006) des projets d'«autonomie individuelle» proclamés par les sociétés néo-libérales, incite à l'égoïsme («l'agir pour soi-même»). Or, une didactique préoccupée par la consistance des processus de re-personnalisation des savoirs qu'elle contribue à engendrer (sous couvert du travail de la transposition didactique – voir Schubauer-Leoni & Leutenegger, 2005) et des personnalités qu'elle participe à construire, s'adresse à des individus concrets, susceptibles de revenir sur leurs actions pour un examen réfléchi. Cet individu pouvant «agir de soi-même» ne peut être pensé, compris et les logiques de ses actions expliquées sans un dispositif empirique et théorique faisant une large place au *collectif*.

En prenant le contre-pied des injonctions d'individualisation de l'enseignement qui diffusent dans les discours professionnels, la didactique comparée invite à une analyse fine et méthodique de l'articulation entre ce qui est de l'ordre du collectif et ce qui relève de l'individuel dans les pratiques effectives d'enseignement et d'apprentissage. Cette étude, qu'instruit admirablement l'ouvrage de Francia Leutenegger, donne des clefs de lecture des dynamiques de l'agir conjoint en didactique. Ce faisant elle ouvre le débat sur les contraintes et les possibles pour penser des conditions aptes à permettre des gestes d'enseignement susceptibles de faire acquérir aux différents élèves des connaissances adéquates du monde. Ceci dit, force est d'admettre qu'aucune intervention didactique, pour experte qu'elle soit, ne peut *obliger* un élève à apprendre dans les temps institutionnels qui sont impartis.

«Agir c'est faire agir» écrit Séverac (2005) qui considère, dans la lignée de la pensée spinoziste, qu'on «devient actif» à travers une communauté confrontée à une situation objective qui va au-delà des initiatives individuelles. Cette posture amène à penser que des forces isolées ne parviennent pas à subsister et que l'expérience gère d'autant mieux l'incertitude qu'elle est partagée avec des acteurs impliqués dans des enjeux du même ordre. Le *collectif de pensée* avec ses habitudes et son «style» n'est-il pas considéré par Fleck (1934/2005) comme le médiateur entre le sujet et l'objet de connaissance? Dans cette optique la formation de la connaissance n'est pas d'abord privée et interne au sujet mais est *d'emblée* constituée des caractères qui en permettent la communication. Cette position fait clairement écho à la théorie historico-culturelle de Vygotski et à l'interactionnisme social qui la caractérise. Plus précisément, c'est la nature même du *signe* et en particulier du signe linguistique, qui est au cœur de l'articulation de l'individuel et du collectif et qui soutient le processus d'intériorisation psychologique.

Saussure (2002) est très explicite à propos du «système de signes»:

> Il n'est fait que pour s'entendre entre plusieurs ou beaucoup et non pour s'entendre à soi seul. C'est pourquoi à aucun moment, contrairement à l'apparence, le phénomène sémiologique quel qu'il soit ne laisse hors de lui-même l'élément de collectivité sociale […]. (p. 290)

On pourrait dire par conséquent que le collectif permet à chaque individu de «faire l'expérience» du caractère *arbitraire* et *immotivé* du signe, ce dernier étant au cœur de la tension entre individuel et collectif puisqu'il organise socialement l'élaboration psychique individuelle tout en permettant à cette dernière de se confronter à celle d'autres individus. (Bronckart, 2003; Bulea, 2007).

Dans le champ didactique, les soubassements épistémologiques qui caractérisent les différentes didactiques disciplinaires commencent à peine à faire l'objet de débats ciblés entre didactiques. L'investissement

mis par chacune à construire son propre système de concepts en important, de cas en cas, des notions issues des didactiques consœurs ou des
disciplines de référence en sciences humaines et sociales, a mobilisé
prioritairement les échanges internes à chaque didactique. Cette forme
d'autisme intracommunautaire, vraisemblablement nécessaire à cette
étape de fondation, est confrontée désormais à de nouveaux enjeux
d'étude (l'agir didactique conjoint; la prise en compte de temporalités
d'enseignement/apprentissage sur des durées longues; la polyvalence
du travail de l'enseignant généraliste chargé de l'ensemble des disciplines scolaires et de leur articulation; l'émergence de sémioses collectives dans les divers domaines culturels enseignés; l'impact des cultures
professionnelles, des contextes institutionnels, des logiques noosphé-
riennes, sur l'agir des différentes catégories professorales; etc.) ce qui
permet aux chercheurs de baisser la garde et de s'introduire dans le ter-
ritoire voisin. Nous osons penser que le projet comparatiste en didactique a contribué à ouvrir ces échanges.

Le travail épistémologique qui s'engage désormais ne pourra que
porter ses fruits aussi au plan des débats professionnels, puisque la co-
disciplinarité qui caractérise l'enseignement des professeurs du secondaire, mais aussi la polyvalence de l'enseignant généraliste de l'école
primaire qui doit traiter de toutes les matières prévues au programme,
nécessitent d'une part une clarification de l'articulation des intentions
professorales et d'autre part la confrontation aux pratiques effectives
encore trop souvent marquées par le behaviorisme ou par des formes de
socio-constructivisme qui tendent à dégager le maître de ses responsabilités d'enseignement.

En prônant une approche à la fois clinique et expérimentale, la didactique comparée dont nous nous réclamons, se situe clairement en rupture
à l'égard du positivisme et importe en didactique des modes dialectiques
d'accès à *l'univers* (au sens de Spinoza) et en particulier au travail articulé
de l'enseignant et des élèves. Pour cela, la dialectique entre approche clinique et approche expérimentale (enjeu majeur de cet ouvrage) recourt à
des démarches *indirectes* dans la lignée des suggestions de Vygotski
(1927/1999) et ceci par contraste avec les méthodologies proposées par
les courants behavioristes, cognitivistes et constructivistes qui postulent
la possibilité d'un accès *direct* aux comportements et aux conduites des
sujets.

Bien que les travaux didactiques ne soient pas, en tant que tels, des
études psychologiques, mais visent essentiellement une modélisation

des conditions d'accès aux savoirs et donc une compréhension fondamentale de *ce qui se passe et se joue* dans les systèmes didactiques (cf. la question de l'espace-temps analysée dans cet ouvrage), il convient de considérer que d'une part une telle étude ne peut se passer d'une analyse des processus inter et intrapsychiques et d'autre part qu'elle est l'occasion d'éclairer les dynamiques constitutives du «fonctionnement» psychique des différentes catégories d'élèves (considérés «forts» *versus* «faibles» par leur enseignant). Or l'étude des *sujets enseignés* n'est-elle pas l'entrée par excellence dans la genèse de l'organisation psychique des individus? Et du côté de l'enseignant, l'étude de son agir professoral n'est-il pas, là aussi, un moyen privilégié pour saisir les processus identitaires d'un corps professionnel? Le lecteur l'aura compris, l'étude des systèmes didactiques réunissant une instance enseignante, une instance enseignée et des objets/enjeux de savoir, ne s'intéresse pas qu'à l'organisation et à l'émergence des objets enseignés mais aussi et conjointement à la formation des acteurs de la scène scolaire et des personnes.

Francia Leutenegger a choisi dans cet ouvrage une entrée dans l'étude des systèmes didactiques qui contraste le type de systèmes en jeu: système «ordinaire», régissant la relation didactique entre l'enseignant titulaire et le collectif classe en mathématiques et systèmes «parallèles» caractérisés par l'enseignement/apprentissage à des élèves notamment «en difficulté» et pris en charge par des enseignants «complémentaires» chargés de «soutien» ou d'«accueil». Mais il n'est pas question ici d'étudier les systèmes «parallèles» uniquement comme des systèmes «par défaut» par rapport à la norme du système principal. Bien que la question de la *compossibilité* de fonctionnement des systèmes et donc la possibilité pour les sujets enseignés dans les différents contextes de transiter de l'un à l'autre soit clairement posée, le système «parallèle» est décrit et, ce qui s'y passe, analysé, en tenant compte de sa logique propre. C'est carrément en inversant le mouvement depuis l'étude des situations «parallèles» que le chercheur tire des conséquences sur les dynamiques relatives à l'espace-temps du système «ordinaire». En paraphrasant Le Blanc qui interroge la précarité pour comprendre des «vies ordinaires» (2007) on pourrait dire que «c'est le socle même de la normalité didactique qui doit être questionné depuis l'événement des vies scolaires parallèles».

Maria Luisa Schubauer-Leoni
Genève, août 2008

RÉFÉRENCES BIBLIOGRAPHIQUES

Blanc, G. le (2007). *Vies ordinaires, vies précaires.* Paris: Seuil, coll. La couleur des idées.

Bronckart, J.-P. (2003). L'analyse du signe et la genèse de la pensée consciente. *Cahiers de l'Herne, 76 – Saussure,* 94-107.

Bulea, E. (2007). *Le rôle de l'activité langagière dans les démarches d'analyse des pratiques à visée formative.* Thèse de doctorat en sciences de l'éducation, Université de Genève, FPSE.

Caillé, A. (2006). Un totalitarisme démocratique? Non, le parcellitarisme. In A. Caillé (Ed.). *Quelle démocratie voulons-nous? Pièces pour un débat* (pp. 87-100). Paris: La Découverte.

Descombes, V. (2004). *Le complément de sujet. Enquête sur le fait d'agir de soi-même.* Paris: Gallimard, coll. NRF-Essais.

Fleck. L. (1934/2005). *Genèse et développement d'un fait scientifique.* Paris: Les Belles Lettres.

Leutenegger, F. (2008). L'entrée dans un code écrit à l'école enfantine et l'articulation entre le collectif et l'individuel: comparaison de deux études de cas. *Education & Didactique.* Vol. 2/2, 7-42.

Ligozat, F. (2008). *Un point de vue de Didactique Comparée sur la classe de mathématiques. Etude de l'action conjointe du professeur et des élèves à propos de l'enseignement/apprentissage de la mesure de grandeurs dans des classes françaises et suisses romandes.* Thèse de doctorat en sciences de l'éducation, FPSE, Université de Genève & U.F.R. Psychologie et sciences de l'éducation, Université de Provence.

Ligozat, F. & Leutenegger, F. (2008). Construction de la référence et milieux différentiels dans l'action conjointe du professeur et des élèves. Le cas d'un problème d'agrandissement de distances. *Recherche en Didactique des Mathématiques. 28/3* 319-378.

Saussure, F. de (2002). *Ecrits de linguistique générale.* Paris: Gallimard

Schubauer-Leoni, M. L. & Leutenegger, F. (2005). Une relecture des phénomènes transpositifs à la lumière de la didactique comparée. *Revue suisse des sciences de l'éducation,* 27 (3), 407-429.

Sensevy, G. & Mercier, A. (Ed.) (2007). *Agir ensemble. Eléments de théorisation de l'action conjointe du professeur et des élèves.* Rennes: Presses Universitaires de Rennes.

Severac, P. (2005). *Le devenir actif chez Spinoza.* Paris: éd. H. Champion, coll. «Travaux de philosophie».

Vygotski, L. S. (1927/1999). *La signification historique de la crise de la psychologie.* Paris: Delachaux et Niestlé.

Introduction

Comment décrire et expliquer les phénomènes d'enseignement et d'apprentissage à l'école? Quelles sont les caractéristiques des activités scolaires, dans quelles conditions sociales et matérielles sont-elles proposées aux élèves et comment les traitent-ils? Quels sens professeur et élèves leur attribuent-ils? Comment le professeur opère-t-il des choix dans la gestion d'une activité scolaire avec ses élèves? Comment comprendre ce qui se passe et se joue dans l'interaction didactique? Quels sont les instruments de recherche utiles pour suivre les dynamiques d'une séance de travail ordinaire dans une classe ou avec un petit groupe d'élèves et en décrypter les négociations qui les caractérisent? Autant de questions que cet ouvrage se propose d'aborder avec une approche originale intimement liée aux travaux actuels du champ des didactiques disciplinaires.

LE DIDACTIQUE ET LA DIDACTIQUE

Dans la perspective anthropologique développée par Chevallard (1980/1991 et 1992), nous considérerons les phénomènes didactiques étudiés comme relevant *du* didactique. *Le* didactique, selon Chevallard, se rapporte à des phénomènes construits dès lors que le chercheur s'intéresse au fait que «quelqu'un étudie quelque chose». Ainsi, *le* didactique est une dimension très générale puisqu'on peut considérer qu'elle est le pendant *du* politique ou *du* religieux, c'est-à-dire l'une des dimensions, parmi d'autres, qui traversent l'ensemble des sociétés humaines; celle-ci est chargée de la production de savoirs, au sens large du terme, à l'intérieur de la société. S'intéresser *au* didactique «ordinaire» est donc une façon de s'occuper de ce qui *peut* être rencontré partout, en considérant toute circonstance d'enseignement/apprentissage, tout objet de transmission culturelle et donc tout représentant de la situation (celui qui enseigne et celui qui apprend) comme légitime et pertinent. Dans cette perspective, *le* didactique se niche partout, dans la moindre des activités humaines. Vaste sujet s'il en fut! Pour restreindre le propos, nous considérerons les caractéristiques de fonctionnement de cette

transmission, lorsqu'un individu (ou un groupe) se charge d'une intention d'enseigner à d'autres individus, des savoirs qu'ils ne sont pas
(encore) censés avoir acquis. Nous nous intéresserons dans cet ouvrage
à un seul cas de figure[1], celui où il existe un *projet social officiel d'instruction publique*.[2] Dès lors, on considérera qu'il y a production d'*institutions*
chargées de rendre opérationnel ce projet. Nous nommerons les «lieux»
de la transmission des savoirs, des *systèmes didactiques* qui fonctionnent
selon une ternarité devenue classique: une instance enseignante chargée
officiellement de ce projet, une instance désignée, toujours socialement,
comme destinataire de cette transmission et des objets de savoir recon-
nus comme faisant partie du projet «sociétal» d'instruction aux jeunes
générations. Dans nos sociétés occidentales, les systèmes didactiques
prennent corps dans des institutions scolaires chargées de rendre opérationnel ce projet, «la classe» étant le lieu ordinaire de transmission des
savoirs; le système ternaire s'incarnant dans des individus (professeurs
et élèves) aux prises avec des objets d'enseignement et d'apprentissage
particuliers. Cet ouvrage se propose ainsi d'étudier différents cas de systèmes didactiques et la manière dont ils fonctionnent.

Nous considérerons que la mise à l'étude *du* didactique est particulièrement du ressort de *la* didactique[3] en tant que science qui s'intéresse
aux conditions de possibilité *du* didactique. Or, cette science didactique
n'est pas une: il s'agit plutôt d'une science plurielle, *les* didactiques disciplinaires, puisque le contenu d'enseignement/apprentissage constitue

---

1   Parmi d'autres: le champ des recherches comparatistes en didactiques gagne
    à étudier, comparativement, d'autres cas de figure, par exemple celui des ins-
    titutions de la petite enfance, qui sans mettre en avant un programme d'en-
    seignement au sens scolaire du terme, forment néanmoins des projets
    pédagogiques à l'égard des enfants qui leurs sont confiés. Voir à ce sujet
    Schubauer-Leoni, Munch & Kunz-Félix (2002) et Leutenegger & Munch
    (2002).

2   D'autres chercheurs, notamment Ronveaux & Schneuwly (2007), définissent
    le didactique «comme une construction socio-historique liée à l'avènement
    de l'école...» (p. 55).

3   D'autres champs de recherche s'intéressent aux phénomènes d'enseigne-
    ment/apprentissage, selon différentes perspectives que nous ne développe-
    rons pas dans cette introduction, mais dont nous esquisserons, dans la
    première partie de notre cadrage théorique, quelques-unes des différentes
    visées; les approches qui travaillent les *pratiques d'enseignement/apprentissage*,
    nous intéresseront plus particulièrement.

le pivot de chacune d'entre elles. L'une des visées de cet ouvrage, évoquée par son sous-titre, se rapporte à cette catégorie plus large *du* didactique et aux moyens pour l'étudier. Ceux-ci sont de l'ordre d'une «clinique/expérimentale», rapportée à un champ scientifique déterminé, ici *la* didactique des mathématiques. Mais, dans cette perspective, l'étude de cette catégorie plus large qu'est *le* didactique peut aussi bien se décliner selon les différentes didactiques disciplinaires, en fonction des objets d'enseignement/apprentissage.

L'approche clinique et expérimentale préconisée rend désormais possible – c'est la thèse que nous défendrons – une comparaison des systèmes didactiques dans leur fonctionnement, du point de vue des transactions entre les acteurs à propos des objets d'enseignement/apprentissage. Les travaux présentés ici ne vont pas jusqu'à une comparaison entre des systèmes didactiques relevant de disciplines d'enseignement différentes, mais posent quelques bases des conditions méthodologiques de cette comparaison. Les travaux comparatistes actuels en didactiques, domaine de recherche[4] nouvellement constitué, vont désormais plus loin et portent sur «ce qui se passe» dans la dialectique d'enseignement/apprentissage telle qu'elle s'actualise en classe à propos de différents contenus d'enseignement. En lien étroit avec les différentes didactiques disciplinaires, ce champ de recherche s'est donné pour tâche première d'étudier les phénomènes didactiques «ordinaires» en s'intéressant aux formes d'enseignement et d'apprentissage d'ordre générique, tout en cherchant à mettre en évidence les composantes spécifiques de ce qui fait l'objet d'une communication de savoirs. Posée comme hypothèse de travail, cette question du générique et du spécifique est l'un des enjeux majeurs de l'approche comparatiste actuelle en didactique.[5] Les chercheurs engagés dans ce programme de recherche préconisent des méthodes d'investigation très parentes, voire développées à partir, des propositions de cet ouvrage.

---

4 Une Association pour les Recherches Comparatistes en Didactique (ARCD) s'est constituée en janvier 2005 à Lyon à l'occasion de ses journées d'étude annuelles.

5 Voir notamment le numéro 141 de la Revue française de pédagogie, coordonné par Mercier, Schubauer-Leoni et Sensevy (2002), consacré au champ naissant de la Didactique Comparée. Voir également Sensevy & Mercier (2007), qui traite des enjeux comparatistes du point de vue de l'*action conjointe* professeur-élèves, déclinée selon différentes disciplines d'enseignement.

L'ouvrage, quant à lui, se propose de montrer la pertinence et les conditions à la fois théoriques et méthodologiques d'actualisation d'une telle approche des phénomènes d'enseignement et d'apprentissage. Il s'agit avant tout de montrer ce que suppose ce type d'études et de tester les moyens mis en œuvre, d'abord à l'intérieur d'une discipline (ici les mathématiques), mais en décrivant le fonctionnement de différents systèmes didactiques disjoints ou reliés entre eux selon les cas. Nous consacrerons nos efforts à une explicitation de ces méthodes et à leur mise au travail à l'occasion de plusieurs études de «cas de systèmes». En reprenant l'essentiel des résultats issus d'une thèse de doctorat (Leutenegger, 1999), la problématique exposée trouve ses fondements théoriques dans les travaux de didactique des mathématiques et ceux de la didactique comparée naissante et traite des aspects différentiels entre les systèmes et entre des cas d'élèves qualifiés pour certains d'«élèves en difficulté». Le traitement méthodologique de l'articulation entre systèmes et acteurs de ces systèmes nous intéressera plus particulièrement.

LA SCIENCE DIDACTIQUE, LE PROFESSEUR ET LA CLINIQUE

En se constituant comme sciences des conditions de possibilité de la transmission des savoirs, les didactiques disciplinaires se sont construites en premier lieu autour d'une volonté de connaissance et de maîtrise des objets de savoir. Elles se sont attachées à les étudier scientifiquement et, dans cette perspective, elles se sont chargées d'élaborer des théories fondamentales, dont la compatibilité reste à démontrer, et, par des apports technologiques, elles ont amené des modifications dans l'enseignement en produisant des *ingénieries didactiques* permettant d'offrir des conditions, les meilleures possibles, on l'espère, à l'enseignement d'objets de savoir particuliers. Or, de l'avis de certains didacticiens, des mathématiques particulièrement, «l'étude du monde-tel-qu'il-est a vite, trop vite, cédé la place (en didactique) à la volonté de définir le monde-tel-qu'il-devrait-être» (Chevallard, 1996a, p. 25).[6] Il s'agissait pour cet auteur, au

---

6   Dès 1982 déjà, Chevallard (1982a) note que la recherche d'«innovations» (dans une perspective d'ingénierie) comporte le risque de faire obstacle à l'étude des objets tels qu'ils se présentent en les dévalorisant au profit d'objets à construire.

temps où il écrivait ces lignes (en 1988), de mettre en crise ce parti pris de la didactique des mathématiques en faisant «machine arrière» pour revenir à une étude des conditions d'enseignement et d'apprentissage telles qu'elles se présentent couramment, en *classes ordinaires*. Ce choix suppose que le didacticien est amené, tel un ethnologue dans son domaine propre, à effectuer des observations de systèmes didactiques tout-venant, sans chercher, dans un premier temps, à agir sur les objets qu'il étudie pour tenter de modifier leur fonctionnement par un apport technologique.

Corrélativement, *le professeur* en tant qu'instance du système, était jusqu'alors, lui aussi, fort peu étudié. Dans une perspective d'ingénierie, les didacticiens se sont d'abord préoccupés de montrer que si les conditions faites au savoir étaient aménagées de manière satisfaisante, les élèves apprenaient ce que l'on souhaitait les voir apprendre. C'est ainsi que les conditions mises en scène par un professeur *lambda* en situation d'enseignement ordinaire, n'avaient pas suffisamment été prises en compte et l'observation «naturaliste» de classes, dont le professeur est chargé en dernière instance, n'était que marginale, notamment en didactique des mathématiques.[7]

Depuis lors, plusieurs chercheurs en didactiques se sont attelés à la tâche de décrire les conditions de fonctionnement des systèmes en «milieu naturel» et, du même coup, à inclure l'instance *professeur* comme pièce maîtresse de cette étude. Plusieurs de ces travaux sont primordiaux pour montrer à quels types de questions de didactique permet de répondre une clinique/expérimentale. Parmi les pionniers de ce type d'étude, nous citerons un «Colloque épistolaire» (tenu entre 1988 et 1990) entre une quinzaine de chercheurs[8] qui a par la même occasion introduit la nécessité de se donner des moyens méthodologiques originaux pour cette étude. C'est ainsi que la perspective d'une «clinique» pour étudier les phénomènes didactiques s'est faite plus insistante,

---

7   Voir à ce sujet Artigue (1996) sur l'ingénierie didactique. L'auteure affirme que l'étude du professeur est un passage obligé pour le développement de la didactique. A noter que dès l'école d'été de didactique des mathématiques de 1995, les chercheurs de ce domaine ont inclus le thème du «professeur» parmi les développements majeurs de ce champ scientifique.

8   Sous la direction de Blanchard-Laville, Chevallard & Schubauer-Leoni (1996), les traces de ce colloque épistolaire sont parues sous le titre «Regards croisés sur le didactique. Un colloque épistolaire».

notamment sous la plume de Chevallard (1996b) et la nécessité s'est fait jour de théoriser ce type d'étude. Chevallard définit de la manière suivante l'abord clinique de l'objet d'étude:

> J'appellerai *abord clinique* de l'objet d'étude (ou, plus largement, d'un sous-objet quel qu'il soit) la participation pérenne, ou du moins non erratique, du chercheur en tant qu'acteur à un système d'interaction stabilisé avec cet objet d'étude, dans une position quelconque au sein de ce système, dès lors que, acteur de ce système, le chercheur s'y situe aussi, en même temps, comme chercheur, à un niveau réflexif de questionnement et d'explication par rapport à l'objet d'étude, en un double positionnement, l'un reconnu par l'institution d'accueil (dont, au demeurant, il peut être l'instituant), l'autre reconnu (ou reconnaissable) par l'institution de recherche dont il relève. (p. 44)

Dans cette mouvance, les travaux présentés ici poursuivent ce questionnement, dans le champ de la didactique des mathématiques et dans celui de la didactique comparée naissante. Le titre de l'ouvrage, «Le temps d'instruire», se rapporte plus particulièrement à l'une des instances principales du système, le professeur, chargé d'instruire les jeunes générations. Si l'entrée principale est du côté du professeur, nous verrons que cette instance est étudiée dans le cadre du système didactique tout entier en considérant largement les interactions entre professeur et élèves à propos des objets construits. Les études actuelles de l'approche comparatiste en didactique vont aussi dans ce sens en introduisant la notion d'*action conjointe professeur-élèves* (Sensevy & Mercier, 2007) à propos des objets scolaires. Dans cette perspective, la temporalité, soulignée par le titre de l'ouvrage, est une dimension incontournable dès lors que les processus d'enseignement/apprentissage sont mis à l'étude. Mais «Le temps d'instruire» comporte également un sens plus caché qui évoque le travail du chercheur. Celui-ci, en effet, construit son «dossier d'instruction» – au sens juridique du terme – à partir de différents indices retenus dans l'ensemble du corpus à disposition afin de parvenir à l'interprétation la plus valide possible. L'évocation du temps dans le processus de recherche correspond, elle aussi, aux méthodes travaillées d'un point de vue clinique, nous le verrons dans la deuxième partie, méthodologique, de cet ouvrage.

LE CLINIQUE ET L'EXPÉRIMENTAL[9]

Il s'agit dès lors de construire des méthodes aptes à prendre en compte ces processus et donc la dynamique ou l'histoire des systèmes didactiques dans leur fonctionnement. Nos choix méthodologiques vont dans le sens d'une articulation entre des méthodes cliniques et des dispositifs expérimentaux; ces deux modalités de rapport à l'empirie sont donc posées *ensemble* et de façon *solidaire*. Or, à notre sens, ces deux rapports sont le plus souvent pensés comme antinomiques. Certaines approches mettent, en effet, l'accent soit sur le clinique soit sur l'expérimental[10] même si le second n'est pas absent pour autant des préoccupations méthodologiques des auteurs. Le clinique est prôné dans certaines de ces approches, à condition d'être sous le contrôle d'une forme ou l'autre d'extériorité.[11] L'expérimentation est la plupart du temps pensée, dans les contextes d'étude cités, comme devant rendre compte de dynamiques ou du moins de processus évolutifs faisant la part entre la catégorie d'acteur et la catégorie d'observateur.[12] Le mode d'organisation des données et la logique «indiciaire» qui le soutient peuvent alors faire recours à des outils méthodologiques proches d'une certaine clinique de foucaldienne mémoire, nous y reviendrons.

Au plan expérimental, il s'agit de construire des *dispositifs de production de traces* permettant ce traitement clinique. Ils relèvent d'un dispositif expérimental venant contraindre (par les contrôles auxquels il fait

---

9 Voir également à ce sujet, Schubauer-Leoni & Leutenegger, 2002.

10 Que l'on se réfère au domaine des analyses du travail (Clot, 2001), de l'histoire sociale (Lepetit, 1995; Ginzburg, 1998/2001), de la sociologie des organisations (Friedberg, 1997) ou encore d'études anthropologiques (Détienne, 2000) ou psychosociologiques (Levy, 1997).

11 Voir par exemple les méthodes de «redoublement» de l'expérience de Clot (2001).

12 Comme le souligne Levy (1997), les sciences humaines et sociales ne peuvent s'en tenir à des explications causales, linéaires, des phénomènes, puisque la structure même des objets qu'elles étudient nécessite de prendre en compte la subjectivité du chercheur comme celle des acteurs. L'auteur insiste sur la diversité des approches cliniques et, dans le cas d'une «clinique sociale», sur son irréductibilité à une «clinique des sujets» en raison de la dimension – incontournable – des processus sociaux. Nonobstant cette irréductibilité, une clinique sociale se doit, selon l'auteur, de clarifier l'articulation qu'elle opère entre l'individuel et le collectif.

appel) le fonctionnement des systèmes et sous-systèmes à étudier (les acteurs pouvant être définis comme des sous-systèmes des systèmes didactiques et de recherche) et partant, les traces susceptibles d'être collectionnées à ces occasions. Le dispositif de production de traces comprend à la fois *l'observation des activités* et donc du cours des actions (le système didactique en train de fonctionner), mais aussi le *récit* (enregistré) anticipateur et/ou évocateur des acteurs (pour nous ce sera principalement le professeur). Ces différentes «pièces» correspondent à des choix préalables concernant les objets à prendre en considération, choix préalable des types de systèmes à observer, mais aussi, avec une focale plus fine, choix des «objets à observer» à la fois lors du cours d'actions et lors des phases de récit.[13] Les observables ainsi collectionnés sont à rapporter à leurs conditions de production, c'est-à-dire au dispositif de recherche. Nous conservons donc résolument une *posture objectivante* tout en estimant utile, pour le projet scientifique engagé, d'articuler le clinique avec l'expérimental.

Ce jeu dialectique entre clinique et expérimental nous paraît plus intéressant que l'articulation, souvent prônée en sciences humaines, entre qualitatif et quantitatif (Pourtois & Desmet, 1997). Cette dernière distinction existe, bien évidemment, mais avant de la déclarer féconde, il paraît judicieux de poser les *unités d'analyse* pertinentes en fonction de la problématique et des questions de recherche et de décider ce qui est de l'ordre du mesurable, dans quel but de recherche et avec quels effets sur l'objet d'étude. Dans notre conception de la clinique rien n'empêche le recours à des étapes d'analyses statistiques. Nous verrons du reste avec notre dernière étude de cas que cette porte est largement ouverte grâce aux unités d'analyse construites, dans le cadre d'un modèle de l'action conjointe professeur-élèves.

En résumé, il s'agit donc de montrer ce que permettent des méthodes cliniques, que nous assimilerons désormais à une *«clinique des systèmes»*, articulées à des *dispositifs expérimentaux* rendant possible l'observation de la dynamique «fine» des modifications et des régularités de certains éléments de la pratique d'enseignement et d'apprentissage.

Ce niveau d'analyse ne peut être atteint, à notre sens, qu'en procédant par études de cas. Compte tenu de la diversité des conditions

---

13 Ceux-ci sont aussi bien des objets matériels et/ou symboliques (des écritures ou des interventions orales, par exemple) que des personnes en position d'apprenants ou d'enseignant.

notamment contextuelles et/ou institutionnelles, l'étude de cas s'attache à montrer que les pratiques ne peuvent justement être dissociées des conditions dans lesquelles elles s'actualisent. Les quatre cas étudiés sont des *cas de systèmes didactiques.* Ils sont considérés comme des entités insécables permettant d'étudier *le système de relations entre les trois instances: le professeur, ses élèves du moment et l'(les)objet(s) d'enseignement/apprentissage.* C'est ce système de relations qui nous occupe et non les personnes elles-mêmes, en particulier il ne s'agit pas de mettre en cause le professeur X ou Y en tant que personne. Par ailleurs les professeurs choisis pour les études qui vont suivre ne sont aucunement représentatifs d'une modalité d'enseignement parmi d'autres. Nous serons donc amenée à prendre en considération et à théoriser ce qui concerne les contenus d'enseignement, dispensés à des élèves de l'école élémentaire, dans les conditions ordinaires de quelques établissements scolaires genevois. Précisons encore que le genre «étude de cas» n'est pas le propre d'une «clinique» mais constitue plutôt une manière, très courante par ailleurs en didactique, d'aborder l'observation des phénomènes d'enseignement et d'apprentissage. Procéder par études de cas a surtout l'avantage de permettre des descriptions détaillées et de travailler sur les contrastes que ces descriptions produisent lorsque l'on compare les cas entre eux. C'est l'objet du développement méthodologique, mais aussi théorique, que nous proposons dans cet ouvrage.

DES SYSTÈMES ORDINAIRES ET DES SYSTÈMES PARALLÈLES

Au plan expérimental, du point de vue des observables choisis, les *cas de systèmes didactiques* étudiés sont, nous le verrons, de deux types, selon deux points de vue complémentaires: dans le premier cas de figure, les pratiques mises à l'étude concernent le soutien à des élèves déclarés en difficulté, l'accueil d'élèves non francophones et plus généralement, l'enseignement à des petits groupes d'élèves constitués par l'institution scolaire, de façon non stable au fil de l'année scolaire, mais en vue d'enseignements ciblés. Ces systèmes que l'on peut dire *parallèles* aux systèmes didactiques *ordinaires*, sont étudiés sur de longues durées (de l'ordre de six mois à une année). Dans le second cas de figure, l'étude des systèmes didactiques ordinaires proprement dits, nous tentons de resituer l'élève en difficulté parmi d'autres. Il s'agit alors, par contraste, de comprendre le fonctionnement du système, au travers de l'observation d'une séance ponctuelle en première primaire (1P, élèves de 6-7 ans).

Les travaux exposés ont pour origine plusieurs études préalables portant sur les difficultés scolaires et les tentatives de remédiation mises en place par l'institution scolaire.[14] L'école publique genevoise organise cette remédiation dans le cadre même des établissements scolaires par le truchement de professionnels, nommés des *Généralistes Non Titulaires (GNT)*, qui prennent en charge de petits groupes d'élèves dans le cadre d'un soutien pédagogique. Ces groupes se sont avéré des «lieux sensibles» pour la mise en évidence de phénomènes didactiques propres à expliquer le fonctionnement du système. C'est pourquoi ce même terrain sera conservé ici, tout en élargissant le propos, d'abord à d'autres systèmes parallèles puis à une classe ordinaire.

La fonction de *Généraliste Non Titulaire* ne concerne pas seulement de façon spécifique le soutien pédagogique. De cas en cas, ces professeurs sont susceptibles d'assumer d'autres tâches dans l'institution scolaire, comme par exemple celle de *complémentaire* ou encore celle d'*animateur* de «l'atelier du livre» (la bibliothèque) de l'établissement scolaire. Certains *GNT*[15] sont aussi chargés de l'accueil des élèves non francophones à leur arrivée dans l'institution scolaire (classes nommées «Structures d'Accueil» ou «STACC»). Nous prendrons en considération la fonction de *GNT* qui consiste à prendre en charge, parallèlement à la *classe ordinaire*, des petits groupes d'élèves dont certains, mais pas tous, sont dits

---

14 Voir en particulier le Projet National de Recherche no 33 (requête no 4033-35848, Schubauer-Leoni, Grossen, Vanetta & Minoggio, à paraître), programme de recherche financé par le Fond National pour la Recherche Scientifique. Que cette institution soit ici remerciée d'avoir soutenu les études pilotes (Leutenegger, 1997; Leutenegger & Schubauer-Leoni, à paraître) sur lesquelles nous avons fondé la problématique de notre thèse de doctorat (Leutenegger, 1999).

15 Les GNT grâce auxquelles nos recherches ont pu être réalisées sont toutes des femmes (c'est du reste la très large majorité de cette partie du corps enseignant); chaque fois que ces GNT sont concernées en tant qu'actrices spécifiques nous les désignons au féminin dans le texte. En revanche chaque fois que des considérations théoriques ou méthodologiques sont en jeu, nous utilisons les termes génériques de *professeur* ou, selon les cas, de *GNT* ou de *titulaire* en tant qu'instance du système didactique. Il en est de même pour ce qui est de l'observateur du système qu'est le *chercheur*, en tant qu'instance dans le modèle ou de «la chercheuse» en tant qu'actrice spécifique.

«en difficulté» en raison d'un manque de connaissance de la langue française ou d'autres difficultés, notamment en mathématiques. Il ne s'agit donc pas d'étudier spécifiquement le soutien au sens courant du terme, mais plutôt de considérer *les conditions particulières d'enseignement liées à cette fonction enseignante qui sont, nous nous faisons fort de le montrer, propices à la mise à jour de phénomènes didactiques liés à l'appartenance des élèves à un double système; celui de la classe ordinaire et celui d'une classe parallèle.*

Très clairement en effet, ces *systèmes parallèles* ne sont jamais isolés. Ils s'inscrivent dans les pratiques plus générales de l'établissement scolaire (et plus largement celles du système d'enseignement) auquel professeur et élèves appartiennent. Le *système parallèle* est, en effet, lié au *système ordinaire*, sous la responsabilité d'un professeur titulaire. Nous rejoignons ici la perspective de Chevallard (1995) selon laquelle les systèmes didactiques principaux supposent toujours l'existence d'un (ou de plusieurs) système(s) secondaire(s) en tant qu'«aides à l'étude»: tout comme le système «soutien», le système de tutorat est l'un de ces systèmes secondaires, de même que l'accompagnement à l'étude par les parents de l'élève. Ces systèmes sont nommés «auxiliaires» par Chevallard qui montre la nécessité, pour comprendre le fonctionnement écologique de «l'étude» – et en particulier la fonction du professeur parmi d'autre fonctions – de prendre en compte l'organisation dans son ensemble:

> [...] il importe au chercheur en didactique de pouvoir penser les réorganisations observables ou possibles de l'étude *dans tout l'espace de l'établissement* – en évitant donc de s'enfermer d'emblée dans le seul espace de la classe, dont la clôture constitue une organisation particulière de l'étude. (Chevallard, 1995, p. 115)

Pour ce qui concerne les terrains étudiés ici, le terme de *système parallèle* semblait mieux convenir que celui de «système auxiliaire». En effet, ces systèmes prennent «vie» dans le même temps et parallèlement à ce qui se déroule en *classe ordinaire*, puisque certains élèves (ceux du soutien ou les élèves non francophones) sortent de la classe à certains moments (l'histoire de la *classe ordinaire* se poursuit sans eux) pour être pris en charge ailleurs. Pour ce qui concerne les groupes dont s'occupe le «complémentaire», le cas de figure est un peu différent: il s'agit plutôt d'un dédoublement de la *classe ordinaire* en deux sous-groupes pris en charge respectivement par le professeur titulaire et le complémentaire. Dans ce cas, l'un des systèmes n'est pas plus «auxiliaire» que l'autre, les deux fonctionnent en parallèles.

Les *cas de systèmes parallèles* nous ont parus propices à une étude des contraintes et des possibles aussi bien internes au système étudié, qu'externe à celui-ci, dans la mesure où ils entretiennent nécessairement des liens et des échanges avec d'autres systèmes didactiques. Encore s'agit-il de comprendre quels sont les contraintes et les conditions de fonctionnement de ces derniers. C'est pourquoi, il nous a semblé pertinent de faire figurer également l'étude d'un cas de *système ordinaire* au travers d'une observations de classe: dans la dernière partie de l'ouvrage, forte des résultats des études portant sur l'articulation entre la classe ordinaire et la classe parallèle, nous montrerons que les méthodes d'étude développées à cette occasion trouvent des applications à tout système didactique et, *a fortiori*, aux systèmes ordinaires.

Première partie

L'étude des pratiques
d'enseignement/apprentissage,
le clinique, l'expérimental
et le didactique

Chapitre 1

Problématique et cadres théoriques

Avant d'exposer les enjeux théoriques et méthodologiques auxquels nos travaux entendent se confronter, nous brosserons dans une première partie un rapide tour d'horizon[1] des travaux les plus marquants concernant les pratiques d'enseignement/apprentissage puis, dans la seconde partie, nous retracerons l'origine, en didactique des mathématiques, de la «clinique/expérimentale» construite en la situant parmi d'autres approches se réclamant d'une «clinique».

Un tour d'horizon de travaux sur les pratiques d'enseignement/apprentissage

L'étude des pratiques enseignantes et/ou apprenantes trouve l'un de ses ancrages dans les travaux sur les interactions en classe (ou avec de petits groupes d'élèves). Depuis les travaux des années 50-60 sur le *discours* dans les interactions de classe, diverses catégories d'analyse et de *pattern* interactifs ont émergé et des prolongements, souvent critiques, se sont déclinés selon des paradigmes de recherches contrastés.[2] Des perspectives pluridisciplinaires ont favorisé les échanges entre approches issues de diverses sciences, psychologie, sociologie, ergonomie, sciences du

---

1   Voir également Schubauer-Leoni, Leutenegger, Chiesa Millar & Ligozat, 2006.
2   Pour une revue de l'évolution de ces courants voir notamment Fasulo & Pontecorvo (1999). Une discussion critique des paradigmes (de l'efficacité, processus-produit, écologique, de l'enseignant réflexif) est proposée par Bayer & Ducrey (1998/2001). Ces auteurs introduisent dans le débat des aspects liés aux *contraintes* qu'imposent les structures institutionnelles, les programmes et contenus, l'organisation sociale et discursive des situations d'enseignement.

langage et didactiques des disciplines, pour ne citer que celles-ci, avec des méthodes d'observations des pratiques qui s'inspirent des démarches expérimentales mais aussi de l'ethnométhodologie. La capitalisation et la diffusion des travaux, la confrontation des paradigmes scientifiques et le débat subséquent sur le statut des différents résultats fait probablement encore défaut (Attali & Bressoux, 2002). Depuis 2002, le Réseau OPEN (Réseau d'Observation des Pratiques Enseignantes), réunit une vingtaine d'équipes en provenance de divers pays (France, Canada, Belgique, Italie, Portugal, Argentine et Suisse) afin de débattre d'orientations de recherche visant à *décrire* (plutôt que prescrire) la complexité des *processus* d'enseignement et d'apprentissage dans le contexte scolaire. Des approches dites «plurielles» (Altet, 1999), «co-disciplinaires» (Blanchard-Laville, 2000), «contextualisées» (Bru, 1994; Bressoux, Bru, Altet & Leconte-Labert, 1999), sont mises en perspective et l'ensemble du Réseau est censé constituer une base documentaire favorisant le débat et la synthèse des recherches dans ce domaine et au plan international. Différents travaux (dont, parmi les plus significatifs: Altet, 1994; Blanchard-Laville & Fablet, 2001; Bressoux & Dessus, 2003; Bru & Maurice, 2001; Bru & Talbot, 2006; Marcel, Olry, Rothier-Bautzer & Sonntag, 2002; Tardif & Lessard, 1999), dont certains font une large part aux études nord-américaines, attestent de l'intérêt pour les pratiques d'enseignement/apprentissage en mettant notamment en évidence le lien entre les interactions verbales, les caractéristiques sociales des partenaires (professeur et élèves) et les représentations, conceptions, voire les systèmes de croyances éthiques, idéologiques et pédagogiques de l'enseignant. Les interactions sont dès lors considérées comme des révélateurs de «styles pédagogiques» ou relationnels tout en montrant une attention – relative selon nous – à l'égard des contenus d'enseignement dans l'étude du travail professoral. Sans que les auteurs nient l'importance des contenus, ceux-ci restent une préoccupation secondaire au profit de la relation maître-élève dont il s'agit de décrire le fonctionnement. Celui-ci n'est dès lors pas spécifiquement marqué par les objets d'enseignement/apprentissage.

Concernant l'articulation entre pratiques d'enseignement et pratiques d'apprentissage, celle-ci reste également souvent non traitée. En effet, sous couvert de pratiques, bien des travaux évoluent dans une perspective de prise en compte quasi exclusive des sujets apprenants. Ceux-ci sont alors étudiés dans l'interaction avec des pairs mais sans que le professeur soit pris en compte comme une instance constitutive du modèle d'analyse et/ou en considérant l'objet médiateur de l'interaction uniquement via le traitement qu'en font les apprenants dans le moment observé (Baudrit, 1997; Gilly, Roux & Trognon, 1999; Sorsana, 1999). Mais pour nuancer le propos, il est fort intéressant de constater que certains travaux qui avaient débuté avec des problématiques liées aux apprentissages des élèves (l'apprentissage coopératif, les interactions entre pairs, le tutorat entre élèves de niveaux différents) se sont intéressés au rôle du professeur dans ces dynamiques (Trognon, Saint-Dizier de Almeida & Grossen, 1999; Pauli & Reusser 2000; Perret & Perret-Clermont, 2001; Zutavem & Perret-Clermont, 2000).

Il nous importe également, au vu de l'essentiel des thématiques de cet ouvrage, de convoquer, du côté de l'étude des pratiques enseignantes, des recherches qui, partant de la problématique de l'échec scolaire, posent les enjeux liés aux *rapports aux savoirs* que les différentes catégories d'élèves sont amenés à établir dans les contextes scolaires. Il s'agit dans ce cas d'étudier «les inégalités en train de se faire» et leur processus de production au sein de la classe. Or, dans ce cas aussi, comme le rappelle Rochex (2001), «[...] elles [les recherches] ne se sont guère intéressées aux rapports entre ces différents phénomènes et les processus et activités d'enseignement et d'apprentissage de contenus cognitifs et culturels et de pratiques de savoir spécifiés [...]» (p. 344). Les travaux du groupe ESCOL (Bautier & Rochex, 1997) recourent notamment à la notion de *malentendu* (empruntée à la sociologie bourdieusienne) pour identifier les processus – individuels, sociaux, institutionnels et didactiques – d'accès aux savoirs de la part d'élèves de différents milieux sociaux. Leurs travaux plus récents (Bautier & Rochex, 2004) approfondissent cette notion en montrant qu'une activité conjointe entre professeur et élèves ne suppose pas *ipso facto* une signification partagée entre eux. A noter du reste, et pas seulement chez ces auteurs, l'intérêt croissant attribué aux théories de l'action dans diverses disciplines qui justifie une attention particulière à ces travaux.[3] Certains d'entre eux, depuis le champ scolaire, entrent dans la problématique du travail enseignant par le biais de l'analyse de l'accomplissement de l'action professorale. Nous verrons que ces études ne sont pas étrangères aux premiers travaux de didactique comparée sur l'action du professeur (Sensevy, Mercier & Schubauer-Leoni, 2000; Sensevy, 2002) et, plus récemment encore, au redéploiement de ces études vers la prise en compte d'une *action conjointe*

---

3 Pour une analyse des filiations et un ensemble de recherches en éducation concernant les théories de l'action, voir Baudouin & Friedrich, 2001.

professeur-élèves (Sensevy & Mercier, 2007), catégorie que nous mettrons
en avant dans notre quatrième étude de cas.

De nombreuses recherches montrent un intérêt croissant pour l'analyse des pratiques des enseignants en décrivant différents dispositifs
d'analyse ou de formation. Une distinction doit être apportée, comme le
relève la revue de synthèse de Marcel *et al* (2002), entre des visées de formation et des préoccupations de recherche, les deux ne s'excluant pas
nécessairement du reste. Par référence à ces études, avec des visées
d'amélioration de l'intervention pédagogique, la formation des enseignants préconise, sous différentes formes, une analyse de la pratique
professionnelle. *Pratique réflexive* pour les uns (au sens de Schön (1987),
reprise par différents chercheurs, (voir notamment Paquay & Sirota,
2001; Perréard Vité, 2003), *réflexion en action* pour d'autres (Perrenoud,
2001), toutes poussent les formateurs d'enseignants à adopter résolument des démarches réflexives, enjoignant régulièrement leurs étudiants
à «réflexiver».

Avec des préoccupations à dominante de recherche, l'attention au
sens attribué à la profession par ceux qui l'exercent et aux *genres* professionnels qui en caractérisent l'activité amène curieusement certains travaux qui portent sur des réalités d'enseignement (Clot, 2001) à éviter,
encore une fois, les contenus d'enseignement dont traite celui censé
«prendre» la classe (Clot & Soubiran, 1999). D'autres études (Saujat,
2001) montrent toutefois, dans le même contexte spécifique de la formation des professeurs, l'intérêt de ces démarches de recherche qui mettent
en œuvre des modalités de retour sur les pratiques par le biais de
confrontations simples ou croisées (au sens de Clot, 2001).

Nous adopterons clairement, quant à nous, une position de recherche
et nous verrons, avec le traitement d'entretiens portant sur les leçons passées des GNT avec qui nous avons travaillé, une réinterprétation de ces
méthodes provenant de la didactique professionnelle (au sens de Pastré,
1999), principalement celle recourant à une auto-confrontation simple.

«ARRIÈRE-PLANS» INSTITUTIONNELS ET CULTURELS DES PRATIQUES ENSEIGNANTES: L'ENJEU DES *WELTANSCHAUUNGEN*

Nous exposerons maintenant quelques balises concernant les «arrière-
plans» institutionnels et culturels des pratiques enseignantes, sans toutefois procéder à un état des lieux conceptuels en sciences sociales, ni

retracer les filiations et compatibilités/convergences épistémologiques entre notions telles que les *représentations sociales* (au sens des psychologues sociaux: Doise & Palmonari, 1986; Jodelet, 1989/1999; Moliner, 2001), les *croyances* et *habitus* (Bourdieu, 1994) et les *arrière-plans* (Searle, 1996) eux-mêmes.

Bien des travaux dans le champ éducatif (Blin, 1997; Garnier & Rouquette, 2000; Gilly, 1989/1999; Gosling, 1992) ont montré la pertinence d'une entrée dans l'étude des pratiques par le biais des *systèmes de pensée*, voire des *rapports* que les acteurs élaborent – subjectivement mais aussi socialement – à l'égard du monde (matériel, social, culturel, [...] dans lequel ils évoluent et travaillent. Ces rapports au monde réfléchissent les pratiques sous la forme de *Weltanschauungen* socialement et institutionnellement produites. Il est particulièrement intéressant de constater, puisque nous-mêmes nous confrontons à ces questions à travers le soutien scolaire, à quel point les catégories pour désigner les difficultés d'apprentissage ont évolué, depuis les années 60, notamment grâce aux travaux de sociologie de l'éducation (Baudelot & Establet, 1972; Bourdieu & Passeron, 1970), qui ont remis fortement en question «l'idéologie du don» développée dans les années précédentes, laquelle raisonnait plus en terme d'«échec scolaire» (inhérent à la personne de l'élève ou, avec une vision déterministe, renvoyant à un milieu socio-économique influençant le destin de l'élève) qu'en termes de «difficultés d'apprentissage»; cette dernière catégorie permet de considérer aussi des difficultés passagères, mais surtout n'exclut pas la possibilité de rapporter ces difficultés à des paramètres de la situation. Les travaux des années 70 de Boudon (voir Boudon, 1973) sur l'inégalité des chances ont notamment réintroduit l'individu comme un acteur social capable *a priori* d'agir rationnellement. A noter toutefois que le terme de difficulté *d'apprentissage* renvoie prioritairement à l'instance *élève*, le professeur quant à lui, ne sera convoqué que plus tard, par des recherches ultérieures. En effet, les travaux sur les effets-maîtres et les effets-écoles (Bressoux, 1994), ont contrebalancé cette entrée par l'élève quasi isolé, même si leurs résultats, avec ceux d'autres chercheurs (par exemple Felouzis, 1997; Safty, 1993) qui ont tenté de définir les caractéristiques de l'enseignant et leurs effets, sont peu probants quant à leur lien direct avec les apprentissages des élèves. Ce qui nous fait dire que la prise en compte d'un troisième terme dans l'interaction, le contenu d'enseignement/apprentissage lui-même, est nécessaire et permet de renvoyer dos à dos les recherches centrées sur l'élève ou sur le professeur, respectivement.

Pour revenir aux arrière-plans institutionnels et culturels, les représentations des difficultés d'apprentissage ont fait l'objet de diverses études, notamment celles, récentes, de Talbot (2006) qui brossent un tableau historique intéressant des différentes représentations des professeurs du primaire quant aux causes et aux origines des difficultés, avant de décrire, à travers les recherches de différents auteurs, les représentations actuelles des professeurs des écoles français. Ce sont avant tout les causes des difficultés considérées par les enseignants qui sont pointées, celles exogènes à l'école emportant la majorité des représentations. Or, selon Talbot, grâce à des recherches plus récentes en ZEP[4] (Talbot, Marcel & Bru, 2005), une nouvelle tendance se dessine vers des représentations des professeurs prenant en compte également des facteurs endogènes à l'école qui permettent davantage de situer les causes dans les pratiques scolaires. On le constate, les représentations sociales évoluent et, ce faisant, on peut faire l'hypothèse qu'elles jouent un rôle dans les pratiques elles-mêmes. Nous verrons, avec la prise en compte des discours des professeurs sur leurs pratiques que ces aspects sont en effet non négligeables.

L'équipe ESCOL (Charlot, 2001) travaille la notion de *rapport au savoir* pour re-problématiser la question sociologique de l'échec scolaire; avec les mêmes termes de *rapport au savoir*, dans un sens différent puisqu'il comprend plus clairement l'objet d'enseignement/apprentissage, Chevallard (1992) fait avancer son approche anthropologique du didactique en distinguant des *rapports personnels* et des *rapports institutionnels* (voire *officiels*) aux objets constitutifs de la scène scolaire et en particulier les objets enseignés. Dans tous les cas, la visée concerne la nature de l'enjeu que représentent l'entrée et la progression des apprentissages pour la personne (en tant que sujet d'une pluralité d'institutions) qui attribue du sens à l'acte d'acculturation (enjeu identitaire) mais aussi pour l'institution porteuse de l'intention d'éducation et d'instruction. C'est en effet l'institution, à travers ses représentants institutionnels, qui est habilitée à déclarer le degré de conformité entre ce qu'elle constate des connaissances nouvelles de l'apprenant et ce qu'elle pense être en droit d'attendre de lui. Nous verrons que cet horizon d'attente aura une très grande importance dans le cadre de nos études avec ce que nous nommerons un *contrat didactique différentiel* (au sens de Schubauer-Leoni, 2002), dans le cadre du soutien scolaire, mais aussi de la classe ordinaire. A

---

4   Zone d'Education Prioritaire

noter que, même si nous ne traiterons pas de toutes ses dimensions, le *jeu* du sujet avec l'institution scolaire n'est pas le même pour tous: selon le complexe de positions occupées par la personne dans l'espace sociétal, selon ses groupes d'appartenance (profession des répondants familiaux, genre, nationalité, mais aussi le groupe désignant la position du sujet dans l'échelle d'excellence de la classe), le rapport au savoir s'en trouve affecté ainsi que la *Weltanschauung* dans et par laquelle la personne (s')investit (dans) le monde, cherche à le comprendre et à le changer.

Dans le cas de la construction de mondes dans le contexte scolaire, la prise en compte des «arrière-plans» institutionnels et culturels des pratiques enseignantes révèle l'enjeu des *Weltanschauungen* des partenaires de la relation didactique. Ces aspects de l'interaction professeur-élèves pourront être convoqués pour traiter des processus d'*attribution de connaissance*, au sens des travaux – nombreux à ce sujet – de la psychologie sociale. Etroitement liées aux processus de catégorisation et de représentations sociales, les attributions concernent les situations dans lesquelles des activités inférentielles sont activées afin de se prononcer sur les *causes*, *raisons* et *responsabilités* inhérentes à un événement donné. Elles sont donc très utiles pour comprendre les inférences du professeur face aux productions des élèves et, réciproquement, les interprétations de ces derniers quant aux attentes du professeur, voire leurs propres attributions de connaissances à l'égard d'autres élèves. Si l'on pense aux conditions dans lesquelles un acteur – pour nous ce sera le plus souvent le professeur – est amené à engager des *attributions de connaissance* on pourrait dire qu'il s'agit de situations dans lesquelles (au cours desquelles), à partir d'un comportement donné, l'acteur expliquerait telle conduite par des signes qu'il identifierait comme relevant de «connaissance».

Dans le cas d'un processus d'attribution de connaissance (à autrui ou à soi-même du reste) la personne qui engage la démarche attributionnelle cherche à faire le lien entre ce qu'elle croit avoir vu, repéré (sur la base de traces effectives ou perçues) et les raisons qui les fondent du côté du producteur. Dans le contexte du travail scolaire c'est donc d'abord une imputation de responsabilité qui se solde par le verdict de «il a» ou «n'a pas» telle connaissance et ensuite, éventuellement, une explication causale est apportée. Celle-ci peut prendre la forme d'une attribution dispositionnelle (tel élève qui serait déclaré «doué en…», on retrouve ici l'idéologie du don) ou situationnelle (au nom des conditions spécifiques de réalisation de la tâche: par exemple «cela fait un moment que nous faisons ce genre d'exercices, c'est donc désormais facile» pourrait dire un enseignant *lambda*).

Concernant les attributions de connaissances, le contexte scolaire est un lieu privilégié dans la mesure où le professeur prend, par ce biais, ses marques pour gérer la progression de ses décisions didactiques. Au-delà des moments formels d'évaluation des connaissances, il ne cesse d'engager des inférences sur la base des indices qu'offrent les élèves ou qu'il sollicite à des fins d'attribution de connaissances. C'est un moyen pour assurer des régulations à l'intérieur du système. A travers le processus d'attribution de connaissance, l'élève se situe également parmi d'autres élèves dans le jeu d'attentes qui caractérise la recherche renouvelée d'un contrat didactique, en tant que jeu d'attentes réciproques entre professeur et élèves.

A noter que lorsque ce processus d'attribution devient lui-même objet de recherche, il fait appel à des attributions de connaissances dont la validité est sous le contrôle du dispositif théorique et méthodologique de référence. L'observateur ou le chercheur face à ses *corpus*, ne peut avancer dans la production scientifique sans inférences et attributions de rapport aux objets par les sujets. Sous couvert d'institutions scientifiques, le chercheur doit alors pouvoir attester et justifier (processus de validation) le bien-fondé de telles attributions en regard des modèles théoriques de référence. Ces considérations auront leur importance dans le cadre de la construction d'une clinique puisque le chercheur est alors considéré comme partie prenante, au sens de Giami (1989): le recueil et le traitement des données peut avoir valeur d'intervention et apporter «un plus» à l'objet et, ce faisant, signe la spécificité de la recherche clinique, nous y reviendrons plus loin.

En abordant cette question *de l'accès* aux connaissances des acteurs – par le biais d'attributions –, c'est *l'identification d'observables* utiles et pertinents (en regard de l'approche épistémologique et théorique adoptée) qui est visée. Dire qu'un élève «a» ou «n'a pas» telle connaissance est d'ailleurs une forme d'attribution qui ne convient pas à l'approche qui est la nôtre et qui, justement parce qu'elle repose sur une théorie sociale des phénomènes attributionnels, ne peut inscrire purement et simplement *dans* le sujet la connaissance en question. Puisque toute attribution suppose des inférences à partir de manifestations précises et situées dont le statut est objet de débat et relève d'un faisceau d'attributions de la part d'acteurs distincts, nous considérons que ceux-ci procèdent à des attributions de connaissance selon leurs propres institutions de référence et plus spécifiquement selon leur définition de la situation du moment. Les connaissances étant le fruit d'actions conjointes – nous le postulons depuis les études récentes de didactique comparée (Sensevy & Mercier, 2007) – on peut d'ailleurs penser que les processus d'attribution menés sous couvert d'institutions (un cours, un TP, un entretien de recherche, etc.) sont eux-mêmes constitutifs de connaissances nouvelles puisqu'ils viennent nourrir les dynamiques d'institutionnalisation qui caractérisent de tels lieux d'interaction. L'ensemble de ces considérations aura des effets, nous le verrons, sur les dispositifs de recherche et les méthodes d'étude.

L'ÉTUDE DES PRATIQUES DIDACTIQUES

Il s'agit ici de recentrer la problématique du côté des analyses des pratiques enseignantes qui s'intéressent à des interactions didactiques spécifiques, c'est-à-dire à la relation enseignant-enseigné(s)-savoirs. Pour ce faire nous allons nous tourner du côté des travaux portant sur des enjeux de savoir mathématiques puisqu'il s'agit du domaine d'enseignement choisi plus spécifiquement pour les travaux exposés ici. Mais avant cela, pour faire le lien avec la section précédente, nous évoquerons rapidement quelques travaux sur l'analyse des pratiques scolaires en mathématiques qui se sont intéressés au rapport au savoir à travers le discours sur l'enseignement des mathématiques, ou en l'inférant à partir de l'observation des pratiques. Mais toutes s'intéressent plus spécialement à des objets d'enseignements spécifiques.[5] Du côté des enseignants (futurs enseignants ou décideurs) citons notamment: Chiocca, 1995; de Abreu, Bishop & Pompeu, 1997; DeBlois & Vézina, 2001; Marilier, 1994; Robert & Robinet, 1989 et 1996. Du côté des élèves: Grugeon, 1995; de Abreu *et al.*

De nombreuses études existent, au plan international, sur les interactions maître-élèves à propos de savoirs mathématiques. Certaines recherches du courant *mathematics education* (Cobb, Stephan, McClain & Gravemeijer, 2001; Cobb & Yackel, 1998) étudient la classe comme *communauté de*

---

5 Les différents travaux utilisent de façon peu stabilisée (et souvent peu problématisée) les termes de représentation, conception, opinion, etc. Mais tous traitent de la reconstruction personnelle et sociale du rapport au monde.

pratiques en faisant l'hypothèse que l'apprentissage mathématique est à la fois un processus psychologique individuel et un processus d'acculturation par la participation des apprenants aux pratiques d'une communauté. Le mouvement de la *perspective située*, avec Greeno (1998), insiste sur les caractéristiques de «novices» ou d'«experts» des membres de la communauté. La notion de *micro-culture de la classe* (Seeger, Voigt & Waschescio, 1998) est dès lors proposée pour analyser les caractéristiques de la communauté classe en mathématiques. Cette notion de *micro-culture*, reprise plus récemment par les travaux de Mottier Lopez (2003, 2005, 2007) retravaillent la notion de *micro-culture de classe* à la fois en s'appuyant sur les approches *situées (situated learning),* au sens de Lave et Wenger (1991)[6] et celles issues du champ de la didactique des mathématiques francophone. Cette micro-culture tiendrait à des *normes sociales générales* de la classe dont l'analyse met en lumière des *structures de participation* définissant les systèmes d'attentes et d'obligations réciproques entre maître et élèves (Bowers, Cobb & McClain, 1999; Lampert, 1990). Pour décrire plus spécifiquement les *normes sociomathématiques* au sein des pratiques de la classe Bowers *et al.* proposent de traiter *l'argumentation* et la *validation* en lien avec l'utilisation des conventions mathématiques dans des tâches spécifiques. Dans ce champ de recherches, les notions de *négociation*, de *co-construction du sens*, de *temps de discussion collective*, de *pattern d'interaction,* de *routines, d'argumentation,* et d'élève *«validateur»* apparaissent constitutives de l'analyse (Cobb & Bauersfeld, 1995; Lampert, 1990; Seeger *et al.*, 1998; Sierpinska, 1996; Voigt, 1998; Yackel & Cobb, 1996). Mais le lien entre ces composantes du fonctionnement des communautés des pratiques de la classe et donc l'analyse de leur possible solidarité conceptuelle, reste largement à explorer ce qui amènerait à interroger en retour les acceptions théoriques et épistémologiques attribuées à ces notions qui relèvent pour la plupart d'approches qui se réclament du constructivisme et de l'interactionnisme social. Ces travaux méritent aussi toute notre attention pour ce qui concerne les *niveaux d'analyse* des interactions didactiques. En effet, certaines études distinguent, par exemple, des activités dites «privées» (l'élève travaillant seul) des activités «locales» (élèves échangeant en groupes) et des activités «publiques» (la classe entière) (Hall & Rubin cités par Greeno, 1998), d'autres travaux insistent sur les composantes du contexte social et matériel (Cobb, Gravemeijer, Yackel, McClain & Whitenack 1997; Bowers *et al.*, 1999).

---

6   Voir également Allal, 2001.

Depuis 1985, dans le prolongement des travaux du «groupe de Bauersfeld» (Krummheuer, 1988), a été développée l'étude de *formats d'argumentation* au sein du processus interactionnel de la classe (Krummheuer, 1995). Ces analyses sont notamment débattues dans le cadre des rencontres européennes de CERME (European Society of Research in Mathematics Education): dans ce cadre le groupe «Social interactions in mathematical learning situations» a mis en regard diverses approches des interactions didactiques (selon notamment des théories micro-sociologiques et ethnométhodologiques, les théories de la *situated learning*, la *théorie des situations didactiques* de Brousseau – 1998) et a en particulier posé d'importantes questions sur les *unités d'analyse* et la nature des *épisodes* identifiables (notamment Novotnà, 2002). La question des niveaux d'analyse est également posée par Wood (1999) qui propose une articulation entre *épisodes*, *patterns interactifs* et *structure de la leçon* en cherchant notamment à comprendre comment l'apprenant construit ses propres connaissances à travers sa participation à la leçon de mathématiques. Toujours sous l'impulsion de Krummheuer (2003), CERME 3 (Group 8, février 2003) puis CERME 4 auquel nous avons contribué (Group 12, février 2005, voir Sensevy, Ligozat, Leutenegger & Mercier, 2005) ont poursuivi les travaux dans ce domaine en associant des chercheurs de plusieurs pays.

Une approche des pratiques d'enseignement des mathématiques est également traitée d'une façon originale par l'approche *Design Science* développée en Allemagne par Wittmann (1998). Le projet d'envergure nommé «MATHE 2000» (Uni-Dortmund) se propose à la fois de comprendre la culture mathématique d'enseignement à l'école primaire dans différents pays mais aussi les conditions épistémologiques et interactives de construction de savoirs dans les classes. En particulier, relevons les recherches de Steinbring (2000) sur les processus interactifs et de communication en classe de mathématiques en lien avec les «learning environments» créés pour faire produire des savoirs mathématiques spécifiques.

Les travaux dans le champ francophone de la didactique des mathématiques ont débuté quant à eux à la fin des années 60 et se sont d'abord intéressés à des démarches de recherche comportant la production de prototypes de situations didactiques *(ingénieries didactiques)* (Douady, 1997). De nombreux travaux ont porté sur ces ingénieries élaborées, la plupart du temps, en étroite relation avec la théorie des situations didactiques de Brousseau (Artigue, 2002). Dans cette optique, la centration sur l'élève et les objets d'enseignement/apprentissage a particulièrement marqué les recherches de la communauté didacticienne en mathématiques. Mais depuis un peu plus d'une dizaine d'années, un intérêt croissant s'est manifesté pour l'étude des pratiques «ordinaires» et plus spécialement pour une meilleure compréhension du travail et des pratiques de l'enseignant de mathématiques (Brousseau, 1996; Chevallard, 1999; Margolinas & Perrin-Glorian, 1997; Robert, 2001; Salin, 2002). Ces études ont largement contribué à mettre en évidence l'aspect incontournable du travail de l'enseignant dans l'analyse des pratiques et l'importance d'une connaissance fondamentale de ce qui préside aux pratiques quotidiennes et «ordinaires» d'enseignement. La modélisation est pourtant loin d'être aboutie et de nouvelles études empiriques s'imposent. Dans une perspective anthropo-didactique, certains travaux (Sarrazy, 2001) se proposent notamment d'articuler des formes d'interaction didactique avec les conceptions pédagogiques des professeurs.

ENJEUX THÉORIQUES ET MÉTHODOLOGIQUES D'UNE «CLINIQUE» EN DIDACTIQUE

Nous exposerons dans cette section l'origine, en didactique des mathématiques, de la clinique/expérimentale construite et les enjeux théoriques et méthodologiques auxquels ces travaux entendent se confronter.

Si l'on revient un peu en arrière dans l'histoire de la didactique des mathématiques – qui est une histoire très courte, puisqu'elle s'est constituée, en tant que science, voici une trentaine d'années seulement – le projet d'une «clinique» existe dès l'origine, témoin l'un des textes manuscrits de Chevallard préparés pour la 2e Ecole d'été de didactique des mathématiques (Chevallard, 1982a). En travaillant la question de l'usage des «recherches-action» en didactique, l'auteur note qu'il s'agit de «travailler sur deux tableaux: du côté de la recherche et du côté de l'action» (p. 20) en montrant que la *recherche clinique* (propre à d'autres disciplines, Chevallard cite, entre autres, la psychanalyse en ses fondements) a des *«effets pratiques»* sur le système d'enseignement, tout en visant d'abord une élaboration aux plans scientifique et théorique. Sans entrer dans le détail de l'argumentation développée par Chevallard, notons qu'il récuse la notion de «recherche-action» au profit d'une «clinique» justement, plus apte selon lui à prendre en considération un questionnement épistémologique. A l'appui, Chevallard cite Foucault et sa «*Naissance de la clinique*» (Foucault, 1963/1997) en considérant l'avancée scientifique permise par une clinique du point de vue des praticiens de la médecine. Il considère alors la formation des professeurs, par analogie avec la formation des médecins «au lit du malade» et note au passage une mise en garde: l'équivalent du «lit du malade» est, pour l'enseignement, «la classe» et non pas «l'élève». Or l'auteur le souligne bien, la formation des professeurs[7] n'en est pas encore au point d'effectuer le virage épistémologique important auquel la médecine a été amenée au 18e siècle, et que Foucault décrit magistralement dans sa «*Naissance de la clinique*». Pour y parvenir, ce sont les questions d'anamnèse, de diagnostic et de pronostic qui sont posées. En effet, à quand une clinique pour les praticiens de l'enseignement? Quelle formation pour atteindre ces compétences?

Pour notre part, nous nous préoccuperons d'abord de *recherche en ce domaine* avant d'étudier l'opportunité d'une «clinique pour le professeur praticien» qui pourrait (ou devrait, selon nous) faire l'objet d'une réflexion ultérieure. Le processus de théorisation d'une clinique, au sens de *recherche clinique* (ou de recherche clinique/expérimentale), passe nécessairement par une série d'étapes qu'il convient maintenant d'exposer.

Une théorie s'inscrit dans un champ de recherche plus ou moins construit et permet de répondre à un plus ou moins grand nombre de questions que ce champ s'approprie comme étant de son ressort. Dans une perspective anthropologique, une théorie, nous apprend encore Chevallard (1995), comprend nécessairement des techniques et des technologies sans lesquelles la théorie ne pourrait trouver d'assise empirique. Une technologie est «un discours» qui rend compréhensible et qui justifie une technique. A un niveau supérieur, une théorie est une technologie de cette technologie, c'est-à-dire une justification de cette technologie. Or, dans la perspective de cet auteur – si l'on veut bien le prendre au mot – envisager la théorisation d'une «clinique» dans le champ de recherche de la didactique, suppose que soient élaborées un certain nombre de techniques puis de technologies à propos desquelles il s'agit de justifier de l'intérêt et de la valeur en regard des questions

---

7 Chevallard écrit ceci en 1982; la formation des professeurs est-elle plus apte, aujourd'hui, à avancer là-dessus? Cette question mérite au moins d'être posée.

posées. Du point de vue de l'institution de recherche, il s'agit soit de montrer que cette élaboration est compatible avec les théories en vigueur dans l'institution, soit de les mettre en crise. Il appartient à cette institution de reconnaître (ou non) les résultats de l'élaboration en leur donnant un statut de «savoirs didactiques», voire de savoirs sur *le* didactique. Théoriser cette «clinique» pour étudier *le* didactique suppose aussi que soient construits des «outils» spécifiques d'une «clinique». C'est ainsi que l'ouvrage se propose d'attester d'une avancée dans cette construction-là. En effet, si dans la communauté didacticienne un certain nombre de considérations ont été amenées et argumentées par rapport à l'utilité d'une «clinique» pour étudier les systèmes didactiques, le travail de construction de techniques et partant de technologies, c'est-à-dire de *méthodes cliniques adaptées à ce champ*, est à notre sens encore relativement peu exploré. Au moment des travaux de thèse à l'origine de cet ouvrage, aucune recherche empirique n'était construite pour montrer ce que peut permettre une «clinique» pour étudier et résoudre des problèmes de didactique difficiles à traiter d'une autre manière.[8]

La «clinique» préconisée fait appel à la fois à des constructions expérimentales (dispositifs), théoriques et épistémologiques en ciblant la réflexion autour de quelques questions de recherche que nous estimons majeures dans le cadre de cette problématique. En revanche, nous serons amenée à diversifier les techniques mises en œuvre et à les tester aussi loin que possible, quitte à rencontrer des redondances très utiles d'ailleurs, pour la validation des résultats. On se rend bien compte que la construction envisagée suppose un travail considérable d'instrumentation, parfois très lourde, et peu économique, au regard des résultats à attendre. Mais, pousser la construction et l'étude des méthodes a le mérite de réaliser un premier tri, fondé sur l'empirie. Dans la dernière partie de l'ouvrage, les techniques les plus fondamentales et performantes seront mises en œuvre pour l'étude de systèmes didactiques ordinaires. A cette occasion nous montrerons également quelques avancées réalisées en matière de méthodes cliniques d'analyse.

---

8   Depuis lors plusieurs avancées ont été obtenues dont nous ferons état au fil de l'ouvrage.

Problématique de l'ouvrage et questions de recherche

Etudier le fonctionnement des systèmes didactiques que nous avons nommés *parallèles*, pose le problème de l'articulation fonctionnelle entre ces systèmes – gérés par des *Généralistes Non Titulaires* – et les *systèmes didactiques ordinaires* sous la responsabilité des titulaires de classes. En effet, par définition organisationnelle au niveau du système d'enseignement *stricto sensu*[9], les différents systèmes didactiques des *classes ordinaires*, tout comme ceux des *classes parallèles*, sont censés durer un certain temps.[10] On peut alors se demander si les systèmes se coordonnent entre eux (et si oui comment) pour que l'enseignement dispensé par les différents professeurs auprès des mêmes élèves, réponde à une avancée possible des savoirs enseignés et partant, des connaissances des élèves.

Le traitement de cette question de l'articulation des systèmes du point de vue du *temps didactique* (ou temps producteur de savoirs enseignés)[11] est un problème épineux en didactique des mathématiques. Il a notamment émergé sous la plume de Mercier (Blanchard-Laville, Chevallard & Schubauer-Leoni, 1996):

---

9 Dans les termes de la *transposition didactique* (Chevallard, 1980/1991), le *système d'enseignement* constitue une part de l'environnement proche du système didactique. Il «réunit l'ensemble des systèmes didactiques, et présente, à côté de cela, un ensemble diversifié de dispositifs structurels qui permettent le fonctionnement didactique en y intervenant à divers niveaux» (p. 23). C'est à la périphérie du système d'enseignement que Chevallard nomme alors *système d'enseignement stricto sensu*, que se situe l'instance nommée *noosphère*, «véritable *sas* par où s'opère l'interaction entre ce système et l'environnement sociétal» (p. 24). En tant qu'instance, la *noosphère* est le lieu où «l'on pense» le fonctionnement didactique sous forme de doctrines proposées, de débats d'idées sur ce qu'il convient de faire ou de changer dans le système d'enseignement stricto sensu.

10 La «classe» dans un système d'enseignement quelconque «vit» le temps d'une année scolaire; elle est donc censée maintenir une relation didactique et pédagogique durant un temps considérable. La *classe parallèle* en revanche peut, en tant que *système instable*, ne durer qu'un certain laps de temps (moins d'une année scolaire) convenu, ou qui se convient à mesure, dans et par le système d'enseignement *stricto sensu*.

11 Sur la problématique du temps didactique, voir Chevallard & Mercier (1987).

> Car c'est par leur composante temporelle que le fonctionnement des systèmes didactiques nous échappe le plus souvent, et c'est pour cela que je pense que l'approche clinique interpelle toujours si vigoureusement la plupart des travaux didactiques. (p. 77)

Le traitement de cette question suppose la construction de méthodes appropriées qui tiennent compte de la *dynamique des systèmes*, de l'organisation des phénomènes au cours du temps, ce qui n'est pas une mince affaire. Nous formulerons de la manière suivante deux premières questions de recherche qui portent sur la nécessité d'une articulation théorique à deux niveaux:

1. Quelles sont les conditions et les modalités de compossibilité[12] de différents systèmes didactiques qui évoluent «parallèlement» dans un système d'enseignement donné?
2. Quels sont les indicateurs pertinents, en matière de temps didactique, susceptibles de rendre compte de la dynamique créée par les systèmes didactiques (la classe ordinaire et la classe parallèle) pour eux-mêmes et entre eux?

Nous nous proposons de montrer la possibilité et la nécessité d'une «clinique/expérimentale» pour traiter ce type de question. Nous soutenons, en d'autres termes que la dynamique à l'œuvre dans un (ou des) système(s) didactique(s), telle que mise en évidence par des indicateurs d'avancement du temps didactique, relève d'une étude clinique/expérimentale des systèmes didactiques. Pour montrer la nécessité de cette clinique/expérimentale, nous construirons un dispositif théorique et empirique (versant «expérimental») susceptible d'éprouver le traitement clinique des questions posées. Le choix des systèmes à observer, et donc leur comparaison possible, constitue un premier niveau d'élaboration du dispositif expérimental, nous y reviendrons.

Au plan clinique, nous faisons appel à un système argumentatif et de validation qui repose sur des *comparaisons systématiques* entre les observables et les interprétations avancées à leur propos. Il s'agit donc de soutenir un défi méthodologique au plan de l'articulation entre l'empirique,

---

12 De la même façon Chevallard (1988b) se demande «quelles sont les ensembles de conditions de compatibilité et de compossibilité, de la participation d'un individu concret à plusieurs institutions?» (p. 24).

le théorique et l'épistémologique, en cherchant à valider des techniques cliniques et expérimentales *ad hoc*. Nous nous proposons en somme de travailler la méthode pour circonscrire les conditions d'émergence[13] des phénomènes didactiques visés, en testant la robustesse des résultats[14] par rapport à des cadres théoriques explicites et des gestes méthodologiques tout aussi explicites.

La question de l'articulation entre le fonctionnement des systèmes et le temps didactique possède une assise théorique forte en didactique des mathématiques francophone; plusieurs chercheurs s'y sont confrontés et ont répondu à un certain nombre de questions la concernant, nous y reviendrons plus loin. Il sera donc possible d'y appuyer notre propre questionnement. En revanche, le fonctionnement des systèmes didactiques, *parallèles* et *ordinaires*, fait l'objet d'un nombre d'études plus restreint en didactique puisque l'observation de classes «tout-venant» (en milieu «naturel») constitue, nous l'avons relevé, un champ de recherche relativement récent en ce domaine.[15] Jusque dans la seconde moitié des années 90, l'observation plus courante concerne des situations d'ingénierie, pensées par le didacticien-chercheur-observateur en vue d'obtenir la production de savoirs ciblés. Or, cette observation rencontre, selon nous, un point aveugle: en se focalisant sur cette production de savoirs

---

13 Johsua (1996) relève que l'une des «conditions pour faire de la didactique une science empirique, est de passer non seulement au repérage de phénomènes didactiques, mais à la délimitation des *conditions d'apparition* de ces phénomènes» (p. 201).

14 Au sujet de ce que l'on peut considérer comme des «résultats» en didactique des mathématiques, Johsua (1996) relève que «sans prétendre à une mythique objectivité, ils (les résultats) doivent être produits comme *des faits d'observation*, en l'absence desquels le discours ne pourra pas emporter la conviction, même s'il est jugé en tant que tel intéressant ou heuristique» (p. 201).

15 Ce type d'étude se développe actuellement de façon réjouissante, non seulement en didactique des mathématiques, mais aussi dans les différentes didactiques disciplinaires, notamment en didactique du français (voir par exemple, Canelas-Trevisi, Moro, Schneuwly & Thévenaz, 1999; Ronveaux & Schneuwly, 2007; Schneuwly, Cordeiro & Dolz, 2005; Thévenaz, 2002), en didactique de l'EPS (Amade-Escot, Verscheure & Devos, 2002; Garnier, 2003; Verscheure, 2005), en didactiques de la musique et des arts plastiques (Mili & Rickenmann, 2004) ou encore en didactique de la géographie (Chiesa Millar, 2004). Lors des travaux présentés ici, ce type de recherche n'en était qu'à ses débuts.

et sur les conditions faites à ceux-ci, elle ne prend pas suffisamment en compte les conditions mêmes de l'observation avec tout l'appareil de recherche qu'elles supposent. La présente étude se doit de considérer ce point comme crucial dans la mesure où, clairement, la recherche «fait intrusion» dans un fonctionnement établi (propres aux classes «tout-venant») et ne cherche pas *a priori* à en modifier le cours. Il s'agit alors de tenir compte de ce que «fait» la recherche aux systèmes étudiés. C'est ici le problème de *l'observation* en didactique qui est posé, notamment dans ses composantes méthodologiques. Toute une série de présupposés sont à prendre en compte et des questions majeures se posent à l'observation envisagée:

–   Observer un *système en évolution* suppose une *observation diachronique de ce système* sur une durée qui reste à définir. De cas en cas, cette durée doit être suffisamment longue pour permettre l'observation de modifications.
–   Observer un système suppose aussi que l'on se donne les moyens d'observer ce qui a trait à chacune des instances de ce système, professeur, élèves, objet de savoir, tout en gardant l'entité *système* comme unité théorique insécable.
–   L'entrée dans cette problématique par *le temps didactique* suppose que l'on prend fortement en compte les modalités de fonctionnement du système didactique, à savoir ce qui concerne le *contrat didactique* qui gère implicitement, et de façon dynamique, les termes des échanges entre les partenaires. Ce qui signifie que l'on s'attache à décrire un contrat en constant remaniement puisque des négociations interviennent entre les acteurs à propos des objets enseignés/appris. Il s'agit donc d'établir des conditions permettant d'observer la co-activité ou l'action conjointe du professeur et des élèves et d'examiner de quoi se constitue, diachroniquement, le *projet d'enseignement*.
–   Du point de vue de l'organisation de l'enseignement, la *mésogenèse* définit l'évolution du système connexe d'objets (matériels, symboliques, langagiers) co-construits par le professeur et les enseignés au fil de leur interaction. Ce système d'objets est censé être organisé sous la forme d'un milieu[16] (medium – *mesos*/*medius* – système de médiation) pour apprendre. Dans le contrat didactique, l'instance

---

16 Dans la théorie des situations didactiques, Brousseau (1990) nomme ce système «milieu» et le définit comme le *système antagoniste* de l'élève.

professeur doit être étudiée finement puisque l'on sait que depuis son *topos*[17], le professeur a la haute main sur la gestion du temps didactique. Dans le contrat didactique, la *chronogenèse*[18] dépend en grande partie de l'instance *professeur*. Mais ce qui a trait à l'instance *élèves* est tout aussi important puisque le contrat didactique évolue et que la relation relève toujours de *la recherche permanente d'un contrat entre les deux instances*. Il s'agit donc d'établir des conditions permettant d'observer également les conduites des élèves.

– Enfin, observer le système didactique suppose, et c'est une évidence, qu'il y a un (ou des) observateur(s). C'est cette évidence, probablement à l'origine d'un point aveugle selon nous, que nous souhaitons interroger. Peut-on considérer l'objet observé, le système didactique, sans considérer en même temps l'observateur? Observer suppose un «regard» porté sur l'objet et donc une action, au moins interprétative, de l'observateur. C'est cette interrogation, cruciale à notre sens, qui est à l'origine des choix fondamentaux pour cet ouvrage: la construction d'une clinique pour travailler le didactique semblait en effet répondre à cette préoccupation puisque *l'observation «clinique» suppose la prise en compte, dans le même mouvement, de l'observateur et de l'objet observé*. Ce qui soulève de solides problèmes par rapport à une objectivation possible; car c'est bien l'enjeu scientifique d'une telle prise de position qui est à considérer.[19] Nous postulerons qu'une

---

17 La topogenèse définit implicitement, à l'intérieur du contrat didactique, ce qui a trait aux rôles de chacun, professeur et élèves, à propos du savoir respectivement enseigné et appris. «Genèse» suppose que la distribution des rôles, loin d'être statique, est soumise à une dynamique.

18 La chronogenèse définit, toujours implicitement à l'intérieur du contrat didactique, ce qui a trait à l'évolution des savoirs dans le système. Le triplet *mésogenèse, topogenèse, chronogenèse*, introduit initialement par Chevallard (1980/1991 et 1992) a été retravaillé par Sensevy dans le cadre de ses études sur l'action du professeur (voir notamment Sensevy, Mercier & Schubauer-Leoni, 2002 et, plus récemment, Sensevy, 2007).

19 Le terme «observer» comporte plusieurs acceptions: du latin *servare*, il signifie *faire attention à, être attentif à, conserver, sauver*; observer a aussi pour origine *observare* (*ob* renvoyant à *pour, à cause de, en échange de, devant*) qui signifie *surveiller, porter son attention sur, étudier avec soin*, mais aussi *respecter, se conformer à*, ou encore *accomplir ce qui est prescrit*. Ainsi «observer» tient compte à la fois de l'action de l'observateur et de l'objet d'attention de celui-ci.

recherche clinique suppose nécessairement la prise en compte de l'observateur (le positionnement du chercheur) en même temps que l'objet qu'il observe. Le problème de l'observation et de l'observateur est un point central, selon nous, dès lors que l'on s'attache à décrire un «milieu naturel».

Nous ne prétendons pas résoudre l'ensemble de ces épineux problèmes, qui vont, pour certains, bien au-delà de la science didactique. Plus modestement, et surtout plus pragmatiquement, nous chercherons à montrer que l'approche clinique, mais aussi expérimentale, proposée permet à la didactique de traiter certaines de ses questions et d'aborder des faits rebelles à des méthodes plus classiques. Il y va, en effet, de la puissance explicative des modèles en usage en didactique.[20]

CADRES THÉORIQUES EN DIDACTIQUE DES MATHÉMATIQUES

Les cadres théoriques utiles à notre problématique seront présentés selon une organisation en deux parties en précisant, chaque fois que nécessaire, l'usage que nous comptons faire des résultats des travaux convoqués.

Après une brève présentation du projet de la didactique des mathématiques[21] du point de vue des éléments fondamentaux utiles à notre questionnement, nous passerons en revue des travaux de didactique incontournables, premièrement à l'observation des classes dites «tout-venant» et deuxièmement au traitement de la problématique du *temps didactique*. Nous mettrons l'accent sur des travaux qui abordent les faits didactiques par une approche «clinique». Nous nous référerons également à des travaux de didactique qui concernent, plus localement, les élèves considérés «en difficulté» en mathématiques et à des travaux qui concernent le domaine mathématique que nous prendrons plus particulièrement en compte, celui de la numération et des opérations arithmétiques élémentaires.

---

20 Et plus largement en sciences de l'éducation et en sciences humaines et sociales; voir Leutenegger & Saada-Robert, 2002.
21 Sans entrer dans un historique détaillé de cette discipline; dans cette perspective, voir Rouchier (1994).

Dans un deuxième temps, nous exposerons quelques travaux qui se réclament d'une approche «clinique» pour étudier (ou agir sur) des phénomènes scolaires (approches non didactiques) puis des travaux qui, dans des domaines tels que la psychologie, la sociologie ou l'histoire, estiment nécessaire d'aborder «cliniquement» les questions les concernant. Enfin nous présenterons les principaux axes de la «clinique» sur lesquels nous appuyons notre propre construction. Ceux-ci trouvent leur origine chez Foucault et sa *«Naissance de la clinique»* (1963/1997) mais se nourrissent également d'autres travaux. Il s'agit dans cette seconde partie, de positionner le type d'approche «clinique/expérimentale» préconisé mais aussi de montrer, dans une perspective épistémologique, certaines parentés de cette approche avec d'autres domaines, qui ont avancé sur cette question et, de ce fait, sont à même de nous apporter un certain nombre d'enseignements utiles.

Le projet scientifique de la didactique des mathématiques

L'axe principal du projet scientifique de la didactique des mathématiques est le suivant, tel que défini par Johsua et Dupin (1993):

> Le point d'entrée dans cette problématique, c'est la réflexion sur les savoirs. Car il faut tout de suite signaler que les connaissances à propos desquelles se nouent les relations didactiques ne sont pas des objets morts que le professeur «passerait» à l'élève qui les recevrait et se les «approprierait». La didactique les traite au contraire comme des objets vivants[22], évolutifs et changeants selon les portions de la société où ils naissent ou s'enracinent. En particulier, l'étude des rapports que l'élève entretient avec les savoirs qui lui sont présentés, rapports eux-mêmes éminemment mobiles, est au cœur d'une réflexion sur les conditions et la nature des apprentissages. (p. 2)

Nous ajouterons à cette définition – il s'agira de montrer la pertinence de cet ajout – que les rapports, également mobiles, qu'entretient le professeur avec les savoirs jouent un rôle non moins important pour leur transmission. En effet ces rapports aux savoirs sont nécessairement intimement liés à l'intention de les enseigner, propre à la situation didactique. Or, il y a «du didactique», dès lors qu'il y a intention d'enseigner.

---

22 «Objets vivants» est bien entendu une image: ce sont des instances humaines bien vivantes, elles, qui les manipulent et les font évoluer.

Cette définition admise, on peut dire qu'historiquement, la didactique des mathématiques s'est attelée à l'étude scientifique des *conditions de possibilité* de la transmission des savoirs mathématiques (Brousseau, 1986; Morf, 1972, 1994; Morf, Grize & Pauli, 1969). En ce sens, elle se différencie nettement d'une approche psychopédagogique qui voudrait rendre compte d'un certain nombre de règles générales pour l'enseignement de tout contenu de savoir. Ces conditions de possibilité ont été abordées en didactique selon deux versants: l'économie du système didactique et l'écologie de fonctionnement de ce système (Chevallard, 1992 et Assude, 1996). Ces deux versants répondent à des fonctions théoriques différenciées.

Sur le versant économique, nous nous appuyons sur la théorie des situations didactiques développée par Brousseau (1998). Celle-ci vise à mettre en évidence les conditions de possibilité pour qu'un savoir mathématique précis soit l'enjeu des échanges dans le système didactique. Précisons qu'elle permet, en s'appuyant sur une méthode d'ingénierie[23], de construire et de modéliser différents types de situations (d'action, de formulation, de validation). Par «méthode d'ingénierie», on entend une organisation de la situation construite en vue de la mise en œuvre d'un savoir précis, nécessaire à la réalisation de la tâche demandée. La construction tient compte d'une analyse *a priori* de la situation, d'expérimentations et d'analyses *a posteriori*.

La théorie des situations et sa méthode d'ingénierie sont opérationnelles pour définir les catégories descriptives des séances d'enseignement ordinaires observées. Ces cadres conceptuels sont également mis à contribution pour concevoir notre dispositif de recherche. Ce déplacement est non seulement possible mais surtout pertinent, les travaux de Portugais (1995) sur la formation des professeurs l'ont largement démontré à travers l'ingénierie de son dispositif de formation.

Selon Brousseau (1986), la situation didactique comporte plusieurs paradoxes tenant au contrat didactique[24] dont le suivant: le professeur ne peut «passer» directement le savoir à l'élève. Il est nécessaire que l'élève prenne lui-même en charge la production de ses connaissances. Toute situation didactique comporte, une part a-didactique[25] de prise en

---

23 Voir à ce sujet Perrin-Glorian (1994) et Artigue (1996).
24 Pour une revue de synthèse sur ce concept, voir Sarrazy (1995).
25 Si le terme de «didactique» renvoie à l'intention d'enseigner de la part du professeur, celui de «a-didactique» définit la part de l'acte d'enseignement

charge qui revient à l'élève, celui-ci restant libre dans tous les cas de cette prise en charge. La question est alors de savoir comment le professeur délègue la tâche à l'élève, lui fait dévolution du problème qui nécessite le savoir visé. Ces phénomènes, ainsi que d'autres, entrent dans ce qu'on peut appeler *l'économie du système didactique*: ils participent des échanges entre les différents protagonistes à propos des savoirs en jeu. Les résultats d'études du système et de ses modalités contractuelles de fonctionnement seront, dans les cas des systèmes didactiques étudiés, des éléments théoriques incontournables.

Chevallard étudie, quant à lui, *l'écologie de fonctionnement des systèmes didactiques*. Les savoirs «vivent» dans un milieu (au sens de niche écologique) particulier. Dans son anthropologie des savoirs (1989 et 1992), l'auteur entend mettre en évidence l'articulation entre ce qu'il nomme le rapport personnel et le rapport institutionnel au savoir. Il montre comment les rapports aux savoirs sont médiatisés par des institutions, dans des contextes sociaux particuliers. Chaque système didactique est inséré dans un contexte social: les savoirs eux-mêmes sont des objets «vivants», socialement parlant, soumis notamment à des phénomènes de transposition (Chevallard, 1980/1991; Conne, 1986). Les différents acteurs du système (professeur et élèves), même s'ils agissent selon une organisation propre (notamment cognitive), entretiennent des rapports avec ces savoirs transposés qui passent par des conventions, des normes sociales élaborées dans et par l'institution au cœur de laquelle ils s'actualisent. On verra que lorsque le professeur s'exprime sur «ce qu'il fait» ou «pense faire» en mathématiques avec «tel élève», qu'il décrit de «telle façon», il livre au chercheur un certain rapport personnel à un macro-objet que l'on pourrait nommer «pratique enseignante quotidienne». Dans les termes de la théorie du rapport au savoir de Chevallard, le rapport personnel du professeur est nécessairement articulé à un rapport institutionnel à ce macro-objet. Sa description des pratiques, notamment constituée d'habitus (au sens de Bourdieu), est assujettie aux conditions institutionnelles. Le rapport du professeur à sa pratique quotidienne est censé être un rapport conforme à celui attendu par l'institution scolaire, puisqu'il appartient, de fait, à celle-ci.[26] Dans une perspective transpositive, Chevallard

que prend l'élève pour «s'enseigner à lui-même» au delà de l'intention du professeur.

26 Chevallard (1989, 1992), définit de la façon suivante l'assujettissement institutionnel: «Soit I une institution. Une personne X devient *sujet de I* quand elle

(1980/1991) décrit l'insertion d'un savoir ou d'une notion dans un système didactique comme répondant à certains critères de compatibilité entre ce système didactique et son «écosystème» représenté par l'(les) institution(s) dans laquelle (lesquelles) il s'inscrit.

Ces différents développements nous semblent importants pour l'analyse que nous menons au sujet des systèmes didactiques. On se demandera à quelles conditions et donc à quelles contraintes sont soumis certains phénomènes propres aux systèmes étudiés. Or en situation d'observation «naturaliste» il est ardu d'identifier ce qui relève des conditions et des contraintes et surtout quel est le poids de ces dernières. C'est pourquoi nous nous attacherons à créer certaines conditions (versant expérimental de notre clinique), en les contrôlant, afin de mettre en évidence à quel point celles-ci agissent comme contraintes sur le système.

L'ÉTUDE DES CLASSES «TOUT-VENANT»

Sans être exhaustive, nous passerons en revue quelques travaux de didactique des mathématiques[27] qui se sont intéressés aux classes «tout-venant» et qui constituent un appui important pour nos travaux.

L'ensemble des travaux de Schubauer-Leoni, dès 1986, fondera notre réflexion puisque ces travaux contiennent déjà, selon nous, tous les «ingrédients» nécessaires à notre propre recherche. Notons tout d'abord que l'approche à la fois psycho-sociologique et didactique que propose Schubauer-Leoni, montre la nécessité de trouver une articulation, au plan épistémologique, entre domaines théoriques de référence.[28] D'autres tra-

---

devient «assujettie» à I. Métaphoriquement, on pourra dire que X devient un sujet de I ‹en entrant dans I›».

27 Nous l'avons relevé plus haut, ce type d'étude se développe actuellement dans les différentes didactiques disciplinaires, nous ne traiterons ici que de son origine, en didactique des mathématiques, les études récentes en ce dernier domaine seront citées plus loin, à l'occasion de nos études de cas.

28 Les travaux du colloque épistolaire (sous la direction de Blanchard-Laville, Chevallard & Schubauer-Leoni, 1996) mentionné plus haut reprennent cette question de manière centrale en travaillant sur les concepts de *conversion* et/ou de *complémentarité* que suppose une articulation entre théories. D'autres travaux de Schubauer-Leoni (1997a), portent sur «l'articulation entre théories du sujet et théories des conditions de fonctionnement et de possibilité du didactique».

vaux (Schubauer-Leoni, 1996a) portant sur les élèves en difficulté en mathématiques, retravaillent cette problématique du lien entre didactique et psychologie sociale. En l'occurrence il s'agit pour l'auteure de montrer comment les apports socio-cognitifs issus de théories du sujet (voir plus haut, dans la section «Arrière-plans institutionnels et culturels») viennent servir une approche proprement didactique des phénomènes d'échec scolaire. L'ensemble de ces travaux montre la nécessité d'un important travail théorique, d'une conversion des concepts, dès lors qu'une conceptualisation appartenant à un champ théorique donné se trouve reprise dans un autre pour se mettre à son service.

Proposer une «clinique» pour le didactique suppose un travail d'articulation très semblable à celui que préconise Schubauer-Leoni, en ce sens que les concepts issus de théories se réclamant d'une «clinique» doivent nécessairement être repensés pour l'approche didactique. Il ne saurait être question d'en faire usage tels quels puisqu'ils n'ont, à l'origine, pas été pensés pour la didactique, nous en traiterons ci-après, en conclusion de ce chapitre.

La prise en compte du système didactique en tant qu'entité insécable est un autre point d'appui très important sur les travaux de Schubauer-Leoni (1986). L'auteure analyse le fonctionnement du système et de chacune de ses instances; elle montre qu'empiriquement, il est impossible de dissocier les trois instances de la relation didactique. Le contrat didactique, quoiqu'il en soit, prend en charge les modalités de fonctionnement de cette relation spécifique. Du point de vue de l'observation, les conséquences en sont très importantes. Cela signifie que même si l'on «entre» par un pôle ou par un autre dans le système pour l'étudier, il s'agit nécessairement de considérer chacun des observables dans le contexte de cette relation ternaire en les rapportant aux deux autres pôles du système. Dans le cadre de ces travaux, Schubauer-Leoni apporte un certain nombre d'éclaircissements supplémentaires sur la manière d'aborder les corpus issus de leçons «tout-venant»: elle procède par *niveaux d'analyse* distincts[29] que le concept de contrat didactique permet de relier entre eux. A l'intérieur du premier niveau d'analyse, le plan «intra-individuel», Schubauer-Leoni étudie les différents «sujets» du système didactique («sujet» professeur, «sujet» élève, «sujet» savoir). Mais en traitant l'un des pôles, il lui apparaît indispensable de tenir

---

29 Technique reprise du reste par cette auteure en d'autres occasions d'analyses; nous y reviendrons plus loin.

compte des deux autres: le système didactique est insécable dans l'analyse. Cette procédure constitue l'une des pistes intéressantes pour nos propres analyses.

Les travaux de Schubauer-Leoni de 1986 décrivent également un *système de traces* pour comprendre le fonctionnement du système. L'auteure se donne en effet plusieurs lieux possibles, à côté de l'observation en classe, puisqu'elle examine les représentations du professeur à travers ses annotations dans les bulletins scolaires (les remarques portées sur les élèves) mais aussi à travers son discours (entretiens) à propos de son projet d'enseignement, des contenus mathématiques enseignés, des conduites des élèves, etc. Du côté des élèves, elle se donne également plusieurs sources de données (par exemple en interrogeant des élèves en dehors de la situation d'enseignement) pour faire émerger des phénomènes propres au contrat didactique mais aussi à ce qu'elle nomme un «contrat expérimental».[30] Le point important pour nos propres travaux réside dans l'intégration de la position du chercheur à l'analyse. Schubauer-Leoni représente cette situation par un double système: le *système didactique* étudié (professeur(maître)-élèves-objet d'enseignement) et le *système de recherche* qui comprend cette fois le professeur (maître/chercheur «du dedans»), le chercheur extérieur et un objet d'étude:

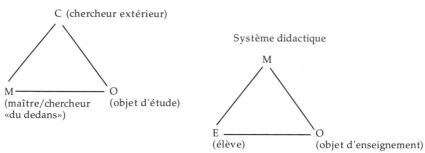

Figure 1. Deux systèmes, didactique et de recherche.

Cette prise en compte de la place du chercheur par rapport au professeur s'avère pour nous indispensable au montage du dispositif expérimental. Notre propre contribution, en collaboration avec Schubauer-Leoni, à l'ou-

---

30 voir également Schubauer-Leoni & Grossen, 1993.

vrage collectif[31] intitulé «*Variations sur une leçon de mathématiques. Analyse d'une séquence: ‹l'écriture des grands nombres›*», nous a permis de tester ce modèle. La préparation du professeur dans le cas de la leçon sur «les grands nombres» a été écrite pour fournir aux observateurs une trame d'observation.[32] Le professeur apparaît, là aussi, comme une instance appartenant à deux systèmes: le *système didactique* d'une part et le *système de recherche* d'autre part. Dans le schéma ci-dessous, le professeur (P) occupe une position particulière en ce sens qu'il agit à la fois dans le *contrat didactique* du système didactique (SD) et dans le *contrat de recherche* du système de recherche (SR). D représente les didacticiens-chercheurs-observateurs et le savoir didactique (Sdid) est l'enjeu des interactions dans ce second système:

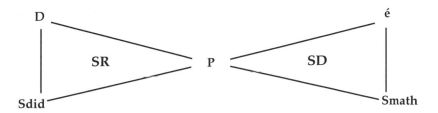

Figure 2. Double système, didactique et de recherche.

---

31 Sous la direction de C. Blanchard-Laville, 1997. Ce collectif comprend quelques-uns des auteurs du «Colloque épistolaire» cité, ainsi que d'autres. Pour ce qui est du dispositif de travail de ces chercheurs, nous renvoyons le lecteur au texte introductif commun de l'ouvrage (Schubauer-Leoni & Leute-negger, 1997a).

32 Cette leçon a été observée dans le cadre de l'école J. Michelet de Talence (près de Bordeaux). Cette école était liée à un centre de recherche, le COREM (Centre pour l'Observation et la Recherche sur l'Enseignement des Mathématiques): certaines leçons «tout-venant» étaient observées par des chercheurs et des collègues du professeur animant la leçon. Le lecteur trouvera le détail du fonctionnement du COREM, dans un article de Salin (1998), ex-responsable scientifique de ce centre créé en 1973 par Brousseau. Cela dit, il est probable que la préparation écrite du professeur ne soit pas seulement à verser à l'intérêt des observateurs, ses notes ont probablement été utiles à sa propre organisation pour mener sa leçon. Ce point reste à vérifier par une comparaison à la fois interne (comparaison de préparations de leçons observées et non observées) et externes (comparaison entre des

De notre côté, nous chercherons à préciser l'enjeu des échanges dans le système de recherche que nous allons construire. Nous nous proposons d'avancer sur ce point, afin de situer les enjeux de savoirs, didactiques et mathématiques, au sein des échanges entre *chercheur* et *professeur*.[33] Nous travaillerons à l'élaboration des conditions dans lesquelles le chercheur-observateur fonctionne dans le dispositif de recherche; il s'agit, là aussi, de décrire les systèmes en présence pour mieux comprendre ces conditions de fonctionnement. Nous y reviendrons dans notre chapitre méthodologique sur les «études de cas».

L'étude sur «les grands nombres» nous a également permis de vérifier l'utilité d'une analyse selon plusieurs niveaux en tenant compte d'un *système de traces*. En plus du protocole de la leçon, l'analyse tient compte de la préparation écrite du professeur, source indispensable pour montrer que le projet d'enseignement (mis à jour grâce à cette préparation écrite) tient lieu de fil conducteur au professeur tout au long de la leçon. Selon une métaphore musicale, on peut dire qu'elle «improvise» à partir d'un «thème» qui fonctionne comme repère à tout instant du déroulement.

D'autres contributions à l'ouvrage sur «l'écriture des grands nombres» nous seront fort précieux pour notre propre étude.[34] Celle de Mercier (1997) montre la nécessité d'une analyse *a priori* de la tâche (une fiche écrite) comprenant une analyse épistémologique des savoirs en jeu. D'autres montrent également la nécessité d'une mise à jour systématique des erreurs (voir en particulier Salin, 1997) qui permet, lors de l'analyse du protocole, d'intégrer ces erreurs au contexte interactionnel, tout en les considérant comme constitutives de la structure de la tâche. Plus en amont, l'analyse de Sensevy (1997) montre l'intérêt d'une analyse en termes d'institution, en didactique comme ailleurs (voir plus

---

matériaux de préparation issus du COREM avec d'autres, issues d'établissements plus «ordinaires»). Plus généralement, la question se pose, de ce que «fait» la recherche à l'institution scolaire avec laquelle elle entretient des échanges, suivis ou non.

33 Cette représentation d'un double contrat a été travaillé sous une forme un peu différente par Portugais (1995) lors de ses travaux sur la formation des professeurs: le professeur en formation agit, lui aussi, dans un double contrat, *didactique* auprès des élèves à qui il enseigne (en tant que «stagiaire») et *de formation* vis-à-vis du formateur universitaire.

34 Nous ne citerons ici que les textes issus des analyses des didacticiens de ce collectif, notre construction s'appuyant principalement sur ces textes-là.

haut dans la section «Arrière-plans institutionnels et culturels»). Du point de vue des données, ce qui concerne la transcription fine (sur la base de l'enregistrement vidéo) de certaines étapes de la leçon, identifiées alors sous le terme d'*incident critique*[35] permettra également de poursuivre la construction de méthodes fiables. Ce niveau de détail de la transcription a été rendu nécessaire par des questions portant sur l'enchaînement des faits à l'intérieur de cet incident. Dans notre partie méthodologique nous reviendrons sur ces éléments. L'identification d'*événements* considérés comme *remarquables* dans le déroulement des séances soumises à l'observation, sera également l'un des enjeux méthodologiques pour décrire le fonctionnement du *temps didactique*.

LA PROBLÉMATIQUE DU TEMPS DIDACTIQUE

Dans le champ de la didactique des mathématiques, la problématique du *temps didactique* trouve son origine dans la conceptualisation de Chevallard à propos de la *transposition* (1980/1991). La «mise en texte» d'un savoir en vue de l'enseigner suppose en effet que soit prise en compte la *durée* de cet enseignement puisqu'elle est issue d'une volonté de *programmation* de l'acquisition des savoirs. Dans cette perspective «le processus didactique existe comme *interaction d'un texte et d'une durée*» (p. 65). Le fonctionnement du système didactique suppose un processus inscrit dans une durée. Du point de vue de l'institution et des savoirs, ce processus suppose que d'actuels ou nouveaux en un temps T de ce processus (Chevallard parle alors de «savoirs sensibles»), les savoirs deviennent «anciens» au temps T+1. C'est ce qui advient nécessairement lorsqu'une programmabilité de l'acquisition des savoirs est postulée. En ce sens, si au temps T l'objet de savoir doit apparaître comme nouveau et au temps T+1 comme ancien, il s'agit donc, dit Chevallard, d'un objet biface, et donc contradictoire. Lorsque l'objet est nouveau, le contrat didactique se noue autour de cette nouveauté. Mais, dans ce contrat, évolutif par essence, il faut qu'à un moment donné cet objet puisse être identifié par les élèves comme n'étant plus d'actualité. Toute une série

---

35 La notion d'*événement remarquable* nous semble actuellement préférable (voir également Leutenegger & Munch, 2002): nous réservons la notion d'*incident critique* à des événements considérés comme «critiques» par les acteurs du système. L'*événement* est *remarquable* aux yeux du chercheur, par référence à son questionnement de recherche.

de conséquences en découlent, en particulier celle liée à la différence (de fait) entre temps d'enseignement (du côté du professeur) et temps d'apprentissage (du côté de l'élève). Si un objet de savoir est considéré comme ancien (du fait de la programmation établie), alors l'élève qui ne l'a pas encore appris, est considéré comme étant dans un rapport non conforme à cet objet en regard du rapport attendu: de fait, pour l'élève il est encore «d'actualité», puisqu'il fait problème, alors qu'aux yeux de l'institution scolaire il devrait être considéré comme ancien.

En observant des systèmes didactiques dont le but est de remédier à cet état de fait (en particulier les prises en charge par un soutien pédagogique), nous serons au cœur de cette problématique du temps didactique (temps d'enseignement et temps d'apprentissage). Nous chercherons à décrire le fonctionnement conjoint du système didactique de la *classe ordinaire* (où les savoirs «avancent» quoiqu'il en soit) et du *système didactique parallèle* prévu pour apporter un soutien à l'élève déclaré en difficulté, c'est-à-dire considéré comme étant dans un rapport non conforme à ce qui est attendu. On peut penser que ce système didactique parallèle travaille sur des objets de savoirs plus anciens, en cherchant à rétablir l'élève dans un rapport conforme à ces objets.

Dans un contrat didactique classique, notons encore que professeur et élèves occupent des positions différentes (leur *topos* est différent) puisque d'un point de vue topogénétique, le professeur «sait avant» l'élève, il peut anticiper ce que sont censés devenir les objets de savoir (puisqu'il y a programme et projet d'enseignement) alors que l'élève ne le peut pas. Dans ce sens, dit Chevallard (1980/1991),

> la distinction entre le professeur et l'enseigné tient au rapport au temps comme temps du savoir [...]. Professeur et enseigné occupent des positions distinctes par rapport à la dynamique de la durée didactique: ils diffèrent par leurs rapports spécifiés à la *diachronie* du système didactique, à ce que l'on peut nommer la *chronogenèse*. (p. 72)

Or dans la relation enseignant/enseigné, le système de places attribuées (de fait) à l'un et à l'autre suppose un rapport de pouvoir de l'un sur l'autre. Chevallard en appelle à Foucault (1977) pour montrer que «le pouvoir suppose une multiplicité de micro-pouvoirs concrètement réalisés. Il convient donc de chercher les ‹rouages› et la ‹mécanique› du pouvoir, en analysant ses ‹maillons les plus fins›» (Chevallard, 1980/1991, p. 74).

C'est bien à cette tâche d'examen des «rouages» du système et aux mécanismes de pouvoir en jeu que nous souhaitons nous confronter en montrant l'articulation entre le fonctionnement des systèmes didactiques et le processus de temporalisation des objets de savoir. Précisons que dans notre esprit ces mécanismes de pouvoir sont à entendre en termes de *système de places* et non en termes de prise de pouvoir entre des personnes ou des individus particuliers.

Nous décrirons maintenant quelques-uns des travaux qui ont permis d'avancer dans cette problématique du temps didactique et sur lesquels notre étude prend appui. En premier lieu, citons les travaux de Mercier (1992, 1995a) sur les *contraintes temporelles* de l'enseignement. Dans le cas particulier de l'enseignement de l'algèbre au lycée, Mercier montre par une approche originale, qu'il nomme *biographique*, que le fonctionnement temporel, avec ses composantes contradictoires entre temps d'enseignement et temps d'apprentissage, crée chez l'élève de *l'ignorance* et que cette ignorance est la plupart du temps invisible à l'institution didactique, comme demeurent également invisibles certains apprentissages des élèves. Le *manque à savoir* apparaît, dans la conceptualisation de Mercier, comme le *besoin d'un savoir* particulier pour combler ce manque. En examinant ce que l'auteur nomme des *épisodes didactiques*, ces travaux démontrent que l'élève prend à sa charge une part de l'intention d'enseigner. Dans d'autres travaux (1998), Mercier insiste sur la nécessité, pour mettre à jour ce qu'il nomme «la participation des élèves à l'enseignement», d'examiner finement des *épisodes de la biographie didactique* d'élèves, traces à partir desquelles on peut inférer que ces élèves apprennent un savoir particulier. Pour Mercier (1995a), examiner ce qui concerne un sujet donné (un élève particulier) est l'une des techniques d'approche du système didactique en ce sens que «l'irruption d'un sens pour un sujet observé montre à l'observateur l'épisode systémique originaire et l'intervention des dispositifs institutionnels que nous cherchons à connaître» (p. 100). L'analyse préconisée trouve ainsi son origine dans des éléments particuliers (les élèves et leurs apprentissages), pour «remonter» au fonctionnement du système dans son ensemble, notamment du point de vue de la temporalité des enseignements et des apprentissages.

C'est bien de cette manière-là que nous comptons nous-même procéder en examinant nos *cas de systèmes didactiques*. A partir des observations du système *in situ* (les séances en classe), nous comptons, nous aussi, «remonter» à des mécanismes plus généraux de son fonctionnement et, plus largement, aux mécanismes qui gèrent l'interaction entre les systèmes, *système ordinaire* et *système parallèle*. Nous préciserons plus loin en quoi cette méthode ascendante ou inductive est fondatrice de l'approche «clinique/expérimentale» que nous préconisons.

Dans la même lignée de travaux, mais avec une approche marquée par des emprunts à la sociologie bourdieusienne, ceux de Sensevy (1996, 1998) exposent la production d'un instrument, «le journal des fractions», permettant une gestion du *temps didactique* qui prend en compte les *contraintes temporelles* du système et donc le fonctionnement du *contrat didactique*. Le dispositif aménagé permet à l'élève de faire sienne une part de l'intention d'enseigner en prenant à sa charge un questionnement sur les fractions.[36] L'auteur «profite» en quelque sorte des conditions du fonctionnement temporel pour introduire, du côté des élèves, une *chronogénéité*, c'est-à-dire l'opportunité d'avoir une part active dans l'avancement du *temps didactique* de la classe. Le dispositif mené sur une durée importante auprès des mêmes élèves (2 ans en CM1 et CM2, élèves de 9 à 11 ans) permet une observation diachronique du fonctionnement de ce système, géré par un contrat didactique qui diffère d'un contrat classique. La position de chercheur-enseignant de Sensevy lui permet une observation au jour le jour de ce processus.

Si notre propre dispositif se veut, lui aussi, diachronique (sur une longue durée), il fonctionne un peu différemment: il s'agit pour nous de procéder à des «ponctions» ciblées dans les systèmes observés en montrant en quoi ces ponctions sont utiles à la compréhension de leur fonctionnement. Cela dit, il est probable (et cette remarque n'engage que nous) que Sensevy a dû, lui aussi, procéder à des choix ne serait-ce que lors des analyses. Nous reviendrons abondamment dans notre partie méthodologique sur les choix effectués, pour montrer la spécificité expérimentale d'une observation clinique des systèmes.

Un dernier ensemble de travaux nous sera fort utile pour appuyer nos analyses, ceux de Centeno[37] sur la *mémoire didactique*.[38] Parler du système didactique comme soumis à un processus temporel, suppose qu'il s'agit d'un système «à mémoire». Dans un contrat didactique classique,

---

36 D'autres travaux menés par Fluckiger (2000) à Genève s'inspirent de ce dispositif sous forme de «journal», pour en montrer l'intérêt dans l'étude des algorithmes de calcul.

37 Voir l'article de Brousseau & Centeno, 1991 et la thèse inachevée de Centeno, document posthume établi par Margolinas (Centeno, 1995).

38 Plus récemment, les travaux de Matheron (2000), reprennent cette question de la mémoire dans l'enseignement des mathématiques.

c'est au professeur que revient la gestion de la mémoire au sein du système. Car en effet, si à certaines étapes de l'avancement du *temps didactique*, il convient de se rappeler de ce qui précède, il est des cas où, au contraire, il est nécessaire d'oublier pour passer à autre chose. C'est ainsi que dans le cadre de l'enseignement des nombres rationnels à l'école primaire, Centeno met à jour un certain nombre de phénomènes tenant à la gestion de cette mémoire par le professeur sous forme de *rappels* mais aussi selon une *organisation de l'oubli*.

L'observation fine que nous comptons mener diachroniquement devra nécessairement tenir compte de phénomènes inhérents à la *mémoire didactique*, du côté des élèves et du côté du professeur. Du côté du professeur, nous serons amenée à tenir compte de ces phénomènes à un double titre: comprendre comment il organise la progression des savoirs chez ses élèves mais aussi observer comment, du point de vue du *système de recherche*, une autre mémoire s'organise autour des objets enseignés, entre les acteurs de ce second système, le *professeur* et le *chercheur-observateur*.

Fonctionnement et dysfonctionnements du système didactique

Les dysfonctionnements ont toujours été une source intéressante, non seulement pour la didactique, mais dans d'autres domaines également, notamment en sociologie de l'éducation (voir ci-dessus dans notre section à propos des travaux sur les pratiques d'enseignement/apprentissage), pour la mise en évidence de phénomènes qui, pour la plupart, existent de façon moins visible, dans des conditions où tout fonctionne «normalement», apparemment.

Les premières pistes de réflexion en didactique, représentées par les travaux de Brousseau, ont abouti, on l'a dit, à la théorie des situations didactiques et à ses développements.[39] Très vite, au cours des premières élaborations, il s'est avéré incontournable d'étudier les conditions de possibilité pour qu'une connaissance puisse exister (donc se former) chez le sujet apprenant. Dans une perspective constructiviste, dès 1976 la notion d'*obstacle* apparaît comme une nécessité théorique permettant d'expliquer

---

39 Voir à ce sujet l'article de M.-J. Perrin-Glorian sur la «Théorie des situations didactiques: naissance, développement, perspectives» (1994) et celui de B. Sarrazy (1995) sur le contrat didactique.

que les connaissances en formation sont tout d'abord locales et partielles et du coup, au moins en partie, incorrectes. Il est donc impossible, du fait même de la construction des connaissances, de les enseigner sous forme de savoirs définitifs. Dans cette perspective, l'erreur acquiert un tout autre statut que celui qui a cours dans l'opinion courante: elle devient constitutive de la construction des connaissances et, à ce titre, non plus à éradiquer, mais à étudier en tant que manifestation de connaissances et donc en tant qu'objet intéressant au premier chef la didactique et le didacticien. Historiquement, ce sont des travaux, sous la direction de Brousseau (entre autres Amirault & Cheret, 1978; Brousseau & Peres, 1981, repris plus tard par Brousseau & Warfield, 2002; Sevaux, 1983), à propos de cas d'élèves en soutien spécifiquement didactique qui ont permis d'ouvrir de nouveaux champs d'étude et du coup de faire avancer la théorie. Le fameux «cas Gaël», republié assez récemment (Brousseau & Warfield, 2002), est issu de travaux qui cherchaient, à l'origine, à montrer à quel point l'aménagement des situations en vue des séances est important, mais face aux observations des conduites de Gaël, ces travaux ont permis d'ouvrir le chantier théorique, qui s'est avéré depuis lors très fécond, du contrat didactique et de ses implicites. Lors de ces premières élaborations, l'origine des difficultés des élèves étaient alors rapportées à ces implicites du contrat, vus plutôt comme des scories ou des indésirables de la relation didactique faisant obstacle à la construction des savoirs. On sait depuis lors (voir Sarrazy, 1995) que le contrat est inévitable et inhérent à toute relation didactique.

Arrêtons-nous un instant sur les travaux de Perrin-Glorian (1993) à propos des classes dites «de niveau faible», mais dans le circuit «normal» de scolarité. Ses résultats montrent que, dans le cadre de la théorie des situations, les phases de dévolution du problème et d'institutionnalisation sont à penser, en termes d'ingénierie, de façon très spécifique. Faute de quoi ces élèves «faibles» sont maintenus dans leur statut. L'auteure observe en effet des phénomènes attestant que certaines actions de gestion de la leçon, qui pour d'autres classes permettent aux élèves la prise en charge du problème, et donc de construire des savoirs, sont ici systématiquement évités par le professeur. Ce, bien entendu, en dehors d'un choix conscient. Dans cette perspective, les attributions aux élèves de l'échec ou de la réussite, sont à interroger puisque, au moins dans les cas étudiés par Perrin-Glorian, le milieu d'apprentissage, préparé et géré par le professeur, semble provoquer ou maintenir des conditions propres à l'échec.

Schubauer-Leoni (1996a) montre à quel point la mise en évidence du jeu des différents rapports institutionnels et personnels aux divers objets de l'école permet de mieux comprendre les enjeux des pratiques. Par «objets de l'école», Schubauer-Leoni entend notamment les objets «élève», «professeur», «erreurs», «normes de comportement», «concentration», etc., tous objets dont il est convenu institutionnellement qu'ils existent dans la culture scolaire aussi bien pour l'élève que pour les différents représentants institutionnels (professeur titulaire ou GNT chargé du soutien). Le discours de ces derniers à propos de l'élève déclaré en difficulté est à cet égard très informant sur la manière dont est posé le verdict de non conformité du rapport personnel de l'élève aux différents objets en regard de ce qui est attendu par l'institution scolaire. L'objet «savoir mathématique» et les rapports des différents protagonistes à celui-ci en tant que contenu spécifique, font apparaître un certain nombre de difficultés liées essentiellement à la gestion des problèmes mathématiques particuliers: leur aménagement et par conséquent la place que le professeur laisse à la construction d'un rapport personnel par l'élève à l'objet de savoir joue un rôle décisif. Schubauer-Leoni conclut de ses observations que

> paradoxalement, les élèves qui auraient le plus besoin de fonctionner dans un rapport a-didactique à la connaissance, sont ceux pour lesquels l'institution et à travers elle, ses représentants, se prête (la plupart du temps à leur insu) à créer des conditions d'évitement d'une rencontre effective et personnelle de l'élève au savoir. (p. 184)

Il s'agit donc de replacer les différents éléments les uns par rapport aux autres dans leur contexte, le savoir enseigné lui-même étant l'élément clé pour la compréhension de ce qui se joue. Du point de vue du contrat didactique, Schubauer-Leoni (dès 1986) étudie ce qu'elle nomme un *contrat différentiel* entre le professeur d'une part et les différents élèves d'autre part. Ce *contrat différentiel* permet de décrire les formes que prend le contrat didactique selon les élèves, mais aussi selon les représentations que le professeur se fait de l'élève (par exemple au plan social). L'auteure montre que les interactions sociales doivent être prises en compte à l'intérieur du contrat didactique lorsque l'on observe les interactions didactiques. Des travaux subséquents reprennent ces éléments en les travaillant.[40]

---

40 Différents travaux ont été menés sur le contrat didactique et son fonctionnement (notamment Schubauer-Leoni, 1988, 1991; Schubauer-Leoni &

Dans le cas des groupes d'élèves pris en charge par les GNT qui nous occupent, nous serons amenée à examiner, ce que l'enseignant dit de la manière dont il prévoit, introduit et gère les activités. Quels sont les paramètres sur lesquels il s'appuie pour prendre ses décisions? De plus, dans la perspective d'articuler fonctionnement du système et temps didactique, nous examinerons si l'on peut, comme pour les classes étudiées par Perrin-Glorian ou Schubauer-Leoni, mettre en évidence une tendance des GNT à ne pas faire dévolution des problèmes aux élèves, donc à réduire l'espace a-didactique avec le présupposé que ces élèves ne peuvent prendre en charge personnellement le problème proposé.

TRANSMISSION DE SITUATIONS ET DE TÂCHES AUX PROFESSEURS

Si la plupart des problèmes mathématiques observés dans notre recherche sont amenés par les professeurs, d'autres sont au contraire proposés par la recherche pour comprendre à quelles conditions une situation nouvelle est admise (ou non ou partiellement) dans l'institution scolaire en regard de l'avancement du temps didactique. Dans ce cas, sans chercher à stigmatiser une quelconque «mauvaise volonté» des professeurs pour mener ces situations, l'approche préconisée s'attache plutôt à mettre à jour ce qui «résiste» ou, au contraire, semble propice à une intégration de la situation à la chronogenèse des classes concernées. Nous citerons deux ensembles de travaux (dont les buts sont différents) qui montrent certaines caractéristiques de la transmission des situations au professeur par le chercheur.

Un premier ensemble de travaux, conduits par Peres (1985), pose le problème de la transmission des situations construites par des didacticiens aux professeurs: il s'agit selon l'auteur de rendre accessible la situation et son maniement au professeur pour que celui-ci puisse, tel un acteur interprétant son rôle, «mettre en scène» le savoir visé. Le maniement de cette transmission, dit Peres, passe par une explicitation des conceptions psychologiques ou épistémologiques à partir desquelles les

---

Leutenegger, 1997a et b; Schubauer-Leoni, Leutenegger & Mercier, 1999; Schubauer-Leoni & Ntamakiliro, 1994) et des travaux sur les interactions sociales (notamment, Perret-Clermont, Schubauer-Leoni, Grossen, 1996). Plus récemment encore, des travaux sur les rapports différentiels des élèves au contrat didactique ont été poursuivis: voir notamment Leutenegger & Schubauer-Leoni, 2002.

situations ont été élaborées, de manière à amener le professeur à un comportement qui puisse, le cas échéant, faire rupture avec ce qu'il pratique habituellement et qui est guidé, selon l'auteur, par son épistémologie spontanée. Il s'agit en effet de ne pas transiger sur un certain nombre de caractéristiques de la situation, faute de quoi le sens mathématique qui en est le cœur pourrait se perdre.

Dans une intention de recherche différente, les travaux de thèse de Schubauer-Leoni (1986)[41] explicitent un certain nombre de précautions à prendre dès lors que le chercheur propose un problème ou une situation au professeur. Le but de ces précautions n'est pas dans ce cas une transmission dans les meilleures conditions possibles pour que l'intention première de la situation soit conservée, mais plutôt d'étudier «les mécanismes propres au contrat didactique à l'œuvre dans la classe» (p. 114). Il s'agit alors, dans les conditions de la transmission, d'examiner ce qu'en fait le professeur dans sa classe et, plus spécifiquement, de dégager les contraintes et les possibles (tenant au fonctionnement du contrat didactique) auxquels le système se trouve soumis. Dès lors que le but change, les précautions à prendre pour la transmission des situations ou des problèmes sont d'un tout autre ordre: il s'agit plutôt, selon Schubauer-Leoni, de proposer une activité qui paraît habituelle, sans l'être vraiment, pour rendre manifestes des réactions qui, elles, sont habituelles à la fois du côté du professeur et du côté des élèves. «Ainsi, la relative opacité de l'activité est censée mieux nous permettre de saisir ce qui est de l'ordre des significations partagées entre le maître et ses élèves […]» (p. 114).

En proposant certaines situations mathématiques aux professeurs, nous nous plaçons dans cette même perspective: il s'agit d'en étudier les effets et non de vouloir que le professeur les mette en scène «le mieux possible»; mais pas seulement: dans la mesure où le système didactique est articulé à un système de recherche, le *contrat de recherche* et les négociations de ce contrat entre le *professeur* et le *chercheur*, sont à prendre en compte en tant que conditions pour l'observation en classe.

---

41 Voir également Schubauer-Leoni & Ntamakiliro (1994) ainsi que d'autres travaux de l'équipe genevoise de Didactique comparée. A titre d'exemple, une fiche sur «l'écriture des grands nombres» (Blanchard-Laville, 1997) a été proposée à plusieurs professeurs primaires dans le but d'étudier la manière dont cette fiche est intégrée (ou non) à ces nouveaux systèmes didactiques: voir Leutenegger, 2003.

Numération et opérations arithmétiques élémentaires

Les contenus mathématiques sur lesquels nous avons choisi de porter nos observations sont liés à la numération et aux opérations arithmétiques élémentaires. Ce thème est en effet suffisamment large pour permettre une observation qui traverse l'ensemble des degrés de l'école élémentaire. Par ailleurs, les nombreux travaux en ce domaine, particulièrement en didactique des mathématiques (parmi de nombreux autres, Briand, 1999; Briand, Loubet & Salin, 2004) mais aussi dans le champ de recherche de la psychologie cognitive (voir en particulier, Blanchet, 1997; Fayol, 1985, 1990; Perret, 1985; Resnick, 1982, 1983; Sinclair, Tièche Christinat & Garin, 1994) permettent l'usage d'un outillage théorique suffisamment élaboré et diversifié.[42]

Parce qu'elles traitent, respectivement, avec le point de vue de l'élève et celui du professeur, *la question de l'erreur* dans les algorithmes de calcul, nous mettrons en exergue deux ensembles de recherches. Dans la direction tracée par Vergnaud (1981/1991, 1990, 1994), il s'agit tout d'abord des travaux de Brun (1996a et b), de Brun & Conne (1991), Brun *et al.* (1994) sur les erreurs dans les algorithmes de division qui montrent à quel point *l'analyse a priori* des tâches (du point de vue des procédures des élèves et des erreurs potentielles) est importante pour le choix et la gestion par le professeur des problèmes mathématiques qu'il propose en fonction de son projet didactique. En lien avec ces travaux, du point de vue cette fois des stratégies du professeur pour traiter les erreurs aux algorithmes, les travaux de Portugais (1995)[43] ont mis en évidence les types d'intervention sur l'erreur par le professeur en formation initiale et la manière dont il apprend lui-même, au fil de l'expérience qu'il acquière, à gérer ses interventions. La mise en évidence de phénomènes tels que des stratégies de traitement de l'erreur par le professeur en formation qui «contrôle les actes» des élèves en train d'effectuer une opération écrite, ou par contraste des stratégies dites de «contrôle du sens», sera utile à notre propre étude. On pourra notamment se demander comment le GNT prépare les tâches qu'il donne à

---

42 En nous appuyant sur les auteurs qui les ont travaillés, nous reviendrons plus précisément, lorsque nécessaire, sur les objets spécifiques et leur analyse *a priori* à l'occasion de chacune des observations inhérentes à nos quatre études de cas.

43 Voir également Portugais et Brun (1994).

faire aux élèves, comment il envisage de traiter telle ou telle erreur qu'il a éventuellement anticipée[44] et comment ces anticipations se trouvent réalisées (ou non) lors des séances effectives.[45]

Du point de vue de l'aménagement et de la conduite des situations mathématiques par les professeurs, nous nous appuierons notamment sur les travaux de Peres (1984, 1985). En effet, dans le cadre de la théorie des situations, l'auteur montre quelles sont les conditions d'aménagement de la situation afin que l'élève rencontre le problème que l'on souhaite le voir rencontrer. A ce sujet, la notion de *variable didactique*, nous sera fort précieuse pour montrer sur quel(s) élément(s) de la situation le professeur tente de faire levier.

Plus largement dans le domaine de la numération, nous serons amenée à nous référer aux travaux de Conne (1986) sur la transposition didactique dans l'enseignement des mathématiques au niveau primaire. D'autres travaux de cet auteur sur le comptage et les opérations dites «en ligne», seront également utiles aux analyses, notamment Conne, 1987a, b, 1988a, b, c.

DES APPROCHES «CLINIQUES»

Nous brosserons ici un tableau de différentes approches qui se réclament d'un regard clinique, dans le domaine spécifique de l'apprentissage des mathématiques. Mais, on le verra, ces problématisations diffèrent assez nettement de celle que nous engageons. Nous exposerons ensuite des travaux «cliniques» dans différents domaines autres que celui de l'enseignement proprement dit, pour montrer les filiations, au plan épistémologique, mais aussi les différences, avec notre propre approche.

---

44 Nous avons nous-même effectué une étude sur la formation des professeurs au sujet de préparations de séances à propos des algorithmes. Les résultats de cette étude nous ont permis de constater l'intérêt d'étudier ces matériaux (Leutenegger, 1994 non publié et Leutenegger, 1996).

45 Pour d'autres travaux plus anciens sur les erreurs et le traitement de celles-ci, dans d'autres domaines des mathématiques, voir Salin (1976) sur le rôle de l'erreur et Milhaud (1980) sur le comportement des maîtres face aux erreurs des élèves.

APPROCHES CLINIQUES ET INTERVENTIONS DE TYPE
THÉRAPEUTIQUE DANS LE DOMAINE DES DIFFICULTÉS
D'APPRENTISSAGE EN MATHÉMATIQUES

C'est le plus souvent en cas de «dysfonctionnement» dans les apprentissages scolaires qu'une approche «clinique» est préconisée. Dans ce cas
de figure, les différentes tendances, pour la plupart interventionnistes,
se sont, depuis longtemps, intéressées au sujet en difficulté (ou en échec)
en mathématiques et/ou au type d'intervention à mettre en œuvre.
Parmi les moins récentes, citons tout d'abord des auteurs tels que Baruk
(1973, 1988), Dolle & Bellano (1989), Jaulin-Manonni (1979), qui, dans
une visée de rééducation, s'attachent à travailler avec l'élève en échec
sur les contenus de savoir en cause. D'autres approches abordent, quant
à elles, les difficultés scolaire en mathématiques, soit comme symptôme
d'un conflit intérieur en lien avec les imagos parentaux (approche psy-
chanalytique[46]), soit comme résultante d'un fonctionnement familial particulier (approche thérapeutique à caractère systémique[47]). Cette fois le
contenu spécifique sur lequel porte l'échec n'est que très peu pris en
compte. Ce n'est pas leur objet ni d'étude ni d'intervention. Ces différents types d'approche de «l'échec» isolent le sujet de son contexte spécifiquement scolaire pour être pris en charge par une instance externe à
l'école, telle que professeur, répétiteur, psychologue, rééducateur ou
psychanalyste. D'un point de vue théorique, le sujet en échec est étudié
en tant que sujet cognitif, que sujet de l'inconscient ou que participant
d'un système familial.

Or même si les sujets propres à notre étude sont contraints par leur
cognition, leur inconscient, leur configuration familiale, ou autre, du point
de vue de la recherche et en l'état actuel des connaissances et des limites
des champs théoriques, il ne pourra être question d'aborder tous ces
aspects conjointement. Notre sujet d'étude, la question de l'approche «clinique», porte bien sur un (ou des) type(s) d'enseignement particulier dans
le cadre de l'école, avec des GNT ou des professeurs titulaires qui sont
membres à part entière du corps enseignant de leur établissement scolaire.
Les interventions de ces professeurs portent sur des savoirs scolaires spécifiques. Ceci détermine un certain nombre de paramètres propres dont il

---

46 Voir en particulier Dolto (1989).
47 Parmi les nombreux ouvrages existant, citons celui coordonné par Blanchard,
    Casagrande & Mc Culloch (1994).

faudra tenir compte. Nous serons néanmoins amenée à considérer certaines des approches évoquées, ne serait-ce que dans le but de maintenir une certaine vigilance épistémologique à propos du cadre conceptuel utilisé. L'exemple du concept de *rapport au savoir* est tout à fait parlant: certaines approches cliniques (dont les travaux de Beillerot, Bouillet, Blanchard-Laville, Mosconi & Obertelli de 1989 et de Beillerot, Blanchard-Laville & Mosconi de 1996) prennent en compte ce qu'elles nomment *«savoir et rapport au savoir»*. Ces auteurs étudient le *rapport au savoir* comme faisant partie de l'économie psychique du sujet «qui sait» (par opposition à un état d'ignorance). Mais le contenu de savoir spécifique n'est pas ou peu soumis à l'analyse. A noter également, nous l'avons relevé plus haut, ce même terme de *«rapport au savoir»* en usage dans l'équipe ESCOL (Charlot, 2001) et qui travaille cette notion en lien avec la question sociologique de l'échec scolaire. Ces approches, qui ont donc leur intérêt propre, ne prennent que très peu en compte la spécificité du contenu de savoir enseigné et la manière dont celui-ci modèle le système de relations entre professeur et élèves. Par opposition, ce qu'on entend en didactique par *rapport au savoir* est un rapport avant tout médiatisé par des institutions (Chevallard, 1992; Mercier, 1997), en particulier l'école, et tient compte très fortement du contenu de savoir.[48] Un exemple fera comprendre la nuance que nous y mettons. Au travers de certaines études de cas d'adolescents en difficulté élective en mathématiques, Berdot et Blanchard-Laville (1985), montrent que l'intervention du thérapeute permet au patient d'utiliser les mathématiques comme lieu d'expression de son symptôme. Le but d'enseignement et donc le *contrat didactique* sont provisoirement suspendus du fait du contexte: c'est bien, institutionnellement, un thérapeute et non plus un professeur qui intervient puisque la consultation a lieu en dehors du cadre scolaire et que la visée est d'ordre thérapeutique. L'engagement de l'élève dans le *contrat didactique* est évité au profit d'un autre contrat, thérapeutique cette fois, gérant ce qui concerne les échanges entre thérapeute et patient autour de l'expression du conflit psychique du sujet. D'un point de vue théorique, il ne s'agit plus d'un sujet «enseigné-apprenant» mais du sujet de l'inconscient. Ce point est important dans la mesure où il s'agit de clarifier et de distinguer théoriquement à quel sujet le professeur a affaire dans sa pratique enseignante.

---

48 Sur ce point spécifique voir la contribution de Schubauer-Leoni & Leutenegger à l'ouvrage sur «l'écriture des grands nombres» (1997a). Voir également Berdot, Blanchard-Laville & Mercier (1988).

Dans l'optique didactique qui est la nôtre, nous traitons bien du sujet *élève* c'est-à-dire un sujet soumis à une intention d'enseigner un(des) contenu(s) de savoir particulier(s) et qui est censé pouvoir entrer dans un projet d'apprentissage de ce(s) contenu(s); et ceci dans le cadre de l'institution nommée *école*. Pour la didactique, le sujet *élève* est l'une des instances du système didactique ternaire. D'un point de vue théorique, c'est ce système ternaire et non des sujets particuliers, que nous comptons, nous l'avons dit, aborder de façon «clinique». On est donc bien loin, dans notre perspective, d'une clinique qui se voudrait «psychologique» au sens courant du terme. Ou, s'il s'agit d'une psychologie, elle est plutôt une psychologie sociale permettant de rapporter ce qui se passe entre des acteurs à propos des objets qu'ils négocient.

APPROCHES CLINIQUES DE RECHERCHE:
LES ÉTUDES PIAGÉTIENNES ET LES AUTRES

Venons-en maintenant à des approches cliniques qui se réclament principalement d'une visée de recherche. Avec d'abord l'approche piagétienne et sa «méthode clinique», nous chercherons à montrer ce que nous apporte cette approche au plan épistémologique, mais aussi, en nous appuyant sur Gréco (1967, 1996), que cette «méthode clinique» ne semble pas rencontrer tout à fait le type de clinique élaboré dans cet ouvrage. Pour ce faire nous argumenterons à partir de trois définitions de la clinique que propose Gréco (1996).

Il nous faut d'abord remonter, d'un point de vue épistémologique, aux fondements scientifiques d'une telle approche et, pour ce faire, nous nous appuierons sur un texte écrit en collaboration avec M. Saada-Robert (voir Saada-Robert & Leutenegger, 2002). En sciences humaines et sociales et particulièrement en sciences de l'éducation, la nécessité d'une réflexion sur les critères scientifiques qui définissent la recherche n'est plus à démontrer.[49] Les débats organisés en 2002 sur le couple

---

49 Voir notamment un numéro de la revue *Issues in Education, 5,* 1999, entièrement consacré à la question «What to do about educational research's credibility gaps?» Témoin également de la prise en compte de cette question, plus largement en sciences humaines, un colloque francophone international, organisé par le Groupe de Recherches Epistémologiques de l'Université Libre de Bruxelles en mars 2002, qui s'est intitulé «Regards sur les sources et l'actualité de la controverse entre explication et compréhension dans les sciences humaines».

«expliquer-comprendre»[50] en sciences de l'éducation, sous l'égide de la Section des Sciences de l'éducation de l'Université de Genève et du comité de rédaction de la collection *Raisons Educatives* – et qui ont abouti à un ouvrage, voir Leutenegger & Saada-Robert, 2002 –, ont contribué pour leur part à apporter un certain nombre d'éclaircissements sur ces critères scientifiques. La clinique/expérimentale construite se doit d'être examinée, elle aussi, à l'aune de ces critères.

Sans remonter à Dilthey à la fin du XIXᵉ siècle et au dualisme entre expliquer (les faits de la nature) et comprendre (les données signifiantes de l'activité humaine), dualisme désormais largement dépassé grâce aux travaux de Weber (1956/1971) en sociologie, Vygotski (1927/1999) en psychologie ou encore ceux de Piaget, nous dirons, avec Piaget justement, que explication et compréhension constituent deux aspects de la connaissance scientifique «irréductibles mais indissociables» (Piaget, 1967, p. 1135).

Nous avons développé ailleurs (Saada-Robert & Leutenegger, 2002) une tentative de relier ces catégories pour les sciences de l'éducation, en postulant que la question de l'explication scientifique peut se décliner sous trois angles différents. Elle se pose tout d'abord d'un *point de vue épistémologique* puisqu'à l'instar des autres sciences, les sciences de l'éducation n'échappent pas à la question du «pouvoir explicatif» de leurs modèles théoriques. Elle se pose également d'un *point de vue méthodologique* puisque les sciences de l'éducation se doivent en effet d'expliciter leur manière (ou leurs manières, au pluriel) de constituer leur objet d'étude et de mettre en relation les modèles théoriques et les données qu'elles sont amenées à traiter. De ce deuxième niveau – les méthodes cliniques/expérimentales construites n'y échappent pas – dépendent les *dispositifs et procédés locaux de la recherche* dans chacune de ses étapes. C'est à ces différents niveaux que l'on peut situer le problème de compréhension, voire d'explication, des phénomènes par le chercheur en le reliant à la question du sens. La question de la clinique et de l'expérimental étant, à notre point de vue, au centre de cette tension entre explication et compréhension (voir Schubauer-Leoni & Leutenegger, 2002).

---

50 Le rapprochement des deux termes sous la forme du syntagme «explication/compréhension» s'appuie sur Weber (1956/1971); il a été repris par Ricoeur (2000) dans le cadre de son exposé épistémologique pour la recherche historiographique.

Vergnaud (2002) ne voit dans l'explication qu'un certain niveau de *conceptualisation* du chercheur. Celle-ci, selon l'auteur, est toujours réductrice et donc l'explication toujours partielle, elle est vue en tant que «décision cognitive en situation d'incertitude» (p. 43). Reste à savoir quelle est la marge de cette incertitude. On est donc bien loin, avec Vergnaud, d'une explication au sens causal du terme, propre aux démarches scientifiques des sciences dites «dures». Le fait même qu'en sciences humaines et sociales l'étude de la conduite humaine soit aussi affaire de conscience a une importance capitale, elle ne peut se réduire à une dimension observable matérielle. Une dimension inductive est nécessaire et déjà les arguments de Piaget (1963) allaient dans ce sens lorsqu'il remplaçait la triade causalité – déduction – substrat du réel, propres aux démarches scientifiques classiques, par une autre triade susceptible d'expliquer les phénomènes de conscience et d'intentionnalité, en termes d'implication[51] – interprétation – signification. Or, l'explication *implicative* et l'explication *causale* relèvent toutes deux de la même exigence scientifique dans la mise en rapport des données et des modèles abstraits, toutes deux par ailleurs intimement liées à une «compréhension du monde» qui les oriente. C'est en cela que compréhension et explication sont indissociables. La question de la signification (pour le chercheur) est dès lors posée. Cette question de la signification, on le verra, sera au cœur de la clinique construite.

Nous relierons pour notre part cette indissociabilité des deux concepts de compréhension et d'explication aux travaux de Ricoeur (1986, 2000) qui, de son côté, pose la question de *l'appropriation du sens* par le sujet connaissant. Celui-ci est au centre de l'enjeu de compréhension; ce «sujet connaissant» pouvant être le chercheur en tant que producteur de connaissances. Sur la proposition de Ricoeur, on peut admettre que toute science est composée à la fois d'une dimension *explicative* «dans ses moments méthodiques», et d'une dimension *compréhensive* «dans ses moments non méthodiques», c'est-à-dire au moins, en amont de la recherche lors du choix du problème soumis à la question, et en aval, lors de l'intégration des résultats dans une «compréhension du monde», à une époque et dans un lieu donné. Piaget (1965) intègre, lui aussi, cette dimension épistémologique dans la démarche du scientifique, en la désignant sous le terme de «croyance», terme que l'on peut

---

51 Implication conceptuelle, qu'elle fasse partie d'un système logique ou d'un système de valeurs.

rapporter à la dimension donnée par Ricoeur (1986) à la compréhension. Mais y a-t-il quelque chose de plus à attendre dans la dimension de compréhension qu'une «simple croyance»? On peut au moins penser que toute discipline de recherche, qu'elle soit intégrée aux sciences de la nature ou aux sciences humaines et sociales, est constituée de *tensions issues d'une diversité de démarches méthodiques explicatives* qui reposent essentiellement sur le pouvoir déductif des modèles théoriques. Cependant, la démarche scientifique, en sciences de l'éducation comme ailleurs en sciences humaines et sociales, ne consiste pas en une opération «purement» déductive. Pas plus, du reste, qu'elle ne peut se satisfaire d'une démarche «purement» inductive, témoins les recherches dites «compréhensives», au sens de Mucchielli (1996). La légitimité scientifique des approches compréhensives, celles «cliniques» particulièrement, réside dans un double mouvement, que Rescher (1977) a qualifié de «principe de double cohérence»: la cohérence propre *au modèle théorique externe* d'où les concepts explicatifs sont issus (nous verrons que l'appareil théorique développé en didactique fera, pour notre part, office de cadre explicatif), et la *pertinence* des concepts *depuis l'intérieur du système* que l'on cherche à comprendre (les «faits du système», interrogés systématiquement et reliés les uns aux autres pour en comprendre la cohérence interne). L'approche compréhensive repose donc également sur un mouvement déductif, par le recours à des concepts explicatifs, interprétatifs voire descriptifs et ne repose pas purement sur une «compréhension du monde» assimilée à des «croyances».

Différents auteurs de l'école piagétienne (dont Plaisance & Vergnaud, 1999; Vergnaud, 2002) se sont penchés sur la question des pouvoirs explicatifs des modèles construits. Certains, pour argumenter en faveur de méthodes caractérisant une explication scientifique, discutent la méthode clinique piagétienne par rapport à d'autres approches se réclamant d'une clinique à visée d'intervention.

A l'intérieur de cette école piagétienne, certains auteurs, dont Gréco (1996), se sont penchés dans les années 60 sur la question de l'explication pour montrer les différences entre les préoccupations d'ordre scientifique et les préoccupations des pratiques, en l'occurrence les pratiques psychologiques. Ces dernières, essentiellement casuistiques et holistiques, ne peuvent s'en tenir qu'à «des principes de commentaires plutôt que des énoncés explicatifs au sens strict» (Gréco, 1996, p. 225). De la psychanalyse, par exemple, Gréco (1967) affirme qu'on ne peut en faire l'épistémologie notionnelle:

métaphoriquement, «elle prouve le mouvement en marchant. Mais elle ne l'explique pas» (p. 943). La psychologie de l'introspection suit, en effet, une tradition spiritualiste qui, au regard de critères scientifiques, s'avère problématique. D'un autre côté, la psychologie expérimentale (de tradition positiviste) s'en tient aux seuls «phénomènes justiciables de l'observation et de la mesure» (Gréco, 1996, p. 225), ce qui est estimé également peu satisfaisant par l'auteur. En se calquant sur les sciences de la nature, elle ne prend pas suffisamment en compte les spécificités de son objet d'étude, en particulier le fait que des significations traversent les faits sociaux et humains. Or, toujours selon Gréco, la dichotomie n'est pas si radicale entre la tradition positiviste et la tradition spiritualiste. En effet, la psychologie clinique n'a pas toujours suivi la seule voie du spiritualisme. Notamment, en se confrontant à la maladie mentale, elle a été amenée à prendre en compte aussi bien l'observation externe que l'interprétation. Gréco en conclut que «le louable souci de comprendre ne dispense pas le psychologue [fut-il clinicien[52]] du devoir d'expliquer» (p. 226) et le projet «clinique» de la psychologie, en tant que pratique, n'a pas à récuser un projet scientifique de cette même psychologie, c'est-à-dire celui de produire des savoirs sur ses objets. (Saada-Robert & Leutenegger, 2002, pp. 11-12)

Sur ce dernier point nous suivons volontiers Gréco en faisant la différence entre des visées praticiennes (fut-ce le praticien de la recherche en train d'interroger un sujet grâce à des méthodes, peut-être cliniques) et des visées de recherche (ce même chercheur aux prises avec une explication-compréhension des phénomènes construits sur la base des données récoltées), mais en les articulant entre elles. Nous nous faisons fort de montrer que la clinique construite intervient pour nous à deux niveaux: en effet, nous aurons recours à un système emboîté de cliniques: une *clinique des catégories d'acteurs du terrain* permettant de gérer le rapport à l'Autre (pendant le temps de la recherche) qui vient s'inscrire dans une *clinique des systèmes* (système de recherche et systèmes didactiques) permettant une analyse des phénomènes construits. Cet emboîtement subordonne la clinique des acteurs à celle des systèmes les réunissant. C'est alors le dispositif expérimental qui vient contraindre le fonctionnement des systèmes et sous-systèmes à étudier, dans la mesure où des choix préalables (mais aussi, cas échéant, *in situ*) ont été réalisés pour construire et faire vivre le dispositif de recherche. Mais continuons à examiner ce que Gréco entend par «méthode clinique».

---

52 C'est nous qui ajoutons.

Du point de vue des méthodes, il s'agit, selon Gréco, de donner un statut au terme de «méthode clinique». Cet intitulé peut en effet prêter à confusion puisqu'il est aussi bien en usage chez des praticiens que chez des chercheurs dont le but explicite est bien la production de savoirs scientifiques. En particulier pour la psychologie piagétienne, la *méthode clinique est un procédé au service de la production de savoirs scientifiques*, production dans laquelle l'explication joue également un rôle, celui de visée d'ensemble du processus de recherche. (Saada-Robert & Leutenegger, 2002, pp. 12)

En tenant compte de ces distinctions, pour Gréco (1996), le terme de «méthode clinique» peut être compris selon trois acceptions au moins: la première se rapporte à une «façon de voir» ou une approche; la deuxième est assimilée à une «technologie» et la troisième est une «modalité de recueil des informations», seule la troisième est entendue comme propre à l'école piagétienne. Nous discuterons ces trois définitions pour montrer qu'elles ne rencontrent pas, ou très partiellement, les visées d'une clinique/expérimentale pour étudier les phénomènes didactiques.

Notons tout d'abord que toutes ces définitions se rapportent à la psychologie ou plutôt à *des* psychologies. Les définitions de Gréco font plutôt référence à une (ou des) cliniques des sujets (sujets en thérapie ou sujets de l'expérience). Or dans les cas qui nous intéressent, on est plutôt dans une «clinique des systèmes didactiques». Ce qui détermine vraisemblablement d'autres caractéristiques. Sauf à se demander si la didactique est une psychologie parmi d'autres. Or, à notre sens, la réponse est non. Nous affirmons avec force que la didactique est une science à part entière, qu'elle recouvre un champ de recherches qui lui est propre, en sciences de l'éducation[53] et qui a la particularité de comprendre plusieurs disciplines de référence, dont la psychologie ou la sociologie, parmi d'autres, mais aussi les différentes disciplines «mères», les mathématiques, la linguistique, l'Histoire, etc., selon la didactique engagée. Elle ne peut donc pas se réduire à une psychologie parmi d'autres.

Par rapport à la première définition de Gréco, une opposition nette sur la «façon de voir» entre «psychologie clinique» et «psychologie expérimentale» se dessine. Il met en opposition clinique et expérimental par rapport au terme de «psychologie»: ce sont deux psychologies différentes, irréductibles l'une à l'autre. Du coup l'opposition renvoie, semble-t-il, à une «psychologie pour intervenir» (la clinique) *contre* une «psychologie pour expliquer/(comprendre?)» (l'expérimentale). Or, la

---

53 Voir à ce sujet Schubauer-Leoni (1998/2001).

visée de nos travaux, sous couvert d'une clinique, relève bien d'une démarche d'explication/compréhension et non d'une démarche d'intervention: de ce point de vue ils sont en contradiction avec cette première définition de Gréco qui oppose «clinique» et «expérimental». Loin de les opposer, les travaux présentés ici allient les composantes «cliniques» à des composantes «expérimentales».

Par rapport à la deuxième définition de Gréco, c'est-à-dire la clinique vue comme une «technologie», en tant que *synthèse pratique entre une psychologie expérimentale et des apports relatifs aux relations interindividuelles et sociales*. Cette technologie renvoie à des connaissances issues des données scientifiques d'une ou de diverses formes de psychologie (à nouveau seules les sciences psychologiques sont convoquées). Corrélativement, dans cette acception du terme, il n'y a pas place, semble-t-il, pour *l'objet* des relations interindividuelles ou sociales. Or, en didactique, c'est bien un système ternaire qui est en cause et, au cœur de ce système se trouve l'objet de l'interrelation; en l'occurrence l'interrelation entre l'enseignant et l'enseigné à propos des objets de savoir mathématique enseignés et appris. Les didactiques, celle des mathématiques particulièrement, ont largement montré à quel point l'objet de savoir contraint et construit, modèle même, cette interrelation particulière. Il fait résistance en quelque sorte et le fonctionnement lié au contrat didactique spécifique montre bien ce «modelage» par les objets. Encore une fois, la deuxième définition de Gréco ne renvoie pas, à notre sens, aux technologies relatives à une «clinique des systèmes didactiques».

Par rapport à la troisième, c'est-à-dire une «modalité de recueil des informations» – dans le cadre de la recherche cette fois – deux arguments invitent à penser que ce n'est pas de cela non plus qu'il s'agit dans la clinique/expérimentale construite. Gréco se réfère ici à la «méthode clinique de Piaget» (qui deviendra du reste plus tard une méthode dite «critique»). C'est-à-dire la méthode au moyen de laquelle Piaget et ceux de son école interrogent les sujets en vue de recueillir un certain nombre d'informations sur leur cognition. Au-delà des informations rassemblées selon cette méthode, il n'est plus question de clinique. Il s'agit alors, dans ce deuxième temps de la recherche, de traiter les données selon d'autres méthodes d'analyse, pour parvenir à construire un sujet que Piaget nomme «épistémique» à partir des observations et des informations collectées. La «méthode clinique» vient servir ce projet sur le terrain, elle est donc bien un *procédé au service de la production de savoirs scientifiques*, mais s'arrête là. Or, la clinique proposée va bien au-delà d'une «simple» modalité de recueil des informations. Elle se poursuit, nous le verrons, jusque dans le traitement des données recueillies et même dans la construction des phénomènes didactiques. On l'a dit, il s'agit d'un système emboîté de cliniques: une *clinique des catégories d'acteurs du terrain* qui vient s'inscrire dans une *clinique des systèmes*.

Un second argument concerne le type de données recueillies: dans le cas de la «méthode clinique» piagétienne, on est très loin d'une situation d'enseignement, même si, au contraire de ce qui a été dit concernant la deuxième acception du terme de «méthode clinique» (selon Gréco), l'objet est cette fois très fortement présent (qu'on pense à la conservation des grandeurs par exemple ou à d'autres études piagétiennes). Mais ce n'est pas le sujet (à noter le singulier) en situation qui est étudié: avec l'école piagétienne, on est effectivement dans le cas d'une expérimentation visant à comprendre le fonctionnement cognitif du sujet, pour pouvoir construire, à terme, le fameux «sujet épistémique». En didactique, au contraire, le sujet est étudié en situation d'enseignement, pour la plupart du temps collective: le sujet *élève* appartient au collectif de la *classe*[54] et n'est que rarement étudié pour lui-même, mais plutôt en tant qu'enjeu d'une intention d'enseignement de la part d'un professeur et plus largement d'un projet social de transmission des savoirs culturels. Le sujet *élève* fait donc partie d'une situation didactique, d'un système triadique, et c'est cette situation, ce système, qui est à examiner de façon clinique/expérimentale.

Pour conclure sur ce point, l'enjeu d'une clinique se trouve sans doute dans le champ de la didactique lui-même. La didactique en tant que science a tout avantage à repousser ses frontières en construisant les méthodes qui lui sont propres, car c'est le projet même de la didactique tel que Morf, Grize ou Pauli, l'ont nourri dès la fin des années 60 et dans les années 70.

Parmi les chercheurs qui proposent des définitions de ce que serait, dans différents domaines des sciences humaines, une *démarche clinique de recherche* (et non d'intervention), nous nous référerons à Giami (1989)[55]

---

54 Sauf à étudier, avec une approche didactique, des cas de tutorat, de répétitoire ou plus généralement d'interactions individuelles professeur-élève.

55 Dans l'ouvrage collectif dirigé par Revault D'Allonnes (1989) sur la démarche clinique en sciences humaines. Voir également Revault D'Allones, 1985. Plus récemment, dans le domaine de la psychosociologie, voir également Levy, 1997.

qui revient, comme Gréco, mais avec une intention différente, sur les modalités de recueil des informations par des méthodes cliniques:

> Le fait de considérer que le moment du recueil du matériel peut avoir valeur d'intervention et apporter «un plus» à l'objet, signe la spécificité de la recherche clinique, en même temps qu'il en traduit la complexité et la difficulté. Tout le problème consiste alors à mettre en perspective ce qui se passe dans les moments d'interaction entre le chercheur et le sujet avec ce qui est supposé se passer dans l'espace du sujet. (pp. 44-45)

C'est là un point essentiel. Nous postulons que le *chercheur* est un élément actif: sur une durée longue le dispositif mis en place le fait exister en tant qu'acteur du système étudié (puisque le «sujet» est ici un système).[56] La part prise par le *chercheur* dans le système est consubstantielle, pourrait-on dire, des phénomènes produits. La question est de savoir de quelle manière. Le dispositif mis en place permettra de fixer sciemment certaines conditions de cette implication (versant expérimental de notre clinique/expérimentale) et d'en examiner les conséquences. Nous nous attacherons à montrer que le dispositif de récolte de l'information participe de la production des faits soumis à l'analyse. En ce sens les conditions de présence du *chercheur*, mises en place par le dispositif de recherche, peuvent être caractérisées de façon à étudier leur incidence sur le discours et les pratiques du *professeur*. C'est ainsi que les effets de *contrat de recherche* entre ces deux instances seront mis en évidence afin de ne pas naturaliser les propos ou les pratiques recueillis. Mais il y a plus: dans la perspective de Chevallard (1996b), le travail du chercheur suppose des positions différentes selon les étapes de la recherche, c'est-à-dire durant la collecte des données sur le terrain ou après cette prise de données. Dès lors, si, pour reprendre les termes de Chevallard, «le chercheur se place à un niveau réflexif de questionnement», ce qui fait l'objet de l'étude est à définir désormais comme celle d'un *système complexe* dont les acteurs, professeur, élèves, chercheur, mais aussi les objets à propos desquels les interactions se produisent, agissent autant qu'«ils sont agis» de part les conditions inhérentes à ce système. Le but est de mettre à jour certains effets et phénomènes propres à un dispositif qui prend en compte dans le même mouvement

---

56 A noter que les études piagétiennes ne prennent pas en compte l'interrelation entre l'expérimentateur et le sujet: voir à ce sujet Schubauer-Leoni & Grossen (1993).

l'observation du système didactique et les conditions de cette observation. C'est en ce sens que notre «clinique» est à entendre comme une «clinique/expérimentale».

Il s'agit maintenant de caractériser cette dernière. Nous allons tout d'abord décrire des approches «cliniques» issues d'autres domaines que celui de l'enseignement et de l'apprentissage. Le point commun de ces approches cliniques réside avant tout dans la démarche conduite: celle-ci procède par *induction*, la *déduction* étant comprise comme relevant des modèles théoriques, des appareillages conceptuels, au sens où nous l'avons défini ci-dessus. Ce qui signifie que chacune de ces approches construit (ou reconstruit) les phénomènes propres à son domaine d'étude à partir de faits «enregistrés». Ces faits ne sont donc pas considérés comme les conséquences (au sens d'une causalité) de phénomènes «naturels» (ou plutôt naturalisés) qui seraient préexistants. Au contraire, les phénomènes sont des constructions théoriques induites à partir des faits.

DES SYSTÈMES ET DES ACTEURS

Si nous comptons procéder à l'étude de *systèmes didactiques* et non étudier les sujets professeur et élèves, en tant que personnes, il nous semble malgré tout incontournable de tenir compte des *acteurs de ces systèmes*. Nous nous référerons ici au domaine de la *sociologie des organisations*, qui nous semble avoir «débroussaillé» de façon intéressante le problème de l'articulation entre l'étude des systèmes et celle des acteurs de ces systèmes. Selon certains auteurs tels que Friedberg (1997), qui se réclame également d'une «clinique», il s'avère crucial de tenir compte des acteurs et de leur rationalité, lorsque l'on souhaite décrire une organisation sociale[57]. «L'approche organisationnelle, dit Friedberg, s'intéresse à l'action collective des hommes. Donc, non seulement elle ne

---

57 Nous considérerons provisoirement la classe de mathématique comme une *organisation sociale* particulière. Ce concept n'a pour l'heure pas d'assise stable dans le cadre conceptuel de la didactique des mathématiques. Il ne va pas de soi de l'intégrer tel quel et un détour serait vraisemblablement nécessaire, que nous ne pouvons effectuer ici, pour mettre en évidence la différence entre le concept d'*institution* et celui d'*organisation sociale* (concepts en débat à l'intérieur des sciences sociales) de manière à en mesurer l'usage respectif en didactique.

peut pas se désintéresser de l'acteur qui est l'auteur de cette action, mais elle repose sur une théorie de cet acteur» (p. 203). Nous reprendrons à notre compte cet aspect de la perspective de Friedberg en proposant d'étudier l'action des acteurs, le professeur et les élèves, en tant que:

> ils ne se limitent pas aux fonctions qui lui [à l'acteur] sont assignées dans le système [...] participer à la régulation d'un système, c'est toujours à la fois respecter des «règles du jeu» et les enfreindre, donc contribuer à la fois à leur maintien et à leur changement. (p. 210)

Le collectif, selon Friedberg, doit en effet être expliqué dans ses mécanismes de constitution et de maintien. Et ces mécanismes passent nécessairement par les acteurs du système. La démarche est donc en effet de type *inductif*. Pour ce qui nous concerne, l'observation des acteurs dans le système didactique est au cœur de notre questionnement au plan méthodologique pour pouvoir «remonter» de cette observation aux cas de systèmes concernés. Nous y reviendrons plus loin.

Encore un point, chez Friedberg, nous semble intéressant pour notre objet d'étude: «un système d'acteurs incorpore toujours aussi des objets, des techniques, des instruments [...]» (p. 219). Pour Friedberg, les objets sur lesquels porte l'action des acteurs sont importants pour comprendre une organisation, dans la mesure où chercher l'investissement de ces objets par les acteurs, revient à chercher comment ils maintiennent et transforment le système. Pour ce qui nous concerne, les objets sur lesquels portent les actions, sont les objets d'enseignement et d'apprentissage en mathématiques, tels qu'ils se présentent dans le cadre des systèmes étudiés. Dans une perspective transpositive, il est alors incontournable de procéder à une analyse des objets tels qu'enseignés, c'est-à-dire des conditions dans lesquelles les objets mathématiques «arrivent» dans la classe. Observer le fonctionnement des systèmes passe par l'observation de la manière dont les acteurs en situation (dans la classe) négocient entre eux leurs rapports à ces objets. Dans notre perspective, cette négociation est du ressort du *contrat didactique*. Ce contrat tend à assurer la pérennité des rôles de chacun (les *topos* respectifs) en même temps qu'il fait l'objet de négociations permanentes, puisque le contrat est en constante évolution. Pour Brousseau (1990), en effet, le contrat didactique est plutôt la *recherche permanente d'un contrat*. On a donc bien affaire, comme en sociologie des organisations telle que Friedberg la conçoit, à des systèmes à la fois stables et instables dans la mesure où les acteurs participent à maintenir les rôles de chacun tout en faisant évoluer les termes du contrat.

Etant donné que les systèmes didactiques dits *parallèles* sont nécessairement liés à d'autres systèmes, la négociation n'est pas seulement interne. Il s'agit d'observer également comment ces systèmes, à travers leurs acteurs, négocient avec des systèmes différents, ceux des *classes ordinaires*, par le truchement des titulaires de ces classes, et avec des systèmes plus larges, ceux du *système d'enseignement*. C'est ainsi que les observations s'appuieront sur un certain nombre de traces de ces négociations intra et inter systèmes, autour des objets d'enseignement/ apprentissage en mathématiques.

UN PARADIGME INDICIAIRE

Au travers des *études de cas*, nous cherchons à mettre en évidence des *faits* permettant d'attester de *phénomènes didactiques* liés au *contrat didactique* et à son évolution au cours du temps. Ce que l'analyse est en mesure de traiter, ce ne sont pas les faits eux-mêmes mais des *traces* de ces faits, sous la forme des matériaux récoltés. Dès lors, le choix des matériaux et des *traces* à prendre en compte revêt une importance capitale.[58] En amont de cette question, nous nous référerons à des méthodes issues d'autres domaines, particulièrement l'Histoire, qui, nécessairement, travaille à partir de *traces*. Notamment, la méthode dite «morphologique», qui fait partie de l'un des paradigmes de recherche dans le domaine historique, nous semble permettre une réflexion intéressante pour notre domaine didactique. Carlo Ginzburg en particulier, s'est attelé à la question du traitement des traces utiles à la (re)construction des faits historiques. Nous nous référerons essentiellement ici à son ouvrage intitulé «*Mythes, emblèmes, traces. Morphologie et Histoire*» (1986/1989).

Ginzburg oppose deux paradigmes différents pour traiter des faits. Le paradigme *sémiotique ou indiciaire* et le paradigme *galiléen*. Pour construire des faits historiques, il s'agit, selon Ginzburg, soit d'écarter les éléments individuels pour relever les indices principaux en laissant de côté les *indices de frange* et procéder à une généralisation (paradigme

---

58 Nous y reviendrons en détail aux chapitres «L'observation clinique en didactique» et au chapitre «Des matériaux et des traces».

galiléen)[59] soit, au contraire, de tenir compte des *indices de frange* pour comprendre comment, à partir de l'individualité du phénomène ou de la chose observée, il est possible de «remonter» à des caractères généraux. Dans son domaine, Ginzburg travaille sur des traces parfois extrêmement ténues, mais révélatrices, selon son approche, du fonctionnement d'une société donnée. Chez Ginzburg, comme chez Friedberg qui étudie des sociétés plus actuelles, la démarche est *inductive*.

Selon ce paradigme, le choix des indices pertinents mais surtout les modalités d'agrégation entre les indices sont déterminantes. Ginzburg donne un exemple pour appuyer son propos. Il s'agit du cas d'un veau à deux têtes, né en 1625 aux environs de Rome, qui posait un problème d'importance aux naturalistes d'alors: le veau bicéphale devait-il être considéré comme un animal unique ou double? Pour les scientifiques qui se sont penchés sur cette question selon les critères d'alors, celle-ci ne pouvait être tranchée aisément. Pour les médecins, la présence d'un seul cerveau était le critère déterminant alors que pour d'autres scientifiques de l'époque, la présence d'un seul cœur; le problème était dès lors insoluble. Une question d'importance était posée par les médecins, celle de savoir ce que sont la normalité et la déviance. Ginzburg montre que s'en tenir à des critères nosologiques, revient à ne pas pouvoir dépasser une telle question. Elle ne peut l'être que par *l'articulation entre un paradigme généralisant et un paradigme individualisant*. Dans l'exemple du veau à deux têtes, Ginzburg rappelle la description précise de l'autopsie du veau, rédigée par un naturaliste de l'époque, Faber: «cette description ne se proposait pas de recueillir les ‹propriétés propres aux individus› en tant que telles, mais au-delà de celles-ci les ‹propriétés communes […] de l'espèce›» (p. 163). Cette description s'attachait aux détails anato-

---

59 Selon Ginzburg un traitement statistique relèverait de ce paradigme-là. Cela dit, il conviendrait de préciser à quel(s) type(s) de traitement(s) statistique(s) l'auteur se réfère; celui qui consiste à établir, par exemple, une moyenne, évacue sans aucun doute tout «indice de frange», mais ce type de traitement est loin d'être le seul et d'autres permettent au contraire de ne pas négliger une dispersion signifiante. On ne peut donc attribuer uniquement à des traitements plus «qualitatifs» des vertus que les statistiques n'auraient pas du tout. La ligne de démarcation entre les méthodes ne passe pas, selon nous, de façon absolue entre celles «à utiliser» ou «à ne pas utiliser» mais reste soumise aux questions de recherche posées: aucune méthode n'a de vertu universelle, de même qu'aucune d'entre elles n'est à récuser *a priori*.

miques de ce veau pour parvenir à des propriétés communes de l'espèce: Faber ne pouvait faire l'impasse sur ces caractéristiques. Au-delà de l'anecdote, c'est la manière d'aborder les faits qui nous semble importante. S'agit-il de sacrifier la connaissance de l'individuel à une généralisation, qui, du coup, devient plus ou moins rigoureuse ou s'agit-il d'élaborer un paradigme différent, basé sur une connaissance scientifique de l'individuel? Mais alors comment définir cette connaissance scientifique et par quelles méthodes procède-t-elle? C'est à ces questions que s'attelle Ginzburg avec d'autres historiens de l'école italienne de la *micro storia*.[60]

Ce paradigme *indiciaire* nous semble pertinent pour aborder l'analyse des *traces* récoltées. Le détour, parfois important, pour tenir compte des *indices de frange*, permet néanmoins une généralisation à partir de *traces individuelles et locales*.[61] En didactique, le choix de procéder à des études de cas en partant de l'observation des acteurs (et leurs interactions), relève de cette manière de reconstruire les faits à partir d'indices pertinents. Cette pertinence n'est à considérer que relativement à la *configuration d'ensemble* que l'on établit. Nous y reviendrons au chapitre qui concerne notre méthodologie d'analyse.

HISTOIRE DE LA CLINIQUE MÉDICALE

Venons-en maintenant à Foucault et à sa «*Naissance de la clinique*» (1963/1997) pour montrer, historiquement, à quels types de questions, la clinique médicale, a permis de répondre. L'auteur explique en quoi une approche clinique du phénomène «maladie» modifie fondamentalement le rapport à celui-ci. Selon Foucault il s'agit d'un véritable retournement épistémologique. Cette question épistémologique posée par la médecine à un moment de son Histoire, nous semble proche des questions à résoudre lorsqu'il s'agit d'observation, quelque soit le domaine. Ainsi,

---

60 Voir également Ginzburg, 1991/1997, 1993; Levi, 1985/1989.

61 Dans le domaine de la sociologie, Lahire (1995, 2002), à la suite de Elias, met en œuvre des méthodes parentes, en rassemblant des indices en une *configuration* (pour la définition de ce concept, voir en particulier Elias, 1970/1991) lui permettant d'établir ses «tableaux de famille» ou ses «portraits sociologiques». C'est la *configuration* qui devient signifiante dans ce cas également et les indices pertinents le sont en fonction de l'établissement d'une *configuration d'ensemble*.

sans être exhaustive, nous reprendrons quelques éléments fondamentaux chez Foucault pour notre propos.

Revenons tout d'abord à l'origine de ce retournement épistémologique. Dans son chapitre VI, «Des signes et des cas», Foucault, cite Dumas et son «Discours sur les progrès futurs de la science de l'homme» (Montpellier, an XII), qui dans la tradition du XVIIIe siècle opposait l'art médical à la connaissance des choses inertes. Il signale un problème épineux, qui nous semble similaire à l'un de ceux auxquels la didactique s'est heurtée, et se heurte toujours, lorsqu'elle observe des leçons «tout-venant». Selon Dumas, cité par Foucault (1963/1997),

> La science de l'homme [il fait référence en particulier à la médecine] s'occupe d'un objet trop compliqué, elle embrasse une multitude de faits trop variés, elle opère sur des éléments trop subtils et trop nombreux pour donner toujours aux immenses combinaisons dont il est susceptible, l'uniformité, l'évidence, la certitude qui caractérisent les sciences physiques et mathématiques. (p. 96)

En s'attaquant à ce problème de la complexité, il y allait de la scientificité de la médecine de cette époque, ni plus ni moins. Depuis fort longtemps, pourtant, la médecine, en se calquant sur le modèle des méthodes en histoire naturelle, avait tenté d'opérer des classifications par familles de traits pour répertorier les formes de maladies. Au XVIIIe siècle la médecine rêve encore de parvenir, à l'instar de Linné en botanique, à une classification rigoureuse des maladies.

Foucault montre que le virage pris par la médecine à la fin de ce XVIIIe siècle est déterminé par un rapport nouveau à la maladie et au malade. Pour Foucault (1963/1997), la nouveauté consiste en une *modification profonde du rapport entre l'observateur et les faits observés*. Grâce à ce rapport nouveau, *la médecine a trouvé le moyen de traiter analytiquement l'incertitude*, «comme la somme d'un certain nombre de degrés de certitude isolables et susceptibles d'un calcul rigoureux» (p. 96-97).

> Ce retournement conceptuel a été décisif: il a ouvert à l'investigation un domaine où chaque fait constaté, isolé, puis confronté à un ensemble a pu prendre place dans toute une série d'événements dont la convergence ou la divergence étaient en principe mesurables. Il faisait de chaque élément perçu un *événement enregistré*, et de l'évolution incertaine où il se trouve placé une *série aléatoire*. Il donnait au champ clinique une structure nouvelle où l'individu mis en question est moins la personne malade que le fait pathologique

indéfiniment reproductible chez tous les malades semblablement atteints; où la pluralité des constatations n'est plus seulement contradiction ou confirmation, mais convergence progressive et théoriquement indéfinie; où le temps enfin n'est pas un élément d'imprévisibilité qui peut masquer et qu'il faut dominer par un savoir anticipateur, mais une dimension à intégrer puisqu'il apporte dans son propre cours les éléments de la série comme autant de degrés de certitude. (p. 97)

Nous retiendrons l'idée selon laquelle des *événements enregistrés* faisant partie d'une *série aléatoire* peuvent être isolés puis regroupés en une convergence ou une divergence. Nous retiendrons également l'idée de pluralité des faits observés qui donne un sens et un poids à l'observation. Foucault montre, en retraçant l'Histoire de la clinique médicale, que le phénomène «maladie» n'existe pas en tant que tel «dans la nature». Le phénomène nommé «maladie» relève d'une construction à partir de *signes* qui eux-mêmes proviennent bien de symptômes observables, mais ne s'y réduisent pas. Parmi les symptômes, ne deviennent *signes* que les éléments qui font sens pour le clinicien: celui-ci s'attache en quelque sorte à faire parler les symptômes, à les ériger en *signes* par leur regroupement et en les rapportant à des savoirs déjà établis. C'est dans ce sens qu'il s'agit pour le clinicien d'un rapport nouveau aux faits observés. Nous retiendrons de Foucault, *la possibilité de réduire le degré d'incertitude de l'interprétation données aux observables, par la confrontation des événements les uns avec les autres: les séries d'événements deviennent signifiantes par référence à des savoirs établis*. Dans la construction des séries, la temporalité devient une dimension décisive.

Pour la didactique, en tant que science des conditions de possibilité de transmission des savoirs, nous dirons, si l'on nous permet ce vocable, que les «symptômes scolaires» ne deviennent signifiants de *phénomènes didactiques* que si l'on parvient à réduire le degré d'incertitude des interprétations à partir des observables. Selon nous, cette réduction n'est jamais complète. La démarche qui va du «symptôme scolaire» au *phénomène didactique* en passant par la construction de *signes pour l'observateur* constitue une démarche *inductive* qu'il convient à nouveau de souligner. Par analogie avec la clinique foucaldienne, nous dirons qu'une «clinique» pour le didactique se doit de construire et d'inférer les *phénomènes didactiques*, à partir de *signes pour l'observateur*. Ces *signes* sont issus d'une construction du chercheur et renvoient à des «symptômes scolaires» qui ne peuvent parler d'eux-mêmes. A ce titre, le *système de traces* à établir semble pouvoir tenir ce rôle de «discutant» des *faits* et des *événements enregistrés.* Nous reviendrons, au chapitre suivant, «l'observation clinique en didactique», sur d'autres éléments cruciaux apportés par la clinique médicale en ses débuts.

Chapitre 2

L'observation clinique
en didactique

Nous exposerons dans ce chapitre le type d'*observation clinique* que nous développons. Avant d'en décrire les éléments théoriques, nous ferons un bref état de la question de *l'observation* en didactique.

OBSERVER QUOI, POURQUOI, COMMENT?

Pour introduire le propos, nous reviendrons aux questions que pose Brousseau en introduction de son texte de 1979 sur «L'observation des activités didactiques»:

> Les questions premières sont simples: Observer quoi? pourquoi? (ou pour quoi) comment? Mais elles ne le sont qu'en apparence. Même l'ordre dans lequel on les pose prend une hypothèse sur la manière d'y répondre. On ne peut déterminer «quoi» si on ne sait pas «pourquoi» et souvent le «comment» guide le choix des «quoi». Je pense qu'il faudrait nous garder de séparer trop vite ces questions, nous risquerions de masquer la réalité profonde des phénomènes que nous voulons comprendre. (p. 130)

Et plus loin:

> Les recherches en didactique ont pour but de décrire, classer, comprendre, expliquer, concevoir, améliorer, prévoir et permettre de reproduire de tels processus. Mais il y a une idée qui s'impose d'abord à chacun à ce propos, c'est le nombre très élevé de variables qui entrent en jeu dans ce type de phénomènes et la complexité décourageante de leur mode d'action (justement à cause de son caractère dialectique). (p. 132)

Il s'agit ainsi, en didactique comme ailleurs de se donner des moyens de traiter cette complexité. Mais ce qui est en cause, c'est bien sûr la validité de l'observation établie. C'est ainsi que les méthodes apparaissent dans le texte de Brousseau comme un enjeu incontournable. Dans ce sens Brousseau décrit deux approches possibles, qui ne s'excluent pas. On a d'un côté les méthodes de saisie des données, classiques en sciences (pour le domaine de l'éducation, Brousseau cite Wrighstone (1960) et sa méthode des types et De Landsheere et De Ketele (1976) et leurs méthodes de classification), et de l'autre une approche plus «sémiologique» qui passe par la détermination des objets étudiés et par une reconstruction du sens de l'objet observé.[1] Le second semble à Brousseau plus prometteur que le premier pour ce qui est des faits didactiques. La détermination des objets à observer est alors l'un des problèmes les plus délicats à traiter et les plus négligés. Le regard porté par l'observateur est, selon Brousseau, déterminant:

> [...] l'observateur «lit» le déroulement de l'activité didactique comme on lit un film, en le découpant en scènes pour reconstituer un sens à partir du texte avec des systèmes et des codes implicites. Comme telle l'observation relèverait autant d'une sémiologie que de l'analyse de systèmes, il s'agit d'étudier un langage. Le découpage décidé par le maître fonctionne comme le montage d'un film. Il crée des unités de sens, des «signes» qui ne devraient pas être analysés seulement suivant le découpage technique mais aussi suivant le sens créé. (p. 137)

Du point de vue des méthodes, l'auteur propose de procéder en plusieurs étapes: une étape d'identification des relations *synchroniques* sur l'état des élèves, du maître, des connaissances en jeu, des objectifs contractuels, etc. et une étape d'étude des relations *diachroniques* entre les éléments des situations, c'est-à-dire l'examen des processus en jeu. Cette méthode est attachée à une caractérisation des types de situations: des situations d'action, de formulation et de validation. Brousseau cherche à retrouver dans le travail d'observation du chercheur (en vue de produire des savoirs sur le didactique) ces trois mêmes catégories. La dialectique de l'action se ferait dans l'observation sur le terrain de la classe, au contact du système didactique observé. La dialectique de la formulation suppose que le chercheur cherche ensuite à analyser, à

---

1   On retrouve ici, exprimé sous une forme à peine différente, les deux grands paradigmes décrits au chapitre 1 et relevés par Ginzburg pour l'Histoire.

décrire et à modéliser les actions observées. A ce sujet, Brousseau met en garde contre le risque de confusion entre les discours respectifs des praticiens (les professeurs) et du chercheur puisque les opinions didactiques, prévient l'auteur, ne doivent pas être confondue avec les assertions du champ didactique en tant que science. Nous y reviendrons abondamment ci-dessous. Pour ce qui est de la dialectique de la validation, le chercheur qui s'y engage est censé intervenir sur les objets de son étude, c'est-à-dire éprouver la théorie par l'introduction de contraintes sur le système. Faute de quoi le débat scientifique ne peut avoir lieu. Cela signifie pour nous qu'il est incontournable d'étudier finement le dispositif de recherche mis en place, pour en éprouver la valeur d'intervention sur le système mais surtout pour en contrôler les effets possibles. Nous y reviendrons dans l'exposé de notre dispositif.

A la suite de Brousseau, Peres (1984) indique les enjeux et les obstacles auxquels se heurte le didacticien-observateur. Peres pose le problème en mettant l'accent sur la difficulté d'observer les interactions. En effet, si l'on isole pour l'analyse les sous-systèmes que sont le professeur, les élèves et les contenus de savoirs, on risque de manquer la signification du processus. La seconde approche («sémiologique») préconisée par Brousseau est alors, selon Peres, la seule voie possible pour restaurer du sens à ce que l'on observe. A partir de grilles d'observation préétablies, permettant de décrire les conduites des élèves, une *chronique* est reconstruite pour mettre en évidence ce qui paraît à l'auteur devoir être retenu dans la réalité foisonnante de la classe (par exemple un propos tenu par un enfant à un autre, un geste significatif, une position de spectateur prise par un élève lors d'un jeu, une intervention de la maîtresse au cours de l'activité, etc.). Peres collecte ainsi un ensemble d'informations lui permettant de dégager les faits significatifs concernant la nature des phénomènes. Il se pose encore la question des choix effectués concernant les facteurs à prendre en compte; il en conclut que le chercheur n'est évidemment jamais à l'abri d'effectuer de «mauvais» choix mais que ce sont les modalités du travail de recherche qui garantissent une limitation de ces risques bien réels. Brousseau (1979) relie du reste les pratiques d'observation à la construction théorique:

> Les théories ne surgissent pas d'un seul coup par une combinatoire d'observations naïves ou d'expériences cruciales mais par un lent travail réflexif et critique sur les pratiques même de l'observation. Ce qui justifie pleinement les stratégies «en spirale» invoquées par les chercheurs en didactique. (p. 135)

Le parti que nous prenons de rassembler des indices pour les replacer dans une série signifiante, de façon à obtenir une réduction de l'incertitude quant à l'interprétation des événements est une approche parente de ce que Brousseau ou Peres proposent.

Dans ce même article, Brousseau (1979) définit, en le délimitant, le champ des observables relevant du projet spécifique de la didactique: l'observation se centre sur les phénomènes propres au projet social de transmission de savoirs constitués ou en voie de constitution. Dans le cadre de la théorie des situations (Brousseau, 1998), la question du champ des observables, le «quoi observer» (lié au «pourquoi» et au «comment»), s'est posée de façon prépondérante en plusieurs étapes cruciales: le concept d'institutionnalisation, par exemple, a vu le jour pour répondre à un «manque» théorique puisqu'un certain nombre de faits observés échappaient alors à l'analyse en termes de situations a-didactiques d'action, de formulation et de validation, notamment ce qui concerne le rôle du professeur pour «faire avancer» les situations. Le choix d'intégrer l'observation de ces faits et la construction du concept d'institutionnalisation a permis une extension de la théorie par la mise à jour de phénomènes inédits. En particulier, les travaux entrepris par Centeno (1995) sur la mémoire didactique en ont été les conséquences directes. Nous relèverons également une autre question – qui depuis lors s'est avérée féconde – qui, elle aussi, semble en rapport avec le choix des faits d'observation: la difficulté de transmission des situations d'ingénierie aux professeurs, relevée par Peres (1985). Souvent, malgré toutes les précautions prises, et même chez des professeurs avertis, cette difficulté perdure, par exemple sous la forme d'une obsolescence avérée des situations. Des conclusions ont été tirées de ces constats, notamment le fait que l'on n'avait pas pris suffisamment en compte dans l'observation et l'analyse, la figure du professeur. Depuis une dizaine d'années les travaux à ce sujet en témoignent.[2]

Nous verrons, dans nos principes méthodologiques pour l'observation, comment nous comptons opérationnaliser ce travail réflexif du

---

2   Voir notamment Brousseau, 1996 et les synthèses de Margolinas et de Schubauer-Leoni exposées dans le cadre de l'école d'été de 1999 (Margolinas, 1999 et Schubauer-Leoni, 1999). Plus récemment, voir les développements proposés en didactique comparée sur l'action du professeur (notamment Sensevy, Mercier & Schubauer-Leoni, 2000) et sur l'action conjointe professeur-élèves (Sensevy & Mercier, 2007).

chercheur. En effet, l'approche «clinique/expérimentale» préconisée rend indispensable la prise en compte de l'observateur à toutes les étapes de la recherche, de la construction et de la conduite du dispositif jusqu'au traitement des données en vue de répondre aux questions posées.

Notons encore un texte de Mercier et Salin (1988) qui présentent l'analyse *a priori* des situations mathématiques comme un *outil pour l'observation*. Dans le cadre de la théorie des situations, ces auteurs proposent d'ériger *l'analyse a priori* (outil par excellence de la méthode d'ingénierie) en un concept de la didactique. C'est ainsi qu'en cherchant à lui donner une définition un peu plus stable qu'elle ne l'était en l'état de la théorie (en 1988), les auteurs proposent d'en faire un *outil pour préparer l'observation*. Mais qui dit observation dit observateur et les auteurs sont amenés à définir ce que peut permettre l'analyse *a priori* si l'observateur est le chercheur en didactique ou s'il est le professeur qui prépare sa leçon. La question du sens donné à l'observation se joue ici aussi. Pour ce qui est de l'observation de systèmes ordinaires, *l'analyse a priori* s'avère cruciale dans la mesure où le chercheur n'est pas partie prenante (comme c'est le cas pour une ingénierie) du projet d'enseignement et donc des conditions faites au savoir. Cette analyse détermine notamment le rapport du chercheur avec son objet d'étude.

C'est aussi ce que Chevallard (1982a) montre à propos de l'observation aménagée à l'aide d'une ingénierie: celle-ci se doit de penser l'interaction du chercheur avec son objet d'étude. «Il n'est pas besoin, dit Chevallard, de vouloir transformer le monde pour, si peu que ce soit, le transformer: il suffit de vouloir le connaître» (p. 17). Pour l'auteur, il s'agit d'organiser pratiquement et de penser théoriquement le rapport du chercheur avec son objet d'étude. C'est ce que nous nous proposons de faire tout au long de l'exposé de notre partie méthodologique. Ce rapport est en effet à penser, selon nous, à toutes les étapes de la recherche, dès la construction du dispositif puis dans les étapes de production du corpus et dans le traitement de celui-ci. Le rapport du chercheur à son objet, au fil des étapes de recherche, fonctionne du reste par rétroactions successives, ou un retour permanent sur les étapes précédentes.[3]

---

3 Lahire, dans son introduction de ses «Tableaux de familles» (1995) le relève également à propos de la connaissance sociologique: «La connaissance sociologique ne se crée que par un travail permanent de retour sur les actes

LE PROBLÈME DE L'OBSERVATION DE «LEÇONS ORDINAIRES»

Nous exposerons maintenant ce que nous entendons par *observation clinique* des *systèmes didactiques*. Il convient de décrire un peu plus précisément ce qu'on entend par «système» et sa relation avec les *leçons ordinaires* que nous soumettons à l'observation. Une *leçon ordinaire* est définie comme une tranche d'enseignement appartenant en propre à un *système didactique* donné. Dans cette perspective, et par opposition à une situation d'ingénierie, le travail sur les variables conduisant à la production de situations a-didactiques par le chercheur est provisoirement suspendu au profit d'une recherche de compréhension des phénomènes d'enseignement et d'apprentissage dans le milieu naturel de la classe de mathématiques. Pour autant, «milieu naturel» ne signifie pas qu'il s'agit d'y attacher une observation et une analyse naturalistes.

CONDITIONS FAITES AUX SAVOIRS ET CONDITIONS DE L'OBSERVATION

L'observation sous couvert d'ingénierie est légitimement pensée par le didacticien-chercheur-observateur de manière à obtenir des élèves la production de savoirs ciblés. Mais la focalisation sur les conditions – celles de l'ingénierie – faites aux savoirs, a probablement recouvert du même coup les *conditions de l'observation* elle-même. L'étude de *leçons* et *de classes ordinaires* offre l'occasion de distinguer ces deux types de conditions puisqu'elle se doit de considérer d'une part les conditions faites aux savoirs en milieu naturel (quitte à risquer la rencontre avec des éléments imprévus) et d'autre part les conditions de leur observation dans la mesure où, clairement, la recherche fait intrusion dans un fonctionnement établi et ne cherche pas *a priori* à en modifier le cours. Si le but de l'observation de leçons ordinaires est de décrire le fonctionnement du système de façon endogène[4] c'est-à-dire à partir de ses propres objets, on ne peut faire l'impasse ni sur l'étude de leur cohérence interne ni sur la manière dont l'institution scolaire les définit. Ce qui pose la question des objets présents dans les situations d'enseignement ordinaire. En termes de transposition, quelle forme le savoir mathématique

---

antérieurs de recherche, à partir des acquis progressivement conquis grâce aux actes de recherche suivants» (p. 15).

4   Le terme est emprunté à la sociologie des organisations. Pour une définition plus précise, voir Friedberg, 1997.

enseigné prend-il? Du reste est-il un savoir que les mathématiciens reconnaîtraient? De quoi est faite une leçon ordinaire de mathématiques? N'est-elle faite que d'objets mathématiques ou également – voire seulement – d'autre chose? Cette «autre chose» a-t-elle encore quelque chose à voir avec les objets mathématiques, est-elle une sorte d'affadissement de ceux-ci ou permet-elle de comprendre la dynamique propre au projet de transmission sociale des savoirs eux-mêmes? Ces questions valent au moins la peine d'être posées, mais nécessitent, du point de vue de l'observateur, une extension du champ des observables. L'observation devrait permettre en effet de «ratisser» suffisamment large en tenant compte d'éléments probablement très disparates, qui ne relèvent pas nécessairement tous des mathématiques au sens strict, mais sont partie prenante de l'interaction didactique. Ne pas gommer *a priori* ces éléments relève d'un choix du chercheur-observateur.

Dans le but de ne pas présumer que la leçon ordinaire n'est faite que de savoir mathématique enseigné ou transmis mais peut-être aussi – ou seulement – d'autre chose, nous proposons de travailler à partir d'une instance plus large et probablement plus «molle». Cette instance, nous la désignerons du terme de *Tâche*.[5] Nous évitons sciemment ici la notion de situation mathématique, plus propre à l'ingénierie didactique, afin de ne pas présumer non plus que cette tâche est porteuse de situation(s) mathématique(s). C'est l'analyse qui, à terme, devrait montrer qu'à travers l'activité qui s'est déroulée et les tâches données à faire aux élèves (un problème à résoudre, une situation-problème, une fiche à remplir, un jeu, etc.), des situations mathématiques ont été rencontrées ou traitées par les élèves ou, symétriquement, que des situations ont été aménagées par le professeur en vue de cette rencontre. Plus prudemment dans un premier temps, la *tâche* est définie comme ce que l'institution scolaire elle-même déclare comme relevant de ce qu'il y a à faire en mathématique à l'école, par le professeur et par l'élève, respectivement. Cette tâche est censée, aux yeux de l'institution, héberger un savoir mathématique reconnu, au travers des plans d'étude, comme faisant partie du projet d'enseignement de l'école. On dira qu'une *tâche* pour l'enseignement est déclarée «naturellement» par l'institution scolaire (au

---

5 L'acception que nous donnons à *tâche* n'est pas identique, nous le verrons, à celle que définit Chevallard (1995) lorsqu'il développe la notion de praxéologie: il donne à *tâche* une connotation d'«activité», et partant, détermine un certain nombre de gestes afférents à celle-ci.

travers de ses représentants) comme étant une tâche en mathématique. S'agissant de l'observation de leçons ordinaires, c'est, entre autres, ce «naturel» qu'il convient d'interroger. L'une des critiques possibles à l'usage de la notion de tâche (qui provient de l'ergonomie, au sens de Clot, 2001 notamment) pourrait être liée à la crainte d'une réduction de l'activité à une liste de «choses à faire». Dans la mesure où le système scolaire suisse romand impose, en plus des plans d'étude, des manuels scolaires qui servent de prescription à la fois aux professeurs et aux élèves, nous avons choisi toutefois l'option de prendre au mot le système, en gardant la distance nécessaire de recherche et en examinant ce que ces prescriptions produisent. C'est aussi, on le verra, l'une des fonctions de l'analyse *a priori* que d'examiner les fiches issues des manuels scolaires sans présupposé concernant le contenu mathématique. Là également, c'est l'analyse qui est censée montrer quelles sont les situations mathématiques potentielles.[6]

Le modèle ternaire du système didactique est ainsi redéfini comme un système comprenant un professeur, des élèves (la classe) et une (ou des) tâche(s) déclarée(s) de l'ordre des mathématiques scolaires.

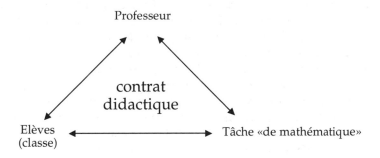

Figure 3. Le système didactique.

Le *contrat didactique* gère implicitement, comme dans le modèle classique, les échanges à l'intérieur de ce système. Nous abusons quelque peu ici du concept de *contrat didactique* (qui est propre à un savoir précis) puisqu'en désignant la troisième instance du terme de *tâche de*

---

6   Voir également à ce sujet Schubauer-Leoni, 2001.

mathématique, nous ouvrons la porte à l'éventualité que cette *tâche* ne comporte pas de savoir mathématique. C'est encore pour interroger cette «naturalisation» d'une *tâche* dite «de mathématique», que nous travaillons avec l'hypothèse que celle-ci comporte bien un tel savoir. L'analyse *a priori* doit permettre, à terme, de trancher sur ce point.

Une distinction s'avère ici nécessaire que nous emprunterons à Clot et son approche ergonomique. La *tâche prescrite*, selon l'acception de Clot (1995), se différencie de l'activité effective. Dans une perspective de transposition, la *tâche prescrite* relève de l'activité de ses concepteurs, pour un professeur et des élèves génériques; par opposition, la *tâche effective* relève de la dynamique de co-activité du professeur et des élèves en situation didactique (Schubauer-Leoni, 2001). L'observation se donne pour but d'étudier *la tâche prescrite*, de chercher de quoi elle est faite et de mettre à jour les conditions dans lesquelles la *tâche effective*, dans la dynamique de la co-activité professeur-élèves, «vit» dans la classe. C'est alors que nous avons besoin du concept de *contrat didactique*.

Méthodologiquement, il s'agit de déterminer les observables qui s'avèrent pertinents pour l'étude de la *tâche prescrite*, donnant lieu à des *situations mathématiques potentielles*, et de la *tâche effective* précipitée dans l'activité. C'est dans l'activité que des *situations mathématiques effectives* peuvent apparaître. Ce qui suppose une définition de cette pertinence. Les observables ne sont en effet pertinents qu'en fonction des questions de recherche que l'on se pose et ces questions renvoient elles-mêmes à la théorie dans le cadre de laquelle ces questions ont été posées. Dans le cadre de la didactique des mathématiques, il semble intéressant de ne pas écarter, *a priori*, toute une série de phénomènes qui ont pu sembler annexes ou qui, pour l'heure, n'ont pas été décrits de façon détaillée lorsqu'il s'agit de classes ordinaires. En particulier, ce qui relève de la gestion (que Chevallard (1995) nomme «la geste» du professeur) et des décisions du professeur, qui relèvent de son *topos*, ne font encore l'objet, en didactique, que de peu de descriptions fines.[7] Par exemple, on peut se demander comment se jouent, au fil du temps, les décisions du professeur concernant les *tâches* qu'il propose.

---

7   Les études entreprises depuis quelques années par Sensevy font figure de pionnier en la matière. Voir notamment Sensevy, Mercier & Schubauer-Leoni, 2000 et plus récemment Sensevy & Mercier, 2007.

Le présupposé suivant guidera notre réflexion: la détermination des observables pertinents va de pair avec le découpage de l'objet d'étude; ils ne peuvent être définis qu'en les articulant avec ce dernier. Nous allons le montrer ci-après et dans notre partie méthodologique.

LA TAILLE DE L'OBJET D'ÉTUDE

Une première question concerne la taille de l'objet d'étude: où commence et où s'arrête l'observation du système didactique lors de leçons ordinaires et donc où commence et où s'arrête *la tâche* (ou *les tâches*) soumise à l'observation? On sait en effet depuis les travaux sur la mémoire didactique (Brousseau & Centeno, 1991; Centeno, 1995; Matheron, 2000) et sur le temps didactique (en particulier Mercier, 1992, 1995a, 1999) que toute période (appelons-la provisoirement ainsi) dévolue par l'institution à l'enseignement de telle ou telle matière (ou partie de celle-ci), s'inscrit dans une *chronogenèse*, dans une histoire de la classe ou «histoire du système» pour conserver l'idée d'un objet d'étude ternaire, par rapport à cette matière enseignée. Le choix par le chercheur d'observer le système lors de telle(s) ou telle(s) période(s) comprenant telle(s) ou telle(s) tâche(s), dans l'ensemble des activités de ce système, comporte nécessairement un «avant» et un «après» dont il convient d'interroger les articulations avec la ou les périodes étudiées plus particulièrement. Il est, du reste, selon nous, problématique, voire inadéquat, d'isoler complètement une leçon de son contexte pour l'observer.

A l'inverse, si le découpage est très large, si le système est observé sur une longue durée par exemple toutes les leçons de mathématiques dans une classe de degré X au cours d'une année scolaire, on constate évidemment que ce choix entraîne, du point de vue de l'objet d'étude, une extension considérable. Dans ce cas de figure on ne sait du reste plus où s'arrête l'objet car pourquoi ne pas tenir compte, en plus de ce qui se joue dans l'espace de la classe, des devoirs à domicile des élèves, des préparations de leçons par le professeur (sous quelle forme?), des décisions de l'établissement concernant cet enseignement et plus largement des décisions au plan des programmes, des évaluations etc., la liste en serait évidemment fort longue. Des choix vont donc devoir être effectués.

LA NATURE DES OBSERVABLES

Du point de vue des observables, la question n'est pas moins épineuse. Quels sont les observables choisis et quels sont les laissés pour compte? Dans le cas de figure évoqué, «toutes les leçons de mathématiques dans une classe de degré X au cours d'une année scolaire», le nombre d'observables risque d'être considérable. Mais le problème se pose aussi s'il s'agit d'une seule leçon de 45 minutes prise dans son contexte. En effet comment décider des traces dont la recherche se saisit et qui deviennent autant d'observables utiles? Sont-ils tous analysables au même titre et avec le même degré d'importance? Et quel est le degré de précision requis pour ces traces? Si la leçon est enregistrée, s'agit-il d'un enregistrement sonore ou également en vidéo? Avec quelles conséquences? Quels sont les objets filmés, quel en est le cadrage, est-il besoin de filmer les mimiques des élèves, celles du professeur? Les écritures au tableau noir ont-elles une importance? etc. Il s'agit donc, là aussi, d'effectuer des choix et des choix argumentés en fonction des questions de recherche. Lorsque les matériaux sous forme de traces, sonores, visuelles, écrites… sont déjà récoltés, quels sont les observables dont on tient compte (par exemple pour les transcrire sous forme de protocole) et quels sont ceux qui finalement sont laissés de côté? Et même à partir du protocole, quelles sont les traces choisies pour leur donner un statut d'observables utiles au questionnement? Toutes ces questions, dans toutes ces étapes de la démarche de recherche, devront nécessairement être traitées pour montrer la nécessité d'une «clinique». Notre chapitre méthodologique se fait fort de les traiter.

LA QUESTION DE L'ARTICULATION DU DÉCOUPAGE DE L'OBJET D'ÉTUDE ET DES OBSERVABLES

TERRAIN ET OBJET D'ÉTUDE

Dans la perspective d'une approche clinique des systèmes didactiques, c'est d'abord l'articulation entre découpage de l'objet d'étude et observables qui donne matière à discussion. Soit le schéma suivant:

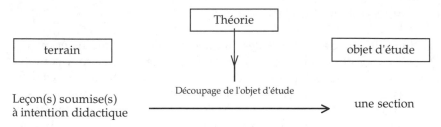

Figure 4. Le terrain et l'objet d'étude.

Un terrain (scolaire) est mis à l'étude, sous couvert d'une théorie. Ce terrain fonctionne pour lui-même, il comprend une (ou des) leçon(s) soumise(s) à intention didactique dans le domaine («la branche») des mathématiques. Cette appellation assez large, «leçon», existe dans les termes de l'institution scolaire. Elle est soumise au temps scolaire, c'est-à-dire à ce que l'institution décide quant à la présence en classe du professeur et des élèves à propos d'une matière ou d'une autre, respectivement à enseigner et à apprendre. En l'occurrence, nous nous intéressons à ce que cette institution décide pour ce qui concerne les mathématiques.

Sous couvert d'une théorie, un découpage de l'objet d'étude est effectué. Nous nommerons *section*, le découpage de l'objet d'étude, par analogie avec d'autres domaines. Le terme de section est défini dans le Petit Larousse (édition 1993) comme «une action de couper» ou «une division» ou encore, techniquement, une *section* est «un dessin en coupe mettant en évidence certaines particularités d'une construction, d'une machine etc.». Par analogie, nous dirons que le découpage effectué est censé mettre en évidence des particularités du système didactique étudié (et plus particulièrement dans la période scolaire étudiée), c'est-à-dire rendues «visibles» dans la section. Le découpage ne rend «visible» l'objet qu'en certains aspects particuliers et selon des critères choisis à dessein. «Visible» est du reste inscrit entre guillemets puisque la section ne donne pas à voir immédiatement les particularités du système. Un exemple en botanique fera comprendre notre propos. En vue de répondre à une question et/ou de mettre en évidence ou de créer un savoir utile, la section d'une plante s'attache à montrer, par un dessin, sa structure en un lieu particulier. Représenter cette structure a pour but (par exemple) de décrire certaines caractéristiques de la plante, qui, par comparaison avec d'autres, permettrait d'effectuer une classification des espèces. Or, dans cet exemple, des choix sont nécessaires au moins à deux niveaux: à quel endroit (et dans quel sens) couper la plante pour l'observer et quels critères se donner pour la représentation (dessin) que serait la *section*. Ce qui importe ici, c'est la question posée. S'agissant de la classification des espèces en botanique, les critères que se donne l'observateur pour effectuer cette classification et les indices qu'il tire de l'ensemble des observables, laissent de côté d'autres éléments pour ne donner à voir dans la *section*, que ce qui lui permet d'opérer sa classification. L'exemple reste bien entendu très schématique et ne saurait constituer qu'une métaphore (avec toutes les limites qu'elle comporte) de ce qui préside au choix de la *section* et aux observables pertinents en didactique, c'est-à-dire les questions de recherche posées.

Pour ce qui est du système didactique, la *section* que l'on «dessine» peut aussi bien avoir pour objet une série de leçons sur l'algorithme de division, par exemple, ou une leçon sur l'écriture des «grands nombres», ou encore l'enseignement de la géométrie en classe de 6e. Selon que le découpage porte sur tout (ou partie d') une leçon ou sur une série de leçons, nous définirons ces sections comme des *sections intra séance* ou des *sections inter séances*.[8] La *section*, en limitant le propos, permet de déterminer le domaine de validité des observations effectuées. La détermination de la *section* dépend des questions posées concernant le fonctionnement du système à propos de tel «savoir»[9] enseigné.

Mais qu'en est-il du «savoir» justement: nous partons de la prémisse que ce «savoir» est déclaré comme tel par l'institution scolaire. Immanquablement, en effet, en suivant ce que Chevallard (1992) montre dans son anthropologie des savoirs, le point de départ de notre étude suppose qu'il s'agit d'objets de savoir appartenant à l'institution scolaire, c'est-à-dire des objets avec lesquels cette institution entretient des rapports. Du coup, ces rapports aux objets existent dans les termes de l'institution sous une forme ou sous une autre. Provisoirement et prudemment, nommons-

---

8   Nous reviendrons plus loin, dans notre partie méthodologique, à la signification que nous donnons au terme de *séance*. Notons pour l'heure que la *séance* est une unité d'observation, du côté de la recherche, qui comprend une dimension temporelle de déroulement. Nous reviendrons également à ces découpages en *sections intra séance* et *inter séances* dans notre méthodologie d'analyse.

9   «Savoir» est noté ici entre guillemets puisqu'il est tel que déclaré par l'institution scolaire, via ses représentants.

les des «objets d'enseignement». Par exemple, dans l'institution scolaire locale à Genève (mais aussi en Romandie et peut-être ailleurs aussi), existent (ou existaient) des objets d'enseignement nommés «le déplacement dans un quadrillage» ou «les bases» (sous-entendu «de numération»). A noter que ce dernier objet a fini par être nommé selon un diminutif qui suppose comme le premier une acculturation à ce que ces termes signifient. C'est-à-dire qu'ils supposent la construction d'un rapport institutionnel à ces objets. Le mathématicien non acculturé à ce que signifient ces termes est lui-même dans l'impossibilité de comprendre de quoi il retourne puisqu'il appartient, lui, à l'institution mathématicienne et n'est pas nécessairement acculturé à la terminologie en usage dans l'institution scolaire. Cela signifie, si l'on souhaite étudier le fonctionnement du système de façon endogène, que l'on ne peut faire l'impasse sur l'étude des rapports aux savoirs spécifiques à l'institution, tels qu'elle-même les définit. Or, dans cette perspective, il s'agit d'éviter des confusions entre les rapports étudiés et les outils de cette étude. Il s'agit donc, ni plus ni moins, de se situer, en tant que chercheur, par rapport à ces objets et donc de distinguer les rapports aux objets de la recherche de ceux de l'institution scolaire étudiée. Ce qui nous amène à l'approche clinique préconisée, nous allons le montrer.

L'APPROCHE CLINIQUE DE L'OBJET D'ÉTUDE

Nous décrirons, en nous appuyant sur divers auteurs, Foucault en particulier, les éléments qui nous semblent intéressants pour la constitution d'une «clinique» en didactique. En préambule, soulignons que les éléments mis en évidence ont trait à l'histoire de la clinique médicale (ses étapes de construction) et non pas à la clinique médicale telle qu'on la connaît aujourd'hui. Ce qui semble intéressant chez Foucault et sa «Naissance de la clinique», c'est la fonction qu'elle remplit à un moment donné de l'histoire de la médecine. A quelles nécessités ou questions cette clinique a-t-elle répondu? Pourquoi s'est-elle avérée indispensable à l'avancée de la science médicale?

   Foucault montre qu'au-delà de la personne du malade, le retournement épistémologique opéré concerne l'étude de phénomènes que l'on nomme «maladies» et leur destin: le *temps* devient alors une dimension incontournable. Pour Foucault, l'histoire de la clinique médicale montre que le phénomène «maladie» n'existe pas en tant que tel «dans la nature» mais relève d'une construction à partir de signes qui eux-mêmes renvoient à des symptômes. Parmi les symptômes, ne deviennent signes que les observables qui font sens pour le clinicien: celui-ci s'attache à faire parler les symptômes, à les ériger en signes et à les regrouper selon des configurations signifiantes en les rattachant à des savoirs établis, en l'occurrence des savoirs médicaux. Il s'agissait, pour la clinique médicale en ses débuts, de s'en tenir «au lit» du malade, c'est-à-dire au lieu des observables de la maladie.

Par analogie, une clinique pour le didactique ne peut construire des phénomènes didactiques qu'à partir de signes pour l'observateur, eux-mêmes renvoyant à des «symptômes» scolaires qui ne peuvent parler d'eux-mêmes. La *section* en tant qu'objet d'étude pour le chercheur permet de mettre à jour des observables «en classe» (le pendant du «lit» du malade), et de construire, à partir de ces observables, des phénomènes didactiques.

Mais l'institution scolaire, quant à elle, «parle». Elle nomme aussi ses objets, elle établit des rapports à ceux-ci qui passent par des signifiants. Le chercheur en prise avec son objet d'étude, par exemple lorsqu'il interagit avec les acteurs de l'institution scolaire, échange avec eux, est pris dans les rets de l'intersubjectivité décrites par certains travaux de sociolinguistique[10] et d'ethnométhodologie. Dans l'interaction, les acteurs de l'institution scolaire et le chercheur, qui appartient à l'institution de recherche, se servent d'«objets communs» (ou réputés communs) pour les besoins de l'intersubjectivité, faute de quoi il n'y aurait aucun échange possible. Or c'est bien à des rapports aux objets institutionnels différenciés (rapport institutionnel, au sens de Chevallard) que l'on a affaire. L'exemple suivant permettra d'expliquer ce que sont pour nous ces rapports institutionnels différenciés. Si l'on (ce «on» marquant l'indétermination est inscrit sciemment) veut, par exemple, étudier «le mouvement des jambes», il est possible de comprendre cette étude comme celle de la structure anatomique des membres inférieurs. Certains mouvements sont évidemment possibles et d'autres impossibles,

---

10 Voir les travaux de Goffmann (1974) à propos de l'intersubjectivité et de la co-construction de l'objet de l'interaction entre les sujets en présence. Liés par des formes de contrats à l'œuvre dans l'échange communicationnel, ceux-ci peuvent parvenir à «se comprendre» et à partager des significations. Ces phénomènes font partie, du reste, des conditions et des produits de l'interaction.

compte tenu de cette structure. C'est ici que l'institution intervient: le savoir utile sur le mouvement de la jambe dépend entièrement de ce que celui qui l'étudie souhaite en faire. Pour un directeur sportif par exemple, ou un chorégraphe, le savoir sur le mouvement des jambes avec ses possibles et ses contraintes, en particulier anatomiques, n'a pas la même signification évidemment que pour le médecin ou encore pour le chercheur en anatomie. Le directeur sportif, pour qui il s'agit, par exemple, de programmer un entraînement va tenir compte fort probablement d'autres facteurs que le chorégraphe, même s'ils ont en commun «le mouvement des jambes». Pour le médecin, le savoir local sur le fonctionnement anatomique, s'il est nécessaire, n'est pas suffisant. S'il examine une jambe malade, par exemple lors d'une paralysie, il se pourrait que la jambe en elle-même ne soit pas en cause, mais que le système nerveux central en tant que siège de cette «maladie de la jambe» soit l'élément important pour le médecin. Le praticien se doit donc de connaître localement le fonctionnement des membres, mais aussi le système tout entier dans le but éventuel de traiter cette maladie. Plus en amont, pour l'anatomiste, la question est encore différente puisque le but n'est pas de traiter mais de décrire et d'expliquer le fonctionnement des membres inférieurs localement mais également dans le système. Le praticien peut se saisir de ce savoir pour sa propre visée, par exemple traiter la «maladie de la jambe», mais deux institutions différentes sont alors en cause.

Dans le but d'éviter des confusions au plan institutionnel, nous serons amenée à établir que ces objets, qui semblent appartenir à la fois à l'institution scolaire et à l'institution de recherche, sont des *objets empiriques*. Ils le sont pour les deux institutions puisque du côté de l'institution scolaire celle-ci se prête à une observation de ces objets; l'institution de recherche, quant à elle, fait porter l'étude sur ces mêmes objets. Mais, ils ne sont pas des objets empiriques au même titre: le chercheur en fait ou en tire un objet d'étude, alors que pour l'institution scolaire il s'agit des «objets de l'école» (Schubauer-Leoni, 1996a). Par contraste, nous dirons que ces objets deviennent «objets de recherche», dans la mesure où un rapport de recherche à ces objets est établi. Prévenu de cette condition, le chercheur joue sur cette pseudo-similarité lors des échanges avec le terrain observé. Nous compléterons le schéma initial de la façon suivante:

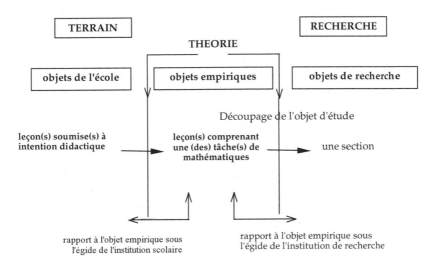

Figure 5. Objets de l'école, objets empiriques, objets de recherche.

Nous dirons en première approximation que les «leçons» et les «tâches» propres à ces leçons sont les *objets empiriques*. Les «leçons» existent aussi bien dans l'institution scolaire que dans l'institution de recherche, de même que les «tâches» scolaires en mathématiques. Nous dirons que ces objets appartiennent aux deux institutions mais que chacune d'entre elles entretient ses propres rapports à ces objets. Pour l'institution scolaire, il s'agit d'un rapport aux objets «leçon» et «tâche» lié aux pratiques à l'intérieur de l'institution alors que pour l'institution de recherche, il s'agit d'un rapport d'étude à ces mêmes objets.[11] L'existence même de l'objet étant définie par le rapport institutionnel à cet objet, on peut considérer que les objets «leçons» et «tâches» ne sont pas les mêmes

---

11 Chevallard définit l'existence de l'objet de la manière suivante: «Un objet existe dès lors qu'une personne X ou une institution I reconnaît cet objet comme un *existant* (pour elle). Plus précisément, on dira que l'objet O *existe pour X* (respectivement, *pour I*) s'il existe un objet, que je note R(X,O) (resp. RI(O)), que j'appelle *rapport personnel de X à O* (resp. *rapport institutionnel de I à O*). En d'autres termes, l'objet O existe s'il existe pour au moins une personne X ou une institution I, c'est-à-dire si au moins une personne ou une institution *a un rapport à cet objet*» (Chevallard, 1992, p. 86).

pour les institutions scolaire et de recherche, respectivement. Ce schéma reprend d'une autre manière – et pour une autres fonction, celle de spécifier les rapports différentiels aux objets – le schéma du double système, didactique et de recherche.[12] Les *objets empiriques* sont au cœur de l'interaction dans le contrat de recherche. Le «système didactique évoqué» lors d'entretiens entre le chercheur et les acteurs scolaires ne porte que sur ces objets empiriques.

Dans l'institution de recherche, le chercheur se donne un certain nombre d'observables lui permettant d'établir puis d'étudier la *section* choisie. Du côté du terrain, pendant la leçon (ou les leçons) admettons qu'un travail scolaire ou des activités en mathématiques ont lieu (toujours dans des termes admis par l'institution). «Quelque chose» se passe dans le système didactique à ce propos qui donne lieu à des *faits*. Ces *faits* constituent les possibles observables. Le schéma se complexifie alors de la manière suivante:

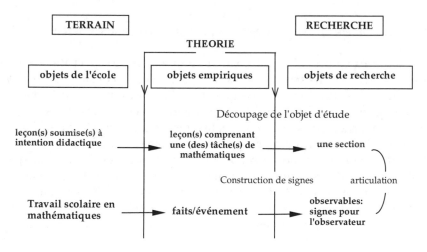

Figure 6. Les événements et les observables.

Par référence à Foucault, nous nommerons les observables choisis par le chercheur, des *signes pour l'observateur*. Ils sont issus d'une reconstruction de la réalité à partir des «symptômes» qui ne peuvent «se dire». Au contraire, les *signes*, constructions issues de la pensée de l'observateur,

---

12 Voir ci-dessus, «Problématique et cadres théoriques».

«disent cette même chose qu'est précisément le symptôme» (Foucault, 1963/1997, p. 92). Les «symptômes» scolaires appartiennent à l'ensemble des objets empiriques que sont les *faits*. Par référence à Foucault toujours, on nommera ces *faits*, des *événements*. Lorsque, dans le cadre de la prise de données, ces *événements* sont éventuellement commentés ou évoqués conjointement par les acteurs du système et le chercheur, il est fort possible, comme pour les objets «leçon» et «tâche», que pour les besoins de l'échange communicationnel, les *événements* soient nommés ou évoqués de la même manière. Ce qui ne signifie pas, encore une fois, que l'on a affaire aux mêmes objets.

Le retour sur la clinique médicale nous semble très éclairant en matière d'objets institutionnels et de positions vis-à-vis de ces objets: lors d'une visite médicale, si le médecin écoute le patient «dire» ses symptômes, il ne les considère pas tels quels pour autant puisque ceux-ci appartiennent nécessairement à un ensemble de signifiants qui ne sont pas nécessairement déterminants aux yeux de l'expert pour identifier la maladie dont il s'agit. En particulier la plainte du patient, même si elle est déterminante pour l'intervention du praticien (ou même pour aiguiller celui-ci vers tel ou tel signe de la maladie), n'est pas nécessairement en rapport direct avec le type de maladie à identifier, puisque, on le sait bien, tel patient vit et dit ses symptômes très différemment de tel autre qui, pourtant, souffre de la même affection. Le patient entretient fort probablement un rapport différent à l'objet «maux de tête» par exemple, que le praticien (en tant que praticien et non en tant que personne qui peut avoir elle-même des maux de tête) pour qui «maux de tête» renvoie à sa connaissance des classes de «maux de tête» qui eux-mêmes deviennent signes de telle ou telle possible affection si ces «maux de tête» sont accompagnés d'autres signes pertinents. A partir des signes, le praticien est tenu à une construction, à des inférences, qui ne se réduisent pas à la simple addition des différents signes mais, par regroupement des signes en une configuration signifiante, lui indiquant une probabilité plus ou moins forte que cette configuration de signes renvoie à telle ou telle affection répertoriée. Evidemment, en de nombreuses circonstances le praticien est confronté à des signes atypiques qui peuvent, le cas échéant, induire le diagnostic en erreur. L'image utilisée pour notre propos ne se veut pas refléter ce qu'est la clinique médicale actuelle, loin s'en faut, puisque celle-ci est autrement outillée actuellement pour établir un diagnostic. La comparaison est donc, nous le savons, extrêmement hasardeuse. De plus le rapport du chercheur en didactique à son objet d'étude est différent de celui du médecin au malade, puisque le but n'est pas d'intervenir mais plutôt de comprendre et donc d'établir un rapport aux «symptômes scolaires» dans le cadre du champ de la didactique. La médecine s'est construit, grâce à la recherche en ce domaine, une foule d'outils et, Foucault le montre bien, si ces outils ont pu être produits, si le médecin-praticien sait ce qu'il convient de chercher en ordonnant tel ou tel examen, c'est parce que des savoirs médicaux ont été établis par la recherche. Le praticien actuel a toute l'histoire de la clinique médicale derrière lui, et surtout l'histoire de la recherche en la matière, qui lui permettent, en tant que praticien, d'agir ou de renvoyer le patient à un spécialiste du domaine concerné ou encore de proposer des «outils» de diagnostic que sont les examens médicaux.

Foucault montre que, dans son Histoire, la clinique médicale en tant que recherche, en particulier dans le domaine de la pathologie, s'est trouvée amenée à «ouvrir quelques cadavres».[13] Telle ou telle maladie n'était en effet attestée, validée du point de vue de la recherche médicale, en ses effets sur le corps du patient, que par les études anatomiques pratiquées sur le patient à l'état de mort. Le pouvoir pronostic par rapport à telle ou telle maladie, attesté par ses effets – dans le cas le plus extrême par la mort du patient – était alors en cause.

Notre propos vise la construction d'instruments d'analyse pour en examiner la portée et les limites en regard des questions posées; il se limite donc à montrer qu'il ne suffit pas, en clinique pour étudier le didactique comme en clinique médicale dans ses premiers pas, de prendre les «symptômes» pour argent comptant. Il s'agit plutôt de «faire parler ces symptômes», de les ériger en signes et de les regrouper, de les rattacher à des connaissances, pour le coup des connaissances en didactique, afin d'en inférer des phénomènes signifiants et nourrir la théorie. C'est dans ces objets empiriques, que l'on a nommés des *événements*, appartenant aux deux institutions, que la clinique pour le didactique cherche les «symptômes» qu'elle se donne pour tâche d'étudier. Et non pas dans les objets propres à l'institution scolaire qui, comme tels, sont aussi peu susceptibles d'être soumis à l'étude par le clinicien en didactique que le «ressenti» du mal de tête de notre patient de tout à l'heure, n'est utile au médecin pour diagnostiquer telle ou telle forme de maladie. Mais pour cette étude, les instruments dont dispose le didacticien sont encore bien peu nombreux et restent à construire, nous le verrons

---

13 Voir Foucault (1963/1997), chapitre VIII.

dans notre partie méthodologique. Cette méthodologie se doit, du reste, de tenir compte des différentes étapes de la recherche que sont la construction d'un dispositif, la prise de données sous forme de traces et les analyses subséquentes. Il s'agira, nous le verrons, d'établir à chaque étape, en quoi le chercheur-observateur est impliqué dans le processus de recherche.

Deuxième partie

Méthodologie
de la recherche

Chapitre 1

Principes méthodologiques pour l'observation

Nous décrirons dans ce chapitre les principes méthodologiques qui sous-tendent l'observation. Ces principes seront repris dans les chapitres suivants pour décrire les différentes étapes de recherche: la construction et la gestion du dispositif, le choix des traces utiles et enfin les méthodes d'analyse.

Les différents plans de l'étude et les unités d'observables

Nous nous attacherons à établir une articulation entre la *section* étudiée et les *observables* en déterminant les *unités d'observables*. La *section* envisagée pourrait être «dessinée» selon plusieurs angles possibles; pour notre part, nous proposons, deux angles d'attaque ou deux plans d'étude différents, qui se recoupent entre eux. Sur chacun de ces deux plans, les analyses sont réalisées selon des niveaux différents, avec un «grain» de l'analyse plus ou moins grossier selon les questions posées. Le premier, nommé *plan achronique*, représente une étude qui ne tient pas compte des temporalités de la situation didactique, par opposition au second, le *plan diachronique*, qui, cette fois se préoccupe d'introduire une temporalité dans l'analyse. Chacun de ces deux plans est étayé par des résultats de recherche préalables en didactique des mathématiques et en didactique comparée.

PLAN ACHRONIQUE

Au *plan achronique*, il s'agit de soumettre l'objet d'enseignement mathématique à une analyse de ses caractéristiques. De quoi est fait l'objet? Quels en sont les possibles? Et quelles en sont les contraintes intrinsèques? Mais aussi quels sont les liens qu'il entretient avec des objets connexes ou au premier abord éloignés?

La *tâche mathématique prescrite* telle que définie ci-dessus sera notre unité d'observable fondamental. La *tâche prescrite* est en effet un *objet empirique* qui existe (à des titres différents) aussi bien dans l'institution scolaire que dans l'institution de recherche. En jouant sur la pseudo similarité de l'objet mentionnée ci-dessus et sa co-construction dans l'interaction, cette unité est peut être définie conjointement par l'institution scolaire d'accueil et par l'institution de recherche. En effet, parmi les objets d'enseignement habituels d'une classe (ou de plusieurs) ou d'un degré (dans un contexte géographique ou social particulier etc.), il est possible d'en choisir certains en vue de l'observation et de demander aux professeurs, comment eux-mêmes les définissent et les organisent en classe. Il s'agit donc de prendre dans un premier temps l'unité d'observable *tâche prescrite* telle que l'institution scolaire la définit à travers les moyens d'enseignement (par exemple, *le problème, la fiche, l'activité, la situation* [1], *le jeu, etc.*) tout en instaurant nous-même, en tant que chercheur, un rapport à cette unité qui devient un rapport d'étude et de recherche. Ce niveau d'étude consiste à déterminer les caractéristiques de cette *tâche prescrite* en la travaillant avec les outils que la recherche en didactique met à notre disposition. En particulier nous serons amenée à effectuer une *analyse a priori* [2] qui comprend elle-même plusieurs niveaux d'analyse puisqu'elle tient compte des possibles situations mathématiques et des possibles conduites des élèves et du professeur.

Du côté du terrain scolaire, nous postulerons que la *tâche prescrite* fait partie d'un projet d'enseignement puisqu'elle est présente dans la classe. Nous dirons qu'elle est dans un rapport conforme à celui admis

---

1 L'institution scolaire, elle aussi, parle de situation ou de situation-problème, dont la définition n'est pas nécessairement la même que celle des situations d'ingénierie, au sens de Brousseau, 1998.

2 Par analogie avec la méthode d'ingénierie, au sens défini ci-dessus dans nos cadres théoriques.

par l'institution scolaire. Dans le cas inverse, cette institution la rejetterait et du coup elle ne serait pas observable dans la classe. La *tâche prescrite* peut être unique, mais elle est prise le plus souvent dans un ensemble de *tâches* organisées, dans les moyens d'enseignement romands, selon des modules: plusieurs *tâches prescrites* sont censées aborder et baliser, par exemple, la notion de proportionnalité. Nous dirons que l'ensemble des *tâches prescrites choisies* (même unique) forme la *section*. Du côté du terrain, l'ensemble des *tâches prescrites* fait partie de l'ensemble plus large de ce qui se pratique dans le cadre du programme d'étude en mathématique.

La *tâche prescrite* peut aussi se décliner en unités d'observables plus petites, des *sous-tâches*. Par exemple, un problème, issu des manuels scolaires, nommé couramment «fiche» (définie comme «*la tâche prescrite*»), peut être constitué de plusieurs items. Ceux-ci ne sont dans notre propos pas encore hiérarchisés, ils coexistent simplement dans la fiche. Il se pourrait, du point de vue de la recherche, si on a une seule *tâche prescrite*, constituée d'une seule partie, que les trois niveaux (*sous-tâche*, *tâche* et *section*) n'en soient qu'un seul. A l'inverse il pourrait se trouver des parties de la *tâche* encore plus petites.

A ces différents niveaux *(tâche, sous-tâche, section)*, il est possible d'étudier les *objets* qu'elle comprend. C'est à propos de ces objets que le professeur et les élèves, échangent, négocient et agissent. Ces *objets* sont de différents ordres, mais l'analyse rencontre ici un problème délicat, parce qu'on ne peut jamais les dissocier entièrement lors de l'observation. Pour la bonne organisation de notre exposé, nous allons néanmoins les distinguer provisoirement.

Au sein de la *tâche prescrite*, ce sont les *objets mathématiques* qui intéressent au premier chef le didacticien. Mais ceux-ci ne sont jamais observables de façon directe; ils sont plutôt à inférer à partir d'autres objets faisant partie des pratiques enseignantes. Nous les appellerons comme plusieurs didacticiens des mathématiques, les *pratiques mathématiciennes de classe*. Celles-ci (mais sans doute aussi toute pratique mathématicienne) supposent immanquablement des *objets symboliques* et des *objets matériels*, agencés, organisés d'une certaine manière et sur lesquels et par lesquels les pratiques s'exercent et qui sont au cœur de ce qui s'enseigne et qui s'apprend. C'est aussi ce que Brousseau (1990) nomme le *milieu* antagoniste de l'élève. C'est à propos de ces *objets organisés en un milieu* qu'il sera possible d'observer l'activité des acteurs (plan diachronique défini ci-après). Mais déjà au plan achronique, s'agissant par exemple de la «fiche» susmentionnée, certaines *traces*[3] recueillies peuvent consister en une simple photocopie de la page, isolée du manuel. Mais cette page peut être également conservée dans son rapport avec ce qui se pratique dans l'institution scolaire à propos des objets d'enseignement semblables ou sur le même sujet. Sans étudier alors d'autres *tâches prescrites* en tant que telles, il est possible de tenir compte des *traces* de la présence de ces autres *tâches*, éventuellement de ce qui a amené la noosphère[4] à décider de la construction et de la présence de cette *tâche*-là parmi les autres, à ce moment de l'année scolaire, avant telle autre et après telle autre, etc. Grâce aux *traces utiles*, qui ne sont pas toutes les traces existantes, mais celles que la recherche se charge d'étudier, il est possible de travailler à différents niveaux d'analyse, mais aussi à partir des trois «entrées» qui caractérisent le système didactique.

Première entrée: par les caractéristiques de la tâche prescrite. Il s'agit d'effectuer une *analyse a priori* pour comprendre l'économie de son fonctionnement mais aussi son écologie (au sens de Chevallard, 1994 et Assude, 1996) en tant que conditions de possibilité de ce fonctionnement. La *tâche prescrite* est à étudier pour elle-même, mais surtout dans ses rapports aux objets mathématiques, symboliques et matériels qui la caractérise. Une analyse de son déroulement possible, dans ses éventuelles *sous-tâches*, cette fois hiérarchisées (ne serait-ce que dans l'espace de la feuille de papier, par exemple, s'il s'agit d'une fiche). Les solutions expertes et les procédures possibles sont mises à jour et l'on se posera aussi la question de savoir quelles sont les *variables de la tâche prescrite* qui sont repérables dans son organisation. Les *objets matériels* et *symboliques* sont dès lors analysés en tenant compte de leur forme, de leur espace et de leur disposition mais aussi de leur fonction possible ou probable, en tant que *milieu* mathématique potentiellement capable de produire des situations. C'est bien le produit d'une *transposition* qui est analysée: d'où proviennent les objets inscrits dans la tâche? A quelles nécessités du système cette tâche répond-elle? Qu'en est-il historiquement? Par quels mécanismes propres aux décisions de la noosphère cette tâche se trouve-t-elle inscrite dans le manuel pour ce degré et dans quel environnement (tâches connexes)?

---

3 Pour une définition, voir le chapitre consacré aux «Matériaux et traces utiles» recueillies.

4 Au sens de Chevallard (1980/1991).

Deuxième entrée: du côté du professeur. A travers les moyens d'ensei-gnement, les tâches sont d'abord prescrites au professeur: elles sont pré-sentées dans le «Livre du maître» comme étant ce qu'il y a à faire faire aux élèves en mathématique pour atteindre les objectifs déclarés.

Selon les traces conservées comme utiles, il est possible de rapporter la *tâche prescrite* aux possibles décisions du professeur. Par exemple com-ment l'a-t-il choisie ou comment l'a-t-il construite (si elle a été construite par le professeur)? Sur quelles variables, le professeur a-t-il arrêté son choix (de fait et pas nécessairement sciemment)? Dans quelle intention (plus ou moins consciente)? On dira alors qu'il s'agit d'une *analyse préa-lable* du point de vue du professeur.

Troisième entrée: du côté des élèves. Les tâches sont ensuite prescrites aux élèves par le professeur: c'est lui qui choisit, parmi les propositions des manuels scolaires, les problèmes, les fiches d'exercices, les jeux, etc. qu'il donnera effectivement à faire aux élèves, en conduisant lui-même l'activité.

Quelles sont les possibles effets de l'organisation de la *tâche prescrite* sur les conduites des élèves? Quelles sont les erreurs potentielles par exemple? Quelles possibles ruptures du contrat didactique la tâche peut-elle entraîner? On dira dans ce cas qu'il s'agit d'une *analyse préalable*[5] du point de vue des élèves.

Il ne s'agit pas nécessairement de procéder systématiquement à cha-cune des analyses mentionnées, mais, selon les questions posées, de recourir, de façon cohérente à l'une ou à l'autre. On a ainsi toute une série de questions qu'une analyse *achronique* peut prendre en charge et auxquelles elle peut tenter de répondre en dégageant des phénomènes didactiques, mais surtout poser en forme d'hypothèses.

---

5   Précisons qu'il ne s'agit pas de faire faire au professeur ou à l'élève une «ana-lyse préalable» mais d'inférer de leur possible comportement (au sens large) des éléments pour une *analyse préalable*. Précisons encore que le terme d'*ana-lyse préalable* fait partie de la méthode d'ingénierie et recouvre une analyse faite avant toute expérimentation, *analyse a priori* comprise. Nous détournons quelque peu le terme, en l'utilisant pour l'analyse du point de vue des acteurs du système. Le terme d'*analyse a priori* reste réservé à l'analyse de la tâche prescrite du point de vue du savoir en jeu (ou qui n'est pas en jeu, jus-tement).

PLAN DIACHRONIQUE

L'étude de la tâche en situation (*tâche effective*, au sens de Clot, 1995) conduit immanquablement à introduire une dimension temporelle. C'est l'analyse au plan *diachronique* qui s'en charge. Les *objets mathématiques* apparaissent alors au travers des activités et des pratiques et, du point de vue de l'observateur, au travers des *traces* de ces pratiques. Ces *traces* sont celles dont la recherche se saisit.

Une remarque importante s'impose du point de vue d'une clinique. L'analyse de ce qui s'est produit en classe se conjugue au passé. En effet, l'analyse *diachronique* procède d'une reconstitution à partir d'objets «morts» dans le sens où ils sont figés en l'état où la recherche les a recueillis. De fait, on n'analyse pas l'activité en classe, *in vivo*. L'analyse des données porte sur les *traces* recueillies qui sont certes figées, mais aussi malléables dans la mesure où elles sont susceptibles de subir un traitement préalable avant de passer au crible de l'analyse. Par exemple par la transcription sous la forme d'un protocole, de la matière sonore ou visuelle récoltée. Sur la base de ces *traces*, il s'agit de faire «revivre» la scène qui s'est déroulée en classe; ceci non seulement dans le but d'en reconstituer l'histoire (une *chronique*, au sens de Peres, 1984), mais surtout d'en faire émerger des phénomènes didactiques susceptibles de confirmer ou d'infirmer certains points de la théorie, voire de les compléter ou de les étendre. Nous nous attacherons pour notre part à focaliser l'analyse sur des phénomènes qui ont trait au *temps didactique*. En effet, en étudiant les phénomènes de façon *diachronique* nous pensons faire avancer la théorie sur le fonctionnement du contrat didactique selon trois genèses pour nous indissociablement liées: la *mésogenèse*, la *topogenèse* et la *chronogenèse*. La *mésogenèse* définit l'évolution du *milieu*, c'est-à-dire les objets, matériels, langagiers, symboliques, gestuels ou autres, en rapport avec les objets de savoir convoqués par les acteurs à différents moments et selon certaines fonctions. La *topogenèse* définit implicitement ce qui a trait aux places de chacun, professeur et élèves, à propos du savoir respectivement à enseigner et à apprendre. Qui prend en charge quoi à quel moment et avec quelle fonction? La *chronogenèse*, enfin, définit ce qui a trait à l'évolution des savoirs dans le système. «Genèse» suppose que, respectivement, le milieu, la distribution des places et le savoir sont soumis à une dynamique. C'est pourquoi ce plan d'analyse se propose, à chacun de ces niveaux et pour chaque unité d'observables, de faire intervenir une temporalité (le temps des horloges cette fois).

Le point de départ est cette fois *l'activité* comme unité fondamentale, en tant qu'elle se déroule dans une durée: elle a un début et une fin du point de vue de l'observation et de l'observateur. Même si l'analyse *achronique* a montré que la *tâche prescrite* pouvait potentiellement se dérouler de plusieurs manières différentes, dans un ordre ou dans un autre, du fait des élèves et/ou du fait du professeur, dans la mesure où elle «vit» dans la classe, cette *tâche prescrite* donne lieu à de l'activité. Du point de vue de l'observateur, celui-ci assiste à une suite d'*événements* avec des «avants» et des «après».

Il s'agit alors de déterminer l'ordre de déroulement des événements, mais il est aussi possible, au sein de la classe que plusieurs événements aient lieu en parallèle, par exemple au sein des différents groupes d'élèves. Il s'agit, là aussi, d'en rendre compte. C'est pourquoi nous nommerons cette fois l'ensemble des événements observés du terme de *séance*. Nous introduisons ce terme pour le distinguer de celui de *séquence*, propre, en particulier, à la théorie des situations et à sa méthode d'ingénierie qui propose le montage de situations didactiques en vue de l'enseignement de tel ou tel contenu de savoir mathématique. La *séance* suppose une logique d'agencement des événements et une organisation temporelle et matérielle de l'activité en classe de mathématique. Comme plusieurs analyses de leçons nous l'ont montré (et Peres (1984) bien avant nous), un fil conducteur (du point de vue du sens) traverse l'ensemble de la séance.

Cette *séance* est elle-même prise dans un ensemble plus large que serait le déroulement de l'ensemble des leçons de mathématiques dans l'année scolaire. Elle se situe à un moment où à un autre du déroulement temporel et fait partie d'une *chronogenèse* plus large. Même chose, et plus largement, dans le cursus d'enseignement.

Cette *activité* (sous-entendu, prise dans son déroulement) peut être découpée en *phases*. Ce qui permet de placer ce déroulement en regard du temps des horloges. Un découpage en phases *du point de vue du professeur*, permet de suivre la gestion enseignante: comment le professeur définit l'objet de la séance, comment il organise la classe, à qui il donne la parole (ou ne la donne pas), comment il gère la mémoire didactique de la classe, etc.

Du point de vue des élèves, le découpage tient compte de la place relative (au sens de *topos*) que les élèves prennent dans le déroulement de l'activité: leur apport dans l'activité commune, leurs éventuelles négociations, etc.

Du point de vue de l'activité proprement dite, le découpage en phases est réalisé à partir de son organisation interne et de ses étapes. Ce découpage permet d'établir une sorte de «radiographie» du déroulement en mettant en évidence des durées objectives. Celles-ci permettent une objectivation de l'organisation de l'activité au plan temporel et ainsi indiquer des «ralentissements» ou des «accélérations» dans le déroulement. Les durées objectives sont d'autant plus importantes à établir lorsque la *tâche prescrite* est reprise une ou plusieurs fois[6] soit avec les mêmes élèves, soit avec des élèves différents. Les différences de durées objectives pour des activités réputées semblable peuvent en effet s'avérer «étonnantes» en regard du questionnement de la recherche. Ces différences sont-elles dues à la gestion du professeur, à des obstacles rencontrés par les élèves ou à d'autres caractéristiques? Nous nommerons «Tableau synoptique»[7] de l'activité la représentation du découpage de celle-ci en différentes phases.

L'analyse peut comprendre un ou plusieurs découpages en *phases*, selon les questions de recherche posées et selon l'unité d'observable choisie: on peut en effet considérer des «macro» *phases* que seraient des activités successives (on passe à autre chose par référence aux *tâches prescrites*) ou, selon des unités d'observables plus fines, des *phases* appartenant à la même activité, selon des phases repérables. Ce découpage en *phases* sert avant tout à poser des questions sur le déroulement et sur les facteurs éventuels qui président ce déroulement-là. Nous y reviendrons plus concrètement dans notre chapitre sur la méthodologie d'analyse.

---

6 La répétabilité d'une *tâche prescrite* avec les mêmes élèves est du reste une question en soi, puisque toute *tâche* n'est pas répétable, compte tenu de l'avancement du temps didactique dans la classe. Par exemple une fois un problème résolu, celui-ci est «grillé», alors que ce n'est pas forcément le cas d'autres types de tâche, tel un jeu. Nous y reviendrons dans notre chapitre sur les dispositifs de recherche.

7 Ces tableaux synoptiques s'inspirent librement d'une représentation de la temporalité à l'intérieur de la leçon sur les «grands nombres», proposée par Nadot (1997). Depuis lors, en didactique, plusieurs équipes (voir en particulier Dolz, Ronveaux & Schneuwly, 2006) ont redéfini, selon leurs propres préoccupations de recherche, cet outil permettant de représenter de façon synthétique l'avancement de tel objet d'enseignement/apprentissage au fil d'une séquence didactique. Ils ont néanmoins en commun avec les tableaux synoptiques que nous construisons, la propriété de réduire les informations utiles pour les rendre mieux accessibles et utilisables.

D'autres unités d'observables que nous nommerons des *systèmes d'événements*, rendent compte des événements didactiques dans leur dynamique. Qu'est-ce qui amène ou semble amener l'événement, qu'est-ce qui contribue à le produire, etc. Le cas échéant, ils peuvent dépasser la seule *séance* observée en trouvant des ramifications dans une *séance* précédente.

Le découpage en *systèmes d'événements* permet d'observer et de décrire des processus, par exemple les apprentissages des élèves (ou de tel élève particulièrement) ou encore les interactions entre le professeur et ses élèves. Les critères de découpage dépendent bien évidemment des questions posées par la recherche.

A certains *systèmes d'événements*, la recherche peut donner un statut particulier; nous les avons nommés et définis comme des *événements remarquables* ou *significatifs*. Certaines *séances* comportent ainsi un ou plusieurs *événements remarquables ou significatifs qui sont à rapporter aux questions de recherche posées*. L'étude de tels *systèmes d'événements* devrait permettre d'établir les modes de négociations entre les partenaires du système, en particulier dans le cas où le projet d'enseignement est susceptible d'être mis en crise, voire partiellement ou entièrement modifié en cours de *séance*.

Du point de vue du professeur, l'intérêt de l'étude des *systèmes d'événements* réside dans une possible compréhension de la manière dont le professeur «tient» son projet d'enseignement. En particulier, nous cherchons à mettre en évidence si le professeur fait en sorte (comment?) de ne jamais laisser son projet entrer en crise. «Tenir» sur le projet d'enseignement peut se manifester, par exemple, par un contrôle important des faits et gestes des élèves. *Du point de vue des élèves* nous cherchons à mettre en évidence l'état d'avancement du savoir, compte tenu des *systèmes d'événements*. Nous nous appuyons principalement ici sur les travaux de Sensevy (1996, 1998) sur les phénomènes liés à la *chronogenèse* qui montrent à quelles conditions des élèves peuvent devenir ce que l'auteur nomme *chronogènes*, par rapport à l'avancement du temps didactique de la classe. De son côté, Mercier (1998) désigne ces phénomènes de chronogénéité en examinant les conditions pour l'élève de «s'enseigner à lui-même» et donc de sa participation au projet d'enseignement.

Un dernier élément semble indispensable puisque l'analyse de la séance s'appuie sur les *traces* que la recherche se donne. L'organisation de ces traces en un protocole attestant du déroulement événementiel, représente l'un des matériaux principaux pour l'analyse diachronique. Mais il n'est pas le seul puisque nous tiendrons compte également d'autres traces issues de la séance, tels que les productions écrites des élèves ou le relevé des notations au tableau noir, par exemple.

Systèmes de traces, systèmes d'événements, systèmes d'analyses, systèmes de questionnements[8] et approche clinique

Dans la perspective d'une approche clinique du système didactique, nous nous appuierons sur plusieurs types de traces que nous ferons fonctionner comme *système*. Dans le but de construire des phénomènes didactiques, à partir de *signes pour l'observateur*, nous aurons recours à différents matériaux de recherche censés porteurs (potentiellement) de ces *signes*. En plus des protocoles des *séances* et des matériaux issus des activités du professeur et des élèves, il nous a semblé opportun de référer la *séance* au *projet d'enseignement* pour la classe ou le groupe d'élèves concernés. Ce projet, nous dirons que c'est l'institution scolaire qui le porte via son représentant institutionnel privilégié qui est le professeur. Les travaux sur la structuration du milieu (en particulier, Margolinas, 1995) nous le montrent, le professeur et les élèves ne sont pas toujours en situation de co-présence, voire d'interaction. Les moments où le professeur est en position de constructeur de la situation didactique «débordent» le cadre même de la classe. Par exemple, le moment où le professeur prépare sa leçon, jette éventuellement quelques notes sur le papier pour donner une structure à cette leçon, ou simplement «se note» (pour mémoire) telle ou telle indication, fait partie des éléments constitutifs de la leçon. A ce titre nous avons choisi d'intégrer aux matériaux de la recherche, des entretiens entre le professeur et le chercheur à propos des leçons observées. Nous y reviendrons en détail dans notre chapitre sur les dispositifs de recherche construits. Précisons d'ores et déjà que ces entretiens sont de trois types: des entretiens *préalables* qui ont lieu dans les jours qui précèdent les observations, des entretiens *a posteriori*, qui ont lieu dans les jours qui suivent ces observations et des *entretiens portant*

---

8   Nous reprenons en termes de «systèmes» le type d'approche préconisée par
      M.L. Schubauer-Leoni (voir en particulier Schubauer-Leoni, 2002).

sur les protocoles des séances. Les protocoles sont en effet restitués au professeur entre deux observations successives et donnent lieu à une analyse propre dont les *entretiens protocoles* sont censés rendre compte.

Les différents types de *traces*, organisées en un *système*, sont considérés comme des éléments du *projet d'enseignement* que nous comptons interroger selon un *système de questionnement*. Chaque question de recherche est non seulement adressée à l'ensemble des *traces* et ne reçoit de réponse «définitive» qu'en regard de leur mise en perspective, mais peut être également suscitée par l'analyse de l'un des types de *traces* et, par retour, venir nourrir le questionnement au sujet du système didactique et de ses phénomènes propres. Les questions peuvent, le cas échéant, rester en suspens et être renvoyées à une analyse ultérieure, soit des mêmes matériaux soit d'autres. Nous y reviendrons plus concrètement dans notre chapitre sur la «Méthodologie d'analyse».

Le *système de traces* que nous établissons nous semble pouvoir tenir le rôle de «discutant» des faits et des *événements enregistrés* (par référence à Foucault, 1963). Mais, il nous a semblé également important, à la suite de Foucault, d'introduire dans le dispositif même une dimension temporelle. En effet, les *sections* établies entrent dans une série temporelle puisque l'essentiel des observations s'échelonnent sur cinq à dix mois selon les cas examinés. Les *événements enregistrés* et les *systèmes d'événements* ne prennent sens qu'en regard de l'ensemble. Ce parti pris nous semble cohérent relativement aux travaux sur le temps et la mémoire didactique qui ont amplement démontré que l'intention d'enseignement et sa réalisation auprès des enseignés n'est jamais une affaire ponctuelle mais s'inscrit dans une histoire de la classe et, du côté de l'individu enseigné, il est possible d'en trouver des traces dans sa *biographie didactique* (au sens de Mercier, 1995a).

Il est évidemment difficilement envisageable d'observer l'ensemble des *événements* concernant la réalisation du projet. C'est pourquoi, nous avons choisi de procéder à des «ponctions» ciblées dans le système, avec l'hypothèse de travail que les éléments tirés de ces ponctions sont révélateurs du fonctionnement du système. A ce titre, les «ponctions» pratiquées sont étudiées en tant que situations, dans leur fonctionnement. L'intrusion de la recherche à l'intérieur du système didactique, par les observations qu'elle suppose, a probablement valeur d'intervention dans la mesure où elle fait partie de cette situation.

La temporalité mentionnée est toutefois considérée comme fondamentale pour la construction de notre dispositif, en ce sens que les «ponctions» opérées doivent être également révélatrices de ce qui se déroule entre ces «ponctions». Notamment, nous serons amenée à tenir compte de l'état d'avancement du *temps didactique de la classe* (ou du groupe d'élèves) à tel temps T observé et à référer cet état d'avancement au *projet d'enseignement* dans sa globalité. C'est pourquoi la constitution par le professeur d'un *dossier initial* (comprenant les traces des travaux effectués en classe de mathématique durant le mois précédent les observations) est considérée comme le temps zéro (T0) de la recherche, à partir duquel, le dispositif d'observation est mis en place et où le *projet d'enseignement* se déploie de *séance* en *séance* dans les conditions de l'observation. Même si par ailleurs, d'autres leçons ont lieu entre deux *séances* observées.

Nous donnerons à l'analyse de la *séance* le statut *d'analyse principale* et à celles des entretiens celui *d'analyses annexes*. Ce qui du reste n'a rien de péjoratif pour les secondes qui peuvent s'avérer indispensables pour la compréhension des phénomènes. Néanmoins, les entretiens sont aussi des objets de recherche plus «flous», dans la mesure où ils sont sujets à des rationalisations ou à des projections de la part des interlocuteurs qui ne sont pas à prendre à la lettre. Si les entretiens sont de bons indicateurs des rapports du professeur aux *objets de l'école* – une première étude exploratoire (Leutenegger, 1997) nous l'a amplement démontré – ils sont toutefois insuffisants pour engager une démarche compréhensive des pratiques en vigueur. Il s'agit, du point de vue de la recherche, d'opérer une distanciation entre ce qui est dit et ce que ce discours représente en tant que *signe* pour l'observation didactique que nous souhaitons conduire. En ce sens nous avons opté pour analyser en premier lieu la *séance* puis à rapporter les analyses annexes à cette première analyse pour ne retenir des entretiens que ce qui concerne le projet d'enseignement (avant et après), le bilan de celui-ci et les modifications éventuelles à y apporter. En procédant de la sorte, nous pensons construire un *système de questionnement* à partir de l'analyse des *séances*.

Plans d'analyse et unités d'observables des entretiens

Toutefois, il n'est pas exclu d'analyser l'entretien pour lui-même dans sa dynamique temporelle propre et donc dans son déroulement. En effet, dans certains cas, il peut s'avérer utile de reconstruire la dynamique des prises de décisions concernant la leçon, à l'intérieur de l'entretien, puisque nous faisons l'hypothèse que ceux-ci jouent, tout comme l'observation des séances, un rôle actif dans la situation. Nous pouvons alors à nouveau intégrer *deux plans d'analyse*, l'un concerne le contenu thématique de l'entretien *(plan achronique)* et l'autre son déroulement *(plan diachronique)*. Nous ne référerons cette fois les entretiens qu'au dispositif de recherche (et non à l'institution scolaire) puisqu'ils appartiennent en propre à la recherche et sont ainsi soumis à un *contrat de recherche*. A ce titre ils interviennent comme condition parmi d'autres, propres au système didactique observé.

PLAN ACHRONIQUE

L'entretien est considéré comme une unité d'observable que l'on peut rapporter aux autres «pièces» du dispositif, les autres entretiens et les séances. Une analyse thématique permet d'opérer un tri à l'intérieur du discours en cherchant en priorité des éléments discursifs concernant les tâches prescrites, et donc les objets faisant partie de l'intention d'enseignement, et ceci selon deux axes principaux: les buts évoqués et les moyens de mise en œuvre affichés.

Parmi les buts, on cherche principalement à mettre en évidence ce qui a trait au projet et à la manière dont le professeur se l'approprie. On a affaire ici à des mécanismes que la théorie de la transposition nomme la *repersonnalisation* et la *recontextualisation* du savoir par le professeur, manifestés par son discours. La ou les *tâches prévues* (telles que le professeur les prescrit à lui-même), le *déroulement prévu* (l'ordre des activités prévues), l'*avancée du temps didactique prévu*, sont les caractéristiques principales que l'on examine par l'analyse de l'entretien *préalable*. De manière symétrique, on analyse le bilan que pose le professeur *a posteriori*.

Parmi les moyens mis en œuvre, il est important de définir les *variables didactiques* qui semblent opérantes du point de vue du professeur. Notamment il s'agit de distinguer les *variables de la tâche prescrite* et les *variables de la situation* sur lesquelles le professeur compte faire levier pour transmettre le savoir. Il s'agit aussi de mettre à jour des éléments tenant à la gestion enseignante de cette situation. On examine encore ce que le professeur prévoit ou analyse après-coup au sujet des conduites des élèves en lien (ou justement comme s'il n'y avait pas de lien) avec les décisions prises.

Comme pour l'analyse des séances, cette analyse s'appuie sur un certain nombre de *traces*, discursives cette fois, permettant d'élaborer les différents niveaux d'analyse. C'est à ce point que la recherche se doit d'effectuer la distanciation nécessaire avec le discours du professeur, de manière à traiter les objets évoqués dans le discours (en tant qu'objets de l'institution scolaire) comme des observables, c'est-à-dire en tirant de ceux-ci les *signes* utiles au questionnement de la recherche. En ce sens, les objets discursifs faisant figure *d'objets empiriques* sont fort précieux pour garantir cette distanciation. A titre d'exemple, ce que nous évoquions ci-dessus à propos des variables de la tâche prescrite et de la situation ne s'exprime évidemment pas dans ces termes-là dans le discours du professeur. C'est la recherche qui, en repérant dans ce discours ce qui concerne les décisions du professeur par rapport à la tâche et à la situation, peut inférer, en termes de *variables*, ce qui fait sens pour le déroulement de la tâche.

PLAN DIACHRONIQUE

Comme dans l'analyse des *séances*, une analyse au plan *diachronique* tient compte du déroulement de l'entretien lui-même. Il peut en effet s'avérer utile d'examiner les différentes *phases* de l'entretien (par exemple en regard des thèmes abordés) ne serait-ce que pour comparer les durées discursives à propos de tel ou tel thème. A ce sujet, une précaution s'impose. Il est évidemment hors de question de tirer des conclusions hâtives à propos de la mise en évidence de ces durées (en pensant par exemple qu'un thème abordé longuement correspond à un thème important pour le locuteur). Cette analyse doit typiquement être confrontée à d'autres *signes* permettant éventuellement de conclure sur l'importance des durées relatives. Elles ne sont indicatives, pour l'analyse que nous tentons, qu'en regard du questionnement qu'elles peuvent susciter quant aux prises de décisions pour la leçon à observer (ou déjà observée) et quant au fonctionnement des entretiens dans le dispositif de recherche. En particulier, les *événements remarquables* repérés lors de l'analyse de la *séance*, sont confrontés à ce que le professeur en dit (ou n'en dit pas) lors des entretiens *a posteriori*. A ce sujet, toujours dans le souci de cette distance nécessaire, il paraît opportun d'introduire ici la notion d'*incidents critiques*, c'est-à-dire tout événement que le professeur considère comme un obstacle, un imprévu, un empêchement à ce qu'il considère comme le bon déroulement de la séance.

En donnant à l'analyse de ces entretiens le statut d'étude annexe, nous souhaitons établir un *système de questionnement* à partir du noyau central de la *séance observée*. Pour autant, en choisissant d'«entrer» dans le système didactique par le pôle *professeur*, en le faisant parler, nous cherchons, au travers de ce discours, à mettre en évidence le rapport à ces objets, institutionnel d'une part et personnel d'autre part, et par là même, dans une perspective clinique, à ré-interroger les résultats de l'analyse de la *séance*.

Dans cette même perspective de mettre en évidence et d'étudier le rapport institutionnel aux objets, nous serons amenée, dans certains cas, à proposer aux professeurs des objets d'enseignement (sous la forme de *tâches prescrites* n'appartenant pas aux moyens d'enseignement officiels) et à observer comment ils sont investis dans le projet d'enseignement. Cette observation porte, comme pour les tâches proposées par le professeur, à la fois sur une mise en oeuvre dans la classe et sur les entretiens qui y sont attachés. Nous nous proposons ainsi d'examiner comment l'institution d'accueil, «réagit» à la nouvelle tâche prescrite (par la recherche cette fois) et s'en défend éventuellement, si elle considère que celle-ci n'est pas dans un rapport conforme à celui attendu. Il s'agit ainsi d'éprouver en quelque sorte la résistance de l'institution et d'en tester le fonctionnement. Nous y reviendrons en détail dans l'exposé de notre dispositif de recherche.

Chapitre 2

Des études de cas

Le dispositif vise à observer, au fil du temps, la dynamique «fine» des modifications et des régularités de certains éléments de la pratique d'enseignement. Ce niveau d'analyse, qui tient compte du détail des traces de cette dynamique, ne peut être atteint qu'en procédant par études de cas, nous allons en donner quelques raisons.

L'analyse, on l'a dit, ne s'intéresse pas directement aux sujets que sont les professeurs X ou Y et les élèves. Ce ne sont pas les caractéristiques de tel ou tel élève pris en charge par le professeur qui font l'objet de notre attention, mais bien plutôt la relation didactique entre les trois instances du système. C'est ainsi que par «études de cas», on entend des *études de cas de systèmes didactiques*.

LES CAS DE SYSTÈMES DIDACTIQUES OBSERVÉS

Tout en faisant partie d'une *classe ordinaire*[1] de 2P à 6P[2] la plupart des élèves observés sont en même temps pris en charge dans le cadre d'un système didactique *parallèle* (soutien, enseignement complémentaire,

---

1   Ce terme de *classe ordinaire* n'appartient pas au terrain étudié, mais, dans le cadre de cette recherche, nous a semblé adéquat pour désigner les classes tout-venant, c'est-à-dire qui ne sont pas choisies en fonction de caractéristiques particulières: la *classe ordinaire* est la classe d'appartenance des élèves auxquels la recherche à affaire.

2   2P à 6P: 2e primaire à 6e primaire. Rappelons qu'à Genève la 2P correspond à la dernière année du cycle élémentaire (élèves de 7 à 8 ans) et les degrés 3, 4, 5 et 6P correspondent au cycle moyen (élèves de 8 à 12 ans). La 6P correspond à la dernière année d'enseignement primaire, avant le secondaire inférieur (nommé «Cycle d'Orientation»).

structure d'accueil des élèves non francophones). C'est le cas de nos trois premières études de cas, la dernière portant sur une observation dans une classe ordinaire.

C'est d'abord le cas d'un système *classe de soutien*[3] qui permettra de poser les principaux jalons de notre étude. Le rapport aux objets de l'école (ou de certains d'entre eux, dont les objets de savoirs mathématiques) des élèves concernés, est considéré, par l'institution scolaire, comme non conforme au rapport attendu. Ces élèves sont pris en charge par petits groupes, une ou plusieurs fois par semaine, durant les heures scolaires: ils sont «sortis» de la *classe ordinaire* pour être pris en charge, dans un autre local, par un GNT qui, dans le but de remédier aux difficultés identifiées, effectue avec eux un travail plus individualisé. Ce cas de système sera exposé de façon très détaillée en montrant à cette occasion le fonctionnement de la méthode clinique préconisée.

Les deux autres cas de systèmes parallèles seront examinés par comparaison au cas du soutien, mais sans exposer tout le détail des analyses. Pour la première, il s'agit d'un système mixte puisque la GNT remplit une double fonction, celle de prendre en charge, comme dans le premier cas, des groupes de soutien, mais aussi celle de «complémentaire» aux titulaires de classes: une part de son temps d'enseignement est consacré à la prise en charge conjointe des élèves, avec les titulaires, soit dans le cadre de la salle de classe de ces derniers (les deux professeurs sont alors présents et se partagent l'enseignement), soit en scindant le groupe-classe en deux sous-groupes pris en charge respectivement dans la salle de classe du titulaire et dans le local de la GNT. Dans ce cas les activités prévues en parallèle sont soit identiques mais prévues pour des groupes restreints, soit différentes mais prévues conjointement par les deux professeurs. Nous nommerons ce type de système *classe complé-*

---

3   Ce terme de *classe de soutien* n'appartient pas, lui non plus, au terrain étudié. Le terrain nomme plutôt les élèves (élèves «en soutien» ou élèves «du soutien») ou l'enseignant («enseignante de soutien» ou «GNT»), la structure est donc nommée à partir des acteurs; le terme de «classe» dans ce cas n'intervient jamais. Ce qui pourrait être considéré comme un symptôme du fonctionnement du système: dès lors que des difficultés apparaissent (ou ce qui peut sembler tel), ce sont les personnes (et non les groupes, donc les systèmes) qui sont mis en cause. C'est ainsi que pour notre part, cette appellation *classe de soutien* marque la différence de rapport aux objets de l'institution recherche et de l'institution scolaire, respectivement.

mentaire.[4] Pour ce qui est de la troisième étude de cas, il s'agit d'une *classe d'accueil*[5] d'élèves non francophones. Dans le cas de système observé, ces élèves récemment arrivés à Genève sont pris en charge à mi-temps par le système didactique *classe d'accueil* tout en étant intégrés, pour l'autre mi-temps, à une *classe ordinaire*.

Dans tous ces cas de figure, les systèmes didactiques parallèles sont dépendants du système principal qu'est la *classe ordinaire*. Nous faisons l'hypothèse que la dépendance inhérente à ces systèmes devrait révéler un certain nombre de contraintes de fonctionnement dans l'articulation des systèmes entre eux, notamment du point de vue de l'avancement du temps didactique. Les élèves appartiennent à la fois aux deux systèmes que l'on peut représenter par le schéma suivant:

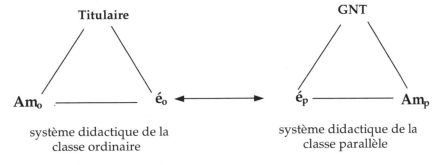

système didactique de la
classe ordinaire

système didactique de la
classe parallèle

$é_o$ = élève de la classe ordinaire Am_o = Activités mathématiques en classe ordinaire
$é_p$ = élève de la classe parallèle Am_p = Activités mathématiques en classe parallèle
GNT = Généraliste Non Titulaire

Figure 7. Les deux systèmes didactiques.

Ce schéma permet d'intégrer en un seul système complexe les deux systèmes en cause. Dans les trois premières études de cas, les systèmes *ordinaires* ne sont pas observés de manière directe, mais à partir du discours des GNT et du fonctionnement des séances observées en *classe parallèle*.

---

4   Pour ce terme, même remarque que ci-dessus, sauf qu'ici les élèves ne sont jamais mentionnés: seul l'enseignant est nommé «le (ou la) complémentaire». Le terme de GNT (généraliste non titulaire) du reste vient recouvrir l'ensemble de ces appellations en nommant ces enseignants par la négative: ils sont tout, sauf titulaires de classes.
5   Le terme en usage dans l'institution est *structure d'accueil* (STACC).

On cherche à comprendre les conditions de fonctionnement des deux systèmes *classe ordinaire, classe parallèle* au travers des conduites des élèves puisque ceux-ci, de fait, appartiennent aux deux systèmes. Or, si les élèves appartiennent à deux systèmes, il n'est pas certain en revanche, que les activités mathématiques (Am_o et Am_p) auxquelles ils sont soumis de part et d'autre soient compatibles, c'est entre autres ce que l'étude permettra d'établir. C'est pourquoi, dans chaque étude de cas, pour chacun des systèmes, nous décrirons ces activités et montrerons quels sont les productions de savoirs au fil de la temporalité didactique.

La quatrième étude de cas, une classe de 1P, sera l'occasion d'observer un système ordinaire de façon plus directe, en replaçant les élèves en difficulté parmi leurs pairs. Cette dernière étude de cas sera aussi l'occasion de faire fonctionner la méthode clinique d'analyse sur une observation plus large, avec une classe complète d'une vingtaine d'élèves.

Cas de systèmes et temps didactique

Pour tenter de répondre à nos questions de recherche, l'observation s'attache à mettre en évidence des contraintes liées au *temps didactique* dans les différents systèmes. Dans la *classe ordinaire*, le temps didactique ne peut faire autre chose que d'avancer selon le programme officiel. Or les groupes d'élèves pris en charge par un soutien sont considérés, pour la plupart, comme étant «en décalage» par rapport à leurs condisciples. Les GNT sont chargés de leur faire «rattraper» (c'est le terme usité dans l'institution) ce décalage. Il s'agit ainsi d'examiner dans quelles conditions ces pratiques de remédiation s'actualisent et de mettre en évidence le degré de compatibilité entre les systèmes fonctionnant en parallèle, du point de vue du temps didactique.

A noter que dans le cas de la *classe de soutien*, le GNT suit habituellement des élèves de plusieurs degrés. Il s'agit donc, de son point de vue, de «faire rattraper» le temps didactique de plusieurs systèmes en même temps.

Dans le cas de la *classe complémentaire*, en revanche, l'avancée du temps didactique devrait être le même qu'en *classe ordinaire* (il n'y a pas lieu de le «rattraper»). Mais de nouveau, on se demandera comment fonctionnent les deux systèmes conjoints, quels moyens ils se donnent, via les professeurs titulaires et les GNT, pour effectuer l'avancée en parallèle.

Dans le cas de la *classe d'accueil*, le GNT a, là aussi, à gérer plusieurs degrés à la fois et donc plusieurs temps didactiques différents. Mais le «rattrapage» ne se pose pas tout à fait dans les mêmes termes puisque ces élèves ne sont pas nécessairement considérés «en difficulté» comme ceux de la *classe de soutien*; au moins dans les premiers temps de leur présence à Genève, ils ont plutôt le point commun d'une méconnaissance de la langue, qui pourrait, secondairement, les amener à «prendre du retard» par rapport aux apprentissages en cours. Le GNT est donc chargé de prévenir de possibles difficultés liées à la méconnaissance de la langue. Il est aussi chargé de les acculturer à un système d'enseignement qui ne leur est pas familier.

Dans chacun des trois cas étudiés, on se demandera si une nécessité se fait jour, non seulement de tenir compte du temps didactique des différentes *classes ordinaires* correspondantes, mais aussi d'établir un temps didactique propre. En particulier, le suivi des élèves pourrait amener le professeur, s'il fonctionne dans un contrat didactique classique, à se soumettre aux mêmes caractéristiques de chronogenèse qu'en *classe ordinaire*. Or si les mécanismes sont les mêmes, les objets d'enseignement et d'apprentissage par rapport auxquels ces mécanismes se produisent ne sont pas nécessairement identiques, ni simultanés. C'est ce que l'analyse permettra de mettre à jour. Les trois premiers cas étudiés sont l'occasion de confronter des systèmes parallèles différents, ayant des buts et des contraintes différents du point de vue de la temporalité des enseignements; le quatrième cas de système, ordinaire celui-là, apportera des éléments supplémentaires sur les contraintes temporelles d'une classe ordinaire. Nous pensons ainsi mettre en évidence ce qui fait la spécificité de certains phénomènes temporels, par contraste entre les différents cas.

DES CAS ÉTUDIÉS DIACHRONIQUEMENT

Les observations se déroulent, selon les cas de systèmes parallèles, sur plusieurs mois, voire une année scolaire. Observer un système didactique suppose en effet l'étude de ses modalités de fonctionnement sur une certaine durée. Cette condition est propice à étudier des phénomènes liés à l'avancement du temps didactique, dans sa dynamique, au fil des mois. Pour le cas de la classe ordinaire de 1P, une seule séance en classe et les deux entretiens avec l'enseignante permettront de focaliser l'observation sur des phénomènes relevant, eux aussi, du temps didactique. Cette séance ne sera toutefois pas isolée de son contexte, puisqu'à travers les entretiens et différentes productions écrites antérieures des élèves, nous aurons l'occasion de mettre en rapport cette séance avec la chronogenèse de cette classe. Dans tous ces cas de figure, il s'agit d'examiner les *modalités contractuelles* qui gèrent, implicitement, les échanges entre les partenaires du système, en mobilisant différentes catégories d'analyse permettant de comprendre les processus dynamiques de ce contrat censé faire évoluer les rapports aux objets de savoir.

Or, les termes du contrat didactique étant par essence pour la plupart implicites, il est difficile de les identifier objectivement. Il s'agit donc de se donner des catégories d'observables ayant trait au fonctionnement du contrat et que l'on peut décrire en s'appuyant sur des traces objectives. L'option prise permet d'observer les déplacements des objets pour enseigner/apprendre (la *mésogenèse*[6]), l'évolution des systèmes de places du professeur et des enseignés, c'est-à-dire la *topogenèse* et enfin, ce qui a trait à la production des savoirs au fil de la temporalité didactique, c'est-à-dire la *chronogenèse*. Ces descripteurs forment un système conceptuel cohérent qui permet, à partir des faits retenus dans les matériaux d'observation, de reconstruire la dynamique de fonctionnement du système triadique selon ces trois points de vue. Du côté du professeur, il s'agit d'établir des conditions expérimentales permettant d'observer de quoi se constitue, diachroniquement, le *projet d'enseignement*. Mais il s'agit également de décrire et de comprendre les conduites des élèves relativement aux conditions établies par le professeur et qui évoluent au fil des interactions didactiques. Pour Brousseau (1990), en effet, le contrat didactique est plutôt la *recherche permanente d'un contrat* entre les partenaires du système. En considérant le partage des responsabilités entre le professeur et les élèves, Brousseau (1996) décrit les différents types de contrats en jeu (contrats non didactiques, contrats faiblement ou au contraire fortement didactiques portant sur un savoir «nouveau», contrats basés sur la transformation des savoirs «anciens») selon les assujettissements consentis ou imposés par le professeur et liés à la communication des savoirs. Le professeur est amené à maintenir la relation

---

6   Rappelons que le concept de *mésogenèse* provient de celui de *milieu* au sens de Brousseau (1990), qui le définit comme le *système antagoniste* de l'élève. *Mésogenèse* introduit une dynamique puisque, par définition-même du contrat didactique et des attentes réciproques des partenaires, le milieu est évolutif.

didactique tout en changeant de contrat par les régulations qu'il opère. Les ruptures (perçues comme telles par les apprenants) jouent alors un rôle important pour le processus de transmission-construction des connaissances. Afin de comprendre cette dynamique de fonctionnement entre les partenaires, les objets de savoir en cause, et leur organisation sous forme de milieu qui évolue *(mésogenèse)*, sont à examiner finement à travers les tâches scolaires prescrites, d'abord construites par le professeur – ou tirées des manuels scolaires – puis «mises en scène» par lui dans la classe et, enfin, co-construites avec les élèves dans le vif de l'activité.

L'étude des systèmes sur plusieurs mois permet de ne pas figer les éléments contractuels identifiés, en mettant en évidence les négociations de ce contrat didactique au fil du temps. Ce faisant, les éléments pérennes[7] du contrat devraient, eux aussi, par contraste, puisque jamais renégociés, être susceptibles d'être mis à jour.

Notons encore que les traces sur lesquelles cette analyse s'appuie sont nécessairement lacunaires par rapport à l'ensemble de ce qui se déroule dans le système didactique au cours de l'année scolaire. La recherche procède à une série de «ponctions» à certains moments de ce déroulement et c'est sur la base des traces inhérentes à ceux-ci que des analyses sont conduites. Si l'on revient à l'étude du contrat didactique, les traces récoltées permettent de décrire des états de la question en des temps T donnés. Il revient à la recherche d'«interpoler», à partir de ces traces, les clauses intermédiaires (hypothétiques) du contrat didactique.

Dans les différentes études de cas, le dispositif de recherche fixe, et maintient, un certain nombre de conditions et permet, en gardant la spécificité de chaque cas, d'établir des comparaisons quant à l'avancement du temps didactique. L'étude de cas est donc non seulement utile pour travailler la dynamique fine des modifications et des régularités de certains éléments de la pratique d'enseignement, mais aussi, méthodologiquement, ce sont les éléments de contraste qui sont recherchés.

---

7 Au sens de Mercier, 1988.

Chapitre 3

Les dispositifs

La construction d'un dispositif de recherche répondant aux critères d'observation clinique décrits, a nécessité toute une série d'essais et d'ajustements successifs, notamment du point de vue de sa gestion par le chercheur. Nous décrirons tout d'abord le dispositif construit puis le détail de sa gestion. Nous nous focaliserons ensuite sur les objets d'enseignement/apprentissage observés, en montrant la place de l'*analyse a priori* de ces objets à l'intérieur du dispositif. Enfin, nous exposerons quelques raisons du choix du domaine mathématique étudié et du type de tâches prescrites observées.

LE DISPOSITIF D'OBSERVATION

Pour ce qui concerne les observations de systèmes parallèles, sur une durée longue (une demi-année scolaire ou une année complète), les différentes phases, en plusieurs modules (4 à 6 modules selon les systèmes observés), se présentent ainsi:

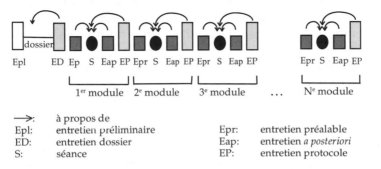

→ :	à propos de		
Epl:	entretien préliminaire	Epr:	entretien préalable
ED:	entretien dossier	Eap:	entretien *a posteriori*
S:	séance	EP:	entretien protocole

Figure 8. Dispositif de recherche.

Les différents modules sont précédés de deux entretiens, l'un prélimi-naire (non enregistré) visant à établir, d'un commun accord avec le pro-fesseur, un contrat de recherche explicite sur les modalités de la collaboration et l'autre (enregistré au magnétophone) portant sur un «dossier» constitué par le professeur le mois d'école précédent. Chaque module est organisé de la même manière: il comprend une séance d'en-seignement précédée et suivie d'un entretien entre le professeur et le chercheur; puis un entretien sur la base du protocole de la séance a lieu, ce qui suppose que le professeur dispose de ces matériaux quelques jours avant. Même si le dispositif se déroule sur une durée importante, les séances sont relativement dispersées dans le temps.

Ce dispositif a été testé avec la collaboration de trois GNT au cours d'une année scolaire ou d'une demi-année; dans ces derniers cas, de sep-tembre à janvier ou de janvier à juin. A dessein, nous avons choisi de contraster les dispositifs avec l'hypothèse que dans chacun des cas, le moment de l'année (début ou fin) allait déterminer des observables dif-férents dans le cas des systèmes didactiques *classes de soutien*.[1] Les déci-sions n'allaient probablement pas être les mêmes puisque dans un cas, des décisions de prises en charge des élèves par le soutien se feraient jour et dans l'autre des décisions de fin d'année, relatives à la prise en charge de l'élève l'année suivante (éventuel redoublement ou autre). Lors de l'entretien préliminaire, le nombre de séances observées et leur répartition au fil des mois est décidée d'un commun accord avec la GNT. De même les modalités d'entretien sont fixées dès cette rencontre. Dans chacun des cas, nous avons intégré aux tâches prescrites proposées par la GNT, une tâche prescrite proposée par la recherche.

Pour ce qui concerne le cas de système ordinaire observé, il s'agit d'une observation plus ponctuelle, à savoir une séance accompagnée d'un entretien préalable et d'un entretien *a posteriori*. Néanmoins, un entretien préliminaire a eu lieu, qui a permis de fixer les modalités du contrat de recherche.

Voyons maintenant de façon plus détaillée de quoi est faite chacune des «pièces» de ce dispositif.

---

1 Au système didactique *classe de soutien*, se combine, pour l'une des GNT, un autre système, celui que nous avons nommé *classe complémentaire*. Ainsi, deux modules concernent spécifiquement le soutien (élèves considérés comme «en difficulté»), les deux autres l'activité de complémentaire de cette GNT (élèves tout-venant).

L'ENTRETIEN PRÉLIMINAIRE

Ce premier entretien vise à convenir *a minima* des modalités de fonctionnement entre le chercheur et le système observé (fréquence des prises de
données, temps à investir dans cette collaboration, modalités d'ordre
pratique, etc.). Sans entrer dans le détail de l'univers de référence théorique dans lequel la recherche est menée, quelques éléments nécessaires
à la mise en place du contrat de recherche sont fournis au professeur.
Notamment le fait que la recherche est circonscrite au domaine de la
numération et des opérations élémentaires et le fait que, d'un point de
vue didactique, on s'intéresse aux activités dans ce domaine. Une restitution au professeur est prévue: à sa demande, le chercheur lui fournit
des résultats de recherche ou encore, dans les cas des GNT, travaille avec
elles sur les tâches prescrites.[2] Notamment, lors de l'entretien préliminaire, l'éventualité d'«essayer» une proposition de la recherche est évoquée, mais la tâche particulière proposée ainsi que le moment de sa
réalisation ne sont pas fixés. Le choix d'un moment adéquat dépend du
projet d'enseignement, c'est donc à la GNT que revient l'initiative de
demander une tâche «à essayer» lorsqu'elle le souhaite. Elle peut également (l'entretien préliminaire le spécifie) modifier cette tâche prescrite à
son gré et selon son projet du moment. La première séance observée
porte sur une activité connexe à celles figurant dans le *dossier initial*.
  Dans le cas du système ordinaire, la tâche prescrite, tirée des moyens
d'enseignement officiels, est proposée par le chercheur, la titulaire est
conviée à la modifier si elle l'estime nécessaire, voire à en proposer une
autre, sur le même thème mathématique, si elle estime que la proposition est trop éloignée de son projet du moment.

LE DOSSIER INITIAL ET L'ENTRETIEN DOSSIER

Lors de ce même entretien préliminaire, le chercheur propose à la GNT
de recueillir, au cours du mois suivant, toutes les traces des travaux
effectués en mathématiques par les élèves, ainsi que ses propres notes au
sujet de ces élèves ou toute autre information qui lui paraîtrait utile à la
recherche. Ces données sont collationnées sous forme d'un dossier initial pour chaque élève. Ce dossier fera l'objet, un mois plus tard, d'un

---

2 Sans pour autant se départir de son rôle de chercheur, nous y reviendrons ci-
   dessous.

premier entretien, dit «entretien dossier» qui permet, du point de vue de la recherche, d'initialiser le recueil des données tout en installant des modalités de travail avec la GNT à partir des matériaux qu'elle-même choisit. Ces matériaux font partie des *objets empiriques*[3] à la fois du côté du terrain et du côté de la recherche puisqu'ils sont issus des activités du système durant un mois. C'est aussi l'occasion pour la GNT d'expliciter le choix des activités par rapport à ce qui se passe en parallèle dans la classe ordinaire: ces choix sont-ils effectués conjointement avec le titulaire de la classe correspondante ou non? C'est notamment à cette question, liée directement au fonctionnement du temps didactique, que l'on tentera de répondre. Ce temps de recueil du dossier correspond, pour les cas dont le dispositif démarre en début d'année, à une phase d'organisation des classes et d'organisation interne au groupe de soutien ou d'accueil. Dans le troisième cas, ce temps correspond au milieu de l'année (janvier): les traces conservées devraient donc renvoyer à des activités plus courantes, prises dans le «rythme de croisière» du groupe.

LES MODULES DU DISPOSITIF

Nous détaillerons ici l'organisation d'un module, les autres étant structurés de façon semblable. Dans le cas de l'observation en classe ordinaire, le module ne comprend pas d'entretien protocole, mais les trois «pièces» *entretien préalable*, *séance* et *entretien a posteriori*, fonctionnent néanmoins de la même manière que pour les cas de systèmes parallèles. Tous les entretiens sont de type semi-directifs et sont organisés et conduits sur la base de canevas d'entretien, dont nous ferons état plus loin.

L'ENTRETIEN PRÉALABLE

L'une des fonctions principales de l'entretien préalable est de mettre à jour le projet d'enseignement dans ses différentes phases. Un cameraman «neutre» (et non le chercheur) filme la séance, il s'agit donc de lui donner les indications les plus précises possibles pour qu'il sache quels objets filmer.[4] L'entretien (1/2h-3/4h) fait l'objet d'un enregistrement sonore et a

---

3 Au sens où nous l'avons défini au chapitre «L'observation clinique en didactique».

4 Dans le cas de l'observation ponctuelle de la classe ordinaire, les caméramans (ils sont deux, accompagnés d'un observateur qui prend des notes rela-

lieu les jours précédant l'observation. Faire décrire son projet d'enseignement au professeur ne répond pas seulement à un problème pratique
pour la prise vidéo, mais également à d'autres raisons qui nous ont amenée à décider que le chercheur-interviewer ne serait pas présent lors des
séances en classe mais interagirait avec le système uniquement par le truchement des entretiens avec le professeur (GNT ou titulaire). Celui-ci est
alors amené à décrire son projet, les notions mathématiques en jeu et l'organisation à mettre en place. Le professeur est également interrogé sur
ses intentions quant au choix de la tâche prescrite, sur ses modalités particulières en rapport avec les difficultés éventuelles des élèves.

LA SÉANCE

Puis la séance est filmée et enregistrée, en particulier pour suivre le professeur dans ses déplacements éventuels auprès des différents élèves. A
cet effet, il est muni d'un micro-cravate. Nous décrirons plus loin les
moyens de gestion de cette observation.

L'ENTRETIEN *A POSTERIORI*

L'entretien *a posteriori* (1/2h-3/4h), qui a une fonction de bilan de la
séance, est structuré en trois temps. Dans un premier temps (quelques
minutes), le professeur est invité à donner un premier bilan sans que le
chercheur ne pose trop de questions. La deuxième partie de l'entretien
se déroule sur le modèle d'un *entretien d'explicitation* (au sens de Vermersch, 1990, 1994). Puis dans un troisième temps, les questions portent
sur une interprétation possible des conduites des élèves, relativement à
l'activité mathématique réalisée et sur la base des éventuelles productions écrites des élèves.

L'ENTRETIEN PROTOCOLE

Avant de décrire la place de cet entretien dans le dispositif, nous situe-
rons son usage en didactique, mais aussi en ergonomie, pour montrer,
par contraste, à quelle fonction nous le destinons.

---

tivement à quelques élèves ciblés), ne sont pas non plus interviewer de la
titulaire: un autre chercheur se charge de cette fonction.

Depuis une dizaine d'années, dans le domaine de la formation initiale des enseignants primaires à Genève, les protocoles de leçons dispensées par des praticiens novices, se sont avérés particulièrement intéressants pour la mise en évidence des gestes d'enseignement, en relation avec les conduites des élèves. Dans le cadre de leur formation initiale en didactique des mathématiques, Portugais (1995) s'est attelé à la construction et à l'étude d'un dispositif expérimental permettant aux futurs enseignants de revenir sur leurs propres leçons, grâce à différents outils, dont la transcription sous forme de protocoles et l'analyse de ces matériaux. Cette étude suppose un examen précis des objets de savoir enseignés/appris et des conditions de leur didactification (phénomène de transposition), sous forme de tâches scolaires. Avec un dispositif diachronique comprenant plusieurs «boucles» successives de leçons, de transcriptions et d'études de celles-ci, l'auteur parvient à montrer l'évolution des prises de décisions préalables et des gestes d'enseignement en situation, évolution que l'on peut rapporter au dispositif mis en place et donc, au moins en partie, à l'usage et à l'étude des protocoles. Ce dispositif a été repris systématiquement dans le cadre de la formation initiale des enseignants en didactique des mathématiques à Genève (Rickenmann & Schubauer, à paraître). Ce type de recherche et ses applications immédiates pour la formation des enseignants méritent dès lors d'être réexaminés à l'aune de la formation d'adultes et pose le problème – comme l'a du reste relevé Portugais – de la didactification de la didactique, pour le futur enseignant (ou l'enseignant chevronné, en formation continue) mais aussi pour le futur chercheur en didactique. Ces deux types de destinataires ne nécessitent probablement pas les mêmes détours du point de vue de la formation: au-delà de la présente contribution, cette question pourrait ouvrir sur de nouvelles problématiques de recherche.

Dans le contexte des approches ergonomiques, certaines études (notamment Oddone, Rey & Briante, 1981; Clot, 1995 et 2001; Clot & Faïta, 2000) indiquent l'intérêt de méthodes pour l'analyse de l'activité et pour la formation continue ou initiale de professionnels de différents domaines. Ce sont alors des dispositifs tels que l'*instruction au sosie* ou l'*auto-confrontation croisée* qui permettent, respectivement, une description détaillée des paramètres de l'action à un autre ou une explicitation (sur la base d'une vidéo, par exemple) de son action passée au chercheur et à un pair. Dans le cas de l'*instruction au sosie*, c'est «une transformation du travail du sujet par un déplacement de ses activités» (Clot, 1999, p. 152) qui est visée et, à travers elle, la formation du sujet. Dans le cas de l'*auto-confrontation croisée*, c'est la dissonance entre les descriptions au chercheur et au pair qui est recherchée pour mettre en évidence les paramètres de l'activité, toujours vivante, dit Clot, puisqu'il s'agit de prendre en compte dans l'analyse, les conditions de cette *auto-confrontation* (et donc le contexte d'interlocution); elle n'est donc pas seulement un moyen d'accès à une autre activité (Clot, 1999, p. 143), passée, mais activité en elle-même, visant, là aussi, la formation du sujet. Dans le cas des gestes professionnels de l'enseignant, activité complexe s'il en est, ces méthodes ergonomiques sont, nous semble-t-il, à approfondir pour en éprouver les potentialités.

Le but poursuivi ici est de montrer ce que permet (ou ne permet pas) une forme d'*auto-confrontation simple*, en l'espèce des entretiens entre l'enseignant et le chercheur, qui passent non par le visionnement d'une séquence vidéo, mais par une confrontation aux traces de la séance sous forme de protocole. Pratiquement, après l'entretien *a posteriori*, la vidéo de séance est décryptée et transcrite par le chercheur sous la forme d'un protocole détaillé et complet. Dans le cas des systèmes parallèles, ce protocole est soumis à la GNT en vue d'un entretien.[5] Celui-ci porte de façon plus fine (par rapport à l'entretien *a posteriori*) sur les tâches prescrites, sur l'activité réalisée, sur les conduites des élèves et sur la façon dont la GNT gère la séance. Le protocole fait office de traces objectives de la séance passée et devient la référence et la base de discussion. En termes d'ingénierie, il s'agissait d'organiser les conditions propres à favoriser l'émergence d'un discours sur les contenus mathématiques enseignés et appris. Le travail de la GNT sur les protocoles de séances fait partie de ces conditions en jouant les rôles d'objectivation et de rétroaction amenant de nouvelles prises de décision (choix des tâches prescrites suivantes et conduite de la séance ultérieure).

On peut penser que sur une longue période le fait même d'introduire l'instance *chercheur* dans le système didactique (par l'interaction avec l'un de ses pôles) en modifie la dynamique. La présence régulière du chercheur aux côtés du professeur détermine probablement des interactions nouvelles modifiant les systèmes en présence. Il faut également tenir compte du statut du chercheur-didacticien, qui, en l'occurrence est aussi psychologue. Or, le plus souvent, un psychologue s'intéressant au

---

5 Pour ce qui est du cas de la structure d'accueil d'élèves non francophones (STACC), un entretien protocole n'est intervenu que pour une séance sur deux; dans ce cas de système six modules sont répartis sur une année scolaire.

soutien privilégie une approche par les sujets (l'élève, sa famille, les relations interpersonnelles, etc.). Il est probable que les professeurs supposent, de façon implicite, que le chercheur s'intéresse aux sujets psychologiques, «les enfants en difficulté scolaire». En conséquence, on peut prévoir que leur discours porte d'abord sur ces aspects-là. La façon de se présenter (chercheur en didactique et psychologue) lors de l'entretien préliminaire pourrait renforcer le phénomène. C'est ainsi que pour la construction du dispositif et sa gestion, il s'agissait de tenir compte de l'existence probable de ces implicites de façon à ne pas naturaliser les propos recueillis mais plutôt les référer aux conditions établies.

LA GESTION DU DISPOSITIF

La gestion du dispositif concerne d'une part les séances et d'autre part les entretiens, plus spécifiquement les différents types d'entretiens. Les *entretiens protocole* ont quant à eux une place à part puisqu'il s'agit non seulement de préparer les entretiens mais aussi les matériaux sur lesquels les entretiens s'appuient.

GESTION DES SÉANCES

Dans le cas des systèmes parallèles, le chercheur n'intervient pas dans la classe lors des séances filmées: on l'a dit, c'est un cameraman «neutre» qui opère et celui-ci est peu au courant de la recherche en cours, mais suffisamment pour diriger la prise vidéo vers des objets convenus. Les raisons qui nous ont amenée à ce choix sont les suivantes. Dans la perspective que nous énoncions au chapitre sur «l'observation clinique en didactique», de distinguer l'objet d'étude (appartenant à la recherche) de l'objet empirique (appartenant, d'un point de vue institutionnel, à la fois au terrain étudié et à la recherche), il s'agissait de se donner les moyens de tenir sur cette distinction. En particulier le chercheur reste en dehors du système didactique effectif de façon à ne pas entrer en interaction directe avec les élèves. Le fait de séparer nettement les entretiens des séances (du point de vue des acteurs)[6] permet de réduire les implicites lors des entretiens puisque le professeur ne peut s'appuyer sur des obser-

---

6   C'est aussi le cas du système ordinaire observé, puisque l'interviewer ne participe pas à l'observation en classe.

vations possibles du chercheur. Le dispositif ne met en jeu que les échanges professeur-chercheur dans les entretiens et les échanges professeur-élèves dans les séances (ce qui est déjà fort complexe!). Le choix d'interagir uniquement avec le pôle «professeur» du système didactique étudié permet de limiter les échanges entre les deux systèmes, didactique et de recherche, à un seul type d'interaction entre les représentants institutionnels. Cette décision permet aussi de ne pas mélanger les plans «réalisation effective» et «évocation» de la séance. Ceci pour éviter de «griller» le discours du professeur lors des entretiens. En effet, si le chercheur est présent en séance, nul n'est besoin d'expliquer en détail le projet avant la séance. De même, si le chercheur a assisté à cette dernière, il n'y a aucune raison de la lui décrire après coup. La recherche a besoin en effet du point de vue du professeur sur la séance et sur ses décisions qui doivent pouvoir s'expliciter dans les conditions les meilleures possibles.

Faire filmer la séance par une tierce personne offre donc un certain nombre d'avantages, mais aussi d'inconvénients que nous allons expliciter. C'est au chercheur, grâce à l'entretien préalable, que revient la tâche de transmettre au cameraman les indications utiles à la prise de données. Ce qui signifie que le professeur se doit de décrire le plus finement possible les objets[7] qu'il importe de filmer et d'enregistrer. Or, là de nouveau, il s'agit de distinguer *objet empirique* et *objet d'étude*. En effet, si les indications du professeur, selon ses propres intérêts, sont pris en compte, le chercheur peut, de son côté, utiliser cette description pour procéder à une *analyse a priori*[8] des tâches telles que décrites et effectuer ainsi ses propres choix quant aux objets à filmer et à enregistrer. Les indications données au cameraman sont ainsi constituées de l'ensemble des décisions prises par le professeur et par le chercheur. Cela dit, ces indications aussi claires et précises qu'elles puissent être, ne parviennent pas sans encombre au cameraman. Là aussi des formes d'accord mutuel, faites de décisions explicites mais aussi d'implicites peuvent faire obstacle aux décisions prises. En dernière instance, il revient au cameraman de prendre des décisions dans l'urgence de la situation. Par exemple, si des scènes en parallèles se produisent, il s'agit de décider sur laquelle focaliser la prise de vue. Il peut arriver également que les scènes en parallèle n'aient pas la

---

7 Les «objets d'enregistrement» sont aussi bien des objets matériels, symboliques (les écritures par exemple) que les élèves ou le professeur.

8 Nous exposerons ci-dessous le détail et la place de l'*analyse a priori* dans le dispositif.

même prégnance, c'est-à-dire que l'une fasse office de «scène principale», ou soit du moins perçue comme telle par le cameraman, alors qu'une scène parallèle, tout aussi intéressante du point de vue des observables, mais qui se déroule à «bas bruits», reste inaperçue de celui-ci (ou se trouve considérée comme moins importante). Néanmoins, un certain nombre de décisions de principe ont été prises préalablement de manière à contrôler un tant soit peu la collecte des traces. Elles portent sur l'enregistrement de tout ce qui concerne l'activité mathématique et des objets qui la constituent (objets matériels, feuilles ou cahiers des élèves, tableau noir, mains des élèves en train d'écrire, gestes d'enseignement, déplacements, interactions verbales, etc.). La caméra est dirigée de façon prioritaire sur ces objets de manière à favoriser une observation des interactions entre les trois pôles du système didactique.

Le cas du système ordinaire, une classe entière cette fois, a nécessité la présence de deux caméras: l'une fixe qui enregistre l'ensemble de la scène depuis le fond de la classe, l'autre mobile qui permet de suivre le professeur et les élèves ou certains d'entre eux.[9] En tout état de cause, et quelques soient les décisions prises, il n'est pas réaliste de penser récolter l'ensemble de «tout ce qui pourrait intéresser le didactique». Des choix (de fait ou réfléchis) sont effectués qui déterminent et délimitent nécessairement le corpus de matériaux à traiter.

GESTION DES ENTRETIENS

Nous exposerons maintenant quelques aspects généraux pour la gestion et le maniement des entretiens, en nous appuyant notamment sur les cadres conceptuels propres aux travaux de psychologues sociaux (Blanchet, Ghiglione, Massonnat et Trognon, 1987; Blanchet et Gotman, 1992/2001) qui s'intéressent à l'objet «entretien». Puis nous décrirons les moyens de gestion des différents types d'entretiens, notamment les *canevas de questions*.

Le chercheur étant intégré au modèle, il fallait se donner des moyens de contrôler un tant soi peu les conditions de son intervention de manière à garder en ligne de mire une différenciation entre les discours des interlocuteurs. Il s'agissait d'éviter une confusion des rôles. Notamment, la gestion de la séance et les décisions préalables à ce sujet revien-

---

9   Lors de l'exposé de ce cas, nous reviendrons sur les critères de choix des élèves observés plus particulièrement.

nent au professeur. Les entretiens devaient aussi être préparés en se référant à des modèles prenant en compte la spécificité des situations. La théorie des situations (Brousseau, 1986) et plus précisément ce qui concerne sa méthode d'ingénierie nous ont amenée à effectuer une *analyse a priori* des tâches prescrites (envisagées ou déjà menées), avant chaque entretien ce qui permet la construction du canevas de questions.

Il y a donc une volonté de contrôle relativement important de la situation d'entretien, ce qui ne signifie pas que l'on souhaite contrôler ce que dit le professeur. Au contraire, ce contrôle vise à garantir sa liberté de propos, puisqu'il porte sur les interventions du chercheur qui pourraient empêcher l'émergence et le déploiement du discours du professeur. Le contrôle vise donc les conditions d'émergence du discours et non pas le discours lui-même. A ce dernier point on peut ajouter qu'en préparant ainsi les entretiens, il ne s'agit pas seulement d'épurer en quelque sorte le protocole d'entretien des «scories» du discours du chercheur, mais il s'agit aussi de gérer la durée du dispositif. Sur une année ou même quelques mois, on ne peut recueillir des informations sans mettre à la disposition du professeur des éléments pour continuer. C'est la fonction principale des entretiens sur protocoles.

Dans la perspective d'établir une configuration d'indices et de traces utiles à notre questionnement, les entretiens ont un statut de matériaux secondaires permettant de répondre à certaines questions que l'observation des séances ne peut traiter ou de poser des hypothèses à partir d'événements observés. Il s'agit ainsi, comme nous le préconisons dans notre chapitre sur l'observation clinique, de réduire le degré d'incertitude des interprétations produites par l'analyse des séances.

Les entretiens font l'objet d'un enregistrement sonore qui est transcrit ensuite sous forme de protocole. Cela dit des plages de «conversations» libres d'enregistrement sont nécessaires au maintien du contrat de recherche sur une durée importante. Un *cahier de bord* est prévu à cet effet, dans lequel le chercheur note toute information qui lui semble utile au fil du dispositif. En tant que traces non objectives, il ne peut être utilisé de la même manière que les autres matériaux de la recherche, mais il constitue néanmoins un apport non négligeable.

LES ENTRETIENS PRÉALABLES

Le canevas est organisé en trois parties qui tiennent compte des trois pôles du système didactique observé.

Canevas pour un entretien préalable

1. *La tâche prescrite:*
   – Quelle(s) tâche(s) prescrite(s) prévoit le professeur?
   – Dans quel but du point de vue de son projet d'enseignement?
   – Quelles notions sont censées être travaillées?
   – Est-ce une tâche habituelle ou inhabituelle pour lui (par rapport à une autre année par exemple)?
   – Sur quoi se base le professeur pour proposer la tâche (plans d'étude ou autres)?
   – La tâche est-elle construite par le professeur ou existe-t-elle dans le manuel officiel?
   – Si elle est construite par le professeur, comment s'y prend-il, du point de vue des variables, sur quoi tente-t-il de faire levier?
   – Si la tâche est existante, qu'est-ce qui, dans la tâche incite le professeur à la choisir?
   – Quelle est l'organisation matérielle prévue?
   – Quel est le déroulement prévu (indications temporelles)?
   – Quelles consignes seront données et sous quelles formes (orale, écrite)?

2. *La gestion de la séance*
   – Comment le professeur envisage-t-il de mener la séance?
   – En particulier, les élèves devront-ils travailler seuls ou en groupe à certains moments?
   – Comment va-t-il introduire l'activité?
   – Où se trouvera-t-il aux différents moments et en particulier si les élèves travaillent seuls ou par groupe?
   – Pense-t-il intervenir (et comment) en cas d'erreur?

3. *Les conduites des élèves*
   – En fonction de la tâche prescrite, quelles sont les conduites attendues?
   – De la part de quels élèves?
   – Comment vont-ils comprendre ce qui est demandé?
   – Quels obstacles pourraient se présenter aux élèves?
   – En particulier, quelles sont les erreurs possibles?
   – A quoi le professeur attribue-t-il ces erreurs?

Ce canevas est bien entendu très général; il se spécifie selon le système didactique concerné (classe parallèle ou classe ordinaire), selon les tâches prescrites, mais aussi selon le moment de l'année scolaire et selon la place de l'entretien à l'intérieur du déroulement du dispositif. L'ordre des questions posées dans chaque partie varie d'un entretien à l'autre en fonction de la tournure prise par l'échange, le principe étant que la conduite de l'entretien doit laisser l'espace nécessaire au déploiement du discours du professeur. Les digressions ne sont donc pas exclues, à l'analyse de décider ensuite des traces utiles ou non.

LES ENTRETIENS *A POSTERIORI*

L'entretien a lieu le plus rapidement possible[10] après la séance, dans les 48 heures qui suivent, de façon à recueillir les propos du professeur le plus «à chaud» possible. Les questions posées invitent à une évocation, la plus précise possible, des événements.

Une précaution majeure est prise: la vidéo de la séance n'est pas visionnée par le chercheur avant l'entretien (et le professeur en est averti), de façon à ne pas créer d'implicites indésirables dans le discours du professeur. Le chercheur est ainsi à même de poser des questions «naïves» sur ce qui s'est passé et le professeur, pour être compris, est nécessairement amené à exposer le détail des événements. Le chercheur n'est donc pas censé savoir si ce qui a été prévu a été mené tel quel ou avec des modifications. Une certaine marge d'improvisation de la part du chercheur est donc nécessaire puisqu'il découvre, à mesure de l'entretien, ce qui s'est passé du point de vue du professeur. Néanmoins, procéder à une *analyse a priori* à partir de la description de la tâche prescrite issue de l'entretien préalable permet d'anticiper les obstacles, la conduite de l'entretien «à l'aveugle» en est facilitée.

Le canevas est construit en trois temps; les questions visent à l'exposé le plus précis possible des événements[11] puis à l'interprétation de ceux-ci par le professeur.

---

10 Cette précaution s'inspire du maniement des «entretiens d'explicitation» (Vermersch, 1990 et 1994) sans, toutefois que les mêmes raisons y président. La problématique du temps didactique entraîne une prise en compte de l'avancement de celui-ci. Il est crucial de procéder à l'entretien le plus vite possible de manière à rester dans la même «tranche» de la chronogenèse (si tant est que l'on puisse déterminer des «tranches»).

11 *Evénements* au sens où nous l'avons défini dans notre chapitre «L'observation clinique en didactique». Les *événements* sont des objets appartenant à l'ensemble des objets empiriques et comme tels appartiennent aux deux institutions, scolaire et de recherche. Ce sont donc les rapports institutionnels à ces

---

Canevas pour un entretien **a posteriori**

1. *Premier temps: «Comment ça s'est passé?»*
   – Quelles sont les premières remarques (ou constats) du professeur après la séance?

2. *Deuxième temps: reconstitution des événements*
   – Qui était présent (quels élèves)?
   – Par quoi la séance a-t-elle commencé?
   – Qu'est-ce qui s'est passé alors?
   – Qu'a demandé (ou proposé) le professeur?
   – Comment (sous quelle forme, écrite orale, autre…)?
   – Quel est l'ordre temporel des événements décrits?
   – Combien de temps chaque phase a-t-elle pris (environ)?
   – Quelles conduites le professeur a-t-il observées (en particulier les les procédures, les stratégies, les erreurs)?
   – Comment est-il intervenu et surtout qu'est-ce qui l'a amené à intervenir?
   – Où était-il quand tel événement s'est produit? Et les élèves?
   – Y a-t-il eu des événements particulièrement marquants?

3. *Troisième temps: interprétation des événements*
   – Comment le professeur interprète-t-il telle conduite (erreur par exemple)?
   – De la part de tel(s) élève(s), est-ce qu'il s'y attendait?
   – Du point de vue de la tâche qu'est-ce qui a amené tel événement (ou conduite)?
   – Selon lui cela constitue-t-il un obstacle (lié à quoi) ou quelque chose de voulu par lui?
   – Lorsqu'il est intervenu, comment voit-il cette intervention *a posteriori*?

L'entretien se fonde sur les matériaux issus de la séance (productions écrites des élèves, traces au tableau noir ou autres). Il se termine par un renvoi à l'entretien protocole pour la poursuite du travail *a posteriori* sur la séance.

---

objets qui sont mobilisés lors de l'entretien. C'est pourquoi, dans la perspective de mettre en évidence le rapport personnel et institutionnel du professeur à ceux-ci, il s'agit pour le chercheur de manifester le moins possible son propre rapport aux événements observés.

LES ENTRETIENS PROTOCOLE

Le discours (enregistré) porte cette fois sur un objet, le protocole, qui représente le système didactique «en l'état», à différents moments (T1, T2, T3, …). Le protocole est un texte particulier – puisqu'il est mis en forme selon des modalités de transcription bien précises – censé représenter le déroulement de la leçon concernée. Il représente un déroulement temporel tout en ayant la particularité, en tant que texte, de permettre au lecteur de s'y déplacer, de revenir en arrière s'il y a lieu, de profiter de cette forme d'«arrêt sur image» pour reconstruire la réalité (passée) qu'il désigne. Le protocole n'est toutefois pas «la leçon» puisqu'il ne peut, en tant que protocole, saisir qu'une partie de la réalité observée. On dira alors que le protocole est une reconstruction de la *séance observée* (on est bien du côté de la recherche et non du côté du terrain). Il constitue donc un premier niveau d'interprétation de la leçon. Le protocole, est donc défini comme *une interprétation du déroulement d'une leçon en un temps T (T1, T2,…) du dispositif de recherche.*

Lors de ces entretiens, le protocole est l'objet de négociations entre le professeur et le chercheur, puisqu'il est sujet à des interprétations de part et d'autre. Les questions du chercheur font, comme pour les autres entretiens, l'objet d'un canevas préalable, tout en laissant au professeur le choix des événements qu'il souhaite commenter. Ce faisant, la teneur de l'entretien se rapproche d'une analyse *a posteriori*[12] classique en didactique puisqu'il tend à interroger après coup les éléments de décisions préalables sur la tâche ou de gestion en les confrontant avec des éléments objectifs: conduites des élèves, éléments décisionnels (en actes) du côté du professeur et caractéristiques de la tâche en situation. L'entretien est, en quelque sorte, le lieu de rencontre entre le *système didactique*

---

12 L'analyse *a posteriori* classique en didactique fait partie de la méthode d'ingénierie pour le montage de situations didactiques. Le «détournement» de l'analyse *a posteriori* que nous faisons ici, se rapproche de l'usage que Portugais (1995), dans ses propres travaux, en a fait dans le cadre de la formation des professeurs à la didactique des mathématiques. Les professeurs concernés par notre propre recherche ne sont pas en formation, ils ont même une expérience très importante de la conduite de leçons de mathématiques (en classe ordinaire et/ou en classe parallèle), mais cette expérience n'a probablement pas eu l'occasion d'être confrontée à des éléments objectifs de cette sorte.

évoqué sous forme de protocole et le *système didactique évoqué discursivement*. Le protocole donne lieu à une évocation du système didactique en un temps T' intermédiaire (T1', T2',...) et rétroactive par rapport au temps T précédent mais aussi par rapport à tous les autres temps précédents. On peut supposer en effet que l'on ne lit pas et on n'analyse pas de la même manière le premier protocole ou le 3e ou le 4e. Une «pratique du protocole» se forme au fil du dispositif.[13]

Nous postulerons que les traces des entretiens sur protocoles constituent autant d'états de la question du temps didactique dans le cours de la recherche. Les interprétations et les centrations du discours du professeur sont le produit d'une négociation entre les deux contrats dans lesquels le professeur agit nécessairement, le contrat didactique d'une part mais aussi le contrat de recherche d'autre part. Ces centrations et ces interprétations tendent probablement à respecter mais aussi à négocier les clauses implicites des deux contrats en évolution. C'est bien entendu aussi le cas à n'importe quel autre moment du déroulement du dispositif, entretiens ou séances, mais la spécificité de ces entretiens, une objectivation au moins partielle, permet un retour sur les événements didactiques qui deviennent la référence et l'occasion des négociations dans le double contrat.

Le protocole est transmis au professeur par courrier avant l'entretien, celui-ci le découvre donc en privé. L'envoi du protocole, accompagné d'une courte missive permet de fixer par écrit une proposition de critères d'analyse qui fait office de «consigne». Cette précaution permet de différer la négociation autour du texte du protocole et de ménager un temps pour le professeur durant lequel il peut lire attentivement, analyser des passages à sa façon et préparer la discussion. Le professeur a l'opportunité d'effectuer cette première lecture hors du «regard» du chercheur.

L'*entretien protocole* intervenant un mois environ après la séance (le temps de réaliser le protocole), les centrations et interprétations du professeur sont probablement liées aussi à des préoccupations du moment concernant ses groupes d'élèves. Notamment, les conduites des élèves mais aussi sa propre gestion sont probablement lues au travers de l'état actuel d'avancement de la chronogenèse, par exemple par comparaison

---

13 Le dispositif prévoit du reste un espace pour cette «formation» au travail sur le protocole: modalités de transcription, organisation du document, etc.

entre les conduites passées et actuelles des élèves: ont-ils progressé depuis lors?

Concernant la conduite des *entretiens protocoles*, le chercheur est maintenant à même d'effectuer une analyse plus fouillée de l'activité réalisée à partir de la tâche prescrite. Le canevas d'entretien et sa conduite s'appuie dès lors sur cette analyse. Ajoutons qu'il n'est pas banal de restituer ces matériaux au professeur: celui-ci pourrait – même si ce n'est pas l'intention du chercheur – se sentir agressé par une telle restitution. C'est pourquoi d'importantes précautions sont prises dans la construction du canevas d'entretien, notamment pour éviter, comme dans toute situation de communication impliquant des positions différentes des acteurs, de «faire perdre la face» à l'un d'eux (au sens de Goffman, 1974).

LA PLACE DES ANALYSES *A PRIORI* DANS LE DISPOSITIF

Concernant les tâches prescrites, deux cas de figure sont à distinguer: certaines sont proposées par le professeur et d'autres par le chercheur. Ce qui signifie que leur analyse *a priori* n'a pas le même statut dans le dispositif. Pour ce qui est des tâches proposées par le professeur, elle ne peut se réaliser pleinement qu'après la transcription et en même temps que l'analyse *a posteriori* de la séance, en somme. Pour ce qui est des autres, l'analyse *a priori* est réalisée avant de les proposer au professeur.

Ces distinctions ne vont pas de soi. L'insertion des tâches prescrites dans le système didactique fait référence aux institutions d'origine de ces tâches. Les tâches prescrites proposées par le professeur se réfèrent, conformément à son projet d'enseignement, aux documents officiels, programmes, méthodologies, moyens d'enseignement en vigueur, elles sont donc au moins compatibles avec ces derniers. Dans la plupart des cas, le professeur ne juge pas seul de cette compatibilité puisque les tâches prescrites circulent dans l'institution et font éventuellement partie des habitus d'enseignement de l'établissement scolaire ou d'un sous-groupe de professeurs. Elles font donc figure de tâches réputées porteuses d'un savoir officiel (au sens de Chevallard, 1989).

Pour ce qui est des tâches prescrites proposées par la recherche tout le problème est de savoir si elles vont être acceptées (telles quelles ou modifiées) et comment elles vont «vivre» dans ce nouveau milieu (au sens écologique du terme). Elles sont de fait issues d'autres institutions, scolaires ou autres, mais du point de vue du professeur, elles appartiennent nécessairement à l'institution *recherche* puisque c'est le chercheur qui les propose. C'est donc le chercheur, en tant que représentant de cette institution qui assume l'introduction de ce «corps étranger» à l'institution d'accueil et à la pratique quotidienne du professeur. A noter encore que la tâche prescrite par la recherche, même si elle fait partie des moyens officiels d'enseignement pour le degré concerné, pourrait «tomber au mauvais moment», c'est-à-dire ne pas être immédiatement connexe à ce qui se pratique à cette étape de la chronogenèse et donc être considérée comme peu ou non compatible avec le projet du moment. C'est notamment une éventualité qui pourrait se présenter lors de l'observation en classe ordinaire.

Cela dit, dans les deux cas, tâche prescrite par la recherche ou non, l'analyse *a priori* tient compte de l'origine institutionnelle de la tâche. Les analyses *a priori* permettent au moins de dissocier (en prenant en compte le point de vue de l'observateur spécifique) les interprétations des *événements* par le professeur et par le chercheur.

DISPOSITIFS ET DOMAINE MATHÉMATIQUE CONCERNÉ

Observer des leçons «ordinaires» suppose que l'on observe, dans ses dernières étapes, la transposition didactique des savoirs en jeu. Or la transposition est souvent, en didactique, étudiée dans sa dynamique «descendante» à partir du savoir savant vers le savoir enseigné. Peu de recherches étudient le mouvement inverse, «ascendant», de l'activité concernée vers le(s) savoir(s) qu'elle est censée porter. Mais ce seul mouvement ascendant ne suffit pas pour l'analyse que nous souhaitons effectuer. Un double mouvement est nécessaire: «remonter» de l'activité ou de la tâche prescrite dans les documents à disposition (fiches, méthodologies, règles de jeux, description sous forme écrite de la tâche ou autres) vers les (éventuels) savoirs; mais aussi, si l'on veut étudier en même temps sa réalisation dans la classe, «redescendre» dans la chaîne transpositive à partir des tâches prescrites: 1) vers une re-personnalisation et une re-contextualisation du savoir par le professeur à l'occasion de l'exposé de son projet et des moyens qu'il se donne pour le mettre en œuvre; 2) vers le savoir enseigné/éventuellement appris à travers la réalisation effective en classe. Dès lors, de manière à limiter l'étude à un domaine mathématique particulier et surtout à conserver le même domaine de cas en cas, nous avons opté pour celui de la numération et des opérations arithmétiques élémentaires, domaine suffisamment large pour traverser l'ensemble du cursus primaire, mais surtout domaine balisé par de nombreuses recherches en didactique des mathématiques permettant une forme de validation externe des observations recueillies. Dès l'entretien préliminaire, un accord est donc passé avec le professeur pour limiter les observations filmées à ce domaine.

Chapitre 4

Matériaux et traces utiles

Ce chapitre, construit en trois parties, reprendra tout d'abord, en les opérationnalisant, un certain nombre de notions introduites aux chapitres sur l'observation clinique et ses principes. Puis nous procéderons à une description des matériaux collectés et transcrits. Enfin, quelques éléments méthodologiques seront exposés concernant l'aménagement de ces matériaux et la détermination des traces utiles à l'analyse.

NOTION DE TRACES

L'observation clinique nécessite, on l'a dit, une construction de *signes pour l'observateur*. Ce qui veut dire que dès la collection[1] des matériaux de la recherche, un certain nombre de décisions sont prises quant au choix et quant à la mise en forme des *traces* permettant cette construction de *signes*. Mais de quelle «construction de signes» s'agit-il dans le cas d'une observation clinique en didactique? Quelles traces sont nécessaires à cette construction?

Lors de l'analyse, le chercheur ne travaille pas directement, on l'a dit, sur les *faits* mais sur des *traces* de ces faits. En effet, ce n'est qu'à partir d'objets «morts» pour l'institution qui leur a précédemment

---

1 Le terme de «collection» semble plus approprié que le terme de «récolte» en ce sens qu'il s'agit de réunir une collection de traces. Le «collectionneur» s'attache en effet, à réunir dans sa «collection», des objets rares (qui ont une valeur par référence à l'ensemble des objets possibles) et/ou typiques d'une certaine espèce selon des critères définis. Dans le domaine de l'Histoire de la clinique médicale, Foucault (1963/1997), en se référant à Broussonnet et à son «Tableau élémentaire de la séméiotique» (Montpellier, an VI), évoque le phénomène «maladie» comme une «collection de symptômes».

donner «vie», que l'analyse peut opérer. C'est-à-dire qu'une reconstitution doit avoir lieu à partir de ces objets figés en l'état où la recherche les a collectionnés. Il s'agit, à partir des *traces* (dont la nature sera explicitée plus loin), de procéder à la reconstitution des *événements* et des *systèmes d'événements*, en vue de leur donner un *sens* pour l'étude didactique envisagée.

Le procédé n'est pas très éloigné de ce que préconise Ginzburg (1986/1989) pour reconstituer les faits historiques. En effet, le *paradigme indiciaire* évoqué plus haut permet de tenir compte d'une constellation d'indices «signifiants». Chacun des indices isolés, n'est pas signifiant en lui-même, mais trouve sa signification dans une série, une *configuration* d'ensemble. C'est alors que les indices prennent valeur de *signes pour l'observateur* grâce à la *configuration* construite. Cela suppose une suspension des prises d'information, désormais érigées en *traces*. Nous y reviendrons au chapitre traitant de la méthodologie d'analyse. Pour l'heure, nous poserons que la construction de *signes pour l'observateur* passe par la reconstitution des *événements* à partir des *traces* dont la recherche fait collection. Ce qui suppose des choix quant aux *traces* et quant à l'aménagement préalable de ces *traces* pour qu'elles puissent, conformément à nos principes pour l'observation, fonctionner en un *système*.

LA CONSTRUCTION DES PROTOCOLES
SOUS LE CONTRÔLE DE LA THÉORIE

En première approximation, à l'état brut deux grands types de traces sont collectionnés: des traces relatives à des *documents écrits* «officiels» (issus des manuels scolaires ou autres) ou à des *documents écrits* issus des acteurs (écritures des élèves ou du professeur) et des *traces* relatives à des *documents sonores* et/ou *visuels* issus des enregistrements des séances et des entretiens. Ces dernières comprennent à la fois des *traces orales* d'ordre discursif et des *traces* sous forme de *gestes*. Un certain nombre de décisions ont été prises quant à l'emplacement et au cadrage de la caméra. Les différents types de *traces*, *orales*, *écrites* ou *gestuelles*, ne sont pas tous utilisables directement ni de la même manière. Si les *traces écrites* peuvent en l'état constituer des références objectives[2], les *traces*

---

2   Moyennant un certain nombre de décisions préalables: quelles sont les *traces écrites* potentiellement signifiantes? Par exemple, les écritures des élèves ne

enregistrées, elles, doivent subir un traitement préalable sous la forme d'un passage à l'écrit, par la transcription sous forme de *protocoles*. Celui-ci ne va pas de soi, il suppose encore des choix (de fait et pas nécessairement sur la base de décisions argumentées) de la part du transcripteur qui sont loin d'être anodins. De notre point de vue, la transcription, à l'instar des choix concernant l'observation, n'est pas un simple geste technique mais relève du questionnement de la recherche. Par exemple, quel est le niveau de détail requis? S'agit-il de décrire l'ensemble des gestes (de quelle manière du reste?) et des discours? Les intonations de la voix ont-elles leur importance? Quelle est l'organisation d'un tel texte? A notre sens, l'explicitation de principes concernant les choix utiles, relativement aux questions de recherche posées, est à ce jour peu travaillée en didactique.[3] L'état actuel de la recherche en ce domaine est bien entendu en cause, en particulier le fait que les décisions de principes pour la transcription ne recouvrent pas tous les cas de figures.

Nous allons nous aventurer à proposer quelques principes qui, selon nous, ont été déterminants pour les résultats obtenus. Mais énoncer des principes pose déjà problème. L'une des difficultés réside en effet dans une certaine standardisation des types de traces transcrites puisqu'il nous était impossible, avant le traitement par l'analyse, de dire si telle *trace* était utile ou non. Nombre de détails à transcrire, que les principes considèrent comme importants, s'avèrent, au bout du compte, peu économiques mais très utiles dans quelques cas seulement, ce qui pose un problème de méthode et surtout d'économie de la recherche. Ce n'est que

---

sont probablement utilisables, dans certains cas, qu'en regard des interactions filmées pour rendre compte de leur diachronie. La conservation des traces écrites au tableau noir pose également problème: il s'agit de tenir compte de facteurs spatiaux et temporels, dans le sens où ces écritures prennent place dans un espace-temps, espace du tableau et temps de l'écriture.

3   Dans d'autres domaines, l'ethnométhodologie par exemple (voir en particulier Mondada, 1995), les chercheurs ont posé un certain nombre de principes méthodologiques pour la transcription. Cela dit, il n'est pas certain que ces mêmes principes soient applicables tels quels en didactique. Le type de questionnement et les cadres théoriques ne sont évidemment pas les mêmes, ce qui détermine probablement d'autres *traces utiles*. Il serait néanmoins intéressant d'engager une étude spécifique pour mettre à jour les éléments nécessaires et suffisants en didactique. Cet ouvrage devrait d'ailleurs contribuer à ce débat.

la construction des *systèmes d'événements,* en tant que *phénomènes didactiques,* qui atteste de l'intérêt de la méthode et de son degré d'efficacité. Depuis lors, des recherches récentes (notamment Ligozat, 2004) ont du reste montré que, dans une certaine mesure, on peut se passer d'une description détaillée de l'ensemble de la séance. La vidéo permet de choisir les événements à analyser et ce sont ces événements, dits *remarquables,* qui sont transcrits finement. Les critères de choix sont à rapporter, là aussi, aux questions de recherche posées. Dans la perspective d'une clinique, on le constate, le regard de l'observateur s'avère un élément crucial – en didactique également – pour décider des *traces* à retenir. Nous y reviendrons ci-dessous en décrivant les modalités de transcription de nos protocoles.

MATÉRIAUX COLLECTIONNÉS

Conformément à nos principes pour l'observation, le cœur des matériaux collectionnés est constitué par les *tâches,* en tant qu'unités d'observables fondamentales. C'est pourquoi, les matériaux sont constitués de l'ensemble des *traces* ayant trait aux *tâches prescrites, documents officiels* (manuels scolaires, méthodologies, ou autres), *textes écrits* produits par les élèves ou le professeur, *traces sonores* et *visuelles* issues des séances ou des entretiens.

Pour l'ensemble des études de cas, les séances et les entretiens ont été enregistrés au magnétophone. Les séances ont en outre été filmées. Le corpus de la recherche est ainsi constitué, en plus des documents écrits, de 59 protocoles (15 séances et 44 entretiens) répartis selon les études de cas:

Tableau 1. Les études de cas

étude de cas 1	étude de cas 2	étude de cas 3	étude de cas 4
Système parallèle: soutien 3P-4P	Système parallèle: soutien + complémentaire 3P-4P	Système parallèle: structure d'accueil élèves non francophones 2P-6P	Système ordinaire: classe de 1P
4 séances 13 entretiens	4 séances 13 entretiens	6 séances 16 entretiens	1 séance 2 entretiens

La durée moyenne des séances observées est d'environ 40 minutes et celle des entretiens, d'environ 42 minutes. Notons que la durée des *entretiens protocoles* est sensiblement plus longue (en moyenne 54 minutes), en raison de leur statut différent.

MODALITÉS DE TRANSCRIPTION

Nous nous sommes inspirée, pour la transcription de ces matériaux, de différentes techniques issues, entre autres, des travaux des conversationnalistes (en particulier, Bange, 1992) mais nous nous sommes également attelée à une élaboration originale[4] permettant de collectionner des traces spécifiques, nécessaires à une analyse didactique, c'est-à-dire une prise en compte des interactions entre les trois pôles du système didactique. Une place tout à fait centrale est donnée à ce qui concerne l'activité mathématisante.

Les techniques de transcription sont un peu différentes pour les séances et pour les entretiens: les traces conservées ne sont pas de même nature (uniquement sonores pour les entretiens et sonores et visuelles pour les séances), mais d'autres raisons tenant aux questions de recherche posées et aux principes pour l'observation ont commandé d'autres critères. Dans le *système de traces* envisagé, les séances ont en effet un statut de matériaux principaux puisque le système didactique y est représenté «en action», pourrait-on dire. Il est donc nécessaire de traiter finement les *traces* des interactions à l'intérieur du système. Nous avons donc pris la précaution de donner à la transcription des séances un niveau de détail plus important qu'à celle des entretiens, notamment les gestes des acteurs ont été transcrits, de même que leurs écritures ou notations de toutes sortes. Au contraire, le protocole d'entretien se limite au matériel discursif, puisque l'enregistrement ne permet pas de percevoir les actions, à l'exception de gestes massifs tels que de grands déplacements (par exemple un déplacement de l'interviewé pour aller chercher un matériel quelconque, classeur, feuilles des élèves ou autres). Cela dit, du point de vue de l'organisation du protocole, séances et entretiens font l'objet des mêmes modalités que nous allons exposer maintenant.

---

4 Elaboration qui n'est pas seulement le fait de l'auteure de cet ouvrage, mais le résultat des réflexions dans l'équipe genevoise de Didactique Comparée, sous la direction de M.L. Schubauer-Leoni.

L'ORGANISATION D'ENSEMBLE DU PROTOCOLE

- Les différents protagonistes sont représentés spatialement par un schéma (pour la séance le plan de la classe avec les divers emplacements des élèves, du professeur, du tableau noir, des différents objets en cause, de la caméra etc.).
- Les différents matériaux tels que les objets des échanges sont codés de manière à ne pas rendre les écritures trop redondantes ou trop longues.

   Exemples: fiche de l'élève = Fi
                     tableau noir = TN
                     grande table = GT

- Les nombres sont inscrits en lettres lorsqu'il s'agit de nombres énoncés dans le discours afin d'éviter des confusions entre ce qui est écrit et ce qui est dit.

   Exemple: «vingt-cinq» est énoncé, «25» est écrit.

- Les nombres en lettres en tant qu'entités sont inscrits avec un trait d'union entre toutes les différentes parties du nombre (même si l'orthographe française n'y trouve pas son compte) pour éviter des confusions dans le discours.

   Exemple: «deux-cent-vingt-cinq» est différent de «deux-cent vingt-cinq» du point de vue de l'énonciation (un seul nombre ou deux nombres à la suite)

- Aucune majuscule ni marque de ponctuation habituelle n'est indiquée.
- Les interlocuteurs sont clairement différenciés par une ou deux lettres.
- Les tours de paroles sont numérotés.
- Le temps écoulé est indiqué de minute en minute en marge du protocole.

LES MARQUES DISCURSIVES

- Les chevauchements des discours sont indiqués par un crochet («[») indiquant le début du passage à deux voix. La reprise d'un nouveau tour de parole indique la fermeture.

Exemple: 1. E: je vais vous expliquer ce qu'on va [faire aujourd'hui
2. Ta: [qu'est-ce qu'on doit faire
3. E: attends je vais vous le dire

– Le ton montant ou descendant est indiqué par une flèche: «↑» ou «↓».

Exemple: 1. E: je vais vous expliquer ce qu'on va[faire aujourd'hui
2. Ta: [qu'est-ce qu'on doit faire↑
3. E: attends↓ je vais vous le dire

– Les pauses sont indiquées à l'intérieur des tours de parole par un «/» correspondant à une prise de respiration, par «//» correspondant à 1-2 secondes, par «///» correspondant à 2-3 secondes. Les pauses plus longues sont inscrites entre parenthèses: (8sec).

Exemple: 1. E: je vais vous expliquer ce qu'on va[faire aujourd'hui
2. Ta: [qu'est-ce qu'on doit faire↑≠
3. E: attends↓//je vais vous le dire (3 sec)

– Les rires, les soupirs et autres sonorités du genre sont indiquées entre parenthèses et en écriture standard: (rire), (soupir).

Exemple: 1. E: je vais vous expliquer ce qu'on va[faire aujourd'hui
2. Ta: [qu'est-ce qu'on doit faire↑
3. E: attends↓//(rire) je vais vous le dire (3 sec)

– L'accentuation d'un mot est indiquée en gras.

Exemple: 1. E: je vais vous expliquer ce qu'on va[faire aujourd'hui
2. Ta: [qu'est-ce qu'on doit faire↑≠
3. E: **attends**↓//(rire) je vais vous le dire (3 sec)

– Les énoncés inaudibles sont indiqués entre parenthèses: (xxx).

Exemple: 1. E: je vais vous expliquer ce qu'on va[faire aujourd'hui
2. Ta: [qu'est-ce qu'on doit faire↑≠
3. E: **attends**↓//(rire) je vais vous le dire (3 sec) (xxx)

– Les changements de cassettes sont indiqués: (fin de cassette).
– Les marques d'accord hors phonologie sont indiquées: «mm mm», «a ah», «heu» etc.

Exemple: 1. E: je vais vous expliquer ce qu'on va[faire aujourd'hui
         2. Ta: [qu'est-ce qu'on doit faire↑
3. E: heu **attends**↓//(rire) je vais vous le dire (3 sec) (xxx)

LES ACTIONS DES ACTEURS

– Les actions sont notées en italiques et entre parenthèses.

Exemple: 1. E: je vais vous expliquer ce qu'on va[faire aujourd'hui
         2. Ta: [qu'est-ce qu'on doit faire↑
3. E: *(regarde Ta)* heu **attends**↓//(rire) je vais vous le dire
                                   (3 sec) (xxx)

– Les désignations ou les références à des objets préalablement codés sont indiquées: (Fi) = fiche des élèves.

Exemple: 1. E: je vais vous expliquer ce qu'on va[faire aujourd'hui
         2. Ta: [qu'est-ce qu'on doit faire↑
3. E: *(regarde Ta)* heu **attends**↓//(rire) je vais vous le dire
                          (3 sec) (xxx) alors je reprends/
                          vous avez cette feuille-là (Fi)

– Les écritures au tableau noir ou sur papier sont indiquées en respectant les espaces, la grandeur, la disposition sur la feuille ou sur le tableau noir. Au besoin, une copie de l'état du tableau noir ou de la feuille de papier est effectuée avec les différentes étapes d'écritures indiquées soit en marge du protocole (lorsqu'une place importante est nécessaire)[5] soit dans le corps du texte. Si une particularité d'écriture semble significative et n'est pas traduisible par l'écriture machine, elle est transcrite à la main. Au besoin un croquis ou un dessin complète la prise d'information.
– Si les acteurs (professeur ou élèves) gomment ou barrent une écriture puis réécrivent, ces actions successives sont notées. La dernière figure sur la feuille ou sur le tableau noir.

---

5   La transcription de la séance en classe ordinaire de 1P, plus récente, est organisée en un tableau, minute par minute, qui comprend une colonne dédiée à la transcription du verbatim et une colonne dédiée aux écritures ou autres représentations (voire image scannée) concernant les objets sur lesquels agissent professeur et élèves.

– De même si des actions successives (autres que des écritures) s'enchaînent, une transcription des états successifs est effectuée et soit intégrée au corps du texte soit mise en annexe.

Ces modalités de transcriptions comportent une certaine marge d'imprécision en ce sens que les traces retenues sont toujours susceptibles, en revenant à la vidéo, de modifications ou de compléments si le questionnement l'exige.

TRACES UTILES

A partir des *traces* collectionnées puis traitées par une transcription sous forme de protocole, un deuxième traitement est nécessaire en vue des analyses. Dans le deuxième temps de la recherche, il s'agit de déterminer, selon nos principes d'observation et selon le niveau d'analyse choisi, les *traces utiles* à l'analyse. Ce choix laisse nécessairement de côté d'autres *traces* collectionnées ou certaines indications du protocole. Par exemple, les pauses ou les chevauchements de tours de parole ou encore les accentuations de certains mots ne deviennent significatifs qu'en raison des questions posées à un niveau d'analyse ou à un autre. C'est pourquoi, nous insistons sur le fait que la méthode n'a rien d'économique *a priori*. En revanche, le niveau de détail établi permet, au besoin, de se référer aux *traces* les plus fiables possibles pour nourrir le questionnement et pour y répondre.

Nous considérerons donc les *traces utiles* à l'entrée d'analyse choisie. Il peut s'agir, selon les questions de recherche posées, de *traces* de «tailles» différentes au sens où une *trace utile* peut aussi bien recouvrir un ensemble de matériaux qu'une *trace* discursive infime. Nous nous attacherons, dans la veine d'un *paradigme indiciaire*, à étudier également des *traces* qui peuvent sembler négligeables au premier abord, mais qui sont susceptibles de modifier notablement la construction et l'interprétation des *événements* et surtout des *systèmes d'événements* pour construire des *phénomènes didactiques*. Les *systèmes d'événements* identifiés peuvent être de natures très différentes: une série d'interactions ou de propos significatifs pour la situation mathématique créée ou toute autre *trace* dont la caractéristique est d'être insécable sous peine d'en perdre le sens minimal. Les *événements* peuvent s'inscrire en *systèmes* à différents phases du déroulement. C'est l'interprétation de l'observateur qui décide de la liaison des *événements* en un *système*, même si ceux-ci sont apparemment disjoints dans le continuum du protocole. Nous y reviendrons dans notre chapitre sur la méthodologie d'analyse.

Chapitre 5

Méthodologie d'analyse

Ce dernier volet méthodologique expose les principes d'analyse en déterminant différents niveaux, les *traces utiles* et les *sections*.

TROIS PRINCIPES DE L'ANALYSE

Les méthodes proposées se construisent à partir de trois principes:

- un principe de questionnement réciproque des différents types de traces;
- un principe d'ordre des analyses;
- un principe de rétroaction.

UN PRINCIPE DE QUESTIONNEMENT RÉCIPROQUE DES DIFFÉRENTES TRACES

Ce premier principe répond à une fonction de *réduction de l'incertitude* des interprétations que l'on peut avancer concernant les phénomènes didactiques construits. L'option consiste à procéder par recoupements successifs à partir des indices retenus. Le découpage de l'objet d'étude, nommé *section*, détermine en effet des *unités d'observables* qu'il s'agit d'articuler pour leur donner du sens. L'*événement enregistré* (au sens de Foucault, 1963/1997) prend alors place dans une série d'événements et, par convergence progressive, leur interprétation tend vers une *réduction de l'incertitude*. Le système explicatif introduit tient à la *diachronie* de l'analyse et aux *configurations de signes* établies progressivement.

A partir des événements enregistrés, *un système de questionnement* amène à recouper les différentes *traces* à disposition. Chaque question est adressée à l'ensemble des traces et ne reçoit de réponse «définitive» qu'en regard d'une mise en perspective. Mais les questions ne sont pas nécessairement premières; elles peuvent être suscitées par l'analyse de l'un des types de traces et venir, en retour, nourrir le questionnement. Les questions restent ainsi très souvent en suspens et sont renvoyées à une analyse ultérieure soit des mêmes matériaux, soit d'autres matériaux, procédé que nous résumerons sous l'expression de *suspension de l'interprétation* et qui permet, à terme et non pas *a priori*, de trancher quant à la fonction et à l'utilité de telle ou telle trace par rapport à l'ensemble: les observables prennent alors seulement, et avec d'autres, valeur de *signe pour l'observateur*. Nous nommerons *tableau clinique* la mise en perspective qui en résulte. Encore s'agit-il de savoir à partir de quelles traces *ouvrir* le questionnement. C'est l'objet de notre deuxième principe d'analyse: comment et dans quel ordre les différentes traces s'interrogent-elles mutuellement?

UN PRINCIPE D'ORDRE DES ANALYSES

La question posée est la suivante: est-il indifférent d'analyser les traces dans un ordre ou dans un autre? Par exemple, quel serait l'intérêt d'analyser les traces dans l'ordre chronologique des événements, selon le déroulement temporel du dispositif? A l'intérieur d'une «boucle», on analyserait d'abord ce que le professeur prévoit, on chercherait ensuite dans l'observation ce qui est réalisé et enfin on analyserait le bilan représenté par l'entretien *a posteriori*. Cette façon de procéder reconstitue une histoire linéaire liée au dispositif d'observation. Or, cette option paraît risquée, et peu satisfaisante du point de vue de l'intention de recherche, en amenant un certain nombre d'obstacles. Nous allons nous en expliquer.

Le premier obstacle tient justement à l'ordre des événements pour le chercheur. A l'intérieur d'une boucle, il y a d'abord un risque de «s'accrocher» à l'entretien préalable en recherchant ce que le professeur a voulu faire et ce qu'il a vraiment fait ou non. En procédant de proche en proche, l'analyse comporte le risque de s'enfermer dans les intentions affichées. Or, il ne s'agit en aucune manière de stigmatiser une quelconque gestion du professeur. Ni, surtout, de «vérifier» si ce qui a été annoncé a été réalisé ou non. C'est, encore une fois, le fonctionnement du système didactique dans sa dynamique qui intéresse l'analyse. Il s'agit aussi, selon les précautions décrites ci-dessus, d'éviter une confusion des discours (de l'institution scolaire et de la recherche) et, au contraire, de favoriser une différenciation entre les rapports aux objets de la recherche et ceux de l'institution scolaire étudiée.[1]

Le deuxième obstacle tient au fonctionnement des entretiens. L'usage et l'opérationnalisation d'entretiens de recherche comme partie intégrante des données obligent à prendre un certain nombre de précautions théoriques et méthodologiques supplémentaires puisqu'elles se situent, par rapport à la didactique des mathématiques, à la limite de ce champ.[2] Les traces discursives portent sur des thèmes d'ordre parfois très différent, si bien que des choix sont nécessaires au moment de l'analyse. En traitant les traces dans l'ordre chronologique, le risque existe de procéder à des choix peu appropriés en regard des questions de recherche. Par ailleurs, il n'y a *a priori* aucune raison de traiter les traces dans l'ordre où elles ont été recueillies. En revanche, il s'agit de se donner de bonnes raisons de les traiter dans un ordre ou dans un autre, ce qui revient à déterminer des *unités d'analyse*.

On considérera comme unité d'analyse première, l'ensemble des traces portant sur un contenu d'enseignement particulier et prenant la forme d'une «activité de mathématique» spécifique. Cette unité d'analyse, c'est la section décrite ci-dessus d'un point de vue théorique. Dès lors, il est possible de déterminer une section comprenant des traces issues d'une seule séance (y compris les traces afférentes que sont les

---

1   Des études plus récentes (Schubauer-Leoni, Leutenegger, Ligozat & Flückiger, 2007; Ligozat & Leutenegger, à paraître) ont toutefois montré l'utilité de donner deux statuts différents aux entretiens préalables: celui d'aide à l'analyse *a priori* et celui de discutant des événements de la séance. En veillant à ne pas rabattre l'analyse *a priori* sur la séance, il s'agit en effet de réduire les possibles conduites des acteurs et, à ce titre, les prévisions de gestion du professeur ou ses décisions majeures gagnent à être connues.

2   Sans entrer dans le détail de l'argumentation en faveur de l'emploi d'entretiens de recherche (voir à ce sujet Leutenegger, 1999), il s'agissait d'introduire certains concepts, en particulier celui de *contrat de communication*, dont l'origine théorique se situe hors du cadre conceptuel de la didactique (voir en particulier Ghiglione & Blanchet, 1991) mais dont l'usage a été intégré à l'analyse didactique. Un certain nombre de précautions d'emploi des entretiens de recherche sont indispensables. A ce sujet, voir en particulier Blanchet *et al.* (1987), qui mettent en garde contre l'usage d'entretiens de recherche dans une perspective de méthodologie scientifique; celle-ci n'est pas sans de nombreuses faiblesses possibles dont il s'agit de prendre la mesure.

entretiens, mais aussi toutes les traces utiles, telles que les productions écrites des élèves ou du professeur), ou d'une partie de séance si celle-ci renferme plusieurs activités spécifiques. On parlera alors d'une section intra-séance. Mais il est possible aussi de déterminer une section composée de traces issues de plusieurs séances portant sur le même contenu: on parlera dans ce cas d'une section inter-séances.

C'est ainsi que le choix s'est porté sur une analyse première des *séances*, c'est-à-dire les moments où le système didactique est en activité.[3] Puis, à partir de cette analyse, il est possible d'ouvrir le questionnement au module complet, en particulier les entretiens. Méthodologiquement, cela suppose un tri dans les thèmes abordés dans les entretiens, à partir de l'analyse de la séance. Et non l'inverse. L'analyse, du reste, ne s'arrête pas à ce premier mouvement, puisqu'il peut arriver, par retour, que la séance soit revisitée après examen des entretiens. Mais l'origine du questionnement, c'est l'analyse de la *séance*. Les traces du *dossier initial* représentent un cas particulier dans le sens où les leçons (matériaux rassemblés par le professeur) ne sont pas filmées. Nous traiterons néanmoins ces traces de manière semblable, en interrogeant l'*entretien dossier* à partir de l'analyse du dossier. Nous y reviendrons plus loin. Le dispositif d'analyse se présente donc de la manière suivante:

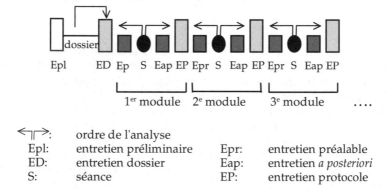

Figure 9. Ordre des analyses.

---

3   En termes de structuration des milieux (Margolinas, 1995), on part de la situation d'enseignement.

Les questions posées aux matériaux secondaires ne sont pas standardisées (elles ne peuvent l'être) mais sont toutefois construites selon un «canevas» articulé aux questions de recherche principales (temps didactique et fonctionnement conjoint des systèmes). Nous traitons ainsi de questions générales qui portent sur le projet d'enseignement à l'origine de la séance en interrogeant les protocoles d'entretiens préalable et *a posteriori*, sur l'avancement du savoir tel que le professeur l'évoque aux différents temps T du déroulement du dispositif: qu'est-ce qui préside, en un temps T, au projet d'enseignement et pour quels élèves? Ce questionnement fait nécessairement référence à une analyse des tâches prescrites, leurs caractéristiques, mais aussi, plus en amont, leur origine institutionnelle. Il s'agit donc de tenir compte de questions liées à la transposition externe et interne.

Nous traitons également de questions plus pointues à propos de chacune des instances du système didactique et relativement à leur articulation. Les questions à l'entretien *a posteriori* sont symétriques aux questions à l'entretien préalable. *Du point de vue de la tâche prescrite*, nous cherchons, avec l'entretien préalable, sur quelles variables, le professeur tente de faire levier, quel est le déroulement prévu, dans le but de quelle avancée du temps didactique; avec l'entretien *a posteriori*, nous cherchons le point de vue du professeur sur l'activité réalisée, en particulier la manière dont il revisite les variables de commande de la situation. *Du point de vue du professeur*, nous interrogeons les protocoles d'entretiens au sujet de ses raisons d'agir à certains moments clés, sur ses choix et la gestion qu'il compte mener (ou, *a posteriori*, qu'il a menée). *Du point de vue des élèves* enfin (mais c'est le point de vue des élèves évoqué par le professeur), quels sont les élèves prévus, que prévoit le professeur par rapport aux productions des élèves (les procédures, les erreurs en particulier) et, *a posteriori*, quelles procédures ont été observées et comment le professeur interprète les conduites, les erreurs ou les productions en général, par rapport à l'avancée du temps didactique, quel bilan tire le professeur pour le groupe et pour les différents élèves par rapport à son projet.

Les questions sur l'avancement du temps didactique, qui ont une grande importance pour les questions de recherche posées, prennent des formes différentes selon que l'activité observée a pour origine une tâche proposée par le professeur ou par la recherche. Dans ce dernier cas, il s'agit d'examiner la manière dont cette proposition s'intègre (ou non) au projet d'enseignement et donc à la chronogenèse du *système parallèle* et, plus en amont, à celle du *système ordinaire* d'où sont issus les élèves. Dans le cas du *système ordinaire* observé (une classe complète de 1P), les questions sont aussi mises en relation avec les activités réalisées en amont et en aval de la leçon observée, pour examiner ses connexités avec d'autres (la tâche prescrite est issue des moyens officiels pour ce degré). On se demandera notamment si son existence dans la classe relève principalement du contrat de recherche ou si le professeur l'aurait réalisée de toute manière et, si oui, à quel moment dans son projet d'enseignement?

Toujours du point de vue de l'ordre des analyses, les *entretiens à propos des protocoles* de séances dans les systèmes parallèles, ont un statut particulier puisqu'ils font office de régulation pour la conduite du dispositif. Ils sont analysés, dans un premier temps, chacun pour lui-même, en cherchant comment le professeur travaille sur les variables de la situation à partir du protocole. Ces éléments permettent, dans un deuxième temps, de donner un statut à certaines décisions du professeur pour la séance suivante. Les traces issues des *entretiens protocole* ne sont pas isolées des autres traces du point de vue de l'analyse, il s'agit plutôt, après l'analyse de chaque module du dispositif, de procéder à un «remaillage» entre eux. Nous postulons que les traces issues des *entretiens protocoles* constituent des états de la question dans le temps de la recherche, en considérant les interprétations et les centrations du discours du professeur comme le produit d'une négociation entre les deux contrats, didactique et de recherche, dans lesquels le professeur se situe et agit nécessairement. Ses centrations et ses interprétations relèvent probablement des attentes réciproques, implicites, inhérentes à ces deux contrats. Toutefois, afin de ne pas allonger le propos, le présent ouvrage ne rendra compte que très partiellement des résultats de cette analyse (voir à ce sujet Leutenegger, 1999): nous n'exposerons ici que les éléments indispensables à la compréhension du déroulement d'ensemble.

Ceci étant dit, les séances ne sont, pour la plupart, pas indépendantes les unes des autres: les connexités sont à analyser pour elles-mêmes, dans le cadre d'une même *section*. C'est ainsi que les analyses des différentes séances (ou parties d'entre elles) et de leurs traces afférentes font l'objet d'une première mise en perspective. Mais l'interprétation reste suspendue à la suite de l'analyse, à celle des autres sections et à celle des autres systèmes didactiques étudiés: on «remonte» depuis des traces particulières à une séance jusqu'à l'ensemble qui compose la section et au-delà de celui-ci. Il s'agit d'une manière de procéder préconisée aussi par Sensevy (1999) en se référant également à des méthodes propres aux tenants de la micro-histoire, ce que Ginzburg (1986/1989), en particulier, qualifie de «paradigme indiciaire». Ces méthodes, apparentées aussi à la sémiotique médicale, ont en commun un principe d'analyse ascendant permettant de «remonter» du fait particulier, sous forme de trace, à des phénomènes plus généraux. On peut maintenant généraliser l'ordre des analyses:

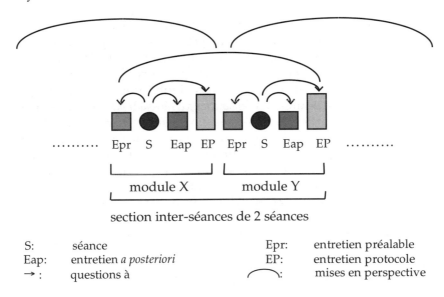

section inter-séances de 2 séances

S:	séance	Epr:	entretien préalable
Eap:	entretien *a posteriori*	EP:	entretien protocole
→ :	questions à	⌒:	mises en perspective

Figure 10. Dispositif d'analyse.

UN PRINCIPE DE RÉTROACTION

Venons-en maintenant au troisième principe, le *principe de rétroaction des analyses*. Le déroulement temporel du dispositif induit, quoi qu'il en soit, une sorte de fil conducteur. Une fois le dispositif achevé, une certaine distance du chercheur avec son objet d'étude peut s'établir et – ce phénomène fait partie de la distance prise – il est impossible d'organiser les analyses comme si on ne savait pas ce qui vient après. De fait, en produisant les analyses, le chercheur revisite les événements en partant de la fin. C'est bien parce que le dispositif est achevé et que l'on sait ce qui s'est déroulé, au moins dans ses grandes lignes, que l'on revient dessus, mais d'une autre manière. C'est ici que le rapport du chercheur aux objets devient véritablement un *rapport de recherche à ses objets* au sens où ce rapport a été défini ci-dessus. C'est ici aussi que la *construction de signes* et la *liaison entre ces signes*, à partir des traces, prend toute sa dimension. C'est du reste le propre des traces: elles permettent le «hors temps», voire la construction d'une temporalité théorique, alors même qu'il y a bien une temporalité dans la série des événements. En revenant brièvement à Foucault, le temps «n'est pas un élément d'imprévisibilité qui peut masquer et qu'il faut dominer par un savoir anticipateur, mais une dimension à intégrer puisqu'il apporte dans son propre cours les éléments de la série comme autant de degrés de certitude» (Foucault, 1963/1997, p. 97).[4] En partant de ce même principe, éminemment rétroactif, nous essayons d'introduire, tout au long de l'analyse, ce qu'on nommera des *boucles de rétroaction*. En analysant, par exemple, l'entretien préalable à l'une des séances, on ne se tient pas à la seule analyse de cette portion-là, mais on revient en même temps sur des événements plus anciens, cette option permettant de comprendre, *rétroactivement*, ce qui s'est passé en un temps T antérieur. Par un effet d'après-coup de l'analyse elle-même. Mais les rétroactions de l'analyse sur elle-même se jouent encore d'une autre manière: une fois les analyses «achevées», tel ou tel événement peut prendre valeur de signe pour la série tout entière.

TYPES D'ANALYSES

Nous exposerons maintenant les *types d'analyses possibles* selon les trois principes énoncés. Les analyses effectuées procèdent de ces types d'analyse mais ne les recouvrent toutefois pas entièrement.[5] En effet, certaines analyses ne s'imposent et ne sont utiles qu'en certaines circonstances, de

---

4   En faisant allusion au temps en clinique médicale, Foucault évoque le destin de la maladie, et donc son pronostic, en fonction de ce qu'on connaît des types d'évolution possibles. La médecine du 18e siècle ne savait pas, en effet, prévoir, en termes de degrés de probabilité, l'évolution de la maladie. C'est en particulier ce que la clinique a permis, en prenant en compte la dimension temporelle.

5   Voir les tableaux des analyses réalisées, au chapitre introductif des études de cas.

cas en cas justement. Un principe d'économie règle le choix des analyses. De plus, dans certains cas, il ne semble pas opportun, compte tenu des questions posées de procéder à des niveaux d'analyse trop fins. Dans d'autres cas, au contraire, le questionnement requière une analyse plus fine. A noter encore que dans certains cas, la collection des faits et partant, les traces retenues, permettent certaines analyses que d'autres ne permettent pas. Typiquement, les traces très lacunaires issues du dossier initial interdisent certaines analyses que l'observation filmée permet; alors même que certaines de ces traces sont issues de leçons probablement comparables. Il s'agit donc de donner un statut à chaque type d'analyse en l'articulant aux traces à disposition.

La réalisation d'une étude de cas de *système parallèle*, passe par une analyse construite en trois grandes parties: *l'analyse du projet initial d'enseignement*, portant sur le dossier initial et sur l'entretien dossier, *l'analyse des tâches observées*, au travers des *sections* déterminées, et enfin, *l'analyse du fonctionnement des systèmes*, par un «remaillage» qui revisite l'ensemble des traces et des analyses précédentes.

La réalisation de l'étude de cas de *système ordinaire* est plus simple, dans la mesure où il n'y a qu'une seule *section* composée d'une seule séance accompagnée de deux entretiens, mais aussi de productions écrites des élèves issues d'une leçon antérieure. Le fonctionnement du système, sera donc, là aussi, analysé grâce à un système de protocoles. A travers cette dernière étude de cas, nous pensons également pouvoir montrer que les méthodes préconisées s'appliquent non seulement à l'observation de petits groupes d'élèves, mais aussi à l'observation de classes complètes.

ANALYSE DU PROJET INITIAL D'ENSEIGNEMENT

Conformément aux principes énoncés, on procède tout d'abord à *l'analyse du dossier initial*. Ce dossier, constitué par la GNT au cours d'un mois (soit en septembre, soit en janvier), peut avoir une teneur sensiblement différente d'un cas de système à l'autre. Il s'agit donc, préalablement à toute analyse, de déterminer les *composantes de ce dossier* (bilan éventuel, traces des activités effectuées soit au cours de leçons, soit dans un but d'évaluation, notes diverses de la GNT ou autres matériaux choisis pour figurer au dossier). Chacune des composantes est analysée pour elle-même sur la base des traces mises à disposition. Au *plan achronique*, une analyse des tâches prescrites est réalisée ainsi qu'une analyse *diachronique* très succincte puisque les traces ne permettent pas (ou très peu) de reconstituer les événements inhérents à l'activité. Néanmoins, lorsque les traces le permettent (productions écrites des élèves et/ou notes de la GNT), une *reconstitution* de quelques événements de la leçon (ou de l'évaluation, lorsque les traces sont issues de tâches provenant d'un bilan) est effectuée. Lorsqu'elles sont datées, les traces permettent de *reconstituer l'ordre des activités* au cours de la constitution du dossier. Ce qui permet de se donner une première idée de la chronogenèse. Les autres types de traces (en particulier les notes de la GNT) permettent de relier, dans certains cas, la chronogenèse du *système parallèle* à celle du *système ordinaire* d'où sont issus les élèves. C'est à ce début de questionnement que s'attèle l'analyse du dossier initial.

Dans un deuxième temps, le questionnement se rapporte à l'*entretien dossier* durant lequel la GNT commente et décrit les traces rassemblées. Le protocole de cet entretien est interrogé à deux points de vue. Au *plan achronique*, on cherchera à *déterminer les thèmes* abordés et au *plan diachronique* à examiner la place et la fonction de ces *thèmes dans le déroulement temporel* de l'entretien. Cet entretien étant le premier, il s'agit, du point de vue de l'analyse, de «ratisser assez large» pour déterminer un certain nombre de contraintes institutionnelles propres au système didactique étudié. Le projet d'enseignement est rapporté aux contraintes évoquées. Le «grain» de cette analyse ne saurait atteindre la finesse permise par les observations de classe puisque les traces ne sont que très succinctes. Il s'agit donc essentiellement d'établir une base de questionnement que les analyses ultérieures sont censées approfondir.

Du point de vue des *outils d'analyse*, un *tableau synoptique* permet de résumer le déroulement de l'entretien, selon l'ordre d'apparition des thèmes abordés. Il s'agit de repérer les thèmes traités massivement, ceux qui sont récurrents ou, par contraste, ceux qui sont peu ou jamais traités. Ce qui ne signifie pas, dans ce dernier cas, qu'ils ne sont pas importants pour l'analyse mais que, du point de vue du professeur, l'évocation n'en tient pas (ou peu) compte. Par ailleurs la détermination des thèmes abordés permet une articulation des traces collectées par le professeur avec ce qu'il en évoque. Il se peut en effet que celles-ci et ceux-là ne coïncident pas tout à fait, soit parce que le professeur ne commente qu'une partie des traces collectées, soit parce qu'il évoque d'autres activités (ou d'autres aspects du fonctionnement du système) dont aucune trace n'a été conservée. C'est le cas de celles qui ne nécessitent pas de traces écrites, par exemple. L'analyse de l'entretien permet donc de donner un statut et une fonction aux éléments du dossier via le discours du représentant institutionnel qu'est le professeur.

Le questionnement procède alors à un premier va et vient entre le dossier et l'entretien dossier, ce qui signifie que les questions posées peuvent à leur tour générer des questions que l'on renvoie au dossier (par exemple en réexaminant certaines traces) ou qu'on laisse en suspens jusqu'à l'analyse des séances observées. C'est le cas notamment de tout ce qui concerne la gestion enseignante et les interactions dans le système. L'analyse du projet initial d'enseignement a néanmoins le mérite, en posant un certain nombre d'hypothèses, d'ouvrir le questionnement, qui se poursuit dans les analyses suivantes.

ANALYSE DES SÉANCES OBSERVÉES

La deuxième grande partie de l'analyse, et la plus importante en matériaux traités, porte sur les séances observées en classe. Il s'agit tout d'abord de *circonscrire les objets d'étude*, c'est-à-dire d'établir les *sections* en déterminant des *unités d'observables* (en rapport avec la tâche prescrite ou l'ensemble des tâches). Une *section intra séance* est constituée d'activités internes à une séance d'enseignement. Au contraire, une *section inter séances* est constituée d'une même activité (éventuellement modifiée peu ou prou) observée lors de séances différentes. Dans ce dernier cas, l'intérêt réside dans l'établissement possible de comparaisons d'une séance à l'autre. Nous y reviendrons plus loin pour exposer les *outils d'analyse* permettant cette comparaison.

Ces *sections intra séance* ou *inter séances* déterminées, une analyse au *plan achronique* est réalisée sur la base de plusieurs types de traces possibles: les *documents écrits* d'où sont tirées les tâches prescrites (manuels, fiches des élèves, règle de jeu, moyens d'enseignement, etc.) ou, à défaut, les *documents sonores* ou *visuels* issus de l'un des entretiens ou de la séance observée.[6] C'est le cas par exemple de certains jeux

---

6   Ce choix peut paraître contradictoire avec celui d'analyser la section à partir de la séance en classe. De fait il ne s'agit pas encore d'une analyse mais de la prise en compte des éléments minimaux sur la tâche. Il n'est en effet pas toujours possible de se fier à des traces écrites, externes à la collection des faits lors des séances et des entretiens. Pour effectuer l'analyse au plan achronique, l'analyse profite alors du principe de rétroaction pour utiliser *a minima* les éléments de la tâche qui sont connus du chercheur. Celui-ci quoiqu'il en soit, sait

mathématiques dont la règle n'est pas écrite, mais est énoncée par le professeur au cours d'un entretien.

L'analyse au *plan achronique* se préoccupe séparément de *chacune des trois instances du système* en analysant l'activité dans ses rapports aux autres activités présentes dans la (ou les) séance(s) ou dans son contexte, dans les tâches prescrites des manuels, par exemple (quelles autres tâches, ou sous-tâches, sont présentes avant et après, dans quel chapitre etc.). Une hiérarchisation des activités peut ainsi être établie. Plus en amont, et du point de vue de la transposition didactique, l'analyse se réfère également aux méthodologies et aux programmes dans le but de replacer les activités dans le projet d'enseignement plus large. Sur cette base, une *analyse a priori des tâches prescrites* est effectuée en déterminant les objets censés intervenir (le milieu mathématique), les procédures expertes possibles, les solutions, etc. Par rapport au *professeur*, la tâche prescrite est analysée du point de vue des possibles décisions du professeur, du jeu possibles sur les variables de situation, d'une possible opérationnalisation en classe en tenant compte des contraintes et des possibles de la tâche prescrite. Enfin l'instance *élèves* est prise en compte du point de vue des possibles conduites au moment de la réalisation en classe, des productions attendues et des erreurs potentielles.

L'analyse au *plan achronique* prend des formes différentes selon que la tâche prescrite est proposée par le professeur ou par la recherche. Dans ce dernier cas, c'est en fonction justement d'une *analyse a priori*, qu'elle est proposée.

Puis une analyse au *plan diachronique* est réalisée sur la base de l'observation de la (ou des) séance(s) en classe. Les traces de cette(ces) séance(s) sont constituées par le protocole de la séance, par les traces écrites des productions des élèves, par le relevé des écritures au tableau noir (ou sur papier). Dans le cas d'une *section inter séances*, l'analyse au *plan achronique* précède les analyses *diachroniques* de chacune des séances auxquelles se rapportent les analyses des entretiens.

Le premier niveau d'analyse diachronique met en évidence les *différentes phases de la séance* en procédant à un découpage du protocole.[7]

---

ce qui vient ensuite et peut effectuer l'analyse au plan achronique à partir de ces éléments minimaux sans toutefois entrer tout de suite dans l'analyse ni de l'entretien ni de la séance.

7   Le découpage du protocole est un objet d'étude en soi que nous ne traiterons pas en détail ici. Les critères de ce découpage sont évidemment liés aux

L'*outil d'analyse*, comme pour le découpage des entretiens (décrit ci-dessus), consiste à construire un tableau synoptique résumant le déroulement temporel de la séance selon le découpage effectué. Ce déroulement s'accompagne, selon les activités et selon le critère de découpage, d'informations pertinentes concernant ce déroulement.

Comme pour l'analyse *achronique*, cette deuxième analyse, tient compte des trois instances du système didactique. C'est ainsi qu'une analyse des *interactions* est réalisée. Du point de vue des *outils d'analyse*, notons toutefois une distinction entre des activités répétées (dans le cadre d'une *section intra séance*[8] ou *inter séance*) et des activités observées une seule fois. De façon à procéder aux comparaisons annoncées, il s'agit d'établir des critères communs qui permettent la comparaison. A cet effet, des *grilles d'analyse* sont établies mettant en évidence les interactions. La construction d'une *grille d'analyse* nécessite un investissement considérable du point de vue de la mise à plat des observables, si bien que, selon un principe d'économie, et en l'état d'avancement de cette théorisation, il n'a pas semblé judicieux d'établir des *grilles d'analyse* de même niveau pour toutes les activités. Celles qui sont répétées plus de deux fois donnent lieu, nous le verrons, à l'établissement de grilles beaucoup plus fines permettant une comparaison quantitative des types d'interactions. Les actions possibles (du professeur et des élèves) sont alors répertoriées jusque dans leurs nuances de façon à établir des typologies comparables d'une mise en œuvre à l'autre. En revanche, les activités répétées une seule fois donnent lieu à des grilles d'analyse plus superficielles permettant *a minima* une comparaison des différentes phases de l'activité du point de vue des interactions. Pour ce qui est des activités

---

questions de recherche posées, en l'occurrence la question de la chronogenèse à l'intérieur de la séance nous sert de guide à la détermination des coupures. Mais il est possible de procéder, selon les cas, à d'autres découpages, selon des critères différents. Par exemple selon les acteurs des interactions, en cherchant à chaque moment qui interagit avec qui. Cette question du découpage est loin d'être épuisée: en effet qu'en est-il de l'établissement de critères stables selon les questions posées, c'est-à-dire de la détermination d'indices de coupure (langagiers, gestuels ou autres) qui justifient le lieu précis de ces coupures? Cette question de recherche fait l'objet d'études en cours dans l'équipe genevoise de «Didactique Comparée», dirigée par M.L. Schubauer-Leoni.

8   Une activité, tel un jeu, peut en effet être répétée plusieurs fois dans une même séance.

observées une seule fois, aucune grille d'analyse n'a été construite, mais les interactions sont analysées systématiquement en «entrant» par l'analyse des gestes d'enseignement, en partant du principe qu'en termes de *topos*, c'est le professeur, quoiqu'il en soit, qui mène le jeu en faisant avancer le temps didactique. L'analyse des productions des élèves (écrites ou autres), dans leur déroulement, complète cette analyse.

Un second niveau d'analyse diachronique, met en évidence des *événements remarquables* au regard des questions de recherche posées: en l'occurrence nous nous focaliserons sur la question du temps didactique en mettant en évidence les événements les plus marquant permettant de décrire ce fonctionnement. Les *événements remarquables* sont les seuls *systèmes d'événements* dont l'analyse tient compte de façon systématique. Le *repérage des éventuels événements remarquables* s'organise sur la base de l'analyse des phases de la séance en cherchant ce qui «fait avancer», ce qui «arrête» ou «freine» le temps didactique. Ces événements sont analysés finement du point de vue des *interactions entre les trois instances du système*. De cas en cas, une analyse plus ou moins fine de l'activité permettra de répondre aux questions posées. A cet égard, notre dernière étude de cas sera aussi l'occasion de tester un modèle d'analyse en construction actuellement (voir Ligozat & Leutenegger, 2008; Schubauer-Leoni, Leutenegger, Ligozat & Fluckiger, 2007; Sensevy & Mercier, 2007) et qui vise à décrire et à comprendre *l'action conjointe professeur-élèves*. Le modèle, construit sur les catégories descriptives du contrat didactique (méso-, topo- et chronogenèse), met en évidence la *construction de la référence* entre professeur et élèves (point de vue mésogénétique), la *gestion des territoires* (point de vue topogénétique) et la *gestion des temporalités* (point de vue chronogénétique). Nous décrirons plus spécialement ces méthodes d'analyse dans notre quatrième étude de cas.

Après cette analyse au *plan diachronique*, une analyse des entretiens, préalable et *a posteriori*, est effectuée à l'aide du questionnement proposé (c'est l'*outil d'analyse* dont nous faisons usage ici). Pour chacun d'eux, les questions issues de l'analyse de la séance sont établies. *Le découpage des protocoles d'entretiens* tient compte des questions posées en déterminant les *thèmes utiles* à l'analyse. Ce qui signifie que les autres thèmes sont écartés, au moins dans un premier temps.[9] Chaque question est ensuite

---

9   Il n'est pas exclu toutefois que, dans le cours de l'analyse, certains thèmes écartés *a priori*, fassent l'objet d'un examen ultérieur en raison de l'évolution du questionnement.

traitée en cherchant au sein des *thèmes utiles*, les éléments permettant soit d'y répondre soit de relancer le questionnement sur la séance, soit encore de suspendre la question jusqu'à une analyse ultérieure.

Si des événements remarquables ont été repérés et analysés sur la base du protocole de séance, l'analyse des entretiens cherche à établir le statut des événements du point de vue du professeur, en particulier ce que nous avons nommé *incident critique* pour le professeur. Ce qui signifie que les entretiens eux-mêmes sont analysés plus finement, sous la forme d'une analyse au *plan achronique* et d'une analyse au *plan diachronique* de manière à situer l'incident parmi les thèmes de l'entretien (cette fois tous les thèmes sont pris en compte, au moins pour en marquer l'existence, même ceux que l'analyse première écarte). Du point de vue des *outils d'analyse*, un *tableau synoptique* est établi qui permet de faire apparaître la place prise par l'évocation des événements remarquables dans le discours. En particulier le temps passé sur ces événements et les éventuels retours sur celui-ci, après d'autres thèmes abordés, sont autant d'indices de leur statut auprès du professeur. Toutefois cette dernière analyse n'est effectuée que si le professeur repère ces événements comme marquants pour lui-même *(incident critique)*. Dans le cas contraire, ce niveau d'analyse est inutile, mais l'absence de repérage de ces événements est relevée comme significative de son statut auprès du professeur.

ANALYSE DU FONCTIONNEMENT DES SYSTÈMES

Toutes ces différentes analyses produisent un ensemble de *signes* dont la convergence (ou les éventuelles divergences) constitue une *configuration signifiante*. En effet, l'étude de cas regroupe ainsi plusieurs *sections* recouvrant plusieurs activités, effectuées par différents élèves (pas nécessairement les mêmes d'une séance à l'autre), mais dont le point commun est d'être menées par le même professeur. Cette *configuration signifiante* est interrogée au regard du fil conducteur de l'analyse: l'avancement du temps didactique dans le système *parallèle* en lien avec l'avancement du temps didactique dans le système *ordinaire*. C'est pourquoi la dernière partie des analyses, celles du *fonctionnement des systèmes*, se focalise sur les indices signifiants de cet avancement au fil du dispositif.

Mise en perspective des types d'analyses

Le tableau de la page suivante résume les différents types d'analyse: la
détermination préalable des observables et les différentes analyses selon
les deux plans *achronique* et *diachronique*. Les cas de systèmes parallèles
comprennent la plupart de ces types d'analyse à travers les différentes
sections, le cas de système ordinaire se limitant à une seule section.

Tableau 2. Les types d'analyses[10]

Parties de l'étude de cas	Corpus	Détermination des observables	analyses au plan achronique	analyses au plan diachronique
projet initial d'enseignement	dossier	composantes du dossier	– répertoire des différents types de traces – description et analyse *a priori* des tâches prescrites	– ordre des activités (datées) – analyse des leçons des séances d'évaluation (reconstitution à partir des productions des élèves et des notes du professeur)
	protocole de l'entretien dossier	protocole d'entretien: découpage	– répertoire des thèmes de l'entretien	– découpage de l'entretien (selon thèmes traités) *outil*: tableau synoptique – analyse des commentaires du professeur concernant les différentes pièces du dossier
	protocoles des séances + traces produites par les élèves	définition des sections (section intra séance ou section inter séances)	– analyse des documents écrits (ou oraux) dont sont issues les tâches prescrites	*1er niveau d'analyse* – découpage de la séance; *outil*: tableau synoptique

10 Pour une présentation exhaustive de toutes ces analyses, voir Leutenegger,
1999.

Sections	+ au TN + documents divers (manuels, métho- dologies ou autres)		– description et analyse *a priori* des tâches prescrites	– analyse des procédures des élèves – analyse des interactions professeur/élèves
		définition des systèmes d'événements considérés comme remarquables	/	**2e *niveau d'analyse:* *analyse des* *événements* *remarquables*** – analyse des inter- actions inhérentes à ce système d'événements
	protocoles des entretiens préalable et *a posteriori*	définition des questions et des thèmes utiles	/	**1er *niveau d'analyse*** – analyse de l'entretien préalable; *outil*: questions posées – analyse de l'entretien *a posteriori*; *outil*: questions posées
		définition des thèmes utiles à l'analyse des événements remarquables	– répertoire des thèmes de l'entretien préalable en relation avec les événements remarquables – répertoire des thèmes de l'entretien *a posteriori* (place des événements remarquables)	**2e *niveau d'analyse:* *analyse des* *événements* *remarquables*** – analyse des événements remarquables au fil des questions posées à l'entretien *a posteriori* (éventuels incidents critiques repérés par le professeur
Fonction- nement des systèmes	ensemble du corpus	ensemble des signes pertinents = configuration de signes	– mise en perspective des différents éléments	

Troisième partie

Etudes de cas

Chapitre 1

Introduction aux études de cas

ORGANISATION DES ÉTUDES DE CAS

Chaque étude de cas de *système parallèle* est organisée de la même manière. Une analyse du projet global d'enseignement, à partir du dossier et de l'entretien dossier ouvre l'étude, puis des sections sont déterminées et analysées à partir de certaines séances d'enseignement observées et des entretiens afférents. Enfin, l'analyse du fonctionnement des systèmes synthétise et clôt les analyses précédentes. Pour ce qui est de l'étude du *système ordinaire*, nous nous limiterons à une analyse fine de la séance (ponctuelle) et aux indices tirés des entretiens, nécessaires à la compréhension des phénomènes construits.

Du point de vue des chapitres qui vont suivre, nous ne pourrons pas, dans l'espace imparti à cet ouvrage, rendre compte du détail des analyses réalisées (voir à ce sujet Leutenegger, 1999). Nous nous limiterons à des «ponctions» dans chacun des systèmes observés de manière à ce que chaque étude de cas soit l'occasion d'une présentation sous un angle différent pour décrire les méthodes cliniques/expérimentales à l'œuvre et les phénomènes didactiques qu'elles permettent de construire.

C'est ainsi qu'une première étude de cas, le soutien à des groupes d'élèves de 4P déclarés «en difficulté», permettra d'exposer le détail du raisonnement clinique à partir de différentes traces à disposition à propos de l'enseignement/apprentissage de l'algorithme de soustraction. Du point de vue des phénomènes didactiques, nous montrerons que ces groupes de soutien sont des «lieux sensibles» pour la mise en évidence du fonctionnement du double système didactique, classe ordinaire et classe de soutien.

Dans une perspective comparatiste, nous élargirons ensuite le propos, d'abord à d'autres systèmes parallèles puis à une classe ordinaire.

Nous présenterons les principaux résultats des deux autres études de cas de systèmes parallèles pour montrer, d'une part la spécificité du fonctionnement du «soutien» par rapport au système dit «complémentaire» en profitant du fait que l'une des GNT opère dans les deux types de structures. D'autre part ce sont les caractéristiques de fonctionnement d'un troisième type de système, la «classe d'accueil d'élèves non francophones», qui seront exposées. Si le système «classe complémentaire» ne concerne pas particulièrement les difficultés d'apprentissage (de telles difficultés pourraient néanmoins se présenter puisqu'il s'agit d'un groupe d'élèves tout-venant), le dernier système comporte d'autres circonstances (une méconnaissance de la langue) que l'institution scolaire se doit de traiter si elle souhaite intégrer ces élèves. Du point de vue des méthodes, nous insisterons, dans la deuxième étude de cas, sur le dispositif de recherche et d'observation mis en place, notamment l'usage des entretiens à propos des protocoles et dans la troisième étude de cas, sur l'organisation des activités de numération avec des élèves de différents degrés formant le groupe-classe.

Avec la dernière étude de cas, un système ordinaire de 1P (élèves de 6-7 ans), aux prises avec un problème de numération, nous «descendrons» dans les premiers degrés scolaires (premier degré obligatoire) pour situer l'élève «en difficulté» (il existe déjà à ce niveau d'enseignement!) parmi ses pairs, en montrant comment le professeur, titulaire cette fois, gère le contrat didactique différentiel (au sens de Schubauer-Leoni, 2002) avec ses élèves. Du point de vue des méthodes, l'analyse de l'action conjointe entre le professeur et les élèves sera alors mise en avant.

Chaque fois que possible, nous intégrerons au texte les documents qui semblent indispensables à la compréhension. Toutefois, lorsque les documents sont par trop volumineux, nous accompagnerons l'étude de cas de quelques annexes (fiches issues de manuels ou autres).

TÂCHES PRESCRITES ET ÉLÈVES OBSERVÉS

De manière à offrir une vue d'ensemble au lecteur, le tableau 1 ci-dessous indique, pour chaque étude de cas, les différentes tâches mathématiques prescrites, en respectant l'appellation donnée par le professeur ou telle qu'elle figure dans les documents officiels. Le type de tâche et sa provenance institutionnelle sont également indiqués, de même que les élèves concernés et le nombre de séances observées à son sujet. L'analyse des séances permettra ensuite de montrer ce que deviennent ces tâches lorsqu'elles sont précipitées dans l'activité. Le tableau de la page suivante comprend encore des indications concernant les élèves (38 en tout dans les trois premières études de cas de systèmes parallèles, dont 27 observés particulièrement, et 20 en classe ordinaire, dont 2 observés particulièrement).

Pour ce qui concerne notre première étude de cas, nous nous limiterons aux observations concernant les algorithmes, de *soustraction* particulièrement, travaillés lors d'une séance filmée, mais figurant aussi au dossier initial en début d'année scolaire: nous tiendrons compte de deux séances de test en classe ordinaire et de quatre séances de soutien, non filmées, mais dont les traces écrites ont été rassemblées par la GNT.

La deuxième étude de cas se focalisera d'abord sur une situation mathématique, intitulée «*La machine à perpette*», issue des moyens d'enseignement à disposition des professeurs[1] et de la formation continue qu'a suivie la GNT concernée. Cette situation est censée travailler la notion de multiple (deux séances filmées avec deux groupes d'élèves différents). Puis nous examinerons ce qui concerne une autre activité proposée par la GNT, nommée «*La collection mystérieuse*», tirée d'une revue[2] destinée aux enseignants primaires.

La troisième étude de cas, en classe d'accueil d'élèves non francophones, sera l'occasion d'étudier plus particulièrement, après le bilan d'entrée de ces élèves dans l'institution scolaire genevoise, quatre activités de numération habituelles dans cette structure.

Dans le cas du système ordinaire, la tâche prescrite proposée à la titulaire, intitulée «*La Cible*», provient des moyens d'enseignement officiels de 2P. La titulaire a accepté de la faire passer à sa classe de 1P, moyennant certaines modifications, à la suite d'une autre, connexe, mais de 1P cette fois, intitulée «*Les cousins*». Le statut de la tâche prescrite est donc mixte puisqu'elle est issue des moyens d'enseignement officiels tout en étant proposée par la recherche.

L'analyse des activités tient compte de tous ces paramètres, de façon à ne pas naturaliser les observations en classe et les propos recueillis lors des entretiens. Il s'agit, au contraire, de replacer les différents éléments les uns par rapport aux autres dans leur contexte propre (institutionnel ou autre).

---

1   Voir Groupe mathématique du SRP, 1991.
2   Voir *Pour une pratique autonome*, 1990.

Tableau 3. Les activités et les élèves observés

Etude de cas	1			2		3		4
système didactique	*classe ordinaire*	*classe de soutien*	*classe de soutien*	*classe de soutien et classe complémentaire*	*classe de soutien et classe complémentaire*	*classe d'accueil d'élèves non francophones*	*classe d'accueil d'élèves non francophones*	*classe ordinaire*
Tâches prescrites	«algorithmes»	«soustractions»	«soustractions»	«machine à perpette»	«collection mystérieuse»	«numération et opérations»	«4 activités de numération»	«Les cousins» «La cible»
type de tâche prescrite	tests	algorithmes de soustraction à poser et résoudre	algorithmes de soustraction à poser et résoudre	atelier mathématique	atelier mathématique	bilan d'entrée + fiche-bilan périodique	3 fiches et un jeu	problèmes de comptage et d'énumération
provenance institutionnelle de la tâche prescrite	titulaire de la classe ordinaire	anciens moyens d'enseignement officiels	anciens moyens d'enseignement officiels	formation continue + moyens d'enseignement	revue enseignement primaire	GNT	anciens moyens d'enseignement officiels + GNT	recherche + moyens d'enseignement officiels 1P-2P
nombre d'élèves + degrés	17 élèves 4P	5 élèves 4P	4 élèves 4P	8 élèves 3P	6 élèves 4P	2 élèves 2P 2 élèves 3P 2 élèves 5P	3 élèves 2P 2 élèves 3P 2 élèves 5P	20 élèves 1P
nombre de séances	2 (non filmées)	4 (non filmées)	1 (non filmée)	2 (non filmées)	1 (non filmée)	1 (non filmée)	1 (non filmée)	1 (non filmée)

Chapitre 2

Un premier cas de système: une classe de soutien

ACTEURS ET INSTITUTIONS

La *classe de soutien* de notre première étude de cas, se situe dans un établissement scolaire tout-venant, pourvu de plusieurs GNT chargées du soutien aux élèves déclarés en difficulté scolaire. L'établissement se situe au cœur de la ville, dans un quartier dit «populaire» et drainant un grand nombre d'immigrants. La GNT, que nous nommerons Mᵐᵉ E, est chargée du soutien auprès des classes de 3P et de 4P (élèves de 8 à 10 ans). Pour ce début d'année, les élèves dont elle s'occupe plus particulièrement appartiennent à deux classes. Elle connaît déjà ceux de 4P pour les avoir suivis l'année précédente, en revanche les élèves de 3P lui sont inconnus et elle ne les prend en charge qu'après le premier trimestre considéré comme période probatoire. La 3P correspond à la première année du cycle d'enseignement moyen, après les classes dites «élémentaires» de 1E, 2E, 1P et 2P. C'est aussi la première année où les élèves sont évalués par des travaux notés. Le système d'enseignement laisse donc un trimestre avant d'intervenir, s'il y a lieu, auprès des élèves considérés «en difficulté».

Mᵐᵉ E exerce sa fonction depuis plusieurs années et son intérêt pour l'enseignement des mathématiques lui fait accepter de participer à la recherche. Elle a, comme toutes les GNT, suivi une formation continue au sujet du soutien, notamment en mathématiques. En début d'année, sa tâche consiste, en collaboration avec les titulaires, à repérer des élèves «à aider» dans le cadre du soutien, en mathématiques, mais aussi dans le domaine de l'apprentissage de la langue. Après ce premier repérage, les séances de soutien se déroulent dans un minuscule local, dévolu à cette fonction, permettant d'accueillir un maximum de 4 élèves à la fois. Au cours de l'année, la GNT déménagera dans un local à peine plus grand qui lui permettra d'accueillir 6 élèves.

Les élèves participant aux séances filmées sont au nombre de 12 (6 de 3P et 6 de 4P). Cinq parmi les élèves de 4P sont déclarés «en difficulté», l'enseignante les prend régulièrement en soutien dès fin septembre. Le sixième élève était plutôt réputé «bon en math» les années précédentes, mais lors du test de début d'année, Mme E l'a repéré comme «à surveiller»; en conséquence elle le prend en soutien ponctuellement. De même, du côté des élèves de 3P, si certains sont considérés après le premier trimestre comme «très en difficulté», d'autres sont pris en charge plus ponctuellement pour des difficultés considérées comme passagères.

Il s'agit, dans les termes de l'institution scolaire, de permettre à ces élèves de «rattraper le retard» pris sur les autres. Autrement dit, le soutien consiste à créer un lieu où le temps didactique n'avance pas, relativement à l'avancée des savoirs de la classe ordinaire, en un temps T de sa chronogenèse. La GNT revient en effet sur des objets de savoir considérés comme anciens ou tout au moins non (ou moins) sensibles (au sens de Chevallard, 1995), dans la classe ordinaire. Nous ne préjugeons pas ici de la «marge» d'ancienneté de ces savoirs. En effet, on peut se demander si la GNT intervient dès qu'un «décalage» se fait sentir, ou plus tard, lorsque le «décalage» est considéré comme trop important pour être «comblé» en classe ordinaire. On peut penser que le «décalage» incriminé, est propre à la distance entre temps didactique et temps d'apprentissage (au sens de Chevallard, 1980/1991), du moins «temps d'apprentissage» tel qu'il est considéré par l'institution scolaire. La question qui se pose est donc de savoir comment s'organisent les enseignements dans les deux systèmes conjoints. Dans la classe ordinaire, on fait l'hypothèse que le temps didactique ne peut qu'avancer. En classe de soutien, même si les savoirs en cause ne sont pas les savoirs sensibles de la classe ordinaire, on peut faire l'hypothèse qu'un autre temps didactique, propre au soutien, s'organise sous la responsabilité de la GNT. Nous allons donc tester ces hypothèses en examinant les objets sur lesquels porte l'enseignement du soutien et comment la GNT procède, relativement à la classe ordinaire des élèves qui lui sont confiés.

TYPES DE MATÉRIAUX COLLECTIONNÉS

Avant de présenter les résultats d'analyse, nous ferons un rapide inventaire des matériaux à disposition (dossier initial, séances et entretiens).

Les documents rassemblés par Mme E dans le dossier ne sont pas tous de même ordre ni de même provenance. Au moins deux grandes catégories se font jour: les matériaux provenant de la période de repérage des élèves «en difficulté» – à cette occasion, Mme E est présente au côté du titulaire de la classe de 4P – et les matériaux issus de quatre séances de soutien consécutives aux séances de tests. A ces matériaux s'ajoute la transcription de l'entretien dossier. L'analyse de ces différents matériaux (première et deuxième partie de notre étude de cas) vise à dessiner le projet d'enseignement en interrogeant particulièrement les raisons des choix effectués, en classe ordinaire et en soutien. L'analyse de l'entretien dossier permettra ensuite de confirmer (ou d'infirmer) les hypothèses posées, quitte à revenir au dossier pour approfondir l'analyse première. Nous étudierons en particulier les objets de savoir en cause, les déclarations de conformité (ou de non conformité) du rapport des différents élèves au projet d'enseignement/apprentissage, les critères de la GNT pour établir son «diagnostic» (conjointement avec le titulaire de classe ou non) et enfin les moyens d'intervention qu'elle se donne.

Après cette première étape, quatre séances ont été observées (y compris les entretiens afférents). Parmi ces différents modules du dispositif, les limites de cet ouvrage nous ont conduite à sélectionner la première période de l'année en considérant qu'elle est propice pour montrer comment l'institution scolaire prend en charge les élèves considérés «en difficulté».[1] Notre étude rendra compte des analyses de la première séance filmée en classe de soutien puis transcrite sous forme de protocole (algorithmes de soustraction) et des trois entretiens afférents, préalable, *a posteriori* et à propos du protocole de séance (entretiens transcrits également).

---

1 Pour une analyse exhaustive des quatre modules du dispositif, voir Leutenegger, 1999.

Choix des activités analysées:
Le travail sur les algorithmes de calcul

Des choix ont été opérés parmi les matériaux rassemblés en début d'année. La très grande majorité des activités de la première période de l'année scolaire porte sur les algorithmes de calcul (tests réalisés en classe ordinaire et activités du soutien). On peut penser que la maîtrise des algorithmes est probablement (et implicitement) considérée, en ce début d'année, comme le critère d'assujettissement des élèves (au sens de Chevallard, 1992) à l'institution scolaire dans le domaine des mathématiques, raison pour laquelle nous avons choisi d'analyser ces activités-là. De plus, ces activités donnent lieu à des traces substantielles à la fois du côté des élèves et du côté des deux professeurs, titulaire et GNT. Nous serons donc en mesure d'en effectuer une analyse conjointe. Nous considérerons cet enseignement/apprentissage des algorithmes, en classe ordinaire et en soutien, comme une *section* dans les activités de ce double système didactique.

La première et la deuxième partie de l'étude donneront lieu à deux analyses croisées. La première vise à comprendre les contraintes du système ordinaire: nous nous centrerons sur les tests de début d'année pour lesquels une appréciation de conformité ou de non conformité est donnée par le titulaire et la GNT. C'est ce qui détermine la prise en charge de l'élève. Il sera donc particulièrement intéressant d'examiner le contenu de ces tests et les critères de conformité de chacun des deux professeurs. La seconde analyse tient compte des différentes soustractions proposées aux cinq élèves pris en soutien en début d'année. A l'issue de ces deux analyses, nous comptons examiner si ces élèves se démarquent notablement des autres élèves de la classe. Puis, compte tenu de ces résultats, nous nous interrogerons sur le fonctionnement du double système didactique du point de vue de la chronogenèse.

La troisième partie de notre étude, centrée particulièrement sur les algorithmes de soustraction, permettra de montrer comment la GNT gère une séance (filmée), en interaction avec les quatre élèves pris en charge ce jour-là. La question de la chronogenèse sera reprise à cette occasion en y intégrant un examen des entretiens, préalable et *a posteriori*.

Enfin, la quatrième partie de l'étude sera consacrée à l'entretien à propos du protocole de la séance observée: ce sera l'occasion de revenir encore une fois sur l'analyse, avec le point de vue de la GNT cette fois, pour tenter de réduire encore l'incertitude concernant le sens donné à nos observations.

Nous tiendrons compte de l'ensemble de ces matériaux pour montrer que le système didactique du soutien s'articule nécessairement à celui de la classe ordinaire et qu'on ne peut pas étudier le soutien de façon isolée. Les ponctions pratiquées mettront en évidence le fonctionnement de ce double système.

A ces deux systèmes didactiques, avec leurs conditions propres, s'articule une troisième composante, celle de la recherche, en tant que conditions d'émergence des observables. C'est pourquoi nous les relèverons, chaque fois que des traces permettent d'attester la présence de négociations dans le contrat de recherche.

PREMIÈRE PARTIE: LES SÉANCES DE TEST EN CLASSE ORDINAIRE

La période d'observation des élèves en début d'année donne lieu d'une part aux tests construits et réalisés par le titulaire de classe de 4P (traces partielles: toutes les copies de tous les élèves n'ont pas été consignées dans le dossier) et d'autre part à des exercices subsidiaires proposés par la GNT. Une première évaluation teste les algorithmes (addition, soustraction, multiplication) et une seconde, en deux parties, est destinée à tester les domaines du français et des mathématiques (algorithmes de calcul à nouveau). A ces matériaux s'ajoutent, sur les copies des élèves, des inscriptions (ou corrections) du titulaire de classe ainsi que les notes personnelles de la GNT.

Nos analyses s'appuient sur un ensemble de travaux portant sur les algorithmes de calcul, réalisés par l'équipe genevoise de didactique des mathématiques (Brun & Conne, 1991; Brun *et al.*, 1994; Conne, 1987a, b et 1988a, b, c; Leutenegger, 1996; Portugais, 1995).[2] Nous reprendrons la terminologie de Conne (1987a, b et 1988a, b, c) lorsqu'il parle des algorithmes en termes de «calculs assistés par un diagramme», le diagramme étant le support sur lequel les actions successives devront s'effectuer et être rendues visibles: il est, pour Conne, le symbole du calcul pris dans son entier déroulement. L'auteur distingue deux versants

---

2   Pour une analyse épistémologique plus fine, nous renvoyons le lecteur à ces différents travaux.

de traitement des symboles numériques lors de la résolution d'un algorithme de calcul: le versant *numérique* qui porte sur la détermination du
résultat et le versant *numéral*, constitué des traitements auxiliaires permettant d'apprêter les données. Sont de l'ordre du numérique, les
contrôles sur les résultats (même partiels) alors que le découpage en
colonnes, «l'abaissement» des données (cas de la division), le décalage
des produits partiels (cas de la multiplication), l'ordre des opérations,
les «retenues» (cas de l'addition), les techniques de décrémentations (cas
de la soustraction), sont de l'ordre du numéral. Lors de la résolution
d'un calcul les deux ordres alternent nécessairement puisque aux différentes étapes du calcul (ordre du numéral), un contrôle (d'ordre numérique) est censé intervenir. Si bien que le diagramme, en prenant en
charge les opérations successives à la fois au plan du traitement du
nombre et au plan de la coordination des «pas» élémentaires, peut prêter
à des confusions et à des erreurs. En l'état, les différents travaux invoqués ont permis de mettre à jour un certain nombre d'erreurs systématiques, résultats qui seront fort précieux pour prévoir puis interpréter les
réponses des élèves observés.

Par ailleurs, les travaux de Portugais (1995) sur le traitement des
erreurs aux algorithmes de calcul, par les enseignants en cours de formation, nous seront également précieux pour comprendre d'une part le
traitement des erreurs par les deux enseignants mais aussi, d'autre part,
pour chercher l'organisation de construction des opérations proposées
aux élèves.

Un autre ensemble de travaux, ceux de Van Lehn (1988, 1990, 1991),
sont utiles à l'analyse spécifique des soustractions. L'auteur établit (entre
autres) les possibles procédures en cas d'erreurs de soustraction et
montre les obstacles et les impasses inhérents au type d'opération en
cause et la manière dont le sujet est amené à procéder par «réparation»[3]
pour arriver au bout de son calcul.

En s'appuyant sur ce cadrage théorique propre à l'enseignement/
apprentissage des algorithmes, les analyses suivantes visent à créer un
premier substrat à l'analyse des séances, en engageant un premier questionnement et des hypothèses de travail à partir desquels l'information
pourra se construire.

---

3   Nous traduisons par «réparation» le terme anglais «repair» utilisé par Van
    Lehn, qui signifie un rééquilibrage de la situation, en cas d'obstacle, pour
    parvenir au terme de l'opération.

ANALYSE DES TESTS

Quatre types d'opérations apparaissent dans le premier test (voir ci-des-sous): des soustractions (déjà posées en colonne) de nombres dans les milliers, des additions à poser en colonne et à résoudre, des multiplica-tions (déjà posées en colonne) de nombres à deux chiffres par 2 et par 3 respectivement, des multiplications d'un nombre à deux chiffres par un nombre à deux chiffres (23 et 32). Dans ce dernier cas les opérations sont inscrites dans des colonnes matérialisées.

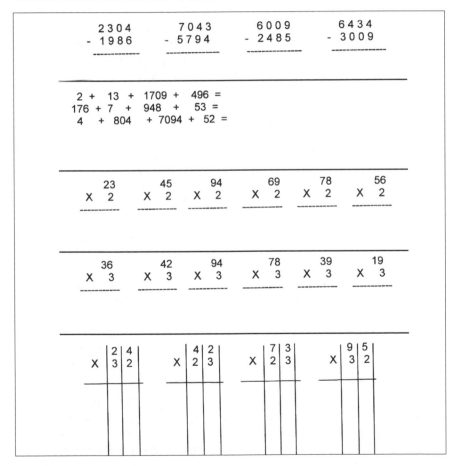

Figure 11. Etude de cas 1: premier test.

On peut penser que c'est la capacité des élèves à «dérouler» les différents algorithmes selon une procédure établie et à s'en tenir à cette procédure, qui est évaluée par le titulaire.

Les opérations proposées sont conformes au programme établi pour
la fin de la 3P (également du point de vue de l'ordre de grandeur des
nombres: ils ne dépassent pas 9999). Les deux premières séries d'items
supposent, pour la résolution, une bonne maîtrise des algorithmes d'addition et de soustraction. Il s'agit de savoirs qui devraient être routiniers
(au sens de Chevallard, 1995). En revanche les séries de multiplications
sont plus diversifiées: le caractère de nouveauté de la dernière série peut
être inféré en raison de la présence des colonnes matérialisées. Les tentatives de résolution de ces dernières séries d'opérations devraient montrer des connaissances peu stabilisées et donc présenter plus d'erreurs.

Du point de vue des deux professeurs, il est à prévoir que les élèves
«en difficulté» seront ceux qui «se trompent déjà» aux additions et aux
soustractions. On peut penser que la GNT interviendra sur les objets de
savoir anciens, additions et soustractions, de façon à tenter de rendre
routinières des techniques qui ne le sont pas encore pour certains élèves.
La suite de l'analyse du dossier et de l'entretien testera cette hypothèse.
Nous examinerons les productions des élèves lors de ces tests[4] puis nous
reviendrons sur ces productions du point de vue des professeurs en analysant les notes et inscriptions apposées sur les copies des élèves.

ANALYSE DES PRODUCTIONS DES ÉLÈVES ET DES NOTES DU TITULAIRE

Les traces partielles de ces tests ne permettent pas d'analyser les
réponses de l'ensemble des élèves de la classe: la GNT ne présente, vraisemblablement, que les copies des élèves qui ont retenu son attention, à
savoir 10 élèves sur 17.

Quatre copies présentent des erreurs de soustraction tenant aux zéros
intercalaires. Parmi ces élèves, trois seront pris en charge par le soutien,
immédiatement ou un peu plus tard. Notamment Grégoire et Mohamad[5]

---

4   Nous ne rendons pas compte ici du détail des analyses de l'ensemble des
    productions (voir Leutenegger, 1999). Compte tenu de la visée de ce cha-
    pitre, nous nous contenterons des résultats saillants, en mettant en évidence,
    comparativement aux élèves dits «forts», ce qui concerne les élèves pris en
    charge par le soutien.
5   Tous les prénoms cités sont fictifs.

qui participeront aux séances filmées. Ce premier résultat semble confirmer notre hypothèse sur l'intervention de la GNT à propos des savoirs anciens puisque les cinq premières séances de soutien (juste après la passation des tests) portent sur l'algorithme de soustraction.

Les erreurs aux soustractions donnent lieu à un traitement manifestement différentiel de la part du titulaire de la classe: au contraire des erreurs des élèves «en difficulté», les erreurs, pourtant comparables, voire identiques, de certains élèves réputés «forts» ne font pas l'objet du même constat. Il appose un grand «J» sur les copies de ces élèves (malgré des erreurs) et intervient différentiellement pour les autres: pour ce qui concerne Mohamad, il se contente de barrer les réponses erronées, à l'élève de corriger. Il n'en est pas de même pour Grégoire: le titulaire inscrit le résultat exact par-dessus le résultat erroné ou encore montre, semble-t-il, à l'élève les étapes de résolution en inscrivant lui-même le détail des retenues ainsi que la solution finale.

Les additions présentent également des erreurs chez les mêmes élèves. Mohamad et Grégoire en particulier, semblent, comme Van Lehn le décrit pour les soustractions, ne pas rencontrer vraiment d'impasse; devant l'obstacle, ils «réparent» et continuent leur calcul jusqu'à l'indice de fin: trouver et noter une solution. L'ordre du numéral envahit ici complètement le champ puisque aucun contrôle numérique (la valeur du nombre trouvé) du résultat ne semble intervenir. Ces deux élèves, on l'a dit, seront pris en soutien immédiatement après la série de tests. Le traitement des erreurs par le titulaire aux additions est identique à celui des soustractions.

Pour ce qui concerne les multiplications, les douze premiers items présentent différents types de réponses, avec, à nouveau, un traitement différentiel des erreurs par le titulaire. A noter que cette fois, la seconde série de Grégoire (entièrement erronée) n'est pas corrigée; le titulaire se contente de barrer les solutions trouvées. Par ailleurs, il corrige les opérations erronées de la seconde série de Mohamad comme il l'a fait pour la première de Grégoire: il inscrit le détail des opérations, leur ordre sous forme de flèches et les résultats attendus.

Pour ces trois premières séries d'opérations, on constate donc que le titulaire intervient peu sur les additions et les soustractions erronées et intervient au contraire sous forme d'explications aux deux élèves qui se trompent aux multiplications. On peut penser que les deux premières séries ne sont plus considérées comme de son ressort: les additions et les soustractions sont des savoirs anciens dans la classe. Les deux premières séries de multiplications, qui ne sont plus tout à fait d'actualité non plus, mais néanmoins travaillées plus récemment, font encore l'objet de l'attention du titulaire pour certains élèves. *On peut donc penser que plus le savoir est considéré comme ancien, plus le titulaire «passe la main» à la GNT dans le cadre du soutien.* La dernière série de multiplications semble confirmer cette hypothèse: elle présente, pour chacun des 10 élèves, des inscriptions provenant du titulaire au moins sur la première opération. Le titulaire montre comment faire en faisant lui-même. On peut supposer que devant l'obstacle (même les «bons» élèves ne parviennent pas à résoudre la première multiplication), le titulaire passe auprès de chacun pour expliquer la technique de résolution. Ce qui est bien le propre d'un savoir considéré comme en voie d'acquisition. Nous interrogerons cette hypothèse par l'analyse des autres traces, en particulier l'entretien avec la GNT.

En conclusion, l'analyse tend à montrer que le titulaire agit différemment selon que l'élève est considéré «en difficulté» ou non: pour ce qui est de Grégoire en particulier, et pour le dire de façon un peu caricaturale, le titulaire abandonne la dévolution du problème, revoit le contrat didactique «à la baisse» et résout lui-même le calcul en colonnes devant l'élève. Dans le cas où l'élève n'en fait rien pour la suite, le titulaire abandonne la partie et laisse le soin d'une prise en charge à la GNT. Mohamad (élève un peu moins «en difficulté»?) est, semble-t-il, jugé capable de «se corriger tout seul» (sauf pour la dernière série de multiplications), même s'il est «sous haute surveillance». Au contraire, d'autres élèves tels que Francis ou Alicia sont probablement au bénéfice d'une certaine attente et d'une certaine «confiance» de la part du titulaire: point n'est besoin même de corriger. De plus, l'élève qui bénéficie de cette «confiance» n'est, dans le cas des additions (opérations mobilisant un savoir «ancien»), même plus tenu d'exposer le détail de son calcul, c'est le cas de Francis qui inscrit seulement le résultat et non la pose de l'opération: on peut penser que si Grégoire avait fait de même, le titulaire ne l'aurait pas accepté. Il s'agit maintenant de mettre ces différents résultats partiels en relation avec les notes et avec le discours de la GNT, de manière à réduire le degré d'incertitude de ces interprétations.

ANALYSE DES MATÉRIAUX DE LA GNT

Nous disposons de plusieurs types de traces écrites:

– Un plan de la classe ordinaire.
– Les corrections au dos, ou sur une feuille à part, des tests des 10 élèves.
– Des notes prises par Mme E, comportant un bilan d'ensemble qui spécifie, sous formes d'appréciations, la position de chacun des élèves de la classe après ce premier test (14 élèves présents sur 17) et après un second (dont nous n'avons aucune trace écrite provenant des élèves).

La GNT établit un plan de la classe (en vue de la recherche ou à son propre usage?), ce qui nous permet de situer les places des élèves les uns par rapport aux autres et de comprendre certains propos lors de l'entretien dossier. Les élèves non francophones, absents lors du premier test, sont regroupés dans la salle de classe. Yago, Mohamad, David et Stéphane, qui font également l'objet d'un regroupement spatial, ont tous participé au moins à une séance filmée (avec deux autres, Mélanie et Grégoire). Les élèves «faibles» sont donc rassemblés physiquement. De David, Stéphane, Mélanie et Ramon (regroupés eux aussi), on ne dispose ni des copies du test ni d'annotations *a posteriori* de la GNT. Et pourtant ces quatre élèves, on le verra, sont mentionnés comme étant, eux aussi, des élèves soit «faibles» soit «à surveiller» (Stéphane). On peut donc penser que dès ce début d'année, le titulaire a une représentation préalable (aux tests) quant aux compétences de ses élèves puisqu'il semble les rassembler «par niveaux».

Les soustractions et les additions ne comportent aucune annotation de la part de la GNT sur les copies des élèves et pourtant les soustractions feront l'objet des cinq séances de soutien qui suivront (la dernière sera filmée). *On peut penser que le statut d'ancienneté de ces savoirs joue aussi du côté de la GNT lorsqu'elle se trouve en classe ordinaire. Elle n'intervient pas dans ce cadre-là. L'intervention sur ces objets est réservée aux séances de soutien exclusivement, dans le local de la GNT. Ce qui signifie que les objets de savoir en classe ordinaire, ne reviennent en aucun cas «en arrière».*

Les annotations sur les copies portent en revanche toutes sur les multiplications: la GNT propose des opérations supplémentaires se rapprochant, par les nombres choisis, de celles du test. On peut penser qu'elle constitue son test à elle sur ce type de multiplication. Relevons toutefois que la GNT ne donne pas d'autres multiplications à effectuer à Grégoire alors même que ses réponses sont erronées. La GNT, comme le titulaire, «abandonne-elle» les explications sur ces savoirs sensibles en se réservant le loisir d'intervenir en soutien? Grégoire est en effet l'un des élèves qui fera partie de la première séance de soutien après les tests puis de plusieurs séances filmées. Pour les autres élèves, les écritures de la GNT sur leurs copies témoignent de sa présence à leurs côtés. Nous ne pourrons toutefois rendre compte des interactions puisque nous ne disposons ici que des productions écrites; la séance filmée au sujet des soustractions permettra de décrire plus précisément les échanges à propos d'un même type de travail.

La GNT a fait figurer dans le dossier, les résultats des tests sous la forme de tableaux:

Figure 12. Etude de cas 1: bilan des tests.

21
20 Michel
19 Noucha, Cédric
18 Francis, Alicia, Yago
17 Kety, Stéphane, Hug (nf)
16 Gaëlle
15 Mohamad
14 Rumi (nf), Leonardo (nf)
13
12 Ramon, Grégoire, Mélanie, David
11
10
9
8

Le premier tableau représente un bilan des deux tests; la GNT note le nombre de points obtenus, de 21, le maximum, à 8 (elle écarte les scores de 0 à 7, jamais rencontrés). On s'aperçoit que Ramon, Grégoire, Mélanie et David sont en queue de peloton dans cette classe. Avec le second tableau, on s'aperçoit que trois des mêmes élèves ont rencontré, selon la GNT, des difficultés aux soustractions. Elle considère – c'est ce que signifient les flèches qu'elle a inscrites – que ces élèves sont candidats à travailler les soustractions avec elle.[6] Les tests ont donc pour fonction de montrer qu'à ce moment-là (en ce début de 4e primaire), cette technique doit être maîtrisée. Les notes de la GNT dans ces tableaux semblent confirmer que les savoirs en cours portent sur les algorithmes de multiplication: la colonne «multiplications» du 2e tableau indique qu'une majorité d'élèves ne maîtrise pas encore ces techniques. Les petits triangles inscrits par la GNT signifient «à surveiller». Par rapport à la classe ordinaire, le soutien «revient donc en arrière» sur les objets de savoirs anciens, mais ne traite pas des objets en cours d'apprentissage: c'est du moins ce qu'on peut tirer des tests, en l'état de l'analyse.

Figure 13. Etude de cas 1: résultats du second test.

soustractions	additions	multiplications
→ Gaëlle 1/4	Rumi 2 $^1/_2$/4	Kety 3/5
Yago 2 $^1/_2$/4	Ramon 2/4	Francis 3/5
Mohamad 2$^1/_2$/4	Grégoire 2/4	Cédric 3/5
→ Grégoire 1/4		Alicia 2/5
→ Mélanie 1/4		Rumi 2/5
→ David 2/4		Ramon pas fait
		△ Stéphane 1/5
		Hug 1/5 △
		Mohamad1/5 △
		Grégoire 0/5 △
		Mélanie $^1/_2$/2 △
		David 1/4 △

ANALYSES DE L'ENTRETIEN-DOSSIER AU SUJET DES TESTS

La présentation suivante tient compte de deux analyses, qui ont été effectuées séparément pour dégager d'une part, au plan achronique, les thèmes de l'entretien (quatre thèmes principaux dont trois concernent les tests) et d'autre part, au plan diachronique, leur organisation discursive. Le choix initial de la GNT de ne parler que d'une seule classe de 4P,

---

6   De fait, les 6 élèves seront pris en charge, mais le local dont dispose la GNT ne permet pas d'accueillir plus de 4 élèves à la fois. Elle s'occupe donc d'abord de ceux qui sont considérés comme le plus en échec.

donne du reste une grande unité à l'entretien qui rend compte des modalités d'organisation conjointe entre elle-même et le titulaire de cette classe.

La première des grandes thématiques qui se dégagent du discours de Mme E concerne *son rôle spécifique de GNT par rapport à celui du titulaire et à l'avancée du savoir de la classe ordinaire.* Ce thème court en filigrane de l'ensemble de l'entretien, relativement aux trois autres grands thèmes abordés. Ceux-ci portent sur *le repérage des élèves en difficulté* (31 minutes consacrées à ce thème, près des 2/3 de l'entretien) et *le choix des élèves «à sortir de la classe»,* c'est-à-dire à prendre en charge dans le local de la GNT (8 minutes environ). Le quatrième thème concerne *le début des activités de soutien* (5 minutes environ), que nous présenterons dans la deuxième partie de notre étude de cas. A ces thèmes s'ajoute ponctuellement un échange plus «méta» entre la GNT et le chercheur au sujet des matériaux rassemblés: vaut-il la peine de les conserver, demande la GNT. Ces échanges signalent le contexte de l'entretien et une première négociation du contrat de recherche: qu'est-ce qui intéresse la recherche? Quels seront les objets des futurs échanges? La collaboration qui s'instaure par la mise à disposition des matériaux participe de la négociation du contrat et permet à la GNT de situer le registre, didactique en l'occurrence, dans lequel les échanges suivants auront lieu.

Thème 1: rôles spécifiques de la GNT et du titulaire

D'emblée la GNT situe les matériaux rassemblés dans le dossier en soulignant le rôle spécifique du titulaire (faire avancer le savoir, sur l'algorithme de multiplication notamment: «ça allait très très vite»[7] dit-elle) et le sien propre («essayer d'avancer pas à pas»). Elle relève les copies d'élèves «qui se perdaient» ou «qui n'avaient pas fini et demandaient de l'aide».

Il semble donc que l'avancée soit du ressort du titulaire et que le rôle de la GNT consiste à «freiner» le temps didactique pour avancer «pas à pas». La GNT travaille en classe avec les élèves, sur les mêmes activités que le titulaire (les multiplications), mais avec une nette différence de rythme. Le contenu de savoir évoqué d'entrée de jeu est en effet un objet de savoir nouveau (et donc sensible) dans cette classe. Lors d'un travail de la GNT à l'intérieur de la *classe ordinaire,* son enseignement porte bien sur les objets de savoir «du jour» et non sur des objets plus anciens. Ce

---

7   Les citations directes issues de l'entretien sont inscrites systématiquement entre guillemets.

qui n'est du reste pas étonnant puisque, contractuellement, le savoir ne peut, on l'a vu, qu'avancer, dans la *classe ordinaire*. Pour ce qui concerne le rôle de la GNT, le ton est donné: elle avance elle aussi, mais avec un rythme moins soutenu que le titulaire.

Thème 2: le repérage des élèves en difficulté

Pour expliquer la manière dont l'établissement procède pour repérer les élèves en difficulté, la GNT s'appuie essentiellement sur les séances de tests. Elle évoque les différents élèves auprès de qui elle est intervenue soit à propos de multiplications, soit à propos de soustractions. Certains élèves sont déjà connus de la GNT: elle a suivi certains d'entre eux (au moins sporadiquement) l'année précédente et sait que Mélanie et Yago ont «une histoire familiale difficile», que Grégoire «est toujours malade» et que David «panique énormément». Ces élèves sont pris en charge par la GNT en classe ordinaire, ce sont eux à qui elle «réexplique plus lentement». C'est aussi à leur sujet que la GNT déclare qu'«ils étaient perdus» par rapport aux explications, selon elle trop rapides, de l'enseignant titulaire. C'est essentiellement pour ces élèves-là que le temps didactique semble «freiné» par la GNT.

Thème 3: le choix des élèves «à sortir de la classe»

Au vu des résultats des élèves, notés dans les Tableaux 1 et 2, Mme E déclare que «tout le monde est en route» puisque les élèves obtiennent tous plus de la moitié des points requis (12 points au moins sur 21). Elle prend en charge «ceux qui paniquent» devant la «vitesse des explications du titulaire» au sujet des multiplications. Le choix des élèves se réfère bien sûr aussi aux tests, particulièrement aux résultats concernant les soustractions, ce qui explique le choix des activités pour toutes les premières séances de soutien.

BRÈVE CONCLUSION AU SUJET DES TESTS

On peut conclure de cette première analyse une très grande cohérence entre les résultats obtenus aux tests, les interventions (écrites) des deux professeurs, les notes de la GNT et son discours lors de l'entretien. Tout concourt à amener certains élèves (comme Grégoire) en soutien puisque dans tous les cas (savoirs anciens ou sensibles) leur rapport personnel aux objets est considéré comme non conforme à celui attendu.

Remarquons encore que dans ce cas de système didactique, c'est le titulaire de classe qui teste les élèves, en présence de la GNT. Celle-ci intervient à titre de «réparatrice» d'une situation constatée par celui qui est censé faire avancer le savoir dans la classe. La norme par rapport à laquelle un «décalage» est constaté se situe donc du côté du titulaire de la classe.

Deuxième partie:
LES QUATRE PREMIÈRES SÉANCES DE SOUTIEN

Les 20 opérations proposées par la GNT lors des quatre séances dont le dossier fait état, portent sur les soustractions. La liste exhaustive des opérations est la suivante (notées, en colonne, dans l'ordre de passation à l'intérieur de chaque séance):

Figure 14. Etude de cas 1: les opérations des premières séances.

22 septembre:	*25 septembre:*		*28 septembre:*
1004 – 378	462 – 132		4072 – 1099
7065 – 3807	643 – 542		43570 – 38976
	938 – 503		
29 septembre:			
1962 – 501	1796 – 349	853 – 445	202 – 103
1589 – 1573	327 – 51	902 – 21	407 – 208
967 – 284	2721 – 910	907 – 109	3405 – 1207
			4603 – 1707

Les 20 soustractions sont proposées à des groupes de trois à quatre élèves selon les séances (parmi les cinq élèves, David, Leonardo, Gaëlle, Mélanie et Grégoire).[8] On peut d'abord se demander d'où provient la disparité dans le nombre de soustractions par séance (13 le 29 septembre

---

8 Souvenons-nous que le local est trop petit pour accueillir tous les élèves en même temps; cette condition matérielle détermine le nombre d'élèves parmi les cinq sélectionnés; il ne faut pas y chercher d'autres raisons, didactiques, par exemple.

contre seulement deux ou trois les autres jours). Est-ce une simple question de temps passé avec les élèves ou y a-t-il une raison plus didactique à cette disparité? La dernière séance a-t-elle pour fonction un exercice répété de l'algorithme (censé devenir routinier) et les premières séances une fonction de reprise de l'enseignement de ce contenu?

En analysant finement les différentes soustractions, on peut penser que la première séance (22 septembre) a encore pour fonction d'observer les élèves (dans le cadre du soutien cette fois) puisque les opérations proposées cumulent les obstacles en matière de zéros intercalaires et de décrémentations successives nécessaires. En ce sens, les opérations proposées correspondraient à une charnière entre la période d'observation et le soutien proprement dit. Tout se passe comme si, dans cette première séance de soutien, il s'agissait de montrer aux élèves qu'ils «ne savent pas» pour ensuite leur faire admettre des séances censées remédier à ce manque à savoir. On peut aussi se demander s'il s'agit d'une manière de justification auprès des élèves pour revenir à ces savoirs anciens.

C'est ainsi que la deuxième séance (25 septembre) présente des opérations beaucoup plus simples puisque aucune ne suppose de décrémentation ni ne présente de zéro intercalaire pouvant faire obstacle. Le «savoir soustraire» devrait être probablement routinier, même pour ces élèves déclarés en difficulté. La GNT, en proposant ces tâches, souhaite-t-elle vérifier si cette routine existe, ou l'exercer?

En revanche la troisième séance (28 septembre) présente à nouveau des obstacles potentiels plus importants. Est-ce à dire que la «simple» routine étant posée, on peut passer à des objets qui présentent de possibles obstacles? On peut au moins supposer que cette séance est une séance d'enseignement sur les procédures de soustractions exigeant une maîtrise plus importante des pas successifs. Du reste, le fait de proposer des nombres plus grands que 10 000 (peu utilisés habituellement en ce début de 4P) est très intéressant. La GNT cherche probablement à montrer aux élèves les automatismes tenant à l'algorithme qu'il s'agit ici de faire fonctionner «à la chaîne» pourrait-on dire. Ce qui n'est évidemment possible que sur de grands nombres. Le but visé par le soutien est donc bien de rendre routiniers des savoirs-faire qui ne le sont pas encore (alors qu'ils devraient l'être) pour certains élèves.

La dernière séance (29 septembre) offre cette fois une nette gradation dans la complexité du déroulement algorithmique des opérations proposées. L'intention didactique est relativement claire ici: la GNT fait avancer, au fil de la séance, le temps didactique, mais celui-ci est différent de celui de la classe ordinaire, puisqu'il s'agit d'un savoir considéré comme ancien. Cet avancement n'est pas régulier, des étapes sont ménagées sous forme d'exercices présentant le même obstacle potentiel (visant vraisemblablement l'établissement de schèmes algorithmiques). On peut du reste supposer qu'il s'agit, dans certains cas (Mélanie notamment), de modifier profondément le rapport au savoir de l'élève, qualifié par la GNT de «stratégie (trop?) personnelle». C'est ce qui pourrait expliquer les exercices plus nombreux que ceux destinés à d'autres élèves.

ANALYSES DE L'ENTRETIEN-DOSSIER AU SUJET
DES PREMIÈRES SÉANCES DE SOUTIEN

Comme dans notre première partie, nous examinerons les thèmes de l'entretien susceptibles d'informer plus avant l'analyse, au sujet des premières séances de soutien, cette fois.

Thème 3: le choix des élèves «à sortir de la classe»

Après la série de tests, la séance du 22 septembre fait office de charnière (la GNT le confirme) entre la période d'observation en classe et l'intervention dans le cadre du soutien. C'est ce jour-là que le choix des élèves (quatre) à prendre en soutien devient effectif.

Thème 4: le début des activités de soutien

La dernière partie de l'entretien est consacrée aux trois autres séances de soutien. La GNT confirme que toutes les opérations réalisées portent sur l'algorithme de soustraction. Elle décrit aussi en détail les «devoirs» qu'elle a donnés à ses élèves pendant cette période: demander à leurs parents d'effectuer, devant eux, une soustraction à leur manière. Les élèves sont chargés de «bien regarder» et de rendre compte, en classe de soutien, de la technique observée. Mme E décrit la discussion qui a eu lieu au sujet des différentes techniques de soustraction, celle des parents et celles en vigueur à l'école. Selon la GNT, cette manière de procéder consiste à «faire un pont» entre la famille et l'école, cette dernière reconnaissant la validité d'autres techniques à côté de celles en usage en primaire.

Au sujet des soustractions proposées lors des séances de soutien, elle indique qu'elle tire les différentes opérations d'une série de fiches portant sur les algorithmes. Nous reviendrons en détail sur ces moyens d'enseignement dans l'analyse de notre première séance filmée qui porte entièrement sur des opérations de même origine.

BRÈVE CONCLUSION AU SUJET DES PREMIÈRES SÉANCES DE SOUTIEN

Les élèves sont «sortis» de la classe ordinaire pour «revenir» sur des objets de savoirs anciens. Il ne semble pas admis, institutionnellement, que le savoir fasse un «retour en arrière» sur des savoirs considérés comme anciens dans la classe ordinaire, aussi le titulaire intervient-il sur les savoirs sensibles (la multiplication en l'occurrence) et laisse à la GNT le soin de revenir sur les objets de savoir plus anciens (la soustraction).

TROISIÈME PARTIE: ANALYSE D'UNE SÉANCE OBSERVÉE

La séance observée avec ces mêmes élèves de 4P constitue une «ponction» dans l'ensemble des activités de ce système didactique. Elle permet de montrer, à la suite du dossier, un échantillon des activités habituelles proposées aux élèves du soutien. La GNT poursuit en effet, dans cette première séance filmée, le travail à propos des algorithmes de soustraction. Ce faisant une «histoire parallèle» se déroule dans la *classe ordinaire* dont il s'agira de tenir compte également.

La leçon observée se déroule quatre jours après un entretien préalable et une dizaine de jours après l'entretien dossier. Un entretien *a posteriori* a lieu quatre jours après l'observation en classe. Du point de vue de la chronogenèse dans la *classe de soutien*, la leçon est entièrement consacrée à l'algorithme de soustraction avec, on le verra, une intention d'enseignement bien précise à propos de l'écriture des retenues. Nous pointerons ici des événements en rapport avec la signification de l'opération de soustraction pour montrer les difficultés rencontrées par la GNT lorsqu'elle tente de «faire avancer» le savoir des élèves, ne serait-ce que sur des questions qui peuvent paraître très techniques, telles que la transformation d'une écriture. Nous montrerons également que cette «simple» transformation d'écriture s'enracine néanmoins dans la signification numérique de l'opération. A ce titre, les ostensifs ne peuvent être modifiés impunément, sans entraîner une remise en jeu des connaissances numériques des élèves.

Les quatre élèves pris en soutien ce jour-là sont Mélanie, Yago, Mohamad et Grégoire, soit des élèves dont le rapport aux soustractions est
déclaré non conforme lors des tests de début d'année. Durant la leçon
les quatre élèves sont disposés dans le local de la manière suivante:

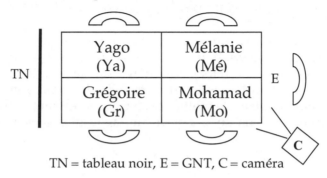

TN = tableau noir, E = GNT, C = caméra

Figure 15. Etude de cas 1: disposition des acteurs et du mobilier.

Les élèves sont assis autour de quatre pupitres réunis. La GNT est, selon
les moments, assise avec les élèves ou debout au tableau noir. La caméra
permet d'embrasser l'ensemble de la scène, y compris ce qui se passe au
tableau noir, mais aussi de focaliser l'observation sur les écritures des
élèves (zoom). Un enregistreur, placé au centre, complète le matériel
d'observation. Rappelons que le chercheur n'est pas présent lors de l'observation, un caméraman «neutre», mais informé des objets et des gestes
à prendre en considération, filme et enregistre la séance.

BRÈVE ANALYSE A PRIORI DES OPÉRATIONS DE SOUSTRACTION
(PLAN ACHRONIQUE)

Il s'agit pour les élèves d'écrire puis d'effectuer sept soustractions en
colonne. Pour chacune d'entre elles, la structure de déroulement est
semblable: les nombres sont dictés par la GNT, les élèves les inscrivent
en colonne sur une feuille de brouillon puis procèdent à l'opération.
Après quoi, ils sont conviés à comparer leurs productions et de cette
comparaison résulte une discussion des procédures. Les opérations choisies sont tirées d'une série de fiches[9], la GNT leur apportant toutefois

---

9   Voir Biollaz (non daté). Il s'agit de fiches éditées par la Guilde de documen-
     tation de la Société pédagogique romande.

des modifications. Ces fiches, anciennes déjà, sont ordonnées «selon leur difficulté», dit la notice adjointe, qui explicite les critères retenus par l'auteur (nécessité ou non d'une ou plusieurs décrémentations, taille des nombres, etc.). La notice reflète une technique en vigueur à l'école primaire il y a de nombreuses années qui voulait que l'on ajoutât la retenue «en bas» (le nombre soustrait) pour compenser l'«emprunt» lors des soustractions colonne par colonne (voir ci-dessous, figure 16 à droite). Or la GNT, on le verra, tente de faire acquérir une technique qui ne correspond pas à celle préconisée par l'auteur de ces fiches.

Il existe plusieurs techniques de soustraction. L'enseignement de celle-ci a varié selon les époques: la technique enseignée jusque dans les années 70 à Genève (celle préconisée par les fiches) a cédé la place à une autre technique, mais on peut trouver des élèves, qui, soit venant d'un autre pays, soit ayant travaillé avec leurs parents, recourent à la technique plus ancienne. Prenons l'exemple de 65 – 48. La technique enseignée lors de l'observation (figure 16 à gauche) correspond au sens de la soustraction «enlever». Pour calculer 65 – 48, le nombre 65 est considéré comme six dizaines et cinq unités auxquelles il faut enlever quatre dizaines et huit unités. Comme il n'est pas possible d'enlever huit unités à cinq, il faut prendre une dizaine aux six et la «transformer» en dix unités. L'addition de dix et cinq unités, donne quinze, dont on peut alors enlever huit unités. Il reste sept unités. Quant aux dizaines, il faut en retirer quatre des cinq restantes. La technique enseignée autrefois (figure 16 à droite) s'appuie sur la propriété suivante: la différence entre deux nombres ne change pas quand on ajoute un même nombre aux deux termes de cette différence. Pour calculer 65 – 48, on ajoute une dizaine aux deux termes, mais sous la forme d'une dizaine au nombre à retrancher et de dix unités, notées «1» devant «5», au premier terme. Le calcul à effectuer revient alors à enlever cinq dizaines et huit unités de six dizaines et quinze unités.

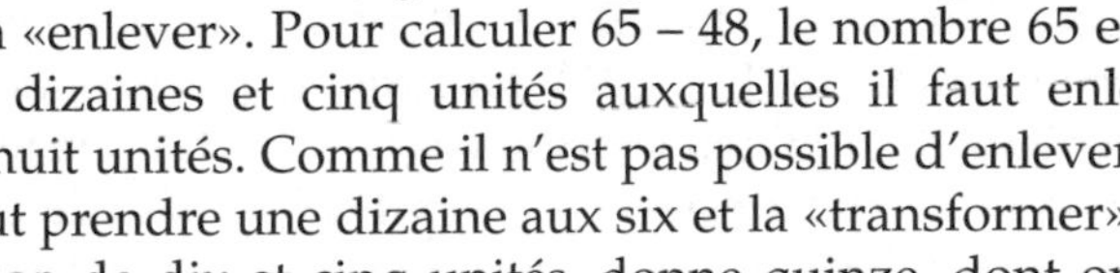

$$
\begin{array}{r}
{}^{5}\cancel{6}\,{}^{10}\!\cancel{5} \\
-\ 4\ 8 \\
\hline
1\ 7
\end{array}
\qquad\qquad
\begin{array}{r}
6\ 15 \\
-\ 4^{1}\ 8 \\
\hline
1\ 7
\end{array}
$$

«nouvelle technique»   «technique ancienne»

Figure 16. Etude de cas 1: diagrammes de l'opération.

9133 – 124
1843 – 717 (modifiée à partir de 31843 – 717)
4914 – 593 (modifiée à partir de 74914 – 1593)
673 – 93
6214 – 315 (modifiée à partir de 6214 – 313)
7251 – 536 (modifiée à partir de 7251 – 531)
2721 – 915 (modifiée à partir de 2721 – 910)

Figure 17. Etude de cas 1: opérations choisies pour cette séance (dans l'ordre).

Les quatre premières soustractions supposent une décrémentation soit aux dizaines soit aux centaines. Les modifications apportées par la GNT à deux d'entre elles ne changent pas fondamentalement leur structure. En revanche, du fait des remaniements apportés, la structure des trois dernières est profondément modifiée. La cinquième (6214 – 315) suppose trois décrémentations successives et non plus une seule comme dans l'opération initiale (6214 – 313). La sixième et la septième supposent deux décrémentations non successives (les opérations initiales n'en supposent qu'une seule). Il est évidemment important de comprendre pourquoi et comment ces décisions sont prises par la GNT et si elle s'attend, ce faisant, à des modifications de structure si importantes puisque, dans tous les cas, elle ne fait «que» modifier le dernier chiffre. Si tel n'est pas le cas, on peut s'attendre, lors de la résolution de ces soustractions, à des obstacles imprévus.

Du point de vue du projet d'enseignement (reconstruit grâce à l'entretien préalable), celui-ci porte très spécifiquement sur les écritures auxiliaires. Jusqu'ici les élèves avaient l'habitude, en «empruntant» à la colonne suivante à gauche, d'inscrire «10» au-dessus du nombre auquel il s'ajoute (voir figures 16 et 18). La GNT souhaite faire acquérir une écriture «plus économique» consistant à inscrire «un petit un», dit-elle, au lieu de «10». A noter que cette écriture est notablement «plus économique», lorsque la taille des nombres augmente et les décrémentations sont plus nombreuses.

Figure 18. Etude de cas 1: modification des ostensifs souhaitée.

La leçon porte sur cette modification des ostensifs. On peut se demander à quelles conditions les élèves passent d'une écriture à l'autre, s'ils rencontrent des obstacles aussi bien numériques que numéraux (le «1» à inscrire vaut dix) et quelle est l'incidence des modifications apportées par la GNT à la fiche. En particulier pour la cinquième opération (6214 – 315), le «1» attendu devra être noté lors de plusieurs «pas» de l'opération. Deux enjeux se manifestent: résoudre les soustractions (aboutir à une solution correcte) et passer à une écriture conforme (dite «plus économique»). Or, ces deux enjeux ne sont pas du même ordre: le premier est soumis à un contrôle numérique alors que le second dépend du versant numéral de traitement des symboles dans le diagramme de soustraction. Si bien que la GNT devra, vraisemblablement, composer avec ces différents enjeux et avec le traitement par les élèves.

CONSTRUCTION DE L'ANALYSE DIACHRONIQUE,
CONSTRUCTION DE SIGNES POUR L'OBSERVATEUR

L'analyse diachronique qui suit se développe selon plusieurs niveaux: à partir de la structure d'ensemble de la séance, des *événements remarquables* sont répertoriés, qui permettent de comprendre le fonctionnement des interactions propres aux enjeux d'enseignement/apprentissage. Puis les productions écrites des élèves sont examinées. Enfin, une analyse des processus à l'intérieur des événements remarquables identifiés est exposée.

Structure d'ensemble de la séance

La construction de signes pour l'observateur consiste tout d'abord à dégager la structure d'ensemble de la séance par un découpage du protocole selon les opérations (ici sept soustractions). Le tableau synoptique indique une structure en alternance:

Tableau 4. Tableau synoptique de la séance
(en gris, les événements remarquables)

Temps (min.)	Tours de parole	Modalités de travail	Découpage selon les soustractions	Diagramme attendu
1	1-3	collectif	introduction	/
1 à 2	4-19	Individuel	9133 – 124 dictée des nombres + résolution	9 1 $\cancel{3}$ 13 − 1 2 4 9 0 0 9 (2)
2 à 9	20-156	Collectif	Evaluation/validation	
9 à 10	156'-177	Individuel	1843 – 717 dictée des nombres + résolution	1 8 $\cancel{4}$ 13 − 7 1 7 1 1 2 6 (3)
11 à 13	178-211	Collectif	Evaluation/validation	
14 à 15	211'-232	Individuel	4914 – 593 dictée des nombres + résolution	4 $\cancel{9}$ 11 4 − 5 9 3 4 3 2 1 (8)
16 à 19	232'-315	Collectif	Evaluation/validation	
19 à 20	315'-327	Individuel	673 – 93 dictée des nombres + résolution	$\cancel{6}$ 17 3 − 9 3 5 8 0 (5)
20 à 24	328-391	Collectif	Evaluation/validation	
24 à 25	391'-419	Individuel	6214 – 315 dictée des nombres + résolution	5 11 10 $\cancel{6}$ $\cancel{2}$ $\cancel{1}$ 14 − 3 1 5 5 8 9 9	
26 à 32	420-551	Collectif	Evaluation/validation	
33 à 34	551'-561	Individuel	7251 – 536 dictée des nombres + résolution	6 4 $\cancel{7}$ 12 $\cancel{5}$ 11 − 5 3 6 6 7 1 5
34 à 36	561'-616	Collectif	Evaluation/validation	
36 à 37	616'-631	Individuel	2721 – 915 dictée des nombres + résolution	1 1 $\cancel{2}$ 17 $\cancel{2}$ 11 − 9 1 5 1 8 0 6
38 à 39	632-660	Collectif	Evaluation/validation	

NB: Dans la colonne «Tours de parole», les numéros suivis d'un apostrophe (156' = 156 prime) signifient que la coupure passe à l'intérieur d'un tour de parole et non au début de celui-ci.

D'emblée notons que certaines phases prennent plus de temps que d'autres, en particulier celles (grisées) correspondant à la première et à la cinquième soustraction. Mais on peut aussi remarquer que si la durée de résolution (y compris la dictée des nombres) est relativement stable (une demi-minute à une minute et demie), la durée du débat collectif concernant l'évaluation/validation[10] des productions est plus variable. Pour la première et la cinquième soustraction, les élèves (et/ou la GNT) ont-ils rencontré des obstacles ou des conditions nécessitant un traitement plus long? La cinquième opération n'est-elle pas celle qui fait intervenir trois décrémentations au lieu de la seule prévue par la fiche initiale? On observe encore que les deux dernières phases, dont les opérations présentent également des obstacles potentiels importants, se déroulent plus rapidement (trois minutes et demie chacune). On peut se demander quelle est la raison de cette accélération. Ces premières indications concernant les durées ainsi que l'analyse préalable des tâches rendent l'observateur attentif aux interactions lors de ces événements. Une analyse des productions écrites des élèves ouvrira le questionnement qui se poursuivra par l'analyse des interactions. Nous nous focaliserons sur les minutes 1 à 9, c'est-à-dire la première rencontre des élèves avec la nouvelle écriture puis sur les minutes 24 à 32 qui concernent la cinquième soustraction, dont le traitement est plus long.

Analyse des productions écrites à partir des copies des élèves

Les écritures (voir Tableau 5) présentent quelques erreurs du point de vue des résultats et peu d'opérations semblent faire l'objet d'une réécriture (les élèves n'ont pas de gomme, la GNT leur demande de barrer et de récrire en cas d'erreur). Les erreurs les plus représentées (barrées) sont liées à l'écriture initiale des nombres (par exemple 9033 au lieu de

---

10 Au sens de Margolinas (1993), une administration de la preuve par *évaluation* de l'enseignant est opposée à une *validation* de la part des élèves. Toutefois, pour éviter de calquer nos observations «tout-venant» sur des catégories propres aux situations d'ingénierie (en particulier les situations de *validation*), nous dirons que l'élève effectue une vérification/invalidation alors que l'enseignante procède, elle, à une évaluation des solutions proposées. Du point de vue des mécanismes *topogénétiques*, c'est elle qui prend alors en charge la conduite de cette tâche, attendue, en principe, des élèves.

9133 ou 60 214 au lieu de 6214). Pour ce qui concerne la modification
des ostensifs, notons la différence entre l'écriture de Mélanie et celles
des autres élèves, dès la première soustraction: elle semble recourir à la
technique qualifiée d'«ancienne» par rapport à celle en usage à l'école
genevoise. Elle l'a, vraisemblablement, apprise dans un autre contexte,
familial ou autre. Le traitement de cette différence par la GNT constitue
un événement remarquable intéressant à examiner.[11] Pour les autres
élèves, l'écriture du «1» remplaçant «10» n'apparaît pas dans la première soustraction, les élèves s'en tenant à l'écriture qualifiée de «moins
économique». La deuxième soustraction (1843 – 717) amène l'écriture
attendue chez Mohamad, Yago et Grégoire, avec une erreur chez ce dernier: il ajoute un à huit («neuf» dit-il à la GNT qui note ses paroles) au
lieu de lire «18», «dix-huit». Les opérations suivantes indiquent plusieurs «retours» à l'écriture première, notamment chez Mohamad
(soustraction 3) et Grégoire (soustractions 4, 5 et 6). La copie de Mohamad, semble indiquer qu'il a rencontré un obstacle dans la cinquième
opération: il s'y reprend à trois fois et inscrit des flèches (indiquant que
cette écriture est la bonne?) autour de sa dernière écriture. La dernière
soustraction (2721 – 915) semble montrer que l'écriture est acquise par
les trois élèves.

---

11 Nous ne pourrons toutefois présenter en détail l'ensemble des analyses réali-
    sées: voir Leutenegger, 1999.

Tableau 5. Tableau des écritures des élèves

	Mohamad	Yago	Mélanie	Grégoire
9133-124	9133 ① − 124 ✓ = 9009	9133 9133 − 124 9009	① 9133 − 124 9009 0	9133 − 124 9009
1843-717	1843 ② − 717 ✓ 1126	1843 − 717 1126 ✓	② 1843 − 717 1126	1843 − 717 0226
4914-593	4914 ③ − 593 4321 ✓	4074 4914 − 593 4321	③ 4914 − 593 4321	4914 − 593 4321
673-93	④ 673 − 93 580	673 − 93 580	④ 673 − 93 580	673 − 93 580
6214-315	6214 − 315 = 6214 − 215 = 0909 6214 − 315 5899	6214 6214 − 315 5899	6214 315 5899	6214 − 315 0999 ok

	Mohamad	Yago	Mélanie	Grégoire
7251-536	(handwritten subtraction) 7251 − 536 = 6715	(handwritten subtraction) 7251 − 536 = 6715	(handwritten subtraction) 7251 − 536 = 6715	(handwritten subtraction) 7251 − 536 = 6715
2721-915	(handwritten subtraction) 2721 − 915 = 1806	(handwritten subtraction) 2721 − 915 = 1806	(handwritten subtraction) 2721 − 915 = 1806	(handwritten subtraction) 2721 − 915 = 1806

N.B.: La copie des images dans le tableau génère parfois une modification des écritures. Les textes surajoutés aux écritures de Grégoire et Mélanie sont le fait de la GNT.

A partir de ces analyses, le questionnement porte sur la manière dont se construisent et évoluent ces écritures dans l'interaction entre la GNT et les élèves, notamment lors de leur première rencontre avec la nouvelle technique, mais aussi lors de la cinquième soustraction, qui semble faire obstacle. On se demandera également comment la GNT prend en compte la différence entre Mélanie et les autres élèves et dans quelle mesure elle revient sur le sens des écritures correspondant au «barrement», aux retenues, etc.

Analyse de la phase correspondant à la première soustraction (9133 – 124)

En une minute, les nombres sont dictés et l'opération effectuée. Puis la GNT demande aux élèves de comparer leurs productions. Tous déclarent qu'ils «ont la même chose», sous-entendu du point de vue du résultat de l'opération, qui du reste n'est jamais énoncé («je ne m'occupe pas du résultat» leur dira la GNT un peu plus tard): ce n'est pas là-dessus que porte le projet d'enseignement.

Extrait 1: minute 2

(…)
21   Mo: *(compare avec Grégoire)* c'est la même chose
22   E: oui c'est la même chose/et dans ce que vous avez écrit en haut aussi c'est pareil↑
23   Gr: [moi c'est pareil
24   Mo: [oui
25   E: on en prend deux autres (xxx)
26   Mé: là j'ai mis un zé[ro
27   E: [non parce que t'as changé d'avis/d'accord/heu/ non on sait pas très bien toi/regardez/c'est pareil↑ (à Mohamad et Mélanie)
28   Mo: mm
29   E: là t'as écrit [vas-y finis/toi (à Yago) ça y est
30   Mo: [(xxx)
31   E: c'est pareil↑
32   Mé: non
33   Mo: ici en haut c'est pas pareil
34   E: en haut c'est pas pareil↓//et puis avec Yago/c'est pareil↑ (Mélanie et Yago)
35   Gr: [ouais/ouais
36   E: [là qu'est-ce tu rajoutes toi
37   Mé: le p'tit un
(…)

La GNT demande aux élèves si ce qui est «écrit en haut c'est pareil» (c'est-à-dire l'écriture des marques de décrémentation). Devant le constat que Mohamad et Grégoire ont, en effet, «pareil», la GNT fait comparer les écritures de Mélanie et Mohamad puis de Mélanie et Yago, vraisemblablement pour attirer l'attention des élèves sur les signes inscrits mais surtout sur le nombre de signes inscrits. L'écriture de Mélanie est pourtant non conforme à celle attendue, mais elle suppose l'écriture de «1» dans la colonne des unités et par là-même sert le projet de la GNT, nous y reviendrons plus loin.

Extrait 2: minutes 3-4

(…)
40   E: on regarde en haut (des opérations) et on compte tous les signes/tous les **traits**/tout ce que vous avez fait **en plus**/des chiffres que je vous avais dictés↓//chez toi//compte toi tout ce que t'as marqué en plus pour compter/combien y en a (*montre sur feuille de Mohamad*)
(…)
54   E: alors//ici t'avais écrit neuf-mille-cent-trente-trois/pis maintenant là on voit quelque chose changer//y a combien de **choses**//changées
55   Ya: le deux
56   E: oui/le deux/ça en fait une
57   Ya: et pis le dix
58   E: et le dix/tu comptes/ça fait combien de choses quand t'écris dix
59   Ya: heu dix
60   E: dix choses↑
61   Ya: non une chose
(…)

La GNT fait compter le nombre de «traits en plus» qui deviendra plus loin «le nombre de choses écrites» («ça fait combien de choses quand t'écris dix»), laissant les élèves perplexes. La GNT, qui souhaite faire passer une «écriture économique», considère que dans «10», il y a «deux choses écrites», «1» et «0»: deux minutes plus tard les élèves n'admettent toujours pas cela. Devant cette résistance, elle va au tableau noir (TN) et se fait dicter «les choses écrites».

Extrait 3: minute 5

Ecritures au TN

(…)
72   E: et ben/on va aller voir là-bas sur le tableau
       (*se déplace au TN*) je me mets sur le petit tableau
       comme ça vous voyez de plus près/le tableau là
       il est trop de côté//alors j'écris le neuf-mille/
       -cent-/-trente-/-trois (*écrit en haut du tableau* «9133»)
       alors qu'est-ce que vous vous avez transformé/
       dites-le/vous me dictez ce que j'dois écrire pour
       qu'ça vienne comme sur ton/sur ta feuille
73   Mo: alors en haut du deuxième trois tu mets un deux
74   E: celui-là (*pointe* «3» *dans* «9 1 3̲ 3»)

> 9 1 3 3

75 Mo: oui	
76 E: je mets un deux (*inscrit* «2») voilà une chose	$9\ 1\ \overset{2}{3}\ 3$
77 Mo: oui	
78 E: oui	
79 Mo: en haut du trois tu mets dix	
80 Gr: ouais	$9\ 1\ \overset{2\ 10}{3\ 3}$
81 E: et là j'écris combien de choses alors (*inscrit* «10»)	
82 Gr: deux	
83 E: bon/alors/on en est à combien de choses écrites là	
84 Gr: heu//trois	

(…)

A noter que le diagramme de l'opération n'est pas inscrit: toute l'interaction se déroule à propos du nombre «9133» et des écritures auxiliaires; l'opération, dans son versant numérique, est abandonnée au profit du seul versant numéral. Le nombre de «choses écrites» étant admis, il s'agit encore, pour montrer que l'écriture est peu économe en signes, d'en faire compter un quatrième.

Extrait 4: minute 6

Ecritures au TN

(…)

92 E: ben moi j'trouve qu'y a encore quelque chose/
parce que comment vous choisissez si vous prenez
le deux ou le trois (*montre* «2» *et* «3» *superposés*) quand
vous comptez (à Grégoire et Mohamad)

$9\ 1\ \overset{2\ 10}{3\ 3}$

93 Gr: ah on barre un

94 Mo: on met un

95 E: eh oui vous avez fait un quatrième heu//
(*barre* «3») petite chose/une quatrième petite chose
avec le crayon/vous avez barré↓//bon/donc vous
avez fait quatre↑//signes↓/(*écrit* «quatre signes»
à *côté de* «9133») j'mets quatre en lettres pour comprendre
que c'est des explications hein/quatre/signes↓/
c'est pas le chiffre quatre comme ça//(*décrit un* «4»
avec le doigt) bon/maintenant chez toi/(à Mélanie)
c'est toujours neuf-mille-cent-trente-trois hein↑
bon voilà neuf-mille-cent-trente-trois (*écrit* «9133»
à gauche du TN) combien y a t-il de signes chez toi

$9\ 1\ \overset{2\ 10}{3\diagdown 3}$ *quatre signes*

$9\ 1\ \overset{2\ 10}{3\diagdown 3}$ *quatre signes*

(…)

Puis la GNT revient à Mélanie qui n'a inscrit que «deux choses», les «petits un», pour faire comparer le nombre de «choses écrites». La comparaison se fait à nouveau sur la base des écritures au tableau noir et non pas sur les diagrammes complets.

Extrait 5: minute **7**

Ecritures au TN

(…)

103 Mé: deux
104 Mo: un deux trois/le zéro
   (montre le résultat sur feuille Mélanie)
105 E: ah je m'occupe pas du résultat/je m'occupe
   de ce qu'il y a autour de neuf-mille-cent-trente-trois

(panneau: 2 1 0 / 9 1 3 3 quatre signes / 9 1 3 3)

(…)

112 Mé: un un à côté du trois/ça [fait
113 E: [un à côté du trois/
   à côté de quel trois/tu me le dictes Mélanie
114 Mé: alors heu/dans le/un/en-dessous du trois
   on a un un/un petit un
115 E: alors en-dessous de quel trois
116 Mé: du/du premier
117 E: c'est lequel le premier/c'est celui-là ou c'est
   celui-là *(montre les deux «3» au TN)*
118 Mé: le deuxième quoi
119 E. oui mais alors de quel côté on commence↑ comment
120 Mé: dans la colonne des/des dizaines
121 E: ah chez les dizaines/un petit un/ah/en
   premier tu l'avais pas mis le un/c'est celui-là↑
   bon *(inscrit «1» sous le «3»)*

(panneau: 2 1 0 / 9 1 3 3 quatre signes / 9 1 3 3 / 1)

122 Mé: alors à côté du trois des unités on a un petit un
123 E: à côté//ici↑ *(inscrit «1» entre les deux «3»)*
124 Mé: oui
125 E: bon/alors il sert à dire quoi celui-là
   (désigne «1» à gauche de «3» et entoure «1» et «3»)

(panneau: 2 1 0 / 9 1 3 3 quatre signes / 9 1 3(13) / 1)

126 Mé: treize
127 E: treize ici/*(désigne 1ʳᵉ écriture)* pis chez toi/
   est-ce que tu vois treize quelque part)
128 Gr: oui
129 Mo: oui/oui
130 E: vous vous voyez votre treize comme ça
   (entoure «10» et «3» de 1ʳᵉ écriture)

(panneau: 2 10 / 9 1 3 3 quatre signes / 9 1 3(13) / 1)

(…)

La GNT demande «où on écrit moins de choses» puis, après obtention de la réponse attendue, demande «d'écrire treize comme ça», c'est-à-dire comme le fait Mélanie. Elle explicite ce qu'elle attend des élèves pour les opérations suivantes.

Extrait 6: minutes 8-9

Ecritures au TN

(…)

138   E: si on s'occupe seulement du treize/vous croyez
        avec votre manière de faire les calculs/vous pouvez
        faire le treize comme ça/*(désigne 2ᵉ écriture)*
        à la place d'le faire comme ça↑//*(désigne 1ʳᵉ écriture)*
        Mohamad//ah oui mais tu regardais sur mes dessins
        là-bas alors évidemment heu/Yago/toi tu penses
        que ton treize tu peux l'écrire comme ça/à la place de
        comme ça/dix en-dessus du trois

139   Ya: c'est la même chose

140   Mé: c'est la même chose

141   E: ça devrait devenir la même chose↑//et toi
        (à Grégoire) tu penses que tu devrais ré[ussir

142   Ya: [ah non non c'est pas la même chose

143   E: si si c'est la même chose t'avais raison/oui oui/
        tu penses que t'arriverais à écrire **treize** avec un petit **un**
        devant à la place d'avec un petit dix dessus↑ (à Grégoire:
        désigne successivemment les deux nombres au tableau)

144   Gr: mais moi j'aime mieux

145   E: ah t'aimes mieux (petit rire)/t'as plus l'habitude surtout

146   Gr: oui

147   E: et toi Mohamad

148   Mo: je peux

149   E: ah ben j'vais vous demander d'essayer la
        méthode/**seulement** pour les unités/*(cache
        avec la main «913»)* quand vous mettez dix ben vous
        écrivez dix comme ça//quand je vous dicte treize

150   Mo: mm

151   E: vous écrivez treize comment//faites-le en l'air

152   G: *(décrivent «1» et «3» avec le doigt)*

153   Mo: un/et pis après un trois/pour pas
        [faire trente-et-un

154   E: [voilà vous écrivez un/pis un trois//
        (écrit «13» au TN) vous allez pas faire/

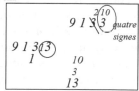

d'abord dix/pis après trois// (*écrit* «10» *et* «3»
en-dessus de «13») ça vous faites pas//
vous faites direct treize/ (*barre* «10» *et* «3»)
alors je vais vous demander d'essayer **cette
écriture-là** (*désigne 2ᵉ écriture*) essayez de
changer seulement dans les/unités/d'accord↑
/les autres vous gardez↓/alors/je vous dicte
un nouveau calcul (…)

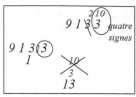

Durant l'ensemble de ces échanges, le résultat de la soustraction n'a jamais été évoqué et le contrôle numérique sur la soustraction est donc laissé pour compte. La négociation porte entièrement sur l'écriture «économique», c'est-à-dire uniquement, comme notre hypothèse le prévoyait, dans l'ordre du numéral. La GNT tente donc d'agir sur les procédures des élèves (c'est bien ce que l'analyse du projet laissait supposer) afin d'installer une technique de résolution algorithmique. Ce faisant le contrôle numérique qui pourrait être dévolu à l'élève, et donc le rendre actif par rapport à la résolution du problème, ne fait pas partie du projet d'enseignement. Or l'aspect numérique de la résolution ne se laisse pas si facilement oublier. En effet si les trois soustractions suivantes se déroulent selon le projet de la GNT à propos du «petit un», la cinquième devient l'occasion d'un obstacle en raison des nombres choisis (modifiés par rapport aux fiches) par la GNT.

Analyse de la phase correspondant à la cinquième soustraction (6214 – 315)

Cette soustraction nécessite trois décrémentations successives (prévues ou non par la GNT?) et donne lieu à une écriture mixte des «10» et des «1» (voir Tableau 5, Tableau des écritures des élèves). Plusieurs éléments sont intriqués au fil des interactions: Grégoire, par exemple, a inscrit 1214 au lieu de 6214 si bien que la GNT, lors de la comparaison des résultats, prend tout d'abord le temps de faire remarquer à Grégoire qu'il a inscrit un autre nombre. Le résultat (erroné) n'est du reste pas corrigé. Mohamad, quant à lui, s'y reprend à plusieurs fois pour effectuer son opération. La deuxième (barrée sur la feuille de l'élève) fait l'objet d'une demande de correction par l'enseignante qui fait comparer, pas à pas, le début de la procédure de Mohamad avec celle de Yago. Après la première étape de décrémentation, elle demande à Mohamad quel est le résultat trouvé, sous-entendu aux unités; le contrôle sur le résultat partiel intervient comme preuve que jusqu'à cette étape tout le monde est d'accord.

Extrait 7: minute 28

Ecritures au TN

(…)

471 Ya: Ici/ici y a un nn/ici j'ai mis un neuf et ici
     il a un zéro
472 E: eux ont un zéro?/bien/d'abord un peu
     expliquer↑//comment t'as fait pour trouver
     ton neuf/comment lui a fait pour trouver son
     zéro?//Mohamad je t'écoute
473 Mo: (3 sec)
474 E: vas-y/raconte-nous ton calcul
475 Mo: moi/quatre moins cinq je n'peux pas je vais
     chez le un/j'ai mis zéro et un petit un à côté du
     qu[atre
476 E: [stop stop pas si vite/
     tous le monde a pensé la même chose↑
477 Ya: ouais
478 Mo: du [quatre
479 E: [Yago jusque là t'as la même histoire↑
480 Ya: j'ai pas compris c'qu'il a dit
481 Mo: j'ai parlé trop vite
482 E: non j'crois pas/c'est bon/tu tu regardes dans
     tes unités/tu es arrivé à
483 Mo: (3 sec)
484 E: tu nous dit ton résultat↑
485 Mo: Neuf

(…)

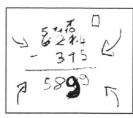

Mohamad

La GNT demande alors une comparaison des écritures des différents
élèves à cette étape de résolution puis demande à Mohamad de continuer.

Extrait 8: minute 28

Ecritures au TN

(…)

486 E: neuf/bon/alors heu dans les dizaines
     Grégoire/qu'est-ce qui te reste tout en haut
487 Gr: (3 sec)
488 E: dans les dizaines tout en haut qu'est-ce
     qui te reste
489 Gr: zéro
490 E: bon ben c'est ce qu'il avait dit/ça marche

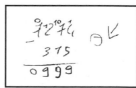

Grégoire

//heu Mélanie tu regardes aussi/toi qu'est-ce
qui te reste dans les dizaines

491 Mé: alors il me reste dans les dizaines un **un**
492 E: **mais** en fait y a un petit un pour l'enlever
     quand même hein↑
493 Mé: oui
494 E: il y est/bon//toi c'est spécial/
     heu Mohamad tu continues

(…)

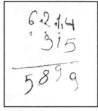

Mélanie

C'est alors qu'un obstacle intervient: quel est le statut du zéro inscrit par
Mohamad? Un dialogue s'instaure autour de ce zéro «tranformé en 1»
qui de fait représente «10»!

Extrait 9: minute 28-29

Ecritures au TN

(…)
495 Mo: alors heu
496 E: alors ton zéro tu l'as transformé il est devenu quoi
497 Mo: un↑//heu
498 E: heu/ah oui↑ (3 sec) et toi ton zéro tu l'as
     transformé↑ (à Yago)
499 Ya: heu j'comp[r
500 E: [et Grégoire tu l'as transformé ton zéro
501 Gr: oui il est transformé
502 E: oui/il est devenu quoi
503 Gr: dix
504 E: il est devenu dix//et toi Mohamad
505 Mo: mon zéro il est devenu dix aussi
506 E: ah alors pourquoi tu me dis qu'il est devenu un
507 Mo: non mais
508 E: ah oui non mais//écris moi dix là en bas
509 Mo: (*écrit* 10)
510 E: et regarde ton dix
511 Mo: oh oh
512 E: c'est c'est quoi qui te fait
513 Mo: (*se couche sur son pupitre*)
514 E: oui c'est un petit peu la place hein là/tu fais pas
     attention d'écrire dix en forme de dix/l'un à côté
     de l'autre/t'as envie de le lire séparément et des fois
     c'est pas la même chose↓/bon mais moi j'crois que
     tu l'avais compté dix/ou bien//dix moins

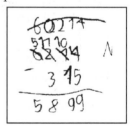

Yago

515 Mo: un
516 E: ah non tu l'avais pas compté dix/effectivement
517 Mo: dix moins un égale
518 E: ça fait combien dix moins un
519 Mo: égale neuf
520 E: alors t'es plus d'accord/et si/et si tu l'avais
     compté **un**//un moins↑
521 Mo: un
522 E: un moins un ça fait combien
523 Mo: zéro
524 E: alors qu'est-ce tu avais compté tout à l'heure
525 Mo: zéro
526 E: non//ici t'avais compté dix ou t'avais compté un
527 Gr: moi je vais recommencer
528 Mo: j'avais compté un
529 E: ah oui t'avais compté que un//bien
(…)

On peut supposer que la GNT n'a pas prévu les trois décrémentations successives. La consigne de ne mettre un «petit un» qu'aux unités (dans le but de «simplifier» la tâche aux élèves?) devient un obstacle (didactique) pour certains. Le temps passé à cet échange témoigne de cet obstacle: le temps didactique «ralentit». Nous reviendrons sur certaines de ces interprétations en interrogeant les entretiens préalable et *a posteriori*.

Brève incursion dans les autres soustractions et
conclusion de l'analyse diachronique

Pour la deuxième opération, la GNT demande «d'essayer la méthode seulement pour les unités». Dès la quatrième opération elle demandera d'essayer «seulement sur les centaines» (devant la difficulté, Grégoire récrit alors «10» au lieu du «1» attendu). Durant la séance, la soustraction (le sens de celle-ci) n'a jamais été évoquée et le contrôle numérique sur les résultats (final ou partiels) laissé pour compte. La négociation porte entièrement sur l'écriture «économique», c'est-à-dire qu'elle se situe uniquement dans l'ordre du numéral. La GNT tente ainsi d'agir sur les procédures des élèves afin d'installer la technique attendue.

On peut maintenant tenter quelques interprétations provisoires des événements décrits. Pourquoi, dans cette première rencontre de la nouvelle écriture, lorsqu'elle est au tableau noir, la GNT s'en tient-elle au versant numéral en n'écrivant jamais le diagramme complet de l'opération?

La marge de manœuvre de la GNT est relativement restreinte. Il s'agit de faire modifier une écriture, qui, somme toute, fonctionne bien (cf. la première opération); les élèves n'ont que peu de raison d'en changer. Du reste, ils résistent à ce changement. Devant cette résistance, la GNT se sert de la technique de Mélanie pour en montrer l'économie d'écriture. Ce faisant, elle se trouve devant une difficulté: elle ne peut faire état, devant les autres élèves, de la procédure de Mélanie (elle n'est pas conforme à celle attendue, même si son résultat est correct), mais elle vient servir son projet. Il s'agit donc de montrer certaines écritures auxiliaires (pas toutes, puisque l'écriture du «1 en bas» de Mélanie est différente) tout en cachant la procédure complète: elle n'écrit donc pas le diagramme au tableau noir. Afin de mieux comprendre le projet d'enseignement, le statut de Mélanie et ce qui s'est passé pour la cinquième opération, visitons maintenant les entretiens avec la GNT.

Résultats d'analyse de l'entretien préalable avec la GNT

L'entretien préalable a lieu 4 jours avant l'observation et dure environ 3/4 d'heure. Nous nous attacherons à répondre à des questions d'ordre général sur le contenu de la leçon prévue et à des questions d'ordre plus particulier sur les raisons des choix effectués et sur les moyens prévus (éléments de gestion enseignante) pour atteindre les buts annoncés.

Questions d'ordre général:

– Quelles sont les élèves et les opérations prévues ainsi que leur déroulement?
– Dans le but de quelle avancée du temps didactique, ces opérations sont-elles prévues?

Questions particulières:

– Quelles justifications sont données aux choix par la GNT, en particulier, sur quelles variables (notamment numériques) de la situation tente-t-elle de faire levier?
– Quelle gestion de la séance prévoit-elle?
– Que prévoit-elle par rapport aux productions des élèves?

La GNT prévoit un ensemble de soustractions pour les deux séances de soutien suivantes: celle de la séance filmée mais aussi celle qui la précède, soit le lendemain de l'entretien. La GNT prévoit, pour ce jour-là, des opérations nécessitant une seule décrémentation. Pour la séance filmée, elle prévoit «d'en être déjà plus loin»: les opérations devraient alors comporter deux décrémentations successives. C'est dans cette occurrence qu'une écriture «plus économique» devient nécessaire pour ne pas surcharger le calcul. Elle prévoit que Mélanie procédera différemment, elle a appris cette procédure «rassurante» avec sa mère.

Extrait entretien préalable: minute 14

(…)
E: et puis là j'ai une élève qui s'mélangeait tellement en barrant//maintenant elle a/beaucoup mieux intégré la/l'ancienne écriture un en haut un en bas heu/elle se sent à l'aise là-dedans/maintenant vous savez maîtresse je barre plus (rire) tu sais maîtresse j'sais plus c'qu'elle m'a dit heu/pour elle elle l'a pris comme un grand progrès/et puis sa maman lui a dit ah/pis après ce s'ra tellement facile pour toi tu marqueras plus rien comme moi/alors elle trouve ça génial (rire)/ça la rassure beaucoup/pis c'est c'est Mélanie qui en avait besoin parc'qu'elle savait plus on barre quoi
(…)

Peu d'éléments de gestion sont évoqués par rapport au projet d'enseignement de l'écriture modifiée. Il ressort de l'entretien que cette écriture économique est déjà en vigueur chez la plupart des élèves de la *classe ordinaire*. Le rôle de la GNT consiste à la faire admettre aux élèves de la *classe de soutien*. Elle compte utiliser le tableau noir (ce sera le cas) pour montrer aux élèves le passage à cette écriture économique mais ne décrit pas de quelle manière elle compte s'y prendre, en dehors du fait qu'elle compte déjà un peu sur la technique différente de Mélanie, pour établir une comparaison avec celle des autres élèves. La GNT n'anticipe pas d'autres possibles procédures des élèves. Quelques erreurs sont prévues, qui portent principalement sur des savoirs plus anciens: savoir écrire un nombre sous dictée ou savoir aligner les nombres en colonne.

L'enchaînement des différentes phases est prévu: elle procédera «comme d'habitude» en dictant d'abord les nombres puis en vérifiant que ceux-ci sont écrits correctement «pour que tout le monde ait le même départ». L'opération sera ensuite résolue et corrigée avant de passer à la suivante. A noter encore que la GNT prévoit, au moment de l'entretien, de s'en tenir strictement aux opérations des fiches, sans y apporter de modification: «c'est pour ça que moi j'aime mieux me baser sur quelque chose où tout est pensé (rire) parce que des fois sur le moment en inventant des nombres on se fait avoir soi-même». Lors de la cinquième soustraction, elle se fait donc «avoir» malgré tout! Ce sera évidemment à confronter à l'analyse de l'entretien *a posteriori*.

Pour ce qui concerne plus largement les valeurs numériques choisies, la GNT est, semble-t-il, très attentive au choix des valeurs numériques en fonction de ce qu'elle souhaite travailler avec les élèves, même si, comme noté ci-dessus, elle «se fait avoir en inventant des nombres». En jouant justement sur les valeurs numériques, elle opère vraisemblablement des ruptures dans le contrat didactique qui obligent les élèves à s'adapter à la nouvelle opération proposée:

Extrait entretien préalable: minute 7

(…)
E: je vais leur refaire heu dès demain des retenues/mais à la place qu'elles soient heu/uniquement sur les unités y aura des retenues heu qui se trouveront/à partir de la colonne des dizaines/seulement//heu/voyons que je voie//comme heu si je dicte celui-là parce que donc moi j'ai fait un choix heu un peu aléatoire là-dedans si je dicte celui-là (8687 – 1715) ils ont pas voilà/heu/c'est/un peu pour les piéger voir si ils commencent par faire dix-sept moins cinq parce que une fois qu'ils ont bien fait systématiquement la retenue sur les unités après ça devient un must (rire) alors heu ben/on en continuera des simples de cette ligne qui donc qui ont cent/je dicterai peut-être sept-cent-nonante-six moins dix-huit histoire de bien remettre en place l'écriture↑
(…)

Les élèves s'attendent, selon la GNT, à trouver des opérations aussi «compliquées» qu'en *classe ordinaire;* ce qui induit, semble-t-il, un certain nombre d'erreurs comme «rajouter des zéros» qui n'ont pas lieu d'être ou, comme ce qui est évoqué dans l'extrait ci-dessous (Extrait entretien préalable, minute 19), mettre des retenues lors d'une opération qui ne les nécessite pas. On peut penser que le hiatus entre les deux temps didactiques, l'un qui avance, l'autre qui repart, en quelque sorte, d'un temps T-n relativement à la chronogenèse de la *classe ordinaire*, constitue probablement une forme d'obstacle que l'on pourrait dire «chronogénétique». L'obstacle provient ici d'un trouble dans la chronogenèse, du point de vue des élèves. On pourrait même tenter un néologisme en parlant d'une «dyschronogenèse» entre les deux systèmes. La GNT en parle du reste en des termes évoquant le double mouvement d'avancée et de recul:

Extrait entretien préalable: minute 19

(...)
E: donc ils font les choses plus par étapes alors ça donc heu ben/je suis reve-
nue en arrière parce qu'en classe ils se trouvaient être confrontés à des choses
de ce genre et c'était une panique totale ils savaient plus rien du coup (rire)
(...) et c'est pour ça que j'ai repris vraiment au tout tout début pour qu'ils se
rendent bien compte qu'on fait pas systématiquement des retenues au début
vous aviez vu hein (inaudible) ah y a une soustraction donc j'enlève dix d'un
côté j'en enlève de l'autre etc.
(...)

La GNT compte prévenir cet obstacle chronogénétique en proposant
d'abord des soustractions avec retenue, c'est-à-dire des opérations plus
proches de ce qui se fait en *classe ordinaire* ou plus chronogènes, pourrait-
on dire: «peut-être que si je commence par un chiffre où y aura pas de
retenue aux unités peut-être bien qu'y en aura un qui les mettra quand
même pis après qui se retrouve avec trop». Ce qui montre que la distor-
sion dans le temps didactique, amenée par les séances de soutien, ne
peut être totalement ignorée de la GNT et qu'elle ne peut que ménager
des situations qui tiennent compte de ce qui se déroule en *classe ordinaire*.
    Cela dit, à l'intérieur de la *classe de soutien*, la GNT se propose
d'avancer dans l'ordre des fiches de soustractions avec les quatre élèves
choisis. Après les soustractions du dossier initial, elle a donné des opérations telles que 97 − 68, c'est-à-dire «des soustractions de niveau très très
simple, il y a une retenue et des nombres à deux chiffres» puis telles que
543 − 215, c'est-à-dire des nombres à trois chiffres dans les deux membres
de l'opération (mais toujours avec une «retenue» nécessaire). Elle prévoit donc, pour le lendemain, une difficulté supplémentaire puisqu'«ils
auront encore progressé (...) ça commence à aller mieux parce qu'ils se
sentent rassurés par leur capacité de calcul». Elle pense donc proposer
cette fois des opérations qui offrent d'abord des nombres de quatre
chiffres aux deux membres (8687 − 3715) puis des nombres de trois
chiffres au premier membre et de deux au second (796 − 18) puis enfin
deux nombres de trois chiffres mais avec un zéro intercalaire au
deuxième membre (514 − 306). La séance filmée portera sur deux fiches
qui supposent une gradation des difficultés prévues. Pour plus tard, et si
les élèves ont surmonté les obstacles inhérents à ces fiches, la GNT prévoit des soustractions où «le zéro du grand nombre provoque une retenue» et où «la retenue seule doit se retirer de 10».

Tout en suivant l'ordre des fiches, qui donne un fil conducteur et donc établit une chronogenèse propre à la *classe de soutien*, la GNT s'appuie sur les possibles erreurs des élèves (elle les a déjà observées en d'autres occasions) pour choisir les soustractions.

Résultats d'analyse de l'entretien a posteriori *avec la GNT*

L'entretien *a posteriori* a lieu 4 jours après la séance et dure 35 minutes. Nous nous attacherons à mettre en relation chacune des questions posées à l'entretien préalable, avec le discours *a posteriori* à celle-ci. Nous nous demanderons:

– Par rapport au déroulement de l'activité: s'est-elle déroulée comme prévu?
– Par rapport à l'avancée du temps didactique: quel bilan en tire la GNT?
– Par rapport aux variables de la situation: quelle analyse en fait la GNT?
– Par rapport à sa gestion de la séance: quelle est l'analyse de la GNT?
– Par rapport aux apprentissages des élèves et à leurs productions en général (notamment les erreurs): quels éléments la GNT met en évidence?

L'entretien tourne autour de trois thèmes principaux: l'avancée du temps didactique, les événements relatifs à la cinquième soustraction (6214 – 315) et les productions des élèves.

Du point de vue du temps didactique un élément important est intervenu puisque la séance intermédiaire prévue le lendemain de l'entretien préalable n'a pas eu lieu (en raison de problèmes d'organisation interne à la *classe ordinaire*), si bien que les soustractions prévues s'en sont trouvées décalées: au lieu d'effectuer les opérations prévues pour la séance filmée, la GNT a effectué une sorte de mixte entre les fiches prévues pour la séance intermédiaire et celle filmée, pour conserver l'ordre prévu tout en amenant quelques difficultés supplémentaires; c'est la raison pour laquelle certaines des soustractions ont été modifiées par l'enseignante. Ce qui conduira, on l'aura compris, aux événements analysés ci-dessus. La GNT revient sur les intentions qu'elle affichait concernant l'avancée prévue, à savoir apprendre une technique d'écriture «plus économique». Dans l'extrait suivant (Extrait entretien *a posteriori*, minute 4), le discours de la GNT se réfère aux écritures du tableau noir qu'elle a conservées en vue de l'entretien. A noter que le «dix devant trois» est naturalisé: il s'agit du «1» inscrit au tableau qui a valeur de dix. Elle évoque la procédure de Mélanie comme une chose déjà exploitée lors d'une précédente séance. La suite de l'entretien est essentiellement consacrée à l'obstacle rencontré aux minutes 26 à 32, en raison du choix numérique concernant la soustraction 6214 – 315, qui nécessite trois décrémentations successives. Selon elle, malgré cet obstacle, l'objectif a néanmoins été atteint pour ce qui concerne Yago, Grégoire et Mohamad. En revanche pour ce qui est de Mélanie, la GNT estime que l'objectif n'est pas atteint. Mélanie s'en tient à sa propre technique algorithmique, qui du reste est «économique», mais ne produit pas toujours, selon la GNT, de résultats probants (voir Tableau 5, écritures des élèves).

Extraits entretien *a posteriori*: minute 4

(…)
E: et puis j'avais l'tableau/le p'tit tableau qu'j'avais mis là et j'me suis tenue là au début/puisque/j'voulais donc leur apprendre cette écriture d'la dizaine en n'écrivant pas dix avec deux chiffres/un zéro mais en écrivant dix devant trois/et puis j'ai gardé encore//heu ici/dix devant trois ça c'est exactement c'qui est apparu au début
(…)
E: j'ai commencé la leçon en leur demandant de de s'rappeler qu'ils avaient vu ça avant/déjà/l'écriture de leur copine/Mélanie pis on comparait/sur un ancien calcul
I: d'accord oui donc une autre/heu un autre jour
E: oui tout à fait et puis après j'leur ai demandé ben aujourd'hui on va essayer de d'économiser du travail en somme j'sais plus quels termes j'ai utilisés
(…)

Du point de vue des événements relatifs à la soustraction 6214 – 315, l'entretien le confirme, la GNT s'est bien «laissée avoir» par le choix des nombres (modifiés par rapport aux tâches des fiches): «certains de mes choix provoquaient/des petits ennuis des petits pièges et puis alors que d'habitude je le fais pas j'ai eu envie de modifier certains qui ont entraîné d'autres pièges évidemment que même moi j'avais pas prévus (rire)». Elle explique les raisons qui l'ont amenée à modifier les soustractions tout en détaillant les conséquences de ces choix du point de vue des variables en jeu. Nous n'ajouterons aucun commentaire à cette description:

Extraits entretien *a posteriori*: minutes 18-19

(...)

E: et puis après moi j'ai encore compliqué les choses parce que je me suis mise à transformer les calculs à partir du cinq/cinquième sixième et septième puisque j'étais partie avec des trucs un peu plus compliqués/puisque ça avait l'air de jouer je croyais mais j'avais pas vu arriver encore tous les autres pièges je me suis dit bon/j'ai une séance de retard/je vais quand même essayer une double retenue comme y avait dans les fiches heu jusque là la fiche huit mais/heu là je me suis fait avoir parce que là ça fait une triple retenue pour commencer (rire) ici j'ai dicté six-cent six-mille-deux-cent-quatorze moins trois-cent-quinze alors qu'est-ce que je me suis marqué j'arrive pas à lire triple retenue et y a avait le problème de zéro moins un en plus/chaque fois qu'ils voient apparaître le chiffre zéro ça les déstabilise les enfants bon alors là/heu papapapa une retenue j'en ai mis deux qui en a provoqué trois avec une apparition de zéro pas prévue (...) la fiche six ça s'appelle il y a **une** seule retenue mais pas de chiffre au petit nombre auquel il faudrait ajouter la retenue↓ donc c'est pour ça qu'en bas y a des centaines tandis qu'y a des milliers en haut donc quand on aura on fait six-mille-deux-cent-quatorze moins trois-cent-treize la retenue intervient seulement au niveau des centaines et i faut prendre chez les milliers ou en bas y a rien? le zéro est venu parce que j'ai transformé et qu'à la place d'avoir treize j'ai mis quinze qui provoquait une première retenue la retenue était à prendre du un i restait zéro eh oui et ben et ça j'ai pas réfléchi (rire)

(...)

Du point de vue des productions des élèves, la GNT donne le détail des erreurs qu'elle a notées très précisément pour chacun. Nous ne donnerons ici qu'un exemple pour montrer comment la GNT observe les productions des élèves et s'y appuie pour prévoir la suite à donner:

Extraits entretien *a posteriori*: minutes 12-13

(...)

E: et puis y a eu d'autres/erreurs/en dictée de chiffres/y a pas eu trop↓ quand je dicte les chiffres voilà les nombres ils doivent poser et quand le chiffre en bas est plus petit que celui d'en haut de temps en temps ils commencent dans les milliers//là par exemple/on le voit un petit signe heu//alors ça y a pas eu beaucoup hein oui de commencer au début quoi comme la première ligne elle commençait là ben la deuxième elle commence alignée au même endroit mais avec tout de suite stop/donc il a pas fini son premier chiffre que ah non/c'est corrigé ça y a eu de nouveau donc un petit peu/mais ça commence vraiment/maintenant avec la suite je les ai encore revus hein cette semaine ben ça diminue vraiment

(...)

QUATRIÈME PARTIE: ANALYSE DE L'ENTRETIEN PROTOCOLE

Dans ce dernier chapitre de notre étude de cas, nous procéderons à une relecture des analyses précédentes à partir de l'entretien à propos du protocole de la séance pour en dégager des éléments de fonctionnement et de possible co-fonctionnement des systèmes didactiques, *classe de soutien* et *classe ordinaire*.

Dans sa pratique courante, le professeur a peu d'occasions de revenir sur son action par le truchement de traces objectives aussi complètes que le protocole exhaustif d'une séance; du reste, le plus souvent, il n'y revient pas du tout, dans la mesure où ses préoccupations légitimes se portent sur la préparation des futures leçons à gérer. L'examen du protocole par la GNT est donc l'occasion pour elle d'une réflexion concernant ses choix de soustractions, en l'occurrence, sa gestion de la séance et leurs effets sur les conduites des élèves. Le compte rendu de cette étude du protocole est réalisé au travers d'un entretien, mené avec un questionnement précis au sujet des conditions faites aux objets d'enseignement et d'apprentissage. On peut considérer qu'il s'agit-là d'une forme d'*auto-confrontation simple*, au sens de Clot & Soubiran (1999), que nous allons maintenant analyser.

L'entretien présente deux thèmes principaux: le *choix des opérations de soustraction* et *l'organisation conjointe des savoirs dans le double système didactique*.

Thème 1: le choix des opérations de soustraction

L'analyse de l'entretien montre que la GNT se fixe prioritairement sur les caractéristiques des soustractions. L'incident survenu en raison de la modification (numérique) apportée à certains algorithmes proposés aux élèves (notamment ce qui concerne la cinquième soustraction qui a donné lieu à des événements considérés comme remarquables), devient central dans cet entretien. C'est ainsi qu'en examinant la transcription des conduites des élèves à propos des notations de retenues (nommées le «petit un» en tant qu'écriture «économique» par contraste avec l'écriture du «10»), la GNT est amenée à s'interroger sur le *sens numérique* des opérations proposées. Alors que, nous l'avons constaté, en cours de séance le traitement par la GNT, relativement aux conduites des élèves (notamment les erreurs) ne portait que sur les aspects *numéraux* des tâches (le pas à pas dans le diagramme) et, partant, sur les actes des élèves dans le déroulement de l'algorithme. L'observation et les traces de cette observation par le truchement du protocole, met en lumière, aux yeux de la GNT, les aspects *numériques* à traiter; les effets de l'incident concernant la cinquième soustraction le lui montrent. *Un manque à savoir est rencontré par la GNT, qui porte sur le sens numérique des algorithmes de soustraction.*

Thème 2: l'organisation conjointe des savoirs dans le double système didactique

Les contraintes de la *classe de soutien* et de la *classe ordinaire*, lors de la séance observée, sont évoquées dans l'entretien. En effet, le but visé était d'enseigner l'écriture «économique» pour que les élèves «rattrapent» leurs condisciples en *classe ordinaire* qui, eux, maîtrisent déjà cette écriture pour la soustraction, mais surtout pour la multiplication, objet sensible de la classe ordinaire. Car sous peine de «charger» inutilement le diagramme, il n'est plus question dans ce cas d'inscrire «10» (ou «20» ou «30»...), lorsqu'une retenue (de dix par exemple) est nécessaire, mais «1» (ou «2» ou «3»...) ayant valeur de dix (ou vingt ou trente...) dans la colonne correspondante. A nouveau elle s'en tient au registre numéral.

Or, dans le laps de temps entre la séance observée et l'entretien protocole (un mois sépare ces deux événements), le savoir en classe de soutien a avancé: au moment de l'entretien, les élèves maîtrisent, selon la GNT, l'écriture dite «économique». Il n'y a donc aucune raison qu'elle mobilise ses nouvelles connaissances concernant le fonctionnement algorithmique, numérique ET numéral, dans une autre leçon du même type; au moins dans l'immédiat et avec ces élèves-là. Du reste la GNT déclare que «les soustractions (sous-entendu, sous cette forme) ça commence à bien faire», il s'agit de passer à autre chose. En *classe ordinaire* le savoir a fort probablement également avancé dans ce laps de temps, mais de cela la GNT ne fait pas état dans l'entretien: elle ne semble pas devoir en tenir compte.

Conclusions de l'étude de cas

En conclusion à cette première étude de cas, revenons sur les deux aspects complémentaires que nous souhaitions traiter: les résultats au plan des phénomènes didactiques construits et les moyens méthodologiques mis en œuvre.

Au plan des résultats

Du point de vue du projet d'enseignement à propos des algorithmes, dans ce groupe de soutien l'accent est porté sur les procédures et la GNT installe, dans l'ordre du *numéral*, une suite de gestes d'écriture qu'elle espère probablement rendre routiniers pour les élèves à force d'exercices répétés. Ce faisant, le versant *numérique* (et le sens de l'opération de soustraction) est prétérité. Tout se passe comme si la GNT tentait de faire apprendre à ces élèves déclarés «en difficulté», au moins les pas successifs à effectuer. De fait elle y réussit pour au moins trois des quatre élèves, la dernière soustraction de la séance observée semble l'indiquer (voir Tableau 5, Tableau des écritures des élèves). Après cette séance, elle estime que même s'il subsiste «des erreurs de calcul ou de comptage, l'écriture de la retenue, ça marche». Pour ce qui est de Mélanie, la procédure qualifiée d'«ancienne» devient une façon de la rassurer: la GNT la laisse poursuivre cette procédure apprise hors de l'école et qui semble peu mise en relation avec la signification de la soustraction. Cela dit, la confrontation des écritures, celles de Mélanie et des autres élèves, auraient pu donner lieu à une réflexion sur le sens numérique de celles-ci (le sens de «10», de «1» et, plus généralement, de la valeur de position de l'écriture des nombres). Or cette confrontation n'a pas eu lieu au profit d'une comparaison du nombre de «choses» inscrites.

Le fait de ne pas traiter ces aspects numériques de l'algorithme évite aussi d'ouvrir la porte à l'expression de possibles ignorances quant à la signification profonde des différentes techniques de résolution: la GNT évite d'avoir à expliquer (peut-être pour de bonnes raisons, temps à disposition ou autre) les différences d'un point de vue numérique entre la «technique nouvelle» et la «technique ancienne» (celle de Mélanie) et du côté des élèves, elle peut attester qu'ils ont avancé dans l'apprentissage des techniques utiles en classe ordinaire. Mais qu'en est-il de l'objet mathématique, l'apprentissage de la soustraction?

Dans la *classe ordinaire*, on l'a constaté par l'analyse du dossier initial, à ce moment de l'année, ce sont les multiplications (de nombres à deux chiffres par des nombres à deux chiffres) qui sont à l'ordre du jour. En termes de chronogenèse, on peut penser que «sortir» certains élèves de la classe a pour conséquence, du point de vue des savoirs sensibles, de préserver l'avancement des objets de savoir: car inscrire «10» (ou «20» ou «30»…), lorsqu'une retenue est nécessaire, charge inutilement le diagramme on l'a vu, mais surtout rend nécessaire une explication comparative des différentes techniques de multiplication, explication qui ne peut éviter le sens numérique de l'opération et dans laquelle, vraisemblablement, le titulaire ne souhaite pas se lancer (là aussi, probablement pour de bonnes raisons). D'où l'inscription des colonnes matérialisées, dans le dernier item du test: non seulement pour guider les résultats intermédiaires à inscrire, mais aussi en vue de la notation des retenues dans les «bonnes» colonnes. Pour certains élèves, le professeur titulaire avait du reste inscrit «d» (pour «dizaines») et «u» (pour «unités») en entête des colonnes. Ces ostensifs permettent au professeur de confier la prise en charge des pas successifs au diagramme lui-même, ce faisant, il évite, lui aussi, une explication quant au sens profond de cette technique. Si bien qu'en ne maîtrisant «pas encore» pour les soustractions une écriture économique et très codifiée, les élèves du soutien, mettent en danger, en quelque sorte, l'avancée du temps didactique en classe ordinaire puisque pour de telles multiplications, une écriture non conventionnelle devient source d'obstacles didactiques à la fois pour les élèves et le professeur. *Le soutien vise donc à «réparer» ce manque technique, sur le versant numéral, par un traitement d'essence identique, quitte à laisser de côté, on l'a vu, le versant numérique de l'opération en cause* («je ne m'intéresse pas au résultat», dit la GNT aux élèves lors de la leçon). Il faudra attendre l'entretien à propos du protocole pour qu'émerge une réflexion de la GNT à ce sujet.

Pendant ce temps le savoir à propos de l'objet «multiplication» avance dans la classe ordinaire et les élèves en difficulté ne sont pas pris en charge immédiatement au sujet de ce savoir-là, mais plus tard lorsqu'il devient «ancien» à son tour. Ce qui amène à penser, comme Mercier (1992) l'a montré à propos d'élèves déclarés en échec en algèbre, dans le cycle d'enseignement secondaire, que les élèves en soutien sont ceux qui ont systématiquement «un contrat didactique de retard».

Or, tout se passe comme si le soutien devait fonctionner comme un système quasi isolé, pratiquement *sans mémoire* – au sens de Brousseau et Centeno (1991) – de ce qui se passe dans le système principal, dans lequel la GNT intervient à titre de «réparatrice» d'une situation d'échec constatée par le titulaire de la classe ordinaire. Du reste, plus le contenu d'enseignement sur lequel butent les élèves est considéré comme «ancien», plus la tâche de «réparation» est considérée comme du ressort de la GNT, et plus «on sort» les élèves de la classe ordinaire pour être pris en charge ailleurs, dans le local de la GNT. Les contenus d'enseignement du soutien suivent alors leur propre chronogenèse et les situations qui sont aménagées, les tâches qui sont proposées, n'offrent que peu de moyens aux élèves d'établir des ponts entre les deux systèmes. Or, les résultats obtenus montrent que les systèmes didactiques parallèles ne peuvent pas fonctionner de manière isolée: ils sont liés, quoi qu'il en soit, aux systèmes didactiques principaux que sont les classes ordinaires, puisque ce sont les mêmes élèves qui transitent d'un système à l'autre.

AU PLAN DES MÉTHODES

Pour obtenir ces résultats, qui, dans le cas particulier, peuvent apparaître comme une «tête d'épingle», les deux plans d'analyse, achronique et diachronique, sont indispensables pour étudier l'organisation complexe de la situation, relativement aux caractéristiques de l'objet, enjeu d'enseignement/apprentissage de ces quelques séances de soutien. Au *plan achronique*, l'analyse *a priori* des tâches prescrites (celles de la séance filmée et des autres) permet d'en saisir les caractéristiques et les éventuels points d'achoppement possibles; au *plan diachronique*, l'observation et l'analyse du fonctionnement dynamique de la séance filmée permet de comprendre à propos de quels objets s'opèrent les négociations entre la GNT et les élèves. En se demandant notamment si ces objets forment ou non un *milieu mathématique* propre aux apprentissages. Dans le cas particulier, l'analyse a montré que les deux versants, numérique et numéral, ont été dissociés et que cette dissociation génère un milieu non mathématique. Dans ce fonctionnement du système, qui, de l'enseignant ou des élèves, prend en charge quoi et à quel moment? Au plan des *topos* de chacun, c'est la GNT qui «force» l'émergence de la nouvelle écriture, sans que les élèves soient en mesure de lui donner du sens, ni qu'ils en rencontrent la nécessité au plan mathématique.

Au plan de l'observation clinique, mais aussi expérimentale, le mode d'organisation des données et la logique «indiciaire» qui le soutient permettent d'introduire de l'intelligibilité dans «ce qui se passe» lors de la séance, mais aussi en amont (les séances du dossier) et au-delà de celle-ci (la classe ordinaire correspondante). L'observation clinique suppose que l'on compare les événements dans leur devenir, au cours de l'histoire ou de la micro-histoire que les acteurs font advenir. La prise en compte d'autres indices, en particulier à travers les entretiens, permet de confirmer ou d'infirmer les hypothèses émises suite à l'analyse du dossier puis de la séance et de reconstruire le projet d'enseignement. C'est bien la confrontation des différents indices tenant aux différentes traces à disposition qui permet de lever, au moins dans une certaine mesure, les incertitudes quant aux interprétations énoncées. Cela dit, il s'agirait de rapporter les séances analysées à d'autres leçons, centrées sur d'autres objets (les limites de ce chapitre ne le permettent pas) pour en dégager la fonction au plan chronogénétique car, par définition, le fonctionnement du système didactique se développe sur la durée. La notion de *section* permet néanmoins de délimiter le champ de validité des résultats obtenus.

Les observables sont également à rapporter à leurs conditions de production en cherchant à comprendre le rôle possible du dispositif dans l'émergence des observables. En l'occurrence, l'ensemble des observations de ce groupe de soutien comprend plusieurs séances réparties sur plusieurs mois: la GNT a passé un contrat de recherche avec le chercheur et certaines conduites sont à rapporter à ce contrat. L'observation en présente quelques traces, par exemple le fait que la GNT conserve les écritures au tableau noir en vue de l'entretien *a posteriori* avec le chercheur ou encore le fait qu'elle demande aux élèves de ne pas faire usage de leur gomme (pour conserver les traces le plus intégralement possible).

Un approfondissement possible de l'étude du soutien consisterait à monter un dispositif prévoyant une prise d'information (au moins succincte) sur l'avancée de toutes les classes ordinaires dont la GNT s'occupe, en se chargeant du soutien à quelques uns de ses membres. Il serait possible de cette manière d'appuyer (et surtout généraliser) l'observation en mettant systématiquement en relation l'avancée du temps didactique en classe de soutien avec celle des classes ordinaires correspondantes.

Chapitre 3

Une comparaison de deux systèmes: classe de soutien et classe complémentaire

ACTEURS ET INSTITUTIONS

Comme pour notre première étude de cas, nous décrirons le contexte du système didactique étudié et ses partenaires humains. L'établissement se situe cette fois à la lisière de la ville, dans un quartier résidentiel et son fonctionnement est différent de celui de notre première étude de cas. En effet, si plusieurs GNT sont chargées, là aussi, du soutien aux élèves déclarés en difficulté scolaire, ces mêmes GNT interviennent également comme complémentaires des titulaires de classes: auprès d'une même classe ordinaire, la GNT prend tour à tour en charge les élèves dits «en difficulté», anime des leçons en collaboration avec le titulaire de la classe (à l'intérieur de la classe ordinaire) ou encore se charge d'une partie du groupe-classe, hors de la classe ordinaire, pour conduire une activité parallèle. Ce fonctionnement est le même pour ce qui concerne l'enseignement des mathématiques et celui du français. La fonction n'étant pas attachée au soutien seulement, travailler avec la GNT ne revient donc pas, du point de vue des élèves, à être «en difficulté».

La fonction de GNT est exercée par les professeurs tour à tour, selon un consensus entre eux. Ils ne sont pas tenus d'exercer une fois ou l'autre ce rôle, mais d'un commun accord entre les personnes, d'année en année, l'établissement désigne ses GNT. Ceux-ci exercent leur fonction durant deux ans au moins, après quoi ils reprennent leur poste de titulaire de classe.

L'une des GNT, que nous nommerons Mme F, travaille essentiellement avec des classes de 3P et 4P (élèves de 8 à 10 ans) et parfois avec des élèves de 2P et de 5P. Dans cette deuxième partie de l'année (le dispositif se déroule de janvier à juin), les élèves du soutien dont elle s'occupe plus particulièrement appartiennent à des classes de 3P et 4P. Ce n'est que depuis l'année en cours que Mme F exerce comme GNT et c'est la première fois qu'elle remplit cette fonction. Mme F déclare avoir un intérêt particulier pour l'enseignement des mathématiques, raison pour laquelle elle a accepté de participer à cette recherche. Elle considère, puisqu'elle manque d'expérience comme GNT auprès des élèves en difficulté, qu'il s'agit d'une occasion de réflexion sur les pratiques du soutien et la possibilité offerte de revenir sur les leçons (sous la forme des entretiens et des protocoles) lui semble remplir une fonction formative intéressante.

C'est aussi en raison de son intérêt pour les mathématiques que, d'un commun accord avec les titulaires de classes, décision a été prise qu'elle se chargera plus spécifiquement des élèves qui rencontrent des difficultés dans ce domaine. En tant que titulaire, elle a suivi une formation continue au sujet de l'enseignement des mathématiques et plus particulièrement à propos de «situations mathématiques».[1] D'entente avec les titulaires de classes, depuis le début de l'année, elle conduit ce type d'activité avec de petits groupes d'élèves, en soutien ou non.

Comme dans notre première étude de cas, un repérage des élèves en difficulté a lieu en début d'année, puis les séances de soutien se déroulent dans la salle de classe de Mme F qu'elle a conservée depuis l'année précédente. Le lieu dévolu à cette fonction est donc cette fois la salle de classe du professeur désigné comme GNT (en raison du tournus instauré). A la différence du premier cas de système, le lieu peut donc accueillir autant d'élèves que la GNT (ou le titulaire) le souhaite en fonction du projet d'enseignement. Cette caractéristique conditionne tout différemment le projet par rapport à celui de notre première étude de cas. On ne va pas en soutien dans «le local de la GNT» mais dans «la

---

1   Cette formation, suivie plusieurs années auparavant, se déroulait dans le cadre de séminaires officiels, animés par des méthodologues attachés à la Direction de l'Enseignement Primaire (DEP) du Département de l'Instruction Publique (DIP) du Canton de Genève. Elle portait sur des situations mathématiques qui ne sont pas à confondre avec des situations d'ingénierie, au sens de Brousseau. Les situations dont il est question ont été conçues par un mathématicien, G. Charrière, dans le cadre d'un service de recherche officiel du DIP. Ajoutons encore que la formation à ce type de situations a une incidence très forte sur le choix des activités que la GNT donne à voir dans la présente recherche.

classe de Mme F». L'appellation sensiblement différente désigne, pour la seconde, un professeur parmi les autres (titulaires), alors que la première désigne implicitement l'«enseignante de soutien» (puisqu'elle n'a, de fait, pas d'autre charge dans l'établissement) et un lieu restreint à cette fonction. Ce facteur semble jouer un rôle non négligeable, jusque dans le choix des activités mathématiques pour les élèves du soutien. En particulier, nous verrons que certaines activités nécessitent plusieurs groupes d'élèves (disséminés dans la classe pour les besoins de son déroulement) et n'auraient pu se faire dans le cadre du premier établissement, en raison de l'exiguïté du «local». Les conditions (en particulier spatiales et matérielles) permettent donc une prise en charge des élèves très différente, nous allons le montrer.

Les élèves ayant participé aux séances filmées sont issus de deux classes, l'une de 3P, l'autre de 4P et sont au nombre de 14 (8 de 3P et 6 de 4P). Les six élèves de 4P sont désignés comme «en difficulté», Mme F les prend régulièrement en soutien depuis le début de l'année scolaire. Du côté des élèves de 3P, certains sont aussi considérés «en difficulté», mais pas tous. La GNT, d'entente avec cette titulaire-là, prend en charge des groupes «mixtes» pour les faire travailler en ateliers mathématiques. C'est ce système didactique que nous nommons *classe* complémentaire.

Nous chercherons à mettre à jour le projet d'enseignement propre à ces deux systèmes didactiques. Forte de ce que nous avons mis à jour dans la première étude de cas concernant l'avancement du temps didactique, nous nous attacherons à décrire le fonctionnement de ce système plus complexe: le système *classe ordinaire-classe de soutien-classe complémentaire*. En particulier, s'il ne peut pas y avoir de «vide temporel» concernant l'avancement des savoirs, comment ce système procède-t-il avec les élèves en difficulté? Y a-t-il, là également, une sorte de «bond en arrière» dans le cadre du soutien puis une avancée qui ne paraît pas pouvoir rattraper celle de la classe ordinaire ou les activités choisies, sont-elles synchronisées avec ce qui se déroule en classe ordinaire? Quelle est la spécificité de la fonction de GNT comme complémentaire du titulaire? Joue-t-elle un rôle d'intermédiaire entre la classe de soutien et la classe ordinaire du point de vue de l'avancée du temps didactique?

Nous présenterons deux cas de figure que nous pourrons comparer entre eux (mais aussi avec notre première étude de cas): l'un (en 3P) où les élèves en soutien sont parfois «mélangés» à des élèves considérés comme ayant peu ou pas de difficulté, et l'autre (en 4P) où les élèves en difficulté sont isolés des autres.

Types de matériaux collectionnés

Comme pour notre première étude de cas, avant de présenter les résultats d'analyse, nous ferons un rapide inventaire des matériaux collectionnés dans la première phase du dispositif (dossier initial et entretien-dossier) puis grâce aux séances filmées et aux entretiens afférents.

Il ne nous sera pas possible cette fois de nous appuyer sur des traces écrites issues du dossier initial. Et ceci pour deux raisons. La première tient à la place du dispositif de recherche dans l'année scolaire: il débute cette fois en janvier, si bien que la GNT décrit très succinctement ce qui amène initialement les élèves en soutien. Ceux-ci, à l'instar de notre premier cas étudié, ont bien été repérés en début d'année comme susceptibles de bénéficier d'un soutien, la GNT le confirme oralement, mais aucune trace écrite n'a été conservée des évaluations de début d'année. Lors du premier entretien, les systèmes didactiques (ordinaires, soutien ou complémentaires) ont atteint une «vitesse de croisière». La première GNT (Mme E) avait conservé les matériaux récents relatifs aux tests pour les mettre à disposition de la recherche alors que Mme F, qui n'en a plus usage depuis longtemps pour ses propres besoins, ne les a pas conservés. Ce qui n'est guère étonnant puisque de telles décisions interviennent de façon interne à l'établissement scolaire et même en dehors d'un accord des parents. Le soutien s'inscrit dans le fonctionnement de l'établissement au même titre que n'importe quelle matière enseignée ou activité reconnue comme faisant partie des activités scolaires; il n'y a donc pas lieu de se justifier, sous forme de traces écrites, des décisions prises. Le soutien n'a pas besoin, à Genève tout au moins, en raison de ces conditions locales, d'une telle mémoire institutionnelle.

La deuxième raison tient au choix des activités durant la constitution du dossier initial: ces activités ne nécessitent aucune trace écrite. Nous serons donc en mesure d'analyser les traces discursives issues de l'entretien dossier, sans pouvoir, comme dans la première étude de cas, confronter notre questionnement à d'autres matériaux de recherche. L'analyse du projet d'enseignement sera donc là à titre indicatif pour montrer que les activités observées dans la suite du dispositif ne sont pas exceptionnelles, la GNT pratique de façon quotidienne les «ateliers mathématiques».[2]

---

2   L'institution scolaire place sous ce label différents types d'activités: des situations mathématiques au sens défini ci-dessus, des jeux ou même ce que la GNT nomme aussi des «concours» mathématiques.

Après cette première étape de notre dispositif, comme pour notre première étude de cas, quatre séances ont été observées (y compris les entretiens afférents) puis transcrites et analysées. Ces quatre séances (deux en 3P et deux en 4P) portent sur des ateliers mathématiques.[3]

Choix des activités analysées: des ateliers mathématiques

L'entretien dossier donnera lieu à une analyse succincte des activités propres à ce système didactique, elle constituera la première partie de notre étude.

La deuxième partie, comprend une *section* de deux séances successives à propos d'une même situation mathématique conduite auprès de deux groupes d'élèves; ils sont tous issus de la même classe de 3P, mais le premier groupe est considéré comme «en soutien» alors que le second est un groupe d'élèves «tout-venant» (classe complémentaire). La situation mathématique, nommée *«La machine à perpette»*, est censée introduire la *notion de multiple*. Or, les deux séances en atelier se déroulent à plus d'un mois d'intervalle. Il semble donc, relativement au temps didactique, que cet intervalle soit acceptable: la tâche est répétable plus tard avec un groupe mixte (soutien/complémentaire) et même si le temps didactique a avancé dans la classe ordinaire. Cette section vise à montrer d'une part le fonctionnement différentiel des deux systèmes (soutien et classe complémentaire) et d'autre part la manière dont la GNT est amenée, par le dispositif de recherche lui-même, à travailler sur les variables de commande de la situation. A cet effet, cette section mettra l'accent sur l'entretien à propos du protocole de la première séance et ses effets sur la seconde.

La seconde section (troisième partie de cette étude de cas) concerne un autre atelier mathématique, conduit avec un groupe de 4P cette fois, dont le statut d'élèves «en soutien» change en cours de route: la GNT considère que son intervention auprès d'eux lors de l'observation filmée est plutôt de l'ordre de ce qu'elle fait habituellement en classe complémentaire. La situation, nommée *«La collection mystérieuse»*, vise un

---

3   Pour une étude exhaustive de tous les modules de ce dispositif, voir Leutenegger, 1999.

travail sur les *ensembles de multiples*. Dans cette section nous décrirons quelques éléments de fonctionnement du système didactique enseignante/élèves/problème mathématique en cherchant à montrer que les pratiques enseignantes sont contraintes à la fois par le système d'enseignement au sens large – par exemple grâce aux documents pédagogiques à usage des enseignants – et par la relation didactique avec les élèves, qui adoptent certaines conduites à l'égard du problème posé. L'ensemble de ces contraintes aboutit parfois – ce sera le cas dans l'atelier étudié – à des impasses ou tout au moins à des incompatibilités, du point de vue du projet d'enseignement.

PREMIÈRE PARTIE: L'ENTRETIEN-DOSSIER

Comme la GNT de notre première étude de cas, Mme F focalise son discours sur une seule classe, de 3P cette fois. Elle est chargée du soutien à cinq élèves de cette classe, mais s'occupe également, en tant que complémentaire, de petits groupes d'élèves «tout-venant» ou de la moitié de la classe pour certaines activités. Du point de vue des activités mathématiques, ce premier entretien ne porte que sur ce qu'elle pratique avec les élèves du soutien, en particulier durant ce mois de janvier.

STRUCTURE ET THÈMES DE L'ENTRETIEN-DOSSIER

L'entretien se compose de trois grandes thématiques relativement indépendantes et d'une quatrième qui les traverse: *les tâches effectuées au cours du mois de janvier, la suite de son programme, le rôle de la GNT et du soutien en général*; le thème traversant étant *l'organisation conjointe entre la classe de soutien et la classe ordinaire*. A noter d'emblée le contraste avec notre première étude de cas: Mme F exprime le rapport entre les deux systèmes en termes d'*organisation conjointe* alors que Mme E parlait plutôt de *son rôle spécifique de GNT par rapport à celui du titulaire*. Cette organisation conjointe permet à Mme F de choisir les élèves avec qui elle va travailler, en vue d'obtenir certains effets. Il lui arrive donc de former des groupes mixtes (élèves en soutien avec d'autres) d'entente avec la titulaire. Ces thématiques permettent une reconstruction (partielle) du projet d'enseignement en classe ordinaire et en soutien à ce moment de l'année scolaire.

Elle montre, comme convenu dans l'entretien préliminaire, «les activités propres au soutien». Le contrat de recherche entre en vigueur sous cette forme. Mais les activités évoquées ne nécessitant pas de traces écrites de la part des élèves, les leçons sont décrites de mémoire et sur la base des objets physiques en cause.

Thèmes 1 et 2: les activités du mois de janvier et la suite de son programme

En début d'entretien, la GNT spécifie ce qu'elle considère être le problème principal des élèves en soutien en mathématiques de cette classe. Selon elle le «calcul mental» pose problème à ces élèves, parce qu'ils «vont plus lentement» que les autres, parce qu'ils commettent de nombreuses erreurs. C'est ainsi que toutes les activités décrites reprennent un aspect ou un autre de ce problème de «calcul mental».

Les cinq élèves alors en soutien (Yvan, Thibault, Carlo, Alexander et Daniela), font tous partie de l'une des deux premières séances filmées. De ces élèves la GNT dit qu'ils n'ont pas de problèmes spécifiques en mathématiques mais dans toutes les matières. Avec eux, dit-elle, elle «pourrait aussi bien faire du français, du théâtre ou de la lecture». La décision de travailler dans le domaine des mathématiques (et de porter l'attention sur le «calcul mental») relève d'une concertation entre elle-même et la titulaire. Car à ce moment de l'année, il s'agit pour les élèves de commencer à apprendre «le livret», c'est-à-dire la table de multiplication. Ils ont «déjà vu les livrets de 2 et de 3». Le savoir sensible en classe ordinaire est donc relayé par le soutien, comme dans notre première étude de cas, par un travail en amont sur des opérations de «calcul mental» (additions et soustractions) considérées comme antérieures.

Comme pour la première étude de cas, à travers le discours de la GNT, un décalage apparaît entre les activités de la classe de soutien et celles de la classe ordinaire, les premières revenant sur des savoirs considérés comme anciens dans la classe ordinaire (savoir soustraire et additionner mentalement) pour tenter de les rendre routiniers pour ces élèves.

La GNT répète plusieurs fois qu'il s'agit pour elle de trouver des activités différentes de celles de la classe ordinaire, mais «qui correspondent au programme et qu'il y ait tout de même une progression».

Thème 3: le rôle de la GNT et du soutien en général

La deuxième moitié de l'entretien porte sur le rôle de GNT (soutien et complémentaire) par rapport à celui de titulaire de classe. Conjointement avec la titulaire de la classe de 3P, elle a effectué en début d'année un repérage des élèves à prendre en charge en soutien. Ce repérage est réalisé sous couvert de son rôle de complémentaire et s'effectue en partie dans le cadre de la classe ordinaire, à l'occasion d'activités menées en commun avec la titulaire, et en partie dans le cadre d'une répartition des élèves en deux groupes (pris en charge respectivement par les deux enseignantes). Le premier mois d'école fait office de période probatoire où chacune des deux partenaires livre à l'autre ses impressions sur chaque élève. L'une comme l'autre ne connaît pas les élèves en début d'année (ils viennent de passer dans la division moyenne). Aucun test n'est passé pour déterminer qui prendre en soutien. Tout se passe «au feeling» dit la GNT, «en les écoutant, en voyant si c'est un problème de rythme, le temps qu'ils font pour répondre trois plus deux, s'ils utilisent leurs doigts […] on leur interdit pas mais […] quand ils sont encore à cinq plus trois puis qu'ils comptent encore les cinq doigts de la main […]». Les travaux notés interviennent tard (à la fin du premier trimestre) si bien que la GNT ne peut attendre ces résultats (et s'en servir comme tests) pour intervenir. Les élèves les plus en difficulté à prendre en charge sont ainsi déterminés d'un commun accord avec la titulaire sans qu'il y ait, semble-t-il, beaucoup à discuter les critères de cette prise en charge: «on se comprend à demi-mot» dit-elle.

BRÈVE CONCLUSION DES ANALYSES

Le rôle de complémentaire de la GNT, partenaire de la titulaire pour l'occasion, amène fort probablement des conditions de prise en charge très différentes de celles observées dans notre première étude de cas puisque tous les élèves travaillent régulièrement avec la GNT. On peut donc s'attendre à ce que l'avancée du temps didactique soit plus souvent synchronisé entre les deux systèmes. Une «histoire» de la classe de la GNT se crée probablement aussi bien pour les élèves en soutien que pour les autres. Mais les activités décrites comme spécifiques du soutien sont pourtant en décalage par rapport à cette avancée.

Deuxième partie: l'analyse de deux séances en 3P (soutien et complémentaire)

Nous présenterons tout d'abord une analyse de la tâche mathématique prescrite pour en dégager les caractéristiques puis nous exposerons l'analyse des protocoles de séances en tenant compte de plusieurs niveaux:

- Un premier découpage des protocoles selon les grandes phases des séances pour rendre compte de leurs déroulements respectifs et établir des comparaisons d'ensemble.
- Une mise en évidence d'événements emblématiques (*événements remarquables*) du fonctionnement de la relation didactique dans chacune des séances à l'aide des descripteurs méso-, topo-, chronogénétiques. Les descripteurs *mésogénétiques* portent sur l'évolution du milieu pour enseigner et apprendre, milieu formé des objets de l'interaction (quels objets matériels, langagiers, symboliques, gestuels ou autres sont convoqués par les acteurs à quel moment et avec quelle fonction?). Les descripteurs *topogénétiques* mettent en évidence l'évolution des positions respectives des acteurs, enseignant et élèves, face à la tâche scolaire (qui fait quoi à quel moment et avec quelle fonction dans la séance observée?). Les descripteurs *chronogénétiques* rendent compte de l'évolution des objets de savoir au fil de la séance d'enseignement (quel savoir fait l'objet de l'interaction à quel moment?). Ces descripteurs forment un système conceptuel cohérent permettant, à partir des traces retenues dans le protocole, de reconstruire la dynamique de fonctionnement de la séance selon trois points de vue: celui du déplacement du milieu pour enseigner/apprendre (*mésogenèse*), celui des acteurs (*topogenèse*) et celui de l'évolution des savoirs dans le temps (*chronogenèse*).
- Une analyse comparative de ces deux dynamiques et les modifications apportées d'une séance à l'autre.

Nous procéderons ensuite à l'analyse de l'entretien à propos du protocole et de l'entretien préparatoire à la seconde séance en mettant en évidence des *événements remarquables discursifs* relatifs aux gestes d'enseignement, aux conduites des élèves et aux caractéristiques de la situation que l'enseignante identifie dans le protocole, ainsi que son discours technologique concernant la seconde séance (techniques méso-, topo-, chronogénétiques auxquelles renvoie, par hypothèse, le discours). Il s'agira enfin de mettre en relation l'analyse des entretiens avec celle des séances.

La situation, tirée de moyens d'enseignement (Groupe mathématique du SRP, 1991, p. 118), est la suivante:

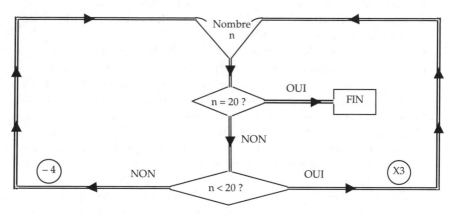

Figure 19. Etude de cas 2: la machine à perpette.

Les concepteurs de cette situation proposent au professeur de dessiner le schéma ci-dessus au tableau noir, «sans mot dire» puis de le présenter comme «une machine à trier les nombres» et enfin d'engager les élèves à faire fonctionner la machine dans le but de savoir «tout ce qu'elle est capable de faire». Des considérations d'ordre méthodologique ainsi que des exemples de productions d'élèves suivent cette présentation. La tâche n'est donc pas définie précisément; au contraire un certain flou est laissé quant à ce qui est attendu (du professeur et des élèves mais aussi du point de vue du savoir visé – la «machine» génère les multiples de 4). Rien n'est dit quant à la manière d'engager les élèves à faire fonctionner la machine pour savoir «tout ce qu'elle est capable de faire». Durant le dessin du schéma, les élèves sont censés être «attentifs» (et en attente de ce qu'on leur demandera). Ils sont censés prendre en charge la réflexion sur le fonctionnement de la machine, tout au plus, s'ils ne le faisaient pas, l'enseignant pourrait leur conseiller de «noter toute l'histoire des nombres que l'on a fait circuler dans la machine». Les élèves pourraient alors «émettre des hypothèses, vérifier, conclure, généraliser». Avant cette réflexion sur les nombres, les élèves ont donc pour tâche plus immédiate de faire parcourir un certain «trajet» aux nombres «introduits» dans la machine et de leur faire subir, s'ils ne sont pas égaux à 20, les opérateurs x3 ou – 4, éventuellement de façon répétée.

La machine «trie» en effet les nombres: quel que soit n, entier naturel, si n est un multiple de 4, par les opérations successives (x3 et – 4), on obtient nécessairement un nombre égal à 20 qui atteint la case «FIN»; si n n'est pas multiple de 4, on obtient une suite de nombres qui reviennent indéfiniment à la case départ. Le choix de n est quelconque, y compris de «grands» nombres. Dans ce cas, la procédure passe par de nombreuses opérations successives ou par la recherche d'une méthode de calcul plus économique. Quel que soit n (hormis 0, cas particulier puisqu'il est élément absorbant pour la multiplication), si n n'est pas multiple de 4, tous les possibles se ramènent à deux cas de figure de suites infinies: soit [18-54-18-54...], soit [19-57-17-51-19-57...]. En résumé, on a donc 4 cas possibles: n = 0; n ∈ M4; n se ramène au cas de n = 18; n se ramène au cas de n = 19 (ou 17, ce qui est pareil du point de vue de la série). On obtient donc des séries de nombres congrus[4] modulo 4: par exemple, 18 ≡ 54 (modulo 4); 19 ≡ 51 (modulo 4); 17 ≡ 57 (modulo 4).[5] Il en va de même pour les multiples de 4 (reste = 0).

Du point de vue des concepteurs de cette situation, étant donné les destinataires (3e ou 4e primaire), l'attente porte principalement sur la découverte que seuls les multiples de 4 parviennent à la case «FIN»: pour ces degrés, le programme prévoit en effet d'aborder la notion de multiple et l'objet «table de Pythagore» est en cours d'acquisition (sa mémorisation jusqu'à 10X10).[6]

---

4   Soit a, b et m, nombres entiers naturels; a et b sont congrus modulo m, si l'on obtient le même reste lorsque a et b sont divisés par m. On note: a ≡ b (modulo m) (Charrière, 1995, p. 104).

5   Seuls sont inscrits ici les nombres à partir desquels on «change de sens» dans la machine (n < 20 ?): bien entendu, les nombres intermédiaires de chaque série, obtenus grâce à l'opérateur -4, sont également congrus, modulo 4.

6   Pour une analyse plus poussée de cette situation et des situations de même type figurant dans ces moyens d'enseignement, voir Leutenegger, 1999.

ANALYSE DES SÉANCES: CONSTRUCTION DE L'ANALYSE DIACHRONIQUE, CONSTRUCTION DE SIGNES POUR L'OBSERVATEUR

La situation de «*La machine à perpette*» a été proposée, à un mois d'intervalle, à deux groupes différents, de quatre élèves chacun, provenant de la même classe de 3P. Entre ces deux moments, la première séance a fait l'objet d'une transcription sous forme de protocole et celui-ci a été soumis à la GNT en vue d'un entretien intermédiaire (proche d'une *auto-confrontation simple*, au sens de Clot, 1995), réalisé une quinzaine de jours après la première séance. Puis un entretien préparatoire à la seconde séance a eu lieu quelques jours avant celle-ci.

Le tableau comparatif suivant présente le découpage de chacun des deux protocoles de séances, selon les grandes phases identifiées (les modalités de travail des élèves, individuelles ou collectives, guident ce découpage) et selon des phases plus spécifiques aux objets de l'interaction enseignante/élèves (marquées par des pointillés). La séance 1 concerne les quatre élèves de 3P en soutien (Alexander, Thibault, Daniela et Yvan), la séance 2, les quatre élèves de 3P (Clarisse, Romain, Carlo et Diego) de la classe complémentaire. Parmi ces quatre derniers élèves, Clarisse est considérée comme une «bonne élève» en mathématique, Romain et Diego sont considérés comme «moyens» et Carlo comme un «élève faible».

Tableau 6. Tableau synoptique comparatif des deux séances

Temps (min.)	Découpage séance 1	Découpage séance 2	Temps (min.)
1 à 4	Enseignante (E): signification de «à perpette» Commentaires de E + dessin machine au tableau noir (TN)	Commentaires de E + dessin machine au tableau noir (TN)	1 à 4
5 à 10	Essai collectif avec le nombre (N) 27 => 27 inscrit au TN	Collectif Consignes + feuilles + calculette	5
10 à 12	E: distribution machine dessinée + consignes orales	Individuel E vers chaque élève: début du parcours avec N testés	6 à 21
12 à 20	Individuel E vers chaque élève: vérification de chaque N	Récapitulation au TN des N testés: E note en 2 colonnes: «→fin» ou «n'arrivent pas à la fin»	22 à 24
20 à 23	Collectif E propose une calculette: vérification des multiplications par 3	Individuel Recherche d'autres N E passe vers chaque élève: E note les N en 2 colonnes TN	25 à 33
24 à 28	Individuel Recherche d'autres N E passe vers chaque élève: vérification des N testés	Collectif Débat autour des N testés Consigne: «deviner sans calculer lesquels arrivent à fin» Hypothèses élèves	34 à 36
28 à 30	Collectif Récapitulation au TN des N testés: E note les N en 2 colonnes	Individuel Recherche d'autres N < 16 E note les N en 2 colonnes au TN	37 à 41
31 à 35	Individuel E attribue aux éls. un N à tester	(Pause: cf cassette vidéo)	42
36 à 38	Collectif Débat autour des N inscrits TN Hypothèses élèves	Individuel Recherche d'autres N < 16 Notés en 2 colonnes au TN	43 à 46
38 à 39	Individuel Consigne: recherche de N entre 8 et 20 «qui marchent»	Collectif Débat sur l'ensemble des N => deux classes de N	47 à 50
40 à 44	Collectif Débat sur l'ensemble des N => deux classes de N	/	/

En première analyse, notons que ces déroulements (43 minutes 1/2 et 50 minutes) ont une structure semblable: après une phase de mise en route, tous deux alternent des phases de travail individuel (blanc) où les élèves «essaient» des nombres en les faisant «circuler» dans la machine, des phases de travail collectif (gris moyen) où les nombres testés sont inscrits par l'enseignante au tableau noir, en deux colonnes (ceux qui parviennent à la case «FIN» et ceux qui n'y parviennent pas) et des phases de débats à propos des propriétés des nombres inscrits (phases de clôture: gris foncé).

Cependant, des différences sont perceptibles à travers le tableau: dans la phase de mise en route de la séance 1 (plus longue que celle de la séance 2), l'enseignante explique la signification de «à perpette», puis dessine la machine au TN, non pas «sans mot dire» (conduite préconisée par les concepteurs), mais en commentant son dessin à mesure. Puis un nombre (27) est testé collectivement. Lors de la séance 2, l'enseignante dessine également le schéma de la machine en le commentant, mais lance immédiatement ensuite une phase de travail individuel. Le nom de la machine n'apparaît que plus tard (minute 35), lors d'une phase de débat sur les nombres testés. A noter que dans le premier cas les feuilles de brouillon distribuées (min. 10-12) comportent le schéma de la machine alors que dans le second, les feuilles sont blanches. La calculette est proposée d'emblée par l'enseignante dans la séance 2 alors qu'elle n'apparaît que plus tard dans la séance 1 (minute 21, pour résoudre des multiplications par 3). Ces différences attestent d'une organisation *mésogénétique* différente d'une séance à l'autre. D'autres différences apparaissent, notamment la durée globale des phases de travail individuel, presque deux fois plus longue dans la séance 2 (34 minutes contre 19 dans la séance 1).

En affinant l'analyse, il s'agit de mettre en évidence le fonctionnement différentiel des séances, dans leurs caractéristiques méso-, topo- et chronogénétiques. A cet effet, nous présenterons des *événements remarquables*, emblématiques de ce fonctionnement différentiel.

D'un point de vue *mésogénétique* tout d'abord, le tableau comparatif suivant présente l'évolution du problème posé (son énoncé et ses reformulations par l'enseignante):

Tableau 7. Evolution du problème

Séance 1 : événements remarquables	Séance 2 : événements remarquables
min. 9: F: alors ce que je vais vous demander maintenant/ le problème c'est↑/ quels sont les nombres/ qui vont/ rester bloqués dans la machine↑/	**min. 4:** F: alors moi j'vais simplement maintenant vous laisser/ un petit peu libre/ vous allez me dire comment cette machine fonctionne↓///
min. 30: F: pour qu'ils (les nombres) sortent il faut qu'ils aient quoi↑ (…) vous pouvez deviner un nombre qui pourrait sortir tout de suite	**min. 24:** F: alors moi j'vais vous demander si vous pouvez trouver quels sont les nombres qui vont jusqu'à la fin et quels sont les nombres qui ne vont **pas** jusqu'à la fin// d'accord↑
min. 35: F: tu pourrais me dire un nombre sans calculer/ où tu es sûr qu'il va rentrer dedans *(case «FIN»)*	**min. 33:** F: est-ce que vous arrivez à deviner/ **sans** calculer
min. 39: F: quels sont les nombres qui rentrent/ et qui arrivent à sortir de la machine// vous arrivez à me dire↑// quels sont ces nombres	**min. 46:** F: posez vos crayons peut-être maintenant/ j'aimerais quand même que vous regardiez/ j'suis sûre que **maintenant** vous êtes capables de me **dire**/ en regardant les résultats/ quels sont les nombres qui rentrent↑/ et quels sont les nombres qui ne rentrent pas↓// (…) qu'est-ce que vous remarquez sur tous ces nombres/ qu'est-ce qu'on peut dire sur tous ces nombres/ y sont comment

Au cours de chacune des séances, l'enseignante redéfinit plusieurs fois le problème et cette redéfinition modifie le *milieu* mathématique *(mésogenèse)*. Chaque nouvelle formulation du problème détermine également un mouvement *topogénétique*: depuis son *topos*, il échoit en effet à l'enseignante la charge de faire avancer l'objet du problème; or, du même coup, les élèves sont, quant à eux, chargés de le résoudre. Car à ces différents moments correspond systématiquement un passage à une phase de travail individuel (voir le tableau synoptique ci-dessus). Ces re-formulations sont censées faire avancer la situation et le savoir en jeu *(chronogenèse)*.

A l'appui, notons que la première formulation du problème dans la séance 1 intervient après l'exemple de «27» et le constat par la GNT que, moyennant les opérations successives, ce nombre ne parvient pas à la case «FIN», mais reste «bloqué» dans la machine. La première formulation du problème reprend ces termes et les énoncés suivants sont des variantes d'une formulation symétrique: «quels sont les nombres qui arrivent à sortir de la machine?» Du point de vue de l'organisation du milieu, le deuxième et le troisième énoncés interviennent alors que des nombres sont déjà inscrits en deux colonnes au tableau noir (ceux qui «arrivent à la case FIN» et ceux qui «n'y arrivent pas»). Il s'agit donc d'observer ces nombres et d'établir des liens entre eux («deviner» et «sans calculer»). Mais pour répondre à cette question, deux phases de travail individuel, visant à augmenter le «corpus» de nombres testés (et notés au fur et à mesure par l'enseignante au tableau noir), sont nécessaires. Les nombres inscrits se constituent petit à petit en une *référence* pour la dernière phase de travail collectif: il n'est plus temps de faire fonctionner la machine, mais de réfléchir à ce qu'elle a produit.

Dans le cas de la séance 2 (minute 4), il s'agit pour les élèves de «dire comment cette machine fonctionne»: ils sont censés gérer «librement» leur travail et cette consigne intervient juste après le schéma au tableau noir par l'enseignante. Lors de la phase de travail individuel, les élèves constatent que certains nombres arrivent à la case «FIN» et d'autres non. Comme dans la séance 1, l'enseignante les note en deux colonnes au tableau noir et la re-formulation du problème reprend ces caractéristiques, probablement en visant également une augmentation du «corpus» des nombres testés. Il s'agit, là aussi, de «deviner sans calculer»; pour ce faire, une autre phase de travail individuel est nécessaire. Enfin, lorsque l'enseignante estime suffisamment nombreux les nombres au tableau noir, elle demande aux élèves de «poser leur crayon» (celui-ci ne fait plus partie du milieu matériel, nécessaire à la phase précédente, lorsque les nombres testés sont notés sur la feuille de brouillon), d'observer («regarder») les nombres et d'en tirer des régularités («dire ce qu'ils remarquent sur tous ces nombres»).

Au cours des premières phases des séances, d'autres différences et similitudes d'ordre *mésogénétiques* (mais aussi *topogénétiques* et *chronogénétiques*) sont à noter:

Tableau 8. Analyse comparative min. 1 à 28
(séance 1) et 1 à 21 (séance 2)

Séance 1 : événements remarquables	Séance 2 : événements remarquables
«à perpette» est expliqué (min. 1-2) métaphoriquement: telle une condamnation à perpétuité, certains nombres restent «prisonniers» de la machine. Ce faisant, la GNT décrit le fonctionnement de la machine.	Lors de l'introduction, le titre n'est pas énoncé entièrement, la GNT note au TN: «LA MACHINE..............» et annonce qu'elle y reviendra plus tard pour compléter les pointillés.
Un exemple, «27», est donné au TN (min. 5-10) et aucun problème n'a besoin d'être énoncé puisque la GNT prend en charge le «parcours de 27».	Aucun exemple n'est donné, le problème pour les élèves est de déterminer le fonctionnement de la machine.
Lors du travail individuel (min. 12-20), le milieu matériel et symbolique comprend le schéma de la machine, déjà dessiné sur les feuilles distribuées. Les élèves notent les nombres testés sous le schéma de la machine.	Le milieu est (re)construit par les élèves. Le travail «libre» des minutes 6 à 21 consiste d'abord à redessiner le schéma de la machine, les feuilles blanches incitant les élèves à cette tâche (un élève demande s'il peut copier le schéma du tableau noir, les autres l'imitent). Puis ils inscrivent les nombres testés et leurs valeurs successives au fil des opérations effectuées.
Lors du travail individuel (min. 12-20), la GNT contrôle au pas à pas les opérations successives effectuées par chacun (voir extrait 1 ci-dessous).	Au début du «parcours» des premiers nombres testés (min. 10-12), la GNT accompagne les élèves en veillant à ce que l'opération requise (– 4 ou x 3) soit appliquée. Elle ne teste jamais un nombre jusqu'au bout elle même: *topogénétiquement*, c'est à eux que revient la tâche d'effectuer, grâce aux calculettes (elles font partie de la *mésogenèse*), les opérations successives et de conclure: le milieu est propice à une gestion économique des opérations «difficiles».

Extrait 1: séance 1, minute 16

(...)
252   F: le trente-six/bon trente-six on tourne/il retombe là-dedans/est-ce qu'il est égal à vingt↑

253   Yv: non
254   F: est-ce qu'il est plus petit que vingt↑
255   Yv: non
256   F: alors on lui enlève de nouveau moins quatre/trente-six moins
    quatre (15 sec)
257   Yv: heu//trente-six//trente-deux *(compte sur ses doigts)*
258   F: oui/trente-deux↑/alors il va refaire le tour/il sera toujours plus
    petit heu plus grand hein/alors trente-deux moins quatre
(…)

On constate que ces premières phases diffèrent de façon substantielle d'une séance à l'autre. Des *événements remarquables* décrits, on peut inférer que ces phases sont caractérisées par des *mésogenèses* différentes: les objets convoqués, matériels, symboliques et autres, ne sont pas les mêmes. Par voie de conséquence, les *topogenèses* sont également différentes: dans la séance 1 une prise en charge complète de la GNT (y compris le détail des opérations avec chaque élève) contre une prise en charge partielle par les élèves de la séance 2. A témoin, les brouillons qui présentent de nombreuses traces de recherches de nombres, contrairement à ceux de la séance 1. Les diverses écritures indiquent que les élèves ont choisi des nombres en tâtonnant, et qu'ils ont, grâce aux calculettes à disposition, effectué eux-mêmes les opérations. L'organisation *chronogénétique* est elle-même modifiée dans ces premières phases: la teneur du problème initial en témoigne.

En revanche, les dernières phases des deux séances (min. 28 à 44 et 22 à 50, respectivement) offrent de nombreux points communs (voir Tableau 9 ci-contre). Les phases de travail individuel diffèrent quelque peu: dans la séance 1, c'est la GNT qui attribue aux élèves des nombres précis à tester alors que dans la séance 2, ce sont les élèves eux-mêmes qui choisissent les nombres en aboutissant du reste à une série plus exhaustive. Dans les deux cas des phases de débat, l'un des élèves suggère qu'il s'agit de «faire des sauts de 4 en 4» ou, respectivement, de «faire moins 4». L'enseignante demande alors au groupe de trouver des nombres «qui marchent», plus petits que 20 ou 16. Du point de vue de la *mésogenèse*, l'enseignante fait en sorte que le «corpus» de nombres testés soit aussi complet que possible, avant de clore la séance, en produisant elle-même deux classes de nombres: les nombres notés dans l'une des colonnes sont «pairs et multiples de 4» et les autres sont «impaires ou non multiples de 4». Ce faisant, elle introduit la notion de multiple, jusqu'alors inconnue des élèves, en s'appuyant sur des objets de savoir en cours, le «livret», c'est-à-dire la mémorisation de la table de Pythagore. *Topogénétiquement*, on assiste alors à une prise (ou une reprise) en charge par l'enseignante, qui garde son cap jusqu'au moment où elle se considère en mesure d'introduire la notion de multiple. La *référence* qu'elle a construite avec les élèves (ou qu'elle leur a fait construire) le lui permet. La *chronogenèse* se déroule alors de façon très semblable.

Tableau 9. Analyse comparative min. 28 à 44
(séance 1) et 22 à 50 (séance 2)

Séance 1 : événements remarquables	Séance 2 : événements remarquables
La GNT attribue les nombres à tester aux élèves (min. 31-35 et 38-39).	Les élèves s'attribuent les nombres à tester (min. 25-33 et 37-46).
Le débat sur les nombres inscrits au TN (min. 36-38) est orienté par la GNT vers l'observation des écarts entre les nombres inscrits => un élève propose de «faire moins 4 à chaque fois» => «24 devrait marcher».	Le débat sur les nombres inscrits au TN (min. 34-36) est orienté par la GNT vers l'observation des écarts entre les nombres inscrits => un élève propose de «faire des sauts de quatre en quatre».
A partir de ces premières hypothèses, puis de la recherche d'autres nombres «qui marchent», entre 8 et 20 (min. 38-39), les nombres testés sont notés dans les colonnes. Puis la GNT conclut (min. 41): «les nombres qui peuvent sortir/sont les nombres pairs/ et quelque chose que vous ne savez pas encore/ mais qui font partie du livret de trois/ on appelle ça des **multiples**/ *(note : multiples de 4)* de quatre pardon/j'dis des bêtises/ des multiples de/quatre/**il faut**/ pour pouvoir sortir de la machine/être multiple de quatre↓//»	A partir de ces premières hypothèses, puis de la recherche d'autres nombres «qui marchent», plus petits que 16 (min. 37-46), les nombres testés sont notés dans les colonnes. Puis la GNT conclut (min. 50): «c'est le livret de quatre/alors ça on appelle/les enfants/les multiples/c'est un nouveau mot/les multiples de quatre *(note: multiple de quatre)*/alors notre machine/elle fonctionne comme ceci/elle n'accepte/elle ne laisse sortir/**que**//les multiples de quatre//si on n'est pas multiple de quatre/on reste bloqué dans la machine toute la vie/hein↑»

Si l'on examine plus précisément les phases de travail individuel, des différences apparaissent entre les deux séances du point de vue des interactions avec la GNT.

Pour ce qui est des 8 minutes de travail «individuel» de la séance 1 (minutes 11 à 19), on constate que huit interactions successives se déroulent entre l'enseignante et chaque élève. Le tableau suivant indique l'ordre de ces interactions (1, 2, 3...) avec chacun des quatre élèves au sujet d'un nombre particulier qui est «essayé». «E» ou «él» inscrit dans la case indique qui, de l'enseignante ou de l'élève, initie l'interaction.

Tableau 10. Analyse comparative des interactions élèves-GNT séance 1

	1	2	3	4	5	6	7	8
Alexander			E					E
Thibault	E			él		él		
Yvan					él			
Daniela		él					él	

Trois de ces interactions (2, 6 et 7) sont très courtes, l'enseignante ne faisant que renvoyer l'élève à ses calculs. Au contraire les interactions 3 et 5 sont très longues puisqu'elles durent respectivement 2 min 1/2 et 3 min 1/2 (soit 6 minutes sur les 8 que dure ce moment). L'enseignante assiste entièrement ces deux élèves (Alexander et Yvan) dans le déroulement de leurs calculs, comme dans l'extrait ci-dessus. A noter que pour Alexander, c'est l'enseignante qui initie l'interaction. Prévoit-elle des difficultés pour cet élève? Dans les autres cas, ce sont les élèves qui initient la plupart des interactions. Dans le cas de Yvan (5e interaction), l'élève initie l'échange en disant qu'«il n'a pas compris» ce qu'il s'agit de faire. C'est ainsi que l'enseignante déroule avec lui toute la démarche. Dans le cas de Thibault, la GNT deux fois sur trois, déroule également la suite des opérations avec l'élève. En revanche Daniela se débrouille pratiquement seule: les interactions avec cette élève sont très courtes et dans les deux cas l'enseignante renvoie le calcul à l'élève qui est demandeuse. On le constate, si la gestion est différente d'un élève à l'autre, dès que l'enseignante intervient, elle intervient «lourdement» quitte à faire toute la démarche à la place de l'élève.

Si l'on examine les 12 minutes de travail individuel de la séance 2 (minutes 10 à 21), on constate que les quinze interactions successives se déroulant entre la GNT et l'un des élèves sont globalement plus courtes que les interactions observées dans la séance 1. Le tableau indique à nouveau l'ordre de ces interactions (1, 2, 3...) avec chacun des quatre élèves au sujet d'un nombre particulier qui est «essayé».

Tableau 11. Analyse comparative des interactions élèves-GNT séance 2

	1	2	3	4	5	6	7	8	9	10	11	12	13	14	15
Clarisse	él			él		él	E		él		él	él			
Carlo		E												E	
Diego			él					él					E		
Romain					él					E					él

On constate que près de la moitié (7) des interactions ont lieu avec Clarisse, c'est-à-dire la «bonne» élève en math. Ces interactions sont parfois entrecoupées d'un aparté au sujet d'une demande de calculette (sans interaction au sujet d'un nombre particulier) ou d'une brève mise au point au tableau noir sur le statut des signes utilisés. A l'inverse, l'élève en difficulté (Carlo) ne participe qu'à deux interactions avec la GNT. L'une au tout début de la recherche de nombres et l'autre à la fin et, dans les deux cas à l'initiative de la GNT; dans la première elle s'assure que l'élève a compris ce qu'il s'agit de faire et dans la seconde elle demande où il en est. Pour ce qui est de Clarisse, les interactions se déroulent presque toutes à l'initiative de Clarisse qui montre à l'enseignante quels nombres elle a trouvés ou qui pose des questions (surtout au début) sur le bien-fondé de sa démarche. Seule la 7e interaction (la 4e avec Clarisse) est initiée par la GNT qui précise à l'élève qu'il s'agit d'effectuer une multiplication et non une soustraction.

On peut remarquer que si l'enseignante ne prend plus en charge la totalité des opérations successives (comme c'était le cas dans la séance 1), elle veille du moins à ce que les «bonnes» opérations soient effectuées. La chronogenèse de la situation, telle que prévue sans doute, en dépend. Ce qui signifie que la GNT, dans cette séance, tout en conservant sa place (son *topos*) dans la conduite de la situation, modifie sa gestion par rapport aux actes des élèves. Son rôle se limite maintenant à se porter garante (vis-à-vis de la recherche également?) que l'on arrivera au bout de la leçon prévue.

Du point de vue de l'apprentissage des élèves (les traces qui en attestent), la clôture de la séance 1 montre qu'au moins une élève est capable d'extrapoler certaines propriétés à des nombres plus grands:

Extrait 2: séance 1, minute 43

(...)
942   F: le cent-dix il va pas aller dedans↑
943   Dl: le cent-vingt oui
944   F: comment tu sais ça Daniela↑
945   Dl: parce que [là
946   Th: [parce qu'on fait/[on fait avec les nombres
947   F: [attends attends tu la laisse parler/
        alors cent-dix ne va pas cent-vingt va↑/pourquoi
948   Dl: parce qu'on fait dix vingt heu///
949   F: ton idée est juste/qu'est-ce que tu///c'est juste [ce que tu m'as dit
950   Dl: [je saute de dix
951   F: oui/tu sautes de dix et y en a **un**/qui ne va pas↑
952   Dl: un qui va/un qui ne va pas
(...)

ANALYSE DES ENTRETIENS: RÉDUCTION DE L'INCERTITUDE
QUANT AUX INTERPRÉTATIONS AVANCÉES

Avec l'analyse des entretiens, nous chercherons à expliquer les prises de
décision de l'enseignante concernant les deux séances.

L'entretien préalable à la séance 1

Le projet qui se dessine à travers ce premier entretien, n'est pas nécessairement d'arriver, avec ces élèves du soutien, à introduire la notion de
multiple, mais surtout d'effectuer des additions et des soustractions. Le
projet est identique à celui qui a été mis à jour dans notre première
étude de cas. Alors même que, parallèlement, les savoirs en *classe ordinaire* portent «déjà» sur autre chose, ici l'apprentissage de la table de
Pythagore, le savoir en jeu dans le soutien porte sur «le calcul mental»
(additions et soustractions). Le décalage entre les deux systèmes est, là
aussi, patent. Nous allons en détailler quelques signes qui transparais-
sent dans l'entretien. En plusieurs occasions la GNT évoque non seulement l'avancée prévue dans le cadre du soutien mais aussi en *classe
ordinaire* et dans le cadre de sa fonction de *complémentaire*. Nous allons
montrer, au travers de son discours, comment l'enseignante fonctionne
dans ces deux systèmes, en regard du système de la *classe ordinaire*. La
fonction de complémentaire intervient (dans le discours) comme une

sorte d'interface entre la *classe de soutien* et la *classe ordinaire*. C'est du reste ce qui permet à la GNT de choisir cette situation qu'elle conduit habituellement dans sa fonction de complémentaire. Justement ce travail est en cours (le schéma est encore dessiné au tableau noir) avec des élèves de 3P et de 4P. Ce qui est tout à fait intéressant c'est qu'avec ces élèves de classe complémentaire, la GNT ne «boucle» pas la situation en une seule fois. Elle le dit, elle «ne fait pas forcément des conclusions quand elle fait des situations».

A noter que ces élèves ont des cahiers (ceux de la *classe ordinaire*) où une trace des activités effectuées est conservée, au contraire des élèves du soutien qui n'ont pas de cahier, dit l'enseignante. Tout se passe comme si la *classe de soutien* était tout à fait parallèle à la *classe ordinaire* et donc avait son déroulement propre qui ne nécessite pas de traces suivies entre les deux systèmes. Entre les *classes ordinaire* et *complémentaire*, le cahier sert en quelque sorte de témoin, qui ne semble pas avoir de nécessité dans la *classe de soutien*. Pour la *classe complémentaire*, une forme de mémoire institutionnelle est donc nécessaire (au contraire de la *classe de soutien*).

Ordinairement les deux systèmes, *classe de soutien* et *classe complémentaire* sont donc relativement étanches. La GNT déclare en effet que les élèves pris en charge par le soutien en mathématique ne font, en principe, jamais de mathématiques avec elle, dans le cadre de son activité de complémentaire. C'est-à-dire que les deux temps didactiques ne peuvent jamais se rejoindre du point de vue de ces élèves-là, même au travers de la *classe complémentaire*. Seule une raison d'ordre supérieur, représentée ici par le contrat de recherche permet à l'enseignante, nous y reviendrons ci-dessous, de passer d'un système à l'autre par le truchement de la tâche choisie. Cela dit, elle prévoit également de travailler avec des groupes mixtes (élèves en soutien/non en soutien) de manière à stimuler les élèves en soutien et à éviter que ces derniers puissent penser qu'ils travaillent avec elle parce qu'ils sont faibles en math.

L'entretien protocole

Rappelons que le protocole, en tant qu'*objet empirique*, participe des échanges, dans le contrat de recherche, entre le chercheur et le professeur. Lors des entretiens certains faits tirés du protocole sont évoqués, mais leur statut s'avère différent selon le rapport à ceux-ci. En revenant sur la leçon passée par le truchement de l'étude du protocole, le professeur est placé en position d'observateur des conduites des élèves face à la tâche, mais aussi de ses propres gestes d'enseignement: les faits relevés et analysés, prennent valeur d'*événements pour l'enseignement*, dans la mesure où ils contribuent aux prises de décision pour une éventuelle future leçon. De son côté, pour travailler son objet d'étude, le chercheur se donne des observables lui permettant de décrire – voire d'expliquer – le fonctionnement du système didactique; en l'occurrence, ces observables relèvent des descripteurs méso-, topo-, chronogénétiques. L'analyse des entretiens vise à mettre en évidence des *événements remarquables discursifs* ayant trait aux *événements pour l'enseignement*, identifiés par le praticien dans le protocole et qui sont sources de décisions pour la séance suivante. Ceux-ci ne correspondent pas nécessairement aux *événements remarquables* identifiés par le chercheur dans ce même protocole. La tâche du chercheur consiste alors à établir des liens significatifs entre les *événements remarquables* identifiés dans le protocole de séance et les *événements discursifs* dans le protocole d'entretien qui prennent, eux aussi, valeur d'*événements remarquables* pour l'analyse.

Du point de vue de la GNT, quels sont les *événements pour l'enseignement* et quelles sont les prises de décisions pour la séance suivante? Sur quoi la GNT compte-t-elle faire levier: une modification du milieu pour la tâche *(techniques mésogénétiques)*, ses propres interventions ou celles de certains élèves *(techniques topogénétiques)* ou encore une réorganisation des objets de savoir au cours du temps *(techniques chronogénétiques)*?[7] En comparant les résultats de l'analyse des deux séances avec ceux des entretiens (les modifications prévues et argumentées sur la base du protocole), on cherche à mettre en évidence ce qui relève spécifiquement de l'étude du protocole par la GNT, les paramètres de cette étude et, partant, son usage possible pour la formation.

---

7   Ces trois types de techniques sont décrites par Sensevy (voir Sensevy, Mercier & Schubauer-Leoni, 2000; Sensevy, 2002) dans le cadre de sa construction d'une théorie de l'action du professeur. Ces catégories sont reprises ici, non sous la forme de techniques effectives (ces dernières relevant de l'observation de la séance) mais sous la forme du discours technologique tenu par la GNT: les hypothétiques techniques sous-jacentes (de types méso-, topo- et chronogénétiques) sont alors inférées par le chercheur. Pour une analyse plus précise de l'action conjointe professeur-élèves, voir notre quatrième étude de cas.

L'analyse de l'entretien protocole montre que la GNT centre son discours sur la première phase de la séance 1. Elle remet fortement en question sa manière de la gérer, en particulier son explication aux élèves du fonctionnement de la machine, lié à l'explicitation du terme «à perpette». L'enseignante observe également qu'en dirigeant les actions des élèves («en voulant les aider»), ils ne peuvent qu'arriver à des solutions exactes, en évitant, de fait, d'avoir à traiter le problème. En ce sens, l'analyse de la GNT rejoint celle du chercheur. Elle insiste sur trois arguments pour expliquer (et s'expliquer?) cette gestion: les élèves auxquels elle a affaire (plusieurs sont en difficulté), ses propres contraintes temporelles et les buts didactiques qu'elle se donne. Ces trois arguments guident l'analyse ci-dessous.

En raison des «problèmes avec le calcul mental», évoqués ci-dessus, elle se doit de «pré-mâcher» le problème pour les élèves en leur indiquant que certains nombres «vont rester dans la machine et d'autres non». Les contraintes temporelles (l'organisation *chronogénétique*) sont évoquées comme une raison majeure du dirigisme qui fait l'objet de son auto-critique. En effet, il ne saurait être question de ne pas achever le problème dans le temps imparti, puisqu'elle ne reçoit ses élèves que de semaine en semaine. Il s'agit donc, tout en gardant une certaine continuité dans les thèmes abordés, de créer une entité pour chacune des leçons. Compte tenu des difficultés de certains élèves, le thème privilégié concerne «le calcul mental» et la situation choisie donne, selon la GNT, l'occasion aux élèves d'effectuer des opérations nombreuses et répétées qui, à terme, devraient devenir routinières. L'une de ses tâches d'enseignante complémentaire consiste en effet à créer des routines de calcul nécessaires à d'autres tâches mathématiques. La calculette est mise à disposition pour pallier le «manque de compréhension» supposé des multiplications par trois. En revanche les soustractions répétées (-4) sont considérées comme une occasion de «driller les élèves».

La GNT se réfère en plusieurs occasions, à la chronogenèse de la *classe ordinaire* dont est issu le groupe: en effet, à ce moment de l'année, le travail en mathématiques porte sur «les livrets», c'est-à-dire la table de Pythagore. C'est ainsi que *«La machine à perpette»* prend place également dans cette *chronogenèse*-là. Le discours de l'enseignante à propos du protocole laisse penser que le choix de la situation est le résultat d'un compromis qui vient servir le projet d'enseignement des deux systèmes didactiques (classe ordinaire et groupe de soutien).

Des décisions concernant une réorganisation possible (du *milieu*) sont prises dès cet entretien, en particulier celle de ne pas évoquer le titre («machine à perpette») pour ne pas avoir à expliquer aux élèves le sens de «à perpette»: cette explication entraîne nécessairement un dévoilement, au moins partiel, du fonctionnement de la machine. A cette occasion, la GNT évoque longuement les circonstances dans lesquelles elle-même a pris connaissance de cette situation plusieurs années auparavant. Elle se souvient que le problème portait bien sur le fonctionnement de la machine, celui-ci n'étant pas expliqué d'avance.

En conclusion, on ne peut donc «isoler» complètement ce type de dispositif de formation, par auto-confrontation simple, des conditions et des contraintes institutionnelles des acteurs qui représentent ces institutions (nous y reviendrons ci-dessous). A bon droit, le professeur négocie le contrat de recherche en respectant le contrat qui le lie à l'institution scolaire et le contrat didactique auprès de ses élèves. La construction de dispositifs de formation, par auto-confrontation simple ou croisée devrait en tenir compte en introduisant les conditions d'une articulation possible entre les sujets (les acteurs) et leurs institutions d'appartenance. Un dispositif d'auto-confrontation croisée, par l'étude des dissonances éventuelles entre les discours du professeur au chercheur et à un pair appartenant à la même institution scolaire que lui, serait vraisemblablement à même d'approfondir cette question.

L'entretien préalable à la séance 2

Quelques jours après l'entretien protocole, la GNT vient à l'entretien préalable à la séance 2 avec des notes (un script) qui décrivent le déroulement de la première phase de la séance. Les phases suivantes et la clôture (malgré les questions posées par l'interviewer) ne sont pas décrites précisément. Ceci pourrait expliquer, au moins en partie, le fait que l'enseignante répète ces phases presque à l'identique. La première phase est, selon la GNT, tellement modifiée qu'elle ne sait pas du tout, dit-elle, à quoi s'attendre de la part des élèves (la nouvelle organisation *topogénétique* serait-elle si peu habituelle?). Avant de laisser les élèves travailler individuellement, elle (se) prévoit une gestion en quatre phases distinctes, prémisses à l'organisation *mésogénétique* de la séance:

1. Dessiner le schéma au tableau noir.
2. Demander aux élèves de trouver «comment fonctionne la machine».

3. Distribuer des feuilles blanches aux élèves, mettre des calculettes à disposition en cas de besoin et garder en réserve des photocopies du schéma au cas où les élèves auraient des difficultés à le copier.

4. Laisser «nager» les élèves entre cinq et dix minutes sans intervenir, puis passer vers les uns et les autres.

D'un point de vue *chronogénétique*, elle évoque la possibilité d'interrompre la séance après les 3/4 d'heure prévus, quitte à reprendre l'activité plus tard (hors séance filmée). Ceci explique en partie le fait qu'elle n'évoque que peu la clôture: elle s'attend à un «rythme plus lent» que celui de la séance 1 et pense «ne pas terminer en une fois». Si la GNT évoque l'éventualité de ne pas clore, elle demeure néanmoins soucieuse de ses élèves: «il ne faudrait pas qu'ils partent en ayant tâtonné et qu'ils aient rien découvert». Elle prévoit donc de limiter la recherche à des nombres «pas trop grands» pour éviter de perdre du temps en calculs fastidieux et arriver rapidement à un ensemble de nombres à propos desquels débattre (phase de clôture). De même, sur la base de ses observations (protocole), l'enseignante prévoit, au bout d'une dizaine de minutes, d'arrêter la recherche individuelle en notant elle-même les nombres au tableau noir. Son but est d'empêcher des démarches redondantes (tester plusieurs fois le même nombre) et ainsi d'accélérer le processus. Le plus possible de nombres devraient être testés et être à disposition pour la phase de débat. Ces techniques, évoquées dans un souci *chronogénétique*, ont une incidence sur la *topogenèse* puisque la recherche de nombres se distribue ainsi entre les élèves, la GNT prenant en charge la publication des observations: l'activité devient collective tout en se déclinant selon des positions distinctes entre les acteurs. Elle a aussi une incidence sur la *mésogenèse* puisque cette organisation participe de la construction du milieu numérique pour la dernière phase.

D'un point de vue *mésogénétique*, l'enseignante organise les éléments matériels et symboliques en faisant des hypothèses sur les possibles conséquences de ses décisions. Avec les mêmes effets *mésogénétiques* escomptés, elle prévoit de ne pas donner d'exemple de nombre et de ne nommer la machine que lorsque les élèves auront testé suffisamment de nombres. Pour ce faire, elle mettra d'emblée les calculettes à disposition. Les caractéristiques de la feuille de brouillon (blanche ou avec schéma) sont examinées par la GNT. Elle prend la décision de distribuer des feuilles blanches en laissant le choix aux élèves: travailler avec le schéma du tableau noir, le copier ou l'avoir à disposition sur une feuille séparée.

Pour la séance 2, le groupe est composé, on l'a dit, de quatre élèves de niveaux différents en mathématiques. En se référant à la séance 1, l'enseignante prévoit que certains lui demanderont de l'aide et qu'elle aura à intervenir sur des questions de compréhension:

Extrait 3: entretien préalable à la séance 2

(…)
F: bon là je pense que je suis obligée disons de le débloquer/de le décoincer sinon il va pas aller plus loin (…) faudrait quand même que je sois un petit peu là parce que si vraiment je me mets en dehors…(…) je leur dis quand vous aurez fait un petit moment de recherche je viendrai vers vous mais pendant quelques minutes vous essayez de découvrir tout seuls après vous me direz/c'est-à-dire qu'il faut pas que j'intervienne hein je vais essayer↓ puis ensuite je pense que je serai obligée de faire une sorte de petite relance individuelle
(…)

En prévoyant ce qu'on peut interpréter comme une *technique topogénétique évoquée*, la GNT compose avec les caractéristiques de la tâche (ce qu'elle en sait par le document officiel, son observation de la séance 1 et les remaniements apportés), les possibles difficultés des élèves et l'avancement prévu. Toute cette gestion vise à obtenir (au moins) que les élèves testent suffisamment de nombres pour qu'elle-même soit en mesure d'introduire la seconde partie.

CONCLUSIONS DE L'ÉTUDE DE LA SECTION 1

Grâce à l'étude des protocoles (par le chercheur et par la GNT, avec des préoccupations différentes), on observe, entre les séances 1 et 2, un déplacement très net de l'action enseignante dans les premières phases, les secondes présentant de nombreux points communs. Il s'agit de s'interroger sur ce phénomène. Est-ce simplement le hasard (étude plus détaillée de cette partie du protocole) qui a conduit la GNT à modifier les premières phases et non les autres, ou existe-t-il d'autres raisons, plus profondes? Au moins trois facteurs conjoints sont, selon nous, à prendre en compte pour avancer dans cette réflexion: le fonctionnement du contrat didactique, notamment ses contraintes chronogénétiques; le dispositif de recherche, notamment ce que permet l'étude du protocole en termes de construction des connaissances; enfin, le fonctionnement institutionnel.

Le fonctionnement du contrat didactique

Du point de vue des descripteurs *méso-*, *topo-*, *et chronogénétiques* de la relation didactique, on peut conclure de l'ensemble des analyses que l'organisation *chronogénétique* prime du point de vue de l'enseignante: si elle remanie certains paramètres de la séance 2, la *chronogenèse* n'en est affectée que localement et la plupart des réorganisations *méso- et topogénétiques* sont des résultantes de l'organisation *chronogénétique* («il ne faudrait pas qu'ils partent en ayant tâtonné et qu'ils aient rien découvert», dit la GNT).

Le dispositif de recherche

Dans l'entretien protocole, on observe un déplacement des thèmes (par rapport à des entretiens précédents), qui va d'un discours sur les élèves (en tant que personnes) vers un discours sur les activités et les conditions d'actualisation. Le dispositif a pour premier effet de focaliser l'attention de l'enseignante sur la situation et sur certaines variables didactiques tenant à l'organisation du milieu. Elle s'essaie donc à modifier cette situation en vue d'obtenir des effets au plan des apprentissages des élèves. Au-delà des traces invoquées jusqu'ici, la suite du dispositif conforte cette analyse: lors d'un second entretien protocole (après la séance 2), le discours de la GNT indique un autre déplacement vers l'analyse presque exclusive des conduites des élèves. Le discours laisse alors transparaître une distance par rapport à ces conduites, qui en permet l'analyse. Dans le second entretien protocole, les traces laissées sur les feuilles des élèves liés aux traces discursives du protocole, font l'objet d'hypothèses quand aux procédures. Ce type de réflexion reste impossible dans l'analyse de la séance 1, puisque les élèves laissent très peu de traces écrites et la GNT elle-même conduit les procédures de calcul. Son retrait de la situation (au moins dans sa première phase) a permis aux élèves de prendre en charge la première partie du problème et lui permet à elle d'en faire l'analyse *a posteriori*. En d'autres termes, une distinction plus claire des *topos* d'élèves et d'enseignant dans la séance génère aussi les conditions pour son analyse *a posteriori*. On peut conclure de cette analyse que l'*auto-confrontation simple* à une seule séance d'enseignement ne peut suffire. Il faut que le professeur puisse reconnaître les effets de ses décisions sur les conduites des élèves: au moins deux «boucles rétroactives» sont donc nécessaires.

Pour revenir aux différentes phases des séances, modifiées ou non, l'ensemble des analyses montre l'importance de deux plans de connaissances du côté de la GNT: un plan didactique et un plan mathématique, l'un et l'autre ne pouvant être dissociés en situation d'enseignement puisqu'ils se rejoignent à travers l'objet de la relation didactique. L'étude du protocole amène la GNT à observer certaines conduites des élèves attestant d'une production de connaissances au plan mathématique (qui, sans l'étude du protocole, demeurait cachée à ses yeux). En termes de rétroactions de la situation, de nombreux événements observés (par exemple le fait qu'elle agit à la place de ses élèves) dans les premières phases, conduisent la GNT à de nouveaux choix didactiques. En revanche, aucun élément de la seconde phase ne permet ce type de rétroaction, sauf à laisser l'enseignante conclure, que malgré le «dirigisme» constaté, le but fixé a été atteint. Qui plus est, certains élèves montrent qu'ils ont appris: le débat, ouvert par Daniela à la minute 43 autour des nombres 110 et 120, en atteste. L'enseignante n'a donc aucune raison de modifier sa gestion de la seconde phase.

Le fonctionnement institutionnel

A travers les séances et les entretiens, la GNT joue son rapport aux différentes institutions en cause: l'*institution scolaire* et l'*institution de formation continue* (elle a travaillé ce type de situation mathématique dans ce cadre, la «machine à perpette» en particulier), mais aussi l'*institution de recherche* qui instaure, à travers le dispositif d'observation et d'entretien, d'autres rapports aux objets de la situation. Dans l'*institution scolaire*, elle joue aussi son rapport aux deux, voire trois, contrats didactiques auxquels elle participe dans sa fonction de *complémentaire* et *d'enseignante de soutien*, en lien avec la *classe ordinaire* de ses élèves.

L'analyse montre que la *formation continue* de la GNT, joue un rôle dans son discours tout en ne semblant pas opérante dans les séances. Elle évoque plusieurs principes («laisser les élèves aller aussi loin que possible», «ne pas trop intervenir», «s'être confronté soi-même à la situation» etc.) et pourtant sa gestion de la séance 1 semble contredire ces principes. On peut supposer qu'il ne s'agit pas d'une quelconque mauvaise volonté de sa part de ne pas (ou mal) les «appliquer», mais plutôt, dans ses fonctions d'enseignante de soutien et de complémentaire, elle se doit d'organiser les séances en fonction du système didactique principal, la classe ordinaire dont les élèves sont issus. La séance 2 résulte probablement d'un compromis entre ces différents assujettissements institutionnels: si elle répond au contrat de recherche en modifiant certains paramètres, elle ne peut toutefois se permettre de «sortir» du contrat de partenariat avec le système didactique principal. En effet, pour ce qui est de la deuxième phase, l'enseignante se doit de respecter la chronogenèse de la classe ordinaire et les savoirs sensibles du moment: les multiplications et le «livret de 4». Elle y fait référence en plusieurs occasions (dans les entretiens et dans la séance 2). Après la première phase, pour obtenir des élèves qu'ils reconnaissent le «livret de 4» à travers les nombres générés par la machine, la GNT les dirige sur des nombres plus petits que vingt, puisqu'ils n'ont pas fait l'objet d'une recherche spontanée. Les élèves préfèrent, en effet, tester de «grands nombres» (facilité par la mise à disposition des calculettes). Pour «rejoindre» son projet, elle ne peut que diriger l'action des élèves en vue d'obtenir un milieu propice à la réalisation du but qu'elle s'est fixé ou que l'institution scolaire lui fixe.

Il s'agit aussi de ne pas «griller» la situation, soit du côté de la *classe complémentaire* soit du côté de la *classe ordinaire*. C'est ainsi que, avant la séance 2, la GNT se met d'accord avec la titulaire pour que celle-ci ne fasse pas cette situation en *classe ordinaire*. A noter que lors de la première séance, la GNT n'avait pas pris autant de précautions avec ses élèves du soutien comme si il importait beaucoup moins pour ceux-ci de ne pas répéter une situation connue. On peut dès lors, encore une fois, penser que le temps didactique de la *classe de soutien* est beaucoup plus indépendant de celui de la *classe ordinaire* que le temps didactique de la *classe complémentaire*: une fois le domaine d'intervention de l'enseignante de soutien fixé, le temps didactique avance parallèlement à celui de la *classe ordinaire*. C'est bien ce qui a déjà été observé dans notre première étude de cas. En revanche, la *classe complémentaire*, comme son nom l'indique du reste, est tenue à un fonctionnement conjoint à celui de la *classe ordinaire*.

S'agissant de la même enseignante (la même personne) les deux fonctions sont nettement distinctes dans les pratiques et en particulier celles qui concernent la gestion du temps didactique de part et d'autre. A noter, à l'appui de cette hypothèse, que, dans sa fonction de complémentaire pour la séance 2, la GNT n'évoque à aucun moment le «calcul mental» qui était le but affiché pour les élèves de la *classe de soutien* de la séance 1. Pour la même situation (et en principe le même contenu de savoir) le but affiché est différent. Du reste, si l'on fait une brève incursion dans l'entretien *a posteriori* de la séance 2, la GNT établit, elle aussi, une comparaison du point de vue des savoirs enseignés. Elle revient sur le fait que cette fois le but n'était pas de travailler le calcul mental puisque les élèves ne sont, pour la plupart, pas en soutien. Elle peut alors faire avec eux un travail, dit «de réflexion»:

Extrait 4: entretien *a posteriori* de la séance 2

(…)
F: si mon objectif au départ quand je travaille avec les enfants en soutien/c'est de faire beaucoup de calcul mental parce que c'est quand même disons un petit peu leur problème de **rythme** donc heu/en améliorant le calcul mental on arrive quand même à une plus grande efficacité↑/heu/si mon objectif c'est de travailler le calcul mental je peux dire que/la première leçon était efficace/par contre si l'objectif c'est de comprendre le fonctionnement de cette machine la deuxième méthode était plus efficace/(…) alors moi/avec les groupes de soutien que j'ai d'habitude c'est quand même l'idée de les faire un petit peu calculer mentalement qui est quand même importante je veux dire/(…) c'est quand même en leur donnant heu une certaine facilité au niveau du calcul mental qu'ils arriveront quand même à aller plus vite **donc** disons à avancer (…) mais j'ai pas forcément besoin de la machine on peut tout à fait prendre une autre machine donc ça effectivement heu/le/disons/ça dépend de l'objectif mais cette machine elle est intéressante/elle est plus intéressante au niveau de la réflexion que pour le calcul mental
(…)

Cet extrait accrédite l'hypothèse, évoquée ci-dessus, qu'aux élèves du soutien sont dévolus des enseignements de techniques (ici le calcul mental, la première leçon était efficace, dit l'enseignante) et aux autres (les techniques étant acquises) une réflexion possible sur la situation (le fonctionnement de la machine).

Du point de vue des élèves de la séance 2, elle est intervenue, dit-elle lors de ce même entretien, lorsque les élèves demandaient de l'aide. Or, on l'a vu, sur les quinze interactions observées dans le premier moment de travail individuel, sept concernent Clarisse dont six initiées par cette élève. Mais la GNT ne dit rien de ses propres interventions sur la démarche des autres élèves, en particulier Carlo, l'élève «en difficulté». Celui-ci n'est du reste jamais cité comme ayant eu pour cette séance des difficultés particulières ou plus importantes que celles des autres élèves. La seule trace figure dans la séance elle-même, puisque c'est le seul élève auprès de qui l'enseignante intervient en dehors d'une demande de sa part. Mais dans l'entretien aucune trace n'en demeure. La fonction de la GNT ayant changé (elle parle en tant que complémentaire), la classe devient une *classe complémentaire*; du coup, elle n'est plus traitée comme une *classe de soutien*… et Carlo n'est plus traité comme un élève de soutien. Nous approfondirons, dans la section suivante, comment la GNT «joue» sur ses deux fonctions, selon qu'elle considère que les élèves sont en classe de soutien ou en classe complémentaire.

TROISIÈME PARTIE: L'ANALYSE D'UNE SÉANCE EN 4P

Comme pour notre première section, nous présenterons tout d'abord une analyse de la tâche mathématique prescrite pour en dégager les caractéristiques puis nous exposerons l'analyse du protocole de séance en tenant compte de plusieurs niveaux. Enfin nous confronterons ces résultats aux analyses des entretiens.

LA TÂCHE MATHÉMATIQUE PRESCRITE (ANALYSE ACHRONIQUE)

Le problème mathématique choisi par la GNT est le suivant:

La collection mystérieuse

La boîte contient plusieurs jetons rouges et plusieurs jetons jaunes

Un jeton rouge vaut 3
Un jeton jaune vaut 4

La valeur de tous les jetons est 63

Combien y a-t-il de jetons de chaque couleur dans la boîte?

Lorsque tu es certain de ta réponse demande une boîte pour vérifier

---

Figure 20. Etude de cas 2: énoncé du problème mathématique *«La collection mystérieuse»*.

Ce problème est tiré d'une revue[8] destinée aux enseignants primaires et se veut une activité qui amène «une pratique autonome de la mathématique»; elle est destinée à des élèves de 3P à 6P, avec des attentes différentes selon les degrés.

Les commentaires à propos de l'activité en énoncent les buts au plan mathématique: une recherche de toutes les solutions est attendue puisqu'il s'agit de «sortir l'élève du modèle de la situation mathématique à solution unique pour l'amener à envisager l'ensemble des possibilités avant de clore une recherche» (p. 37). L'article se réfère aux plans d'étude officiels: l'objectif est de travailler les opérations dans N et les ensembles de multiples. Les techniques opératoires requises portent sur des nombres naturels inférieurs à 100, raison pour laquelle les auteurs proposent déjà ce problème en 3P (8-9 ans). Toutefois, les auteurs précisent qu'une recherche systématique de toutes les solutions ne peut s'observer qu'à partir de la 5P (10-11 ans).

La consigne à donner aux élèves, probablement sous forme écrite (ce n'est pas explicite), est notée telle que dans l'énoncé ci-dessus. Exprimé par une équation, le problème consiste donc à déterminer x et y lorsque $3x + 4y = 63$ (où x = nombre de jetons rouges et y = nombre de jetons jaunes). Ce qui amène à six solutions différentes. Or, deux des solutions de l'équation sont d'emblée écartées par les auteurs: la solution x =1 et y = 15 et la solution x = 21 et y = 0 ne sont pas admises. Il y a, en effet, dans la boîte, dit la consigne, «plusieurs jetons rouges et plusieurs jetons jaunes» (et non pas 0 ou 1). Les 4 solutions admises sont: 17 rouges et 3 jaunes, 13 rouges et 6 jaunes, 9 rouges et 9 jaunes, 5 rouges et 12 jaunes. On peut penser que les auteurs se sont trouvés contraints par le milieu matériel qu'ils ont fixé. Il est probable en effet que la matérialisation sous forme de boîtes et de jetons physiques («Lorsque tu es certain de ta réponse demande une boîte pour vérifier», dit la consigne) constitue un obstacle: comment soutenir qu'il s'agit de boîtes contenant (au sens physique du terme) *plusieurs* jetons jaunes et *plusieurs* jetons rouges tout en donnant à voir qu'il n'y a pas de jetons jaunes (dans le cas où y = 0) ou un seul jeton rouge (dans le cas où x = 1)? On se heurte ici à une limite dans la volonté de faire coïncider représentation matérielle et raisonnement mathématique. Les auteurs préfèrent donc, purement et simplement, écarter ces solutions.

---

8   Voir *Pour une pratique autonome de la mathématique*, 1990.

Au professeur, les auteurs de l'article ne proposent que quelques éléments de gestion de l'activité: ils précisent que la recherche peut être faite individuellement ou par groupes de deux élèves. Les vertus du travail en groupe sont envisagées dans une sorte d'absolu et ne sont pas rapportées à la spécificité du problème. Quatre boîtes fermées et opaques, qui représentent les quatre solutions admises, sont censées être préparées par le professeur: elles contiennent, respectivement, les quantités de jetons rouges et jaunes des solutions admises; l'article ne dit pas si ces boîtes doivent être présentes ou non au cours de l'activité. Implicitement elles ne doivent pas l'être, puisque leur nombre (4), pourrait évidemment induire, d'entrée de jeu, le nombre de solutions admises. Les auteurs conseillent aux professeurs de «ne remettre une boîte pour vérifier que lorsqu'une solution est présentée et s'arranger pour que le contenu ne soit pas celui attendu» (p. 36). Cette forme de contre-suggestion par la monstration d'une solution non envisagée est conçue comme moyen didactique censé amener les élèves, accoutumés à rencontrer des problèmes à solution unique, à envisager une pluralité de solutions. La matérialité des boîtes et de leurs contenus est donc censée intervenir dans l'économie du problème. On aurait pu, évidemment, imaginer le même problème sans la présence physique des boîtes. Apparemment, les auteurs de l'article ne l'ont pas pensé ainsi: «Ce n'est qu'en constatant visuellement que les boîtes n'ont pas toujours le même contenu qu'ils (les élèves) envisagent l'éventualité de plusieurs solutions possibles» (p. 37). Le terme «visuellement» suggère-t-il une conception de l'apprentissage qui suppose suffisant le regard porté sur le réel pour savoir et comprendre?

Or, cette démarche suppose aussi, implicitement, que les élèves vérifient (sous quelle pression? celle de l'enseignant?) que les jetons contenus dans la boîte valent bien 63. Une telle dépendance du matériel sous-entend également qu'il n'y a pas d'erreur dans la composition de la boîte. Une erreur de ce type, par exemple une quantité de jetons erronée, devient catastrophique du point de vue de la gestion de la situation, principalement dans la validation des solutions envisagées. Les auteurs de l'article prévoient encore que l'enseignant demande «de dresser, avec méthode, un inventaire de toutes les possibilités» (p. 37). Ils précisent que «dans le cadre d'un échange général entre les différents groupes, une production écrite permet la comparaison des stratégies pour faire ressortir la plus ‹économique› en essais effectués» (p. 37).

Un exemple de production (écrite) d'un groupe d'élèves de 5P est exposé, où l'on constate qu'ils procèdent par additions répétées de 3 et de 4 jusqu'à arriver à 63. (exemple: $3 + 3 + 3 + 3 + 3 + 4 + 4 + 4 + 4 + 4 + 4 + 4 + 4 + 4 + 4 + 4 + 4$). Ces additions répétées interviennent probablement comme validation de la solution envisagée et non comme démarche de recherche. La multiplication fait partie, elle aussi, dans le discours des auteurs, d'une possible validation des solutions envisagées. Rien n'est dit des tâtonnements et d'autres procédures possibles de la part des élèves. En conclusion, la fonction enseignante dans le déroulement de l'activité est très peu décrite par les auteurs. La gestion de l'activité semble transparente alors même qu'elle est nécessaire pour son avancement, puisque la situation n'est pas envisagée comme un milieu porteur, seul, de ce que l'on souhaite faire apprendre aux élèves. Du côté des élèves, les possibles procédures de recherche ne sont pas non plus explicites.

L'analyse de la séance, mais aussi celle de l'entretien préalable avec la GNT, montrent la manière dont celle-ci comble les «vides» des propositions de l'article, pour opérationnaliser le problème en classe. Une attention particulière sera portée ici à la manière dont elle travaille préalablement sur l'organisation du milieu et certaines variables de commande pour une validation des solutions trouvées. Plusieurs va et vient entre la séance et l'entretien préalable seront nécessaires. Nous examinerons ensuite seulement les entretiens *a posteriori* et protocole.

ANALYSE DE LA SÉANCE ET DE L'ENTRETIEN PRÉALABLE:
CONSTRUCTION DE L'ANALYSE DIACHRONIQUE,
CONSTRUCTION DE SIGNES POUR L'OBSERVATEUR

Lors de la séance, la GNT répartit ses six élèves de soutien par dyades (Guillaume et Simon, Anne-Marie et Manon, Sophie et Alison) pour résoudre le problème. Sans entrer dans le détail du travail de chaque dyade, nous nous pencherons sur quelques éléments majeurs concernant la dyade Guillaume et Simon, les élèves plus particulièrement observés lors des phases de travail en dyade. Le tableau synoptique de la séance rend compte des phases suivantes:

Extrait 1: minute 1, consigne orale et écritures au tableau noir

<u>*La boîte mystérieuse*</u>

La boîte contient des jetons

Un jeton rouge vaut 3
Un jeton jaune vaut 4

La valeur de tous les jetons est 63

Combien y a-t-il de jetons de chaque couleur dans la boîte ?

F: alors/aujourd'hui/j'vais écrire au tableau/on va appeler ça/la boîte/mys-
térieuse? (9 sec écrit *«La boîte mystérieuse»*) voilà///des boîtes dans
lesquelles/une boîte dans laquelle vous devez/trouver ce qu'il y a↓//
la boîte contient plusieurs jetons↓ (10 sec écrit «*La boîte contient des jetons*»)
des jetons↓/et/y a une sorte de règle qu'il faut respecter↑//*(en écrivant)*
un//jeton//rouge///vaut//trois///un jeton//jaune/// vaut//quatre
(…) *(en écrivant)* la//valeur//de tous les jetons (7 sec écrit «*La valeur de tous
les jetons*») est//soixante/-trois↓//*(écrit «est 63»)* et la question↑//je monte
le tableau (4 sec) *(en écrivant)* **combien**/y a-t'il/de jetons//de chaque
couleur//dans la boîte↓ (…) je relis hein↑/la boîte contient **des** jetons↓//un
jeton rouge vaut trois↑/un jeton jaune vaut quatre↓/la valeur de **tous** les
jetons est↑//soixante-trois↓/question↑/combien y a-t'il de/**jetons**//de
chaque couleur/dans la boîte↓/on imagine qu'y a des boîtes/j'ai par
exemple une petite boîte *(cherche dans pupitre puis montre une boîte cylindrique
de 5 cm. de hauteur et 3 cm. de diamètre)* une petite boîte/et puis qu'y a des
jetons dedans et vous devez deviner/combien de jetons y a dedans↓//
hein↑/c'est l'exercice qu'on va faire aujourd'hui
(…)

Tableau 12. Tableau synoptique de la séance

Temps (min.)	Découpage de la séance	Modalités de travail
1 à 5	Consignes orales + notées au TN Organisation des trois dyades	Collectif
6 à 20	– Consignes répétées à chaque dyade – Recherche individuelle => 1 solution GU*: 12r. + 6j.) – Vérification solution GU => erreur => ajout d'un jeton r. => vérif. => solution notée: 19 jetons – Vérification solution GU – GNT: rappel de la question – Vérification solution GU – GNT: examen solution GU	Individuel puis dyades (Groupe observé: Guillaume + Simon)
21 à 31	– Introduction phase d'exposé des solutions – Solution de GU + SI: 13r. + 6j. – Solution de MA + AM: 8j. + 10r. – Solution de SO + AL: 9j. + 9r. – Comptage des jetons de 2 boîtes (cf. 2 solutions données + validées) => pb.: manque un jeton	Collectif
32 à 43	– Recherche individuelle => une solution chacun – Vérification solutions GU + SI – GNT: examen solutions GU + SI – Relance pour chercher d'autres solutions – Recherche individuelle: une solution (GU) – Vérification solution de GU (GU + SI)	Individuel puis dyades (Groupe observé: Guillaume + Simon)
44 à 45	(changement cassette vidéo)	(pause)
46 à 53	– 1 solution de GU: 15j. + 1r. – 2 solutions de SI: 14r. + 6j. / 18j. + 3r. – 1 solution de GU: 18r. + 3j. => solution ajustée à partir de cette solution: 17r. + 3j. – 1 solution de GU: 5r. + 12j.	Collectif
53 à 57	– Introduction GNT livrets de 3 et de 4 – Recherche dernière solution: 0j. + 2r.	
58 à 61	– Retour sur règles initiales (document) – Dévoilement du matériel: boîte ouverte – Ce qu'ont fait les 3P – Explicitation procédés de GU + SI	

* GU = Guillaume; SI = Simon; MA= Manon; AM = Anne-marie; SO = Sophie; AL = Alison.

Dès la consigne de la minute 1, des modifications se font jour par rapport à la tâche prescrite. La consigne est énoncée oralement et inscrite à mesure au tableau noir. Par rapport à la tâche prescrite, le titre a été modifié. Mais le problème a, lui aussi, été modifié. En effet, la GNT indique que «la boîte contient des jetons» mais ne spécifie pas d'emblée les deux couleurs différentes. Cette information intervient à la ligne suivante, en même temps que les valeurs des jetons; puis la valeur totale est indiquée (63) et la question est posée («combien y a-t-il de jetons de chaque couleur dans la boîte?»). Au contraire de celle de la tâche prescrite, la forme de la consigne permet de n'écarter aucune des six solutions de l'équation.

Par ailleurs, l'injonction à aller vérifier sa solution par le contenu d'une boîte ne figure pas dans la consigne. La matérialisation sous forme de boîtes a, elle aussi, disparu de la consigne écrite. Mais elle apparaît à l'oral et physiquement puisque la GNT désigne, sans dire qu'on pourra l'ouvrir plus tard, une boîte cylindrique noire, fermée. Le format de la boîte peut évoquer une petite quantité de jetons. Une seule boîte est visible, les autres (car elles existent, on le verra) sont cachées dans un pupitre. Comme prévu, la GNT ne mentionne pas qu'il y a plusieurs solutions au problème.

Lors de l'entretien préalable plusieurs raisons sont données à ces aménagements. La GNT vient à l'entretien en ayant d'une part travaillé sur le problème (la recherche des différentes solutions) et d'autre part essayé avec des élèves de 3P de sa *classe complémentaire*. La GNT se réfère à plusieurs reprises à cette classe complémentaire, la comparaison lui semble pertinente puisque, dit-elle, «c'était des troisièmes, mais un groupe normal donc ça correspond à des quatrièmes en soutien». Comme ce que nous avons observé dans notre première étude de cas, le décalage entre les élèves considérés comme «normaux» et ceux du soutien, se retrouve ici. Du point de vue des décisions prises, le titre est modifié de manière à suggérer l'idée d'une sorte de «boîte noire». La GNT se propose, en donnant la consigne, de montrer une boîte quelconque qui ne sera pas ouverte. La mention «la boîte contient...», est fortement liée au problème de savoir si l'on peut (ou si l'on doit) ou non accepter les deux solutions écartées dans l'article. En effet, la GNT considère que ces deux solutions sont valides; en conséquence, elle cherche un moyen de les intégrer au problème. Mais une consigne écrite qui quantifie les jetons de chaque couleur (par les termes «plusieurs» ou «des», par exemple) pose problème, quelle que soit l'expression envisagée. Elle opte alors pour supprimer purement et simplement la mention des couleurs de jetons dans cette phrase, pour ne la laisser que dans la partie suivante: «un jeton rouge vaut 3, un jeton jaune vaut 4». La mention des couleurs à cet endroit lui paraît suffisante. De cette manière elle ménage la possibilité d'obtenir les deux solutions écartées.

Deux solutions supplémentaires l'arrangent pour une autre raison. Elle prend la décision de principe de ne pas confronter les solutions proposées au contenu d'une boîte, mais cherche plutôt à créer les conditions d'une preuve par le calcul. Elle aimerait aussi obtenir des élèves qu'ils trouvent eux-mêmes plusieurs solutions différentes. Il faut alors qu'ils aient le plus de chances possibles d'en trouver de différentes. Dans ce but, elle décide de faire travailler les élèves individuellement ou par équipes de deux: dès lors, six solutions à trouver augmentent la probabilité d'en trouver de différentes. La fonction des 6 solutions admises est ainsi de remplacer la contre-suggestion par l'ouverture d'une boîte.

Nous distinguerons dans l'analyse qui suit ce qui a trait aux procédures de recherche de solutions, des procédés de vérification de ces solutions. Nous prenons appui ici sur les catégories de Fluckiger (2000), qui distingue la recherche de solution et la vérification/invalidation[9] au cours ou après cette recherche. Les deux élèves procèdent de façon très différente des autres, qui inscrivent des essais sous la forme d'opérations (voir brouillon de Manon) puis adaptent les opérations jusqu'à obtenir 63. Guillaume et Simon procèdent à une notation de colonnes de «3» et de «4»:

---

9 Selon d'autres catégories théoriques (Margolinas, 1993), une administration de la preuve par *évaluation* de l'enseignant est opposée à une *validation* de la part des élèves. Toutefois, pour éviter de calquer nos observations «tout-venant» sur des catégories propres aux situations d'ingénierie (en particulier les situations de *validation*), nous dirons que l'élève effectue une vérification/invalidation alors que le professeur procède, lui, à une évaluation des solutions proposées. D'un point de vue *topogénétique*, la prise en charge de l'administration de la preuve, attendue, en principe, des élèves, lui revient.

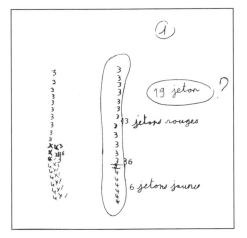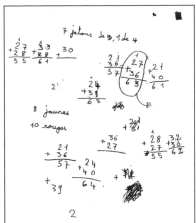

Figure 21. Etude de cas 2: copies des brouillons de Guillaume et de Manon.

La solution «6 jaunes et 13 rouges» est trouvée par Guillaume après tâtonnements, ce point est confirmé par l'observation filmée: il inscrit de haut en bas dans la colonne de gauche, d'abord dix «3» puis neuf «4». Il barre ensuite les trois premiers «4» inscrits et les remplace par des «3». Il ajuste ainsi petit à petit le nombre de «3» et de «4» en vue d'obtenir 63 en tout. Il écrit ensuite, plus clairement, une seconde colonne comprenant cette fois, note-t-il, «13 jetons rouges» et «6 jetons jaunes», en tout «19 jeton» que la GNT entoure et marque d'un point d'interrogation puisque «19» n'est pas pertinent en regard de l'énoncé du problème: «combien y a-t-il de jetons de chaque couleur?». A ce moment de la séance, Guillaume, depuis sa place d'élève (son *topos*), ne sait pas où la GNT veut l'emmener: contractuellement, il inscrit tout ce qui lui semble pertinent, c'est-à-dire «13» et «6» mais aussi «19». L'analyse des interactions entre Guillaume et Simon, montre qu'ils procèdent par comptage de trois en trois ou de quatre en quatre (voir extrait 2 ci-dessous), pour vérifier/invalider la solution envisagée et, cas échéant, adapter le nombre de «3» et de «4».

Extrait 2: minutes 9-16, dyade Guillaume et Simon

(…)

183   Si: *(compte à mi-voix)* mais oui faut enlever un quatre//faut enlever un quatre pis maintenant ça fait soixante-trois *(efface)* voilà//on a trouvé

184   Gu: attends/attends
185   Si: mais t'enlèves un quatre
186   Gu: quarante-sept quarante-huit quarante-neuf cinquante↑//
      cinquante-et-un cinquante-deux cinquante-trois cinquante-quatre↑/
      cinquante-cinq cinquante-six cinquante-sept cinquante-huit↑/
      cinquante-neuf soixante soixante-et-un soixante///ouais j'ai mis
      soixante heu/soixante heu trois ici *(recompte à mi-voix)* ah oui oui j'ai
      ajouté un trois
187   Si: *(recompte à mi-voix)* bon/voilà
188   Gu: moi je l'ai aussi/un deux trois quatre cinq six↑/un deux trois
      quatre cinq six↑/exactement/un deux trois quatre cinq six sept huit
      neuf dix onze douze treize
189   Si: j'en ai treize aussi
190   Gu: ouais/voilà/on a trouvé
(…)

Cette procédure d'écriture en colonnes est utilisée systématiquement par Guillaume et Simon tout au long de la séance et aboutit à quatre solutions différentes qui sont vérifiées/invalidées par comptage. Les traces écrites montrent que si cette procédure paraît à première vue plus élémentaire et moins économique que celles des autres élèves, elle est néanmoins beaucoup plus efficace pour la recherche de solutions. Guillaume et Simon sont les seuls à obtenir plusieurs solutions au problème.

Or, la visée de la GNT n'est pas que les élèves vérifient/invalident les solutions par simple comptage: elle souhaite les amener, conformément à la tâche prescrite, l'entretien préalable le montre, à procéder à des «opérations dans $\mathbb{N}$», si possible sous forme de multiplications et d'additions (comme le font les autres dyades, qui, elles, n'aboutissent que bien plus tard à des solutions) et à travailler sur «les ensembles de multiples». C'est ainsi que durant les deux phases d'exposé des solutions proposées (voir Tableau synoptique de la séance, minutes 21-31 et 46-52), la GNT conduit de bout en bout l'examen de ces solutions. La première solution de Guillaume et Simon (minutes 22-25) devient le support à un procédé, introduit par la GNT, qui tend à devenir une routine dans la suite. C'est pourquoi, nous exposerons ci-dessous le détail de cette «mise en routine» et, du point de vue du *topos* du professeur (relativement au *topos* des élèves), les caractéristiques des gestes d'enseignement qui s'y rattachent.

La GNT ne laisse à aucun moment Guillaume et Simon exposer leur procédure de vérification/invalidation par comptage. Ils sont en effet conviés à énoncer la solution (les nombres respectifs de jetons rouges – 13 – et jaunes – 6 –) mais c'est la GNT qui prend l'initiative de la notation publique devant la classe. C'est, du reste, elle qui tient le feutre servant à inscrire les procédures de calcul sur une affiche fixée au tableau noir (voir Figure 22 ci-dessous). Elle note d'abord la solution envisagée, sous forme des nombres accompagnés d'une tache colorée (encadré). Après inscription des multiplications correspondantes (13 x 3 et 6 x 4), elle demande à l'ensemble des élèves comment arriver à 63 (voir extrait 3).

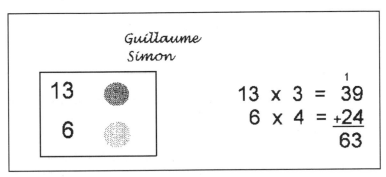

Figure 22. Etude de cas 2: écritures de la GNT au tableau noir.

Extrait 3: minutes 22-25, évaluation de la solution de Guillaume et Simon

(…)
345   Si: oui on fait treize et pis on met le quatre en dessous//treize divisé par quatre/un/trois//et pis on fait plus et pis/non
346   F: divisé↑
347   An: non c'est fois
348   As: c'est fois
349   F: fois/tu penses que c'est fois↑
350   As: oui
351   F: oui?/treize fois quatre↑
352   As: fois quatre/vingt-quatre
353   F: alors attends ça c'est quoi↑/c'est des jetons rouges/il vaut quatre↑
354   Ma: non il vaut trois
355   F: le jeton rouge vaut trois↓//alors ça va être treize/fois↑
356   ??: trois

357   F: trois↓//(*écrit «13X3=»*) et puis le jeton jaune vaut↑
358   ??: quatre
359   F: alors ça va être quel calcul↑
360   ??: six fois quatre (*ânonnent*)
361   F: alors six fois quatre↑ (*écrit «6X4=»*)
362   ??: vingt-quatre
363   F: vingt-quatre/(*écrit «24»*) et puis treize fois trois↑/alors on sait faire treize fois trois↑
364   Si: on peut marquer sur la feuille↑
365   F: treize fois trois (*ton désolé*)
366   G: (*6 sec calculent*)
367   F: qu'est-ce vous calculez/vous///   oui↑
368   Ma: [moi je sais///   ça fait [quarante-quatre
369   Si: [trente-neuf
370   F: trente-neuf↓
(…)
375   F: alors//est-ce que trente-neuf/comment ce qu'on fait maintenant pour arriver à notre soixante-trois↑
376   ??: on fait plus
377   Ma: on fait trente-neuf plus vingt-quatre
378   F: voilà/(*écrit «39»*) alors on a/on additionne les deux (*trait sous «39» et «24» et signe «+»*) et ça va nous donner↑/neuf plus quatre↑
379   Ma: ah ouais heu/treize
380   F: (*écrit «3» sous «9» et «4» et «1» au-dessus de «3»*)
381   ??: treize
382   Si: t'as vu on avait juste
383   Gu: oui
384   Ma: soixante heu/six/heu non/soix/heu six/[oui six
385   Si: [oui
386   F: ça pourrait être bon ça↑
387   Gu: oui
(…)

Ainsi, la GNT «prend la main» en montrant la manière de prouver, par des opérations multiplicatives et une addition (disposées selon la Figure 22, ci-dessus) que la solution est valide. A aucun moment les deux élèves ne sont amenés à exposer eux-mêmes la preuve (pourtant demandée) de ce qu'ils avancent.

Dans la suite de la séance, tout ne se passe pas comme le prévoyait la GNT. Après avoir inscrit la solution de Guillaume et Simon, elle demande aux autres élèves si «quelqu'un a trouvé la même chose», en espérant probablement d'autres solutions. Cette confrontation devait permettre, rappelons-le, d'introduire l'idée d'une pluralité de solutions, sans passer par le dévoilement du contenu d'une boîte. Or, les deux autres dyades ne parviennent, dans un premier temps, qu'à des solutions approchées (par exemple 8 jaunes et 10 rouges, valeur totale = 62), si bien que le projet d'enseignement est mis à mal. Elle poursuit néanmoins l'inscription des propositions des élèves: elle encadre la solution de Guillaume et Simon et inscrit la solution approchée (8 x 4=32; 10 x 3=30; valeur totale = 62) non pas sur l'affiche, mais, à la craie, au tableau noir. Elle attribue donc un autre emplacement spatial aux solutions dont elle sait qu'elles sont non valides. Or, la craie du tableau peut évidemment, au contraire du feutre, être effacée. Ces observations correspondent à des pratiques typiques du *topos* du professeur: une solution considérée comme fausse ne doit pas être conservée et une solution considérée comme correcte doit être mise en évidence; ici par l'encadrement.

Puis, elle avance elle-même l'idée d'une pluralité de solutions: «alors, est-ce que vous pensez qu'y a plusieurs solutions» demande-t-elle. Si l'on se fie à l'entretien préalable, la GNT prévoit qu'il sera difficile de faire admettre aux élèves l'existence de plusieurs solutions. Elle se réfère à ce qui s'est passé le matin même avec un autre groupe de 4P où les élèves étaient confrontés à un problème semblable. Elle prévoit que dans ce cas, elle proposera une contre-suggestion sous la forme d'une solution trouvée «par un autre élève, une autre fois». Lors de la séance, en lieu et place de cette contre-suggestion, elle avance l'idée d'une pluralité de solutions. On peut penser que cette décision d'urgence est prise avec l'*a priori* qu'il sera difficile de faire admettre d'autres solutions. Or, la réaction des élèves à cette question vient démentir cet *a priori*: devant leur assentiment immédiat, la GNT manifeste sa surprise en félicitant les élèves.

Mais en évoquant – sous une forme interrogative – l'existence de différentes solutions, la visée de la séance se trouve modifiée par rapport au projet: de la découverte qu'un problème peut comporter plusieurs solutions (la recherche de solutions est, dans la tâche prescrite, la conséquence de cette découverte), le but du problème devient la recherche de toutes les solutions. Guillaume et Simon font alors merveille en trouvant, par la procédure décrite, quatre solutions différentes. Mais l'administration de la preuve reste aux mains de la GNT: c'est elle qui conduit de bout en bout la seconde phase d'évaluation au tableau noir (minutes 46-52).

L'examen du discours de la GNT, lors de l'entretien préalable, vient compléter cette analyse: ce qu'elle nomme «l'affichage des résultats» au tableau noir constitue pour elle un élément de gestion habituelle («comme je fais toujours», dit-elle). Ce qui signifie que la manière de gérer ce moment routinier ne dépend pas, dans toutes ses composantes, du problème spécifique ou des conduites des élèves, et qu'elle mène probablement le débat comme elle le fait habituellement dans un atelier mathématique. On peut conclure que l'administration de la preuve sous forme d'évaluation fait partie des pratiques d'enseignement habituelles, même si une certaine conjoncture amène la GNT à prendre ces décisions d'urgence. En fin de séance, les élèves ont à rechercher le but poursuivi:

Extrait 4: minutes 58-61, contenu de savoir visé

```
(…)
987   F: sur quoi est-ce qu'on travaille principalement dans cet exercice
988   Si: math
989   F: bon/on fait des maths/on est d'accord on fait pas de la
                                        géo[graphie/ça
990   Ma:                                  [sur le nombre
991   F: bon/oui/sur le nombre/ [des nombres
992   An:                          [des fois
993   F: sur des fois↑/tu sens que c'est sur des fois↓/sur quel heu/les fois
      c'est les livrets/sur quel livret plus  [particulièrement
994   G:                            .              [trois et quatre
995   F: voilà/hein↑/on travaille avec les livrets de trois et quatre
(…)
```

Anne-Marie (tour de parole 992) suppose que l'on a travaillé sur «des fois», ce que la GNT traduit par «les fois c'est les livrets»[10] (tour de parole 993) et ici les livrets de 3 et de 4. Elle rejoint ainsi l'objectif de la tâche prescrite (les ensembles de multiples). Du point de vue du *contrat didactique*, amener les élèves, depuis leur *topos*, à énoncer (ou ici à deviner) l'objectif poursuivi, lui permet, depuis son *topos* à elle, de contrôler que le but de la leçon est partagé par les élèves.

On peut avancer l'interprétation suivante. En réaménageant la consigne, la GNT modifie les conditions et le *milieu* du problème: elle s'attend alors à certaines conduites de la part des élèves. Mais celles-ci ne se réalisent pas de la manière attendue. En particulier, la GNT ne peut s'appuyer sur les procédés de vérification/invalidation de Guillaume et

---

10 Les tables de multiplications.

Simon, seuls, dans un premier temps, à proposer une solution valide. Paradoxalement, ce sont, en effet, les élèves qui manifestent les conduites les plus élémentaires, qui trouvent le mieux et le plus vite des solutions au problème posé. Pour cela, ils ne semblent pas avoir besoin du contenu de savoir visé, «travailler sur les ensembles de multiples». Le but qu'elle s'est fixé, conformément à la tâche prescrite, est dès lors compromis: le projet d'amener les élèves à une preuve par des multiplications (et des additions), qui amènent elles-mêmes aux ensembles de multiples («les livrets»), ne peut se réaliser sans une intervention de sa part. De fait, la tâche prescrite (de même que le problème modifié) ne contraint pas le savoir visé, si bien que, dans le *contrat didactique*, des points de vue *mésogénétique*, *topogénétique* et *chronogénétique*, au lieu de pouvoir déléguer aux élèves la charge de vérification/invalidation des solutions proposées, la GNT est obligée de s'en charger elle-même et de la conduire de bout en bout. Mais il lui incombe alors de vérifier que le but fixé n'a pas été perdu; c'est ainsi qu'elle amène les élèves à l'identifier en le verbalisant.

La dernière phase de l'atelier (minutes 58-61) semble étrange, au demeurant. En effet, la GNT dévoile le matériel qui était à disposition «au cas où». Trois autres boîtes de jetons sont sorties l'une après l'autre d'un pupitre. La GNT en avait préparé quatre en tout, renfermant les quatre «solutions» prescrites (pourquoi quatre et non pas six, puisque le problème a été modifié?). Les boîtes sont alors ouvertes et les élèves sont amenés à compter les jetons rouges et jaunes contenus dans chaque boîte. Un incident se produit: l'une des boîtes ne contient pas le nombre attendu de jetons jaunes et un échange se déroule autour de cette erreur dans la composition de la boîte.

ANALYSE DES ENTRETIENS *A POSTERIORI* ET SUR PROTOCOLE: RÉDUCTION DE L'INCERTITUDE QUANT AUX INTERPRÉTATIONS AVANCÉES

L'*entretien* a posteriori

L'entretien a lieu le lendemain de la séance et dure environ 3/4 d'heure. Comme dans tous les entretiens de cette sorte le thème le plus massif est celui des productions écrites des élèves. La GNT commente très en détail les feuilles de brouillon, analyse finement les différentes procédures et en donne une interprétation très convergente à notre propre analyse. Elle ne revient en revanche que très peu sur ses prises de décisions quant aux variables de commande.

On trouve dans l'entretien une confirmation de ce qui a été analysé ci-dessus par rapport aux élèves de *classes de soutien* vs. *classes complémentaires.* La GNT confirme que son but était de travailler sur le «calcul mental» et les «livrets»et non pas sur les procédures elles-mêmes:

Extrait 5: contenu de savoir visé

(…)
F: ce sont des enfants en **soutien**↑ (…) c'est quand même des enfants qui ont un peu de peine en math/le but c'est quand même de travailler le calcul mental/on en revient toujours à ce problème↑ donc/toute la phase de calcul heu/j'ai décomposé/ils avaient de la peine à faire heu/quatre fois quinze ou trois fois dix-huit↑ ou trois fois dix-sept//combien ça fait↑//(…) leurs livrets↑ ils ont l'air de commencer à bien les mémoriser↑//ça c'est normal en fin de quatrième ils sont censés quand même maîtriser la table de/de Pythagore↑ même pour des enfants qui ont de la peine↑/
(…)

C'est ainsi que la GNT explique qu'à aucun moment elle n'a demandé aux élèves quelles étaient leurs procédures. Malgré le problème prévu pour cette séance, la référence au temps didactique de la *classe de soutien* est prédominante. Cela dit, elle évoque la possibilité pour une reprise éventuelle, d'aménager une phase où les élèves auraient à «dire leurs stratégies à d'autres qui n'ont pas vu leurs feuilles».

Un élément tenant aux procédures, mais surtout à l'attitude de recherche que Guillaume a montrée, se révèle comme une possibilité de poursuite éventuelle du problème dans le cadre de la *classe complémentaire.* La GNT semble jouer ici sur ses deux fonctions. Aux dires de la GNT, après la séance filmée Guillaume se pose à lui-même un *nouveau problème* et propose de faire «la même recherche avec un autre total». C'est-à-dire avec une autre valeur que 63. La GNT n'envisage pas de reprendre cette idée de Guillaume en *classe de soutien*, mais en *classe complémentaire*, «ça doit être très intéressant au niveau du travail de la table de multiplication», dit-elle. Le bilan qu'elle tire de cette séance est plutôt positif et même, elle s'étonne de la facilité de ces élèves de soutien à accepter la possibilité d'une pluralité de solutions au problème posé. Elle s'étonne également de ce qu'ils n'ont pas eu besoin de dessiner, comme c'était le cas des 3P de *classe complémentaire* avec qui elle a essayé le problème, ni d'utiliser des jetons.

Néanmoins elle justifie sa gestion de la séance par l'appartenance des élèves à une *classe de soutien*: il est important de montrer, dit-elle, qu'il y une solution. C'est-à-dire qu'elle ne peut pas laisser partir ses élèves, qu'elle ne reverra qu'une semaine plus tard, sans qu'ils «aient l'impression d'avoir terminé la recherche». Il semble que cet élément fasse partie non seulement du contrat institutionnel mais également du contrat didactique, dans ses clauses pérennes.

L'entretien protocole

Cet entretien protocole étant la dernière étape de notre dispositif de recherche concernant ce système, nous ne tiendrons pas compte, comme pour l'entretien protocole intermédiaire de la section 1, des projets de la GNT pour une suite possible (invérifiable puisque non observée). Nous relèverons plutôt les effets du travail sur protocole de la GNT. Parmi ces effets, le plus intéressant, à nos yeux, concerne un déplacement très net du discours de la GNT entre l'entretien *a posteriori* et l'entretien protocole. Les centrations principales de ce dernier entretien ne portent plus sur les conduites des élèves et leurs productions écrites exclusivement. Cette fois, la GNT met en relation ces conduites d'une part avec ses décisions de gestion concernant la validation des solutions trouvées et d'autre part avec la situation elle-même qui ne comporte pas l'obligation – comme les concepteurs le préconisaient – de passer par des opérations multiplicatives pour obtenir des solutions. L'effet de l'analyse du protocole est de «reconstituer» le système pour la GNT: elle est amenée à prendre du recul et ne considère plus seulement ses seuls «objets d'observation» habituels, à savoir ses élèves, mais le système en activité, représenté par les traces objectives dans le protocole. C'est ainsi que les conduites des élèves sont rapportées à la situation et à sa propre gestion de la leçon.

CONCLUSIONS DE L'ÉTUDE DE LA SECTION 2

On peut conclure de ces analyses une série de paradoxes, propres au fonctionnement du système didactique mais aussi au rapport de la GNT à la tâche prescrite et au système d'enseignement au sens large. La tâche prescrite, peu explicite à la fois du point de vue des savoirs en jeu, du point de vue de la gestion enseignante et du point de vue des possibles procédures des élèves – les éléments d'analyse *a priori* l'ont montré –

amène un certain nombre de phénomènes propres aux pratiques enseignantes. La GNT prend la décision initiale de ne pas recourir à une vérification par l'ouverture d'une boîte: du point de vue du problème mathématique, cette décision permet de ne pas s'encombrer d'une preuve matérielle pour s'en tenir à la vérité mathématique. Mais les décisions de la GNT en cours d'atelier ne paraissent pas toujours cohérentes par rapport à ses décisions initiales – qui se distancient notablement de la tâche prescrite – puisqu'elle ne s'autorise pas à éviter complètement l'ouverture des boîtes, geste qui figure, lui, dans la tâche prescrite. Comme pour notre première section, nous rapporterons ces paradoxes au fonctionnement du contrat didactique et au dispositif de recherche. Le fonctionnement institutionnel sera, quant à lui, versé à la conclusion d'ensemble de cette étude de cas.

Le fonctionnement du contrat didactique

Du point de vue de la situation, on l'a constaté, l'enseignante aménage un *milieu* différent de celui qui est préconisé par les concepteurs du problème. Ce *milieu* évolue au fil de la recherche des élèves et n'est sans doute pas le même d'une dyade à l'autre. D'un point de vue *mésogénétique*, la GNT favorise alors l'émergence, dans l'espace public de la classe, des procédures multiplicatives au détriment de l'addition répétée. Ce faisant elle est confrontée à un paradoxe, celui de ne pouvoir permettre une procédure pourtant réputée efficace puisque Guillaume et Simon parviennent à la majorité des solutions.

Du point de vue des élèves, dans un contrat didactique classique, les attentes du professeur sont toujours en partie implicites. Dans le cas particulier, ils sont censés «deviner» (au moins en partie) ce que la GNT attendait: celle-ci demande aux élèves, en fin de séance, d'énoncer le but de l'atelier (voir extrait 4). Certains élèves comme Guillaume parviennent malgré tout à se découper un espace propre en produisant des connaissances au plan mathématique, hors du contrôle de l'enseignante. Mais cet espace de travail laissé à l'élève semble plus conjoncturel que relevant de décisions didactiques. En effet, la GNT, depuis son *topos*, ne rend publics que les procédés d'administration de la preuve qui lui semblent compatibles avec son projet d'enseignement; dans le cas présent, elle est amenée à les prendre en charge elle-même puisqu'elle considère que la procédure de comptage ne permet pas d'atteindre l'objectif visé. Tout se passe comme si les apprentissages étaient censés se faire sous le regard de l'enseignante et en raison de son action à elle. Le système de places est ainsi, dans un contrat didactique classique, fortement déterminés par ce présupposé.

Le dispositif de recherche

Dans le contrat de recherche, l'enjeu porte, à cette ultime étape du dispositif (on est dans le module 4), sur le principe même des situations didactiques (avec leurs différentes formes). En plusieurs occurrences au cours de l'entretien, la chercheuse pose des questions sur la nécessité ou non des opérations multiplicatives. Les conduites de Guillaume en particulier montrent qu'en effet, il est tout à fait possible (et même très efficace) de rechercher et de trouver des solutions par comptage. Or, plusieurs fois dans l'entretien, la GNT évoque ce qu'est pour elle une multiplication, à savoir une addition sous une forme «simplifiée» ou «raccourcie»: «c'est quand on répète un nombre plusieurs fois (...) ça me gène pas qu'ils utilisent l'addition parce que l'addition/la multiplication c'est que le raccourci mathématique de l'addition». Ce qui suppose que pour la GNT, nul n'est besoin de faire une différence entre les procédures; addition, multiplication ou comptage sont, pour elle, interchangeables. Son intervention lors de la vérification des solutions ne vise qu'à «raccourcir» ou «simplifier» une écriture, mais ne constitue pas un savoir qu'elle souhaite transmettre. Il n'y a donc, de son point de vue, aucune raison d'en modifier la gestion. Sur ce point, c'est bien le dispositif lui-même qui est à interroger puisque celui-ci ne permet pas des rétroactions suffisantes pour que la GNT soit amenée à travailler plus avant sur les contenus de savoirs mathématiques eux-mêmes. L'analyse de l'entretien protocole montre que c'est bien au rapport de la GNT au savoir mathématique que l'on a affaire. Ce qui signifie que dans une perspective de formation (qui n'était pas le but visé ici), le dispositif se devrait de travailler de façon bien plus pointue sur les savoirs mathématiques visés.

CONCLUSION DE L'ÉTUDE DE CAS

En conclusion à cette deuxième étude de cas, nous ne pointerons qu'un seul résultat marquant qui concerne le fonctionnement institutionnel de ce système complexe *classe de soutien-classe complémentaire-classe ordinaire*.

Comme pour notre première étude de cas, tout se passe comme si la *classe de soutien* devait fonctionner comme un système *sans mémoire* de ce qui se passe dans le système principal; là aussi la GNT intervient à titre de «réparatrice» par rapport à des techniques identifiées comme déficientes: il s'agit cette fois de travailler le «calcul mental», par la mémorisation des livrets, de manière à le rendre routinier.

Les contenus d'enseignement du soutien suivent, là également, leur propre chronogenèse. Mais ici la particularité de ce système complexe tient à l'existence d'une GNT qui est à la fois enseignante de soutien et complémentaire. La classe complémentaire a quasiment une fonction d'interface entre les deux autres systèmes puisque les élèves transitent de l'un à l'autre. Tout se passe en effet comme si, dans cette deuxième étude de cas, les «essais» (de nouvelle gestion de «*La machine à perpette*» ou de «*La collection mystérieuse*») ne pouvaient s'effectuer tout de suite «en vrai soutien». Dans ce cas, la GNT profite de sa double fonction et choisit plutôt la *classe complémentaire* comme terrain d'essai, quitte à reprendre la situation en *classe de soutien* lorsqu'elle constate que «c'est faisable» dans le degré inférieur. Pour qu'une situation peu connue ou peu expérimentée sous une certaine forme soit intégrée, il faut effectuer des essais dans les différentes classes à la charge du professeur; ici, les *classes complémentaires* endossent cette fonction d'essai.

Pour ce qui concerne l'avancement du temps didactique dans les différents systèmes conjoints, l'étude permet de répondre partiellement aux questions que nous nous posions. On constate, comme dans la première étude de cas, que le système de la *classe de soutien* revient en arrière par rapport à l'avancée du temps didactique dans la *classe ordinaire*, pour avancer ensuite parallèlement à celle-ci, selon sa propre chronogenèse. L'observation de la séance «*Collection (boîte) mystérieuse*» le confirme: en *classe ordinaire*, en cette fin de 4P, les élèves abordent la division et les «livrets» sont censés être maîtrisés. L'analyse montre que la GNT, sous couvert de la vérification des solutions, drille les élèves de soutien à propos des livrets justement. Par comparaison avec ses élèves de 3P de la *classe complémentaire* auprès de qui «La collection (boîte) mystérieuse» a été testée, tout se passe comme si les élèves de *classe de soutien* de 4P «équivalaient», du point de vue du temps didactique, à ceux de 3P. Mais la dernière séance a bien un statut dans la *chronogenèse* de la *classe de soutien* et non plus dans celle de la *classe complémentaire*.

Si une même situation est travaillée dans les différents systèmes, comme c'est le cas de «La machine à perpette», elle prend des fonctions différentes et vise des buts différents, selon le groupe d'élèves concerné et surtout, en *classe de soutien*, selon l'avancée du temps didactique de cette classe, c'est-à-dire par rapport à l'avancée dans la *classe ordinaire* puisqu'en tout état de cause les systèmes didactiques parallèles ne peuvent pas fonctionner de manière isolée, le temps didactique de la *classe de soutien* semble néanmoins ne jamais rejoindre, dans ce cas également, le temps didactique de la *classe ordinaire*.

Chapitre 4

Une classe d'accueil d'élèves
non francophones

ACTEURS ET INSTITUTIONS

Ce troisième dispositif, en *classe d'accueil d'élèves non francophones* (ci-dessous STACC: STructure d'ACCueil) a été mené au cours d'une année scolaire complète avec la collaboration d'une enseignante GNT que nous nommerons Mme D. La fonction institutionnelle de Mme D consiste à prendre en charge des élèves non francophones, nouvellement arrivés à Genève. Il ne s'agit donc pas d'une prise en charge de «soutien», puisque ces élèves ne sont pas nécessairement «en difficulté», au sens habituel du terme, il s'agit plutôt d'une intégration de ceux-ci dans le cadre de l'école genevoise. Ces enfants proviennent de pays aussi divers que l'ex-Yougoslavie, le Portugal, l'Arménie ou la Zambie. Ils sont affectés à des *classes ordinaires* mais travaillent la moitié du temps scolaire avec l'enseignante GNT dans le cadre d'une STACC. Le rôle de la GNT est aussi de les accueillir lors de leur entrée à l'école: elle effectue un premier bilan de leurs connaissances de façon à les orienter vers un degré scolaire adapté à leur niveau. En mathématiques, ce bilan porte essentiellement sur certaines activités dans le domaine de la numération et des opérations arithmétiques élémentaires. Ces activités sont, selon Mme D, les seules possibles puisque ces enfants ne parlent pas du tout le français à leur arrivée.

Après ce bilan d'entrée, la GNT partage à mi-temps la prise en charge des élèves avec le titulaire de leur *classe ordinaire* d'attribution. Cette STACC, à petits effectifs, comprend ainsi des élèves de niveaux différents, de 2P à 6P. Pour cette année, les élèves de ce groupe sont au nombre de onze, dont deux élèves de 2P, Ména (fille) et Armin (garçon), deux élèves de 3P, Tiko (garçon) et Shaïn (garçon) et deux élèves de 5P,

Viviana (fille) et Elena (fille). Ces six élèves forment le groupe initial à propos duquel la GNT constitue, durant le mois de septembre, le dossier qui sera discuté lors du premier entretien. En cours d'année cinq élèves s'ajoutent à ce premier effectif, dont trois ont participé à notre recherche: Gwali (fille placée en 2P), Miguel (garçon placé en 5P) et Fiorella (fille placée en 6P).

Sur le plan pratique, la GNT dispose d'une salle de classe standard, semblable à celles des classes ordinaires. La salle doit en effet être suffisamment vaste pour pouvoir accueillir, le cas échéant, de nouveaux élèves en cours d'année.

Mme D est une GNT dont l'expérience est très importante: elle est en fin de carrière et elle a une pratique de longue date auprès des élèves non francophones. En outre, elle a suivi de nombreux séminaires de formation à propos de l'enseignement des mathématiques en soutien et à propos de l'accueil des élèves non francophones. Son intérêt pour les mathématiques et son expérience d'«entrée en matière» par l'enseignement de contenus mathématiques très ciblés (numération et opérations arithmétiques élémentaires), nous ont semblé réunir des conditions propres à mener à bien notre recherche. En même temps, les questions posées par la recherche, semblaient rejoindre les intérêts de Mme D: elle y a vu l'occasion d'une réflexion au sujet de sa pratique.

L'observation de ce qui se joue lors de l'entrée dans l'institution scolaire sera le centre de notre questionnement. En se donnant pour tâche, à la fois de tester les élèves en provenance d'autres systèmes (ils ont en général un passé scolaire ailleurs) et de les intégrer au système genevois, l'institution met en œuvre des moyens (grâce à la GNT) pour parvenir à une adaptation dont elle jugera de la recevabilité. Les déclarations de conformité (ou de non conformité) seront à cet égard autant d'indices de ce que l'institution scolaire attend de ses sujets. Les élèves, autant que leurs parents, n'étant pas censés savoir *a priori* comment fonctionne le système, il est à prévoir que quelques-unes au moins des conventions habituellement tacites du système, seront mises à jour en raison des efforts d'adaptation consentis par les élèves et mis en œuvre par l'institution via la GNT; il s'agit en effet de «forcer» en quelque sorte l'adaptation des élèves sur la durée la plus courte possible. Le premier bilan d'entrée de chaque élève, ainsi que l'examen de fiches-bilan périodiques, nous seront fort précieux pour comprendre comment le système préconise qu'un enfant devient élève, un sujet de l'institution scolaire.

Or, les élèves de cette population particulière s'insèrent pour la moitié de leur temps dans une *classe ordinaire*, si bien que le travail de la GNT ne peut (en principe) ignorer l'avancement des savoirs qui s'effectue parallèlement. C'est pourquoi, notre questionnement tiendra compte de cette situation particulière où la GNT, qui travaille quotidiennement avec ce groupe-classe à plusieurs degrés, est censée «repasser» les élèves aux différents professeurs titulaires (il y en a au moins cinq) et éventuellement rendre compte à ceux-ci du travail effectué. Le but affiché est de parvenir à l'adaptation des élèves à la *classe ordinaire*, bien évidemment; et donc à l'état d'avancement du savoir de celle-ci.

TYPES DE MATÉRIAUX COLLECTIONNÉS
ET CHOIX DES ACTIVITÉS ANALYSÉES

Nous ferons, comme pour les autres études de cas, un rapide inventaire des matériaux à disposition (dossier initial, séances et entretiens).

Les documents rassemblés en septembre par Mme D concernent d'une part le bilan d'entrée de ses six élèves et d'autre part les matériaux issus des premières semaines d'école. A ces traces s'ajoute la transcription de l'entretien dossier. Parmi ces différents matériaux (première partie de notre étude de cas), pour les raisons évoquées ci-dessus, nous examinerons particulièrement les bilans d'entrée, une fiche-bilan périodique transmise aux parents et les thèmes de l'entretien dossier qui s'y rapportent. L'entretien permettra également de comprendre le projet d'enseignement de ce système en interrogeant les raisons des choix effectués conjointement avec les titulaires des classes ordinaires.

Après cette première étape, six séances ont été observées (y compris les entretiens afférents). Nous avons sélectionné, pour notre seconde section, quelques-unes des activités de numération de la première séance observée seulement, afin d'examiner comment se joue, après le bilan d'entrée, l'intégration de ces élèves.[1]

---

1 La plupart des autres séances portent sur un jeu de numération, intitulé la «Farandole des animaux», qui a été répété au cours de cinq séances par la GNT, avec différents élèves, de tous les degrés, mais aussi plusieurs fois avec les mêmes élèves. Ce jeu a été l'occasion de montrer comment la GNT, en interaction avec le chercheur, travaille sur les variables didactiques de la situation. Si cette étude de cas concerne la compréhension de ce nouveau système didactique parallèle, elle est aussi à verser au dossier de la formation

PREMIÈRE PARTIE: LES BILANS D'ENTRÉE ET LA FICHE-BILAN

En analysant ces matériaux, nous nous interrogerons en plusieurs occasions sur les choix effectués du point de vue des objets de savoir mathématiques et proposerons des interprétations provisoires. L'analyse de l'entretien dossier permettra ensuite de confirmer (ou infirmer) ces hypothèses. Nous chercherons particulièrement à mettre à jour comment le double système *classe ordinaire-classe d'accueil* s'y prend pour intégrer ses sujets.

LES BILANS D'ENTRÉE

Nous appuierons nos analyses sur les bilans (écrits) des 6 élèves présents dès le début de l'année scolaire (Ména et Armin, 8 ans, placés en 2P; Tiko et Shaïn, 9 ans, placés en 3P; Viviana et Elena, 11 ans, placées en 5P). Deux types de bilan écrits, «math 1» et «math 2» sont passés, respectivement, auprès de Ména, Shaïn et Armin et auprès de Tiko, Viviana et Elena. Tiko et Shaïn seront ainsi attribués au même degré en ayant subi des évaluations différentes.

Le bilan «math 1» comprend plusieurs items (voir Figures 23, 23 bis, 23 ter) que nous avons reconstitués d'après les traces écrites des élèves. Les énoncés sont écrits par la GNT à mesure de la passation et non pas à l'avance, ils varient d'un élève à l'autre. Les bilans ont été passés en situation de face-à-face entre l'élève et la GNT qui donne les consignes oralement (elles ne figurent pas sur la copie écrite). Le bilan «math 2» (voir Figures 24, 24 bis, 24 ter), quant à lui, se compose de trois fiches standardisées (photocopies): en tout 67 items.

---

des professeurs: quelles sont les conditions, notamment les rétroactions possibles, permettant au professeur de revenir sur son action passée pour prendre de nouvelles décisions didactiques? Ces questions ont été traitées ailleurs: voir Leutenegger, 1998 et 1999. Nous nous limiterons ici au fonctionnement du système *classe d'accueil d'élèves non francophones*.

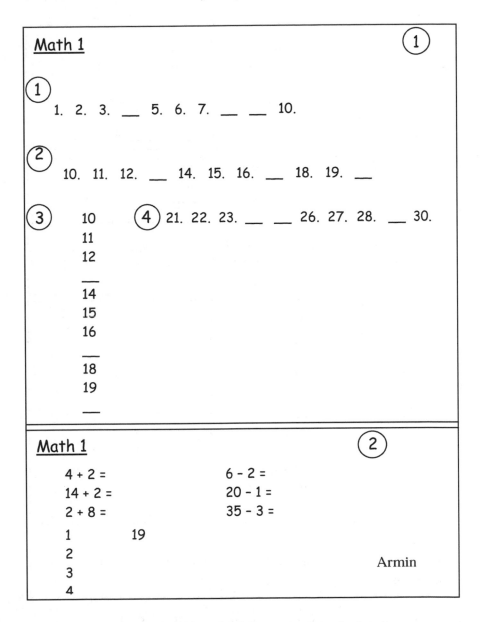

Figure 23. Etude de cas 3: items des bilans «math 1» de Armin.

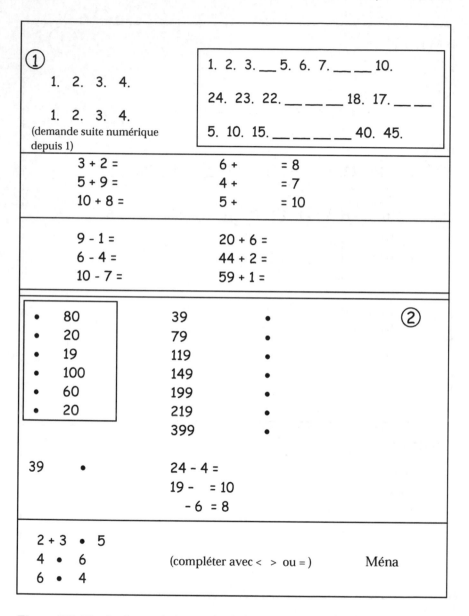

Figure 23'. Etude de cas 3: items des bilans «math 1» de Ména.

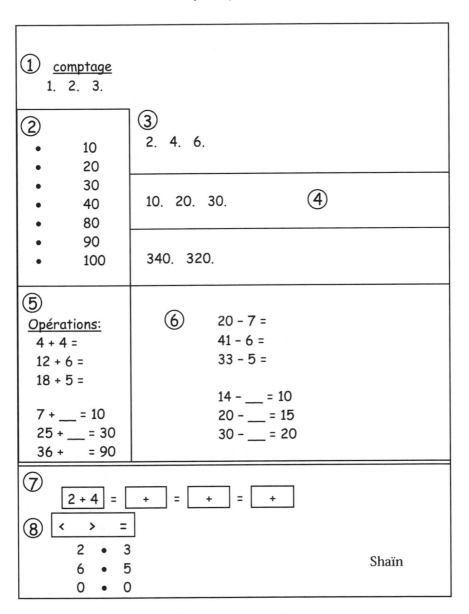

Figure 23″. Etude de cas 3: items des bilans «math 1» de Shaïn.

Math 2

fiche 1

6 + 2 =	6 – 2 =	3 × 2 =
16 + 3 =	16 – 2 =	4 × 4 =
34 + 4 =	40 – 2 =	6 × 5 =
45 + 3 =	90 – 5 =	9 × 3 =

12	26	69	238
+ 14	+ 33	+ 49	+ 574

24	226	71	206
– 13	– 14	– 15	– 18

15 : 5 =	70 : 10 =	64 : 6 =	42 : 7 =

50 : 5	125 : 5	186 : 3	279 : 3

34	76	128	241
X 2	X 6	X 15	X 24

Figure 24. Etude de cas 3: items du bilan «math 2» de Tiko, Viviana et Elena, fiche 1 standardisée.

Math 2

fiche 2

---

5. 6. 7. 8. ——.——.——.——.——.——.——.——.——.——.——
16. 17. 18. ——.——.——.——.——.——.——.——.——.——.——
43. 44. 45. ——.——.——.——.——.——.——.——.——.——.——

---

494. 495. 496. ——.——.——.——.——.——.——.——.——
160. 170. 180. ——.——.——.——.——.——.——.——.——.——
600. 700. 800. ——.——.——.——.——.——.——.——.——.——
156. 155. 154. ——.——.——.——.——.——.——.——.——

$10 - 1 =$	$100 - 1 =$	$1000 - 1 =$	$300 - 1 =$
$10 - 10 =$	$100 - 10 =$	$1000 - 10 =$	$690 - 1 =$
		$1000 - 100 =$	

| $401 - 10 =$ | $304 - 100 =$ | $1200 - 1 =$ |
| $902 - 10 =$ | $990 - 100 =$ | $1010 - 1 =$ |

$$8 + \bullet = 10 \qquad 70 + \bullet = 100$$

$$\bullet + 7 = 10 \qquad \bullet + 40 = 100$$

$$12 - \bullet = 8 \qquad 100 - \bullet = 80$$

$$\bullet - 6 = 6 \qquad \bullet - 60 = 40$$

Figure 24′. Etude de cas 3: items du bilan «math 2» de Tiko, Viviana et Elena, fiche 2 standardisée.

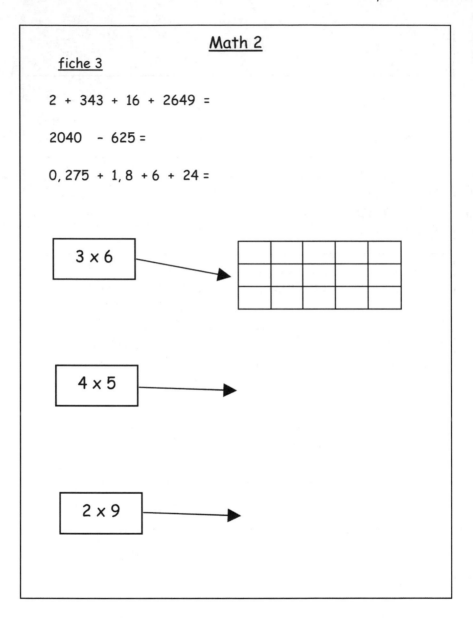

Figure 24''. Etude de cas 3: items du bilan «math 2» de Tiko, Viviana et Elena, fiche 3 standardisée.

Aux items du bilan d'Armin s'ajoutent quelques items (additions et soustractions en lignes) de la première fiche du bilan «math 2». Au-delà de cette diversité des bilans, à noter que «math 2» est appliqué de façon plus standardisée que «math 1». Cela dit, dans les deux types de bilan, rien n'indique les consignes orales de la GNT ni ses interventions en cours de travail.

Une première interrogation se pose: sur quels critères la GNT choisit-elle de faire passer le bilan «math 1» ou le bilan «math 2»? A première vue on pourrait croire que les élèves plus âgés passent plutôt le bilan «math 2», mais ce n'est pas une règle absolue puisque Tiko, qui a le même âge que Shaïn, passe un bilan différent et Armin, qui a le même âge que Ména, passe le même bilan que Shaïn auquel s'ajoutent des items de «math 2». Pour éclaircir quelque peu ces choix, nous procéderons par recoupements en interrogeant les différentes traces à disposition.

Les deux types de bilans portent essentiellement sur deux objets: des suites numériques et des opérations arithmétiques élémentaires. Le bilan «math 1» fait intervenir des opérations «en ligne» (additions et soustractions) auxquelles s'ajoutent des inégalités (ou égalités), sous la forme des signes «>», «<» et «=», à placer entre deux nombres. Le bilan «math 2» porte partiellement sur les algorithmes en colonne (les quatre opérations élémentaires) et sur des opérations «en ligne». Des séries numériques sont également testées mais en moins grande proportion que dans «math 1».

Suites numériques

A Armin, Ména et Shaïn, la GNT demande d'établir la suite écrite des premiers nombres entiers en complétant une série amorcée ou en complétant une série où des espaces vides ont été laissés sous forme de traits horizontaux. Pour toutes ces séries, des suites régulières sont attendues. Mais *a priori* rien n'indique que des intervalles égaux soient nécessaires pour chacune. On peut supposer que la GNT teste avant tout la capacité de l'élève à décoder ce qui est attendu de lui, puisqu'au plan strictement mathématique, il n'est pas impossible de compléter les séries au hasard.

Aucun des items présentant des suites numériques n'est rigoureusement identique d'un élève à l'autre. Par exemple pour Armin il s'agit de compléter non pas une ligne mais une colonne de nombres, depuis 10 et depuis 1. Pour Shaïn, deux séries comportent des intervalles supérieurs à 1 mais réguliers entre eux. Pour Ména, la GNT a écrit la série «1. 2. 3.

4.» qu'elle devra poursuivre, ou encore n'écrit rien et l'élève est censée inscrire la série depuis le début (sur la base de quelle consigne orale?).

D'autres items consistent à inscrire le nombre précédant d'une unité chacun des nombres d'une série déjà inscrite (Shaïn et Ména mais pas Armin). Le choix des nombres est parfois révélateur de ce que souhaite tester la GNT, c'est-à-dire si l'élève est capable de passer à l'écriture de la dizaine (ou de la centaine) inférieure ou supérieure (par exemple la série 39. 79. 119. etc. où l'élève est censé noter le nombre qui suit immédiatement chacun d'entre eux).

Pour ce qui est des suites numériques du bilan «math 1», au contraire du bilan «math 2», la comparaison d'un élève à l'autre est impossible puisqu'aucun item n'est identique. On peut se demander si la GNT «invente» les items sur le moment même (en gardant une ligne directrice) ou si elle a en tête un certain nombre d'items qui ont fait leurs preuves au fil des années précédentes et qu'elle réutilise à l'avenant, en fonction des premières réponses données. Nous tenterons de répondre à ces questions par l'analyse de l'entretien dossier.

Du côté du bilan «math 2», deux séries de trois et quatre items, respectivement (fiche 2) visent à faire compléter des séries de nombres dont les trois ou quatre premiers sont, comme pour «math 1», inscrits d'avance. A nouveau, bien qu'aucune consigne écrite ne soit présente (quelle est la consigne orale?), il semble que les réponses attendues consistent à compléter ces séries en respectant des intervalles de 1 entre les nombres. D'autres items présentent des séries dont les intervalles valent respectivement 10 (160. 170. 180. ...) et 100 (600. 700. 800. ...). Remarquons que ces séries comportent respectivement un nombre entier de dizaines ou de centaines: la GNT ne demande pas, par exemple, de compléter des séries de la forme (165. 175. 185. ...). Le dernier item revient à des nombres «plus petits» de l'ordre d'une centaine, mais cette fois il s'agit de compléter la série par des nombres décroissants (intervalles de 1). Le passage à la dizaine ou à la centaine est testé (par exemple de 1 en 1 de 494 à 506).

On peut inférer de ces sept items, que pour la GNT, il s'agit d'aller du plus simple au plus compliqué, en combinant différents critères: la grandeur du nombre, la grandeur des intervalles (qui sont toujours réguliers) et l'ordre croissant ou décroissant. L'ordre décroissant étant probablement considéré comme «plus compliqué», la GNT propose des nombres «plus petits» et des séries avec des intervalles de 1. Dans le compte rendu des réponses des élèves et des commentaires écrits de la

GNT, nous nous attacherons à corroborer, chaque fois que possible, toutes ces différentes hypothèses.

Opérations

Pour ce qui concerne les opérations, le bilan «math 1» ne comporte, à nouveau, aucune standardisation des questions. Il est possible malgré tout d'identifier une typologie des opérations proposées:

Type 1: des additions avec lacune finale, de la forme $a + b = \ldots$
Type 2: des additions avec lacune médiane, de la forme $a + \ldots = b$
Type 3: des soustractions avec lacune finale, de la forme $a - b = \ldots$
Type 4: des soustractions avec lacune médiane, de la forme $a - \ldots = b$
Type 5: une soustraction avec lacune initiale, de la forme $\ldots - a = b$

Les opérations présentent généralement une place finale ou médiane de la lacune. Dans un seul cas (pour Ména) apparaît une soustraction dont la lacune est initiale (Type 5). Ce qui signifie que la GNT ne teste pas, sauf dans le cas de Ména, la compétence à inscrire un résultat issu d'un calcul plus complexe (pour $\ldots - 6 = 8$, il s'agit d'additionner 6 à 8 pour obtenir 14).[2] Par voie de conséquence, la GNT ne teste pas non plus le statut, pour les élèves, du signe d'égalité autrement que par des items qui tentent de différencier les signes =, > et <. Dans ce cas, il s'agit de placer une fois chaque signe entre deux nombres.

Plus généralement, on peut remarquer que la GNT, en proposant ces différents items, ne semble pas jouer sur les propriétés des opérations, en particulier la commutativité de l'addition. Du point de vue des choix numériques, il semble que pour ces séries d'opérations, il n'existe qu'un seul critère de gradation d'une opération à l'autre, à savoir la grandeur des nombres.[3] On peut donc penser que lors de ce bilan initial, la GNT croit aller du plus simple au plus compliqué en proposant des nombres croissants. De plus, elle veille, semble-t-il, lorsqu'il s'agit de «grands» nombres, à éviter un passage à la dizaine supérieure lors de l'addition (c'est particulièrement le cas des additions de la deuxième série de

---

2 Pour une étude portant sur certains calculs lacunaires, voir Schubauer-Leoni, 1986.
3 Par exemple, pour Ména, les nombres en jeu dans les additions de la première série (3 + 2; 5 + 9; 10 + 8) sont comparativement plus petits que ceux de la seconde série (20 + 6; 44 + 2; 59 + 1).

Armin). Pour ce qui est des soustractions, le passage à la dizaine différencie les items de Shaïn de ceux des deux autres élèves: il ne traite que
de soustractions qui impliquent un passage à la dizaine inférieure. Il
semble donc que la GNT attende de Shaïn, dès avant son entrée à l'école,
des compétences plus étendues que de Armin ou Ména. Or Shaïn est
d'un an plus âgé que les deux autres. On peut se demander à nouveau
pourquoi il passe le bilan «math 1», plutôt que «math 2».

Du côté du bilan «math 2», la fiche 1 regroupe les quatre opérations
sous forme d'opérations en ligne et en colonne. La fiche 2 reprend des
opérations en ligne (ni multiplications ni divisions) sous d'autres formes
et, semble-t-il, avec d'autres intentions puisqu'elles font intervenir des
soustractions de 1, 10 ou 100 soit un nombre qui est une puissance de
dix, soit un autre type de nombre qui suppose un passage à la dizaine
ou à la centaine inférieure. Les séries d'additions et de soustractions de
cette deuxième fiche reprennent des opérations lacunaires comparables
à celles des types 2 et 4 du bilan «math 1» mais sous forme plus systématique: deux additions et deux soustractions avec lacune médiane (de
la forme a + … = b et a − … = b), l'une avec des nombres «plus petits» et
l'autre avec des nombres «plus grands», deux additions et deux soustractions avec lacune initiale (de la forme … + a = b et … − a = b). On
peut supposer que ces opérations sont considérées comme de la compétence des élèves plus âgés.

La fiche 3 n'est proposée qu'à une élève, Elena, placée ensuite en 5P.
Elle fait intervenir des séries d'opérations en ligne qu'il s'agit pour
l'élève de poser et de résoudre en colonne: une addition et une soustraction dans $\mathbb{N}$, cette dernière impliquant des retenues, et une addition de
nombres décimaux. Une autre série consiste à représenter par un quadrillage (un exemple modélise ce qui est attendu) des multiplications
inscrites en ligne. A noter qu'il s'agit de la seule série d'items qui donne
un modèle à suivre (mais toujours pas de consigne). On peut penser que
cet item (la représentation demandée) a une appartenance culturelle
forte à l'institution scolaire du lieu. C'est le seul problème qui est,
semble-t-il, admis par la GNT comme n'étant pas universellement compréhensible, puisqu'elle joint un modèle. Ce qui est donc testé (seulement chez cette élève), c'est la capacité à s'adapter à un nouveau mode
de représentation de la multiplication.

Les opérations en ligne sont vraisemblablement construites sur les
mêmes critères que ceux identifiés pour le bilan «math 1». Pour ce qui
est des autres items, nous nous pencherons plus particulièrement sur les

quatre types d'opérations en colonne (additions, soustractions, multiplications et divisions) de la fiche 1.

Toutes les additions testées font intervenir deux nombres à additionner, pas plus. Les soustractions, quant à elles, sont vraisemblablement ordonnées selon les décrémentations nécessaires: depuis la première (aucune décrémentation) jusqu'à la quatrième pour laquelle deux décrémentations successives sont nécessaires. Quant aux divisions, la première série peut se résoudre «de tête», alors que la seconde nécessite une série d'opérations successives, qui ne sont, du reste, pas équivalentes d'une opération à l'autre. Enfin, les multiplications (qui figurent en dernier: pour quelle raison?) semblent ordonnées depuis des nombres «plus petits» vers des nombres «plus grands» (multiplicateur et multiplicande). Cela dit, si l'on examine le détail de résolution de ces opérations, la plus complexe n'est sans doute pas la dernière, du point de vue des retenues qu'elle suppose.

En résumé, l'analyse montre que pour les quatre opérations, la «grandeur des nombres» et la «présence de retenues» (ou de décrémentations) sont vraisemblablement les critères sur lesquels s'appuie la GNT pour effectuer ses choix. Pour les additions et les soustractions ces critères semblent suffire, mais au regard des divisions et des multiplications, on peut inférer que, faute d'analyser les opérations dans le détail de leur technique de résolution et du point de vue des erreurs possibles, la GNT se leurre quant à la difficulté croissante des tâches proposées. Du point de vue de la formation de cette GNT, pourtant très expérimentée, il semble qu'un travail sur les variables des problèmes (algorithmes en l'occurrence) n'a pas sa place dans sa pratique ordinaire. Ce constat permet d'affirmer, on le verra avec notre seconde section, qu'un travail sur les variables est quelque chose de nouveau pour cette GNT dans le cadre de sa formation.

Les productions des élèves et leur degré d'attribution

Nous ne présenterons pas le détail des productions des élèves (voir Leutenegger, 1999), mais résumerons, pour chacun d'entre eux, les raisons probables qui conduisent à leur attribuer un degré d'insertion, en tenant compte des commentaires écrits de la GNT sur leur copie.

Pour ce qui concerne le bilan «math 1», les commentaires de la GNT sont très disparates. Pour Ména et Shaïn, aucun commentaire développé n'intervient, la GNT se contente de signaler par un trait ou un soulignement (pour mémoire pour elle?) ce qu'elle considère comme non conforme. Par exemple Ména semble interpréter d'emblée le début de la suite écrite par l'enseignante (1. 2. 3. 4.) comme une addition et inscrit «= 10» pour réponse. C'est vraisemblablement la raison qui amène la GNT à répéter la question (comment?) et à réinscrire «1. 2. 3. 4.» Ména inscrit alors la suite des nombres entiers jusqu'à 11. Toutes les réponses aux suites numériques de Shaïn semblent correspondre aux réponses attendues. Quant aux opérations, celles avec lacune finale (de la forme a + b = ... et a − b = ...) ne semblent pas poser trop de problème aux élèves, au contraire de celles avec lacune médiane ou initiale (de la forme a + ... = b, a − ... = b et ... − a = b) qui sont interprétées par les élèves comme relevant d'additions des nombres en présence. Par exemple Ména répond 6 + 14 = 8; 4 + 11 = 7; 5 + 15 = 10. De même le remplacement du point par >; < ou = ne sont pas des objets connus. Mais toutes ces réponses ne font l'objet d'aucun commentaire écrit de la part de la GNT.

Pour Armin, au contraire, elle inscrit, semble-t-il, ses commentaires au fur et à mesure. Au sujet d'Armin, la GNT note qu'il «ne comprend pas la suite des nombres» (en regard des deux premiers items) mais qu'il «saisit vite parce que c'est en colonne» (pour la 3e série de nombres) et qu'il «est maintenant capable de compléter en faisant la relation avec 3» (= 3e série). Ces commentaires rendent compte d'un travail effectué avec l'élève durant la passation, visant à tester l'adaptabilité de celui-ci. Cette adaptation passe par une intervention de la GNT: devant l'erreur à la suite horizontale, elle propose une suite verticale. Elle inscrit également sur la copie de Armin un grand point d'exclamation suivi de la phrase: «ne connaît pas le signe −». Pour elle il s'agit donc d'une méconnaissance du «signe». On peut se demander si le sens de l'opération de soustraction est interrogé par la GNT et comment elle se propose de remédier par la suite à ce problème de «signe».

La standardisation du bilan «math 2», on l'a vu, n'est que partielle, mais lorsqu'un élève laisse en blanc l'un des items, il est très difficile de savoir si c'est la GNT qui l'a supprimé ou si c'est l'élève qui ne répond pas à la question. Il n'est pas possible non plus de savoir si une négociation intervient entre la GNT et l'élève, par exemple en donnant signe qu'il ne reconnaît pas certains items l'élève provoque sa suppression par la GNT.

Comme pour le bilan «math 1», la GNT ne fait de commentaires développés que sur certaines copies (celles de Elena et Tiko). La troisième (celle de Viviana) ne comporte que des traits soulignant les réponses considérées comme non conformes. Pour Elena, le seul commentaire concerne la dernière série d'items (la représentation sous forme de quadrillages). La GNT note qu'Elena «ne peut pas représenter «• x •»». Il semble que, pour la GNT, le modèle aurait dû suffire à l'élève pour le reproduire, sans autre indication sur la manière dont le quadrillage est construit. Tiko est le seul élève qui fait l'objet de nombreux commentaires. La GNT énumère systématiquement sur une feuille à part, les différentes séries d'items en notant «ok» en regard de ceux qui donnent lieu à des réponses correctes. Elle considère ainsi que pour ce qui est de la première fiche, les séries d'additions, de soustractions et de multiplications en ligne sont «ok», de même que les additions et les soustractions en colonne «avec retenues». L'enseignante note également pour mémoire qu'elle n'a pas donné à résoudre les divisions et les multiplications en colonne. Elle conclut de cette première fiche que Tiko a un «niveau de 3P». Ce qui signifie que cette seule fiche lui suffit pour déterminer le degré de l'élève. Pour ce qui est de la seconde fiche, l'enseignante note une «bonne compréhension de N → 1000» (nombres jusqu'à 1000). Remarquons que la numération jusqu'à 1000 figure au programme de 3P, classe d'attribution de Tiko. En indiquant cette limite à 1000, elle se réfère aussi probablement à l'item 3 de la deuxième série: Tiko, pour la suite commençant par 600. 700. 800., avait écrit «900 1000 10100 10200 10300 10400 10 et s'est arrêté. L'enseignante, d'un trait rouge, barre les nombres depuis 10100.

A noter que chez les trois élèves, cette seconde série présente plus de réponses non attendues, signe que c'est là que la GNT «attend» les élèves. Le premier item est celui qui est le mieux «réussi» (il correspond le plus aux items de la première série, puisqu'il s'agit de continuer une suite de 1 en 1 depuis 494). En termes de contrat didactique, la GNT, en choisissant ces séries, provoque nettement des ruptures entre le premier item et les suivants. Elle est en mesure de vérifier ainsi si une adaptation se fait rapidement de l'un à l'autre. Elle note également pour Tiko, en référence au dernier item de cette série, une «bonne suite lorsque ça va ‹en avant› !», c'est-à-dire pour des suites croissantes. La GNT note, pour les séries suivantes (soustractions de la forme 100 − 1 ou 1000 − 100), que Tiko «patauge».

Nous considérerons ces résultats, y compris le type de bilan à faire passer, comme autant d'indices que, pour le système d'enseignement, un élève non francophone peut être placé dans un degré inférieur à celui prévu pour un âge donné, mais jamais dans un degré supérieur puisqu'il ne teste pas des compétences considérées comme appartenant à un degré supérieur. En complément à ces résultats, nous examinerons maintenant la teneur d'une fiche-bilan périodique mise à disposition des parents pour justifier ces choix.

La fiche-bilan périodique

Nous analyserons la fiche-bilan (voir page ci-contre) produite par la GNT puis remplie et mise à disposition des parents, mais aussi du titulaire de la classe d'affectation de l'élève, à différents moments de l'année en complément des bulletins trimestriels. Cette fiche-bilan fait office de document officiel sur l'avancement des connaissances de l'élève. Avec cette analyse nous chercherons en quoi ces déclarations périodiques de conformité (ou de non conformité) constituent un lien entre la *classe d'accueil* et la *classe ordinaire,* car c'est bien à cette dernière que l'élève est censé s'adapter. La fiche-bilan fait également état de la liste des objets d'enseignement/apprentissage propre à cette intégration.

Le document indique à la fois pour l'élève, ses parents et le titulaire de classe, les objectifs d'apprentissage. La GNT coche, parmi les intitulés, les domaines qui ont été travaillés («tu as travaillé») et les savoirs qu'elle considère acquis («tu sais maintenant»). Cette manière de procéder lui permet de mettre en évidence sur une seule page ce qui est exigible (en regard du programme officiel) ce qui est exigé et ce qui est en voie d'acquisition. La signature requise de l'enseignant titulaire, au même titre que celle des parents, indique les interlocuteurs de la GNT. Puisque les élèves sont insérés dans des classes ordinaires, il s'agit de notifier au titulaire ce qu'il peut exiger et ce qu'il ne peut pas encore exiger de ses élèves, faute d'une acculturation à ces objets en *classe d'accueil.* La fiche constitue un pont entre les deux systèmes didactiques. En ce sens, elle fait état de l'avancement des savoirs en *classe d'accueil.* Or le savoir avance également dans la *classe ordinaire,* si bien que les élèves, placés à mi-temps dans l'une et l'autre structures sont censés à la fois «rejoindre» le temps didactique de la *classe ordinaire* tout en s'insérant dans un autre temps didactique, celui de la *classe d'accueil.* La fiche-bilan permet, à chaque trimestre, de «mesurer» l'écart entre les deux et (peut-être) de négocier avec le titulaire ce que l'on peut exiger ou non.

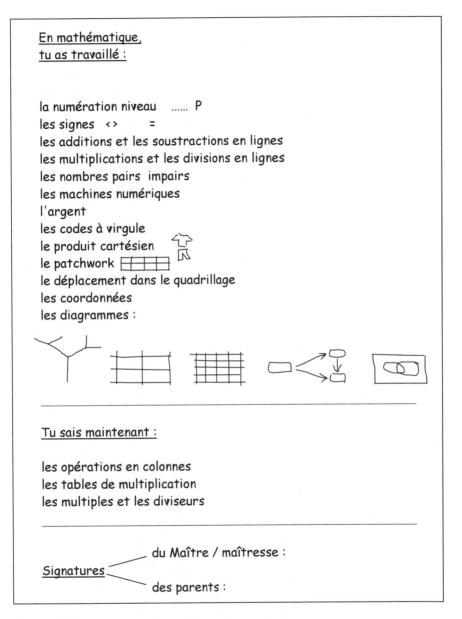

Figure 25. Etude de cas 3: la fiche-bilan périodique.

Un premier ensemble de remarques s'impose sur la teneur de ce document. Deux grands intitulés y figurent: «tu as travaillé» et «tu sais maintenant», qui du point de vue des contenus évoqués ne coïncident pas. Ils sont très disproportionnés l'un par rapport à l'autre en ce sens que 13 objets sont susceptibles d'être «travaillés» contre seulement 3 objets «sus». Aucun de ces objets de savoir ne semble, à première vue, faire partie des objets travaillés. En revanche, si l'on se réfère au programme officiel, ils font partie d'objectifs de niveaux différents. En effet, les «opérations en colonnes» sont officiellement réparties de la 2P (addition et début de la soustraction) à la 6P (division en colonnes de nombres décimaux). Les «tables de multiplication» sont habituellement un objet de savoir sensible de la 3P à la 4P (elles devraient être «sues» ensuite). Enfin les «multiples et les diviseurs» font partie du programme de 5P-6P.

On peut supposer que ces deux ensembles d'objets, «travaillés» d'une part et «sus» d'autre part, ont une fonction différente. Les trois objets de savoirs évoqués, sont considérés par l'institution comme des savoirs de base de l'école primaire en mathématiques, exigibles de tout sujet de l'institution en fin de cursus. Au regard de la classe d'attribution de l'élève (son degré) et de son titulaire, certains de ces savoirs doivent être acquis. A minima les élèves nouvellement arrivés, seraient susceptibles d'être situés par rapport à ces trois objets: un savoir algorithmique (qui se situe entre la 2P et la 6P), un outil de calcul (les tables) qu'il «suffit» de mémoriser et un savoir numérique plus spécifique que sont les multiples et les diviseurs. Ce dernier objet n'intervenant que plus tard (5P-6P), il ne pourra être considéré comme pré-requis (alors que les deux autres le sont au moins partiellement). En revanche il était travaillé, à l'époque où ces matériaux ont été collectés et dans la culture scolaire genevoise, en lien avec les représentations ensemblistes des classes numériques, lesquelles représentations étaient présentes dès les premiers degrés (avec des contenus non numériques). Ces trois objets appartiennent, de fait, à la *classe ordinaire* (et non à la *classe d'accueil*). On peut donc s'attendre à ce que la GNT assure une fréquentation de ces objets par un «travail» (les 13 intitulés); la norme en termes de savoirs appartenant, elle, à la *classe ordinaire*. En d'autres termes, cette fiche porte sur le temps didactique de la *classe d'accueil* (ce qui est «travaillé») ce qui n'est pas étonnant puisque c'est bien la GNT qui remplit cette fiche et non le titulaire. C'est ce que pourrait signifier le fait que les deux types d'objets ne coïncident pas.

Les rubriques des objets que la GNT compte «travailler» avec ses élèves font appel aussi bien, dans une formulation «mathématique», à des opérations mathématiques («opérations en lignes», «produit cartésien»), à des propriétés numériques («nombres pairs/impairs», «codes à virgule»), à des propriétés représentatives («signes > < et =», «coordonnées», «diagrammes»), qu'à des contenus plus hybrides («la numération niveau …P»), voire sans rapport avec le jargon mathématique («l'argent», le «patchwork», le «déplacement dans le quadrillage»). Ces dernières rubriques sont propres à la culture scolaire et recouvrent des objets d'enseignement que l'on ne peut deviner aisément sans y être acculturé. Le «patchwork» consiste en un ensemble d'activités visant à effectuer des produits (ou des décompositions multiplicatives), qui sont toutes représentées par un quadrillage aux dimensions variables. Le «déplacement dans le quadrillage» nomme un type d'activité propre aux degrés 2P-3P, qui présente un quadrillage formant réseau et un code sous forme de flèches dictant la manière de se déplacer selon les lignes de celui-ci. «L'argent», sous couvert de cet intitulé matériel, constitue également un ensemble d'activités visant essentiellement à obtenir des échanges (rendre la monnaie, changer de l'argent, etc.).

Certains intitulés appellent, semble-t-il, une représentation emblématique alors que d'autres n'en font pas l'objet. On pointera «le produit cartésien» avec l'adjonction d'un dessin représentant un pantalon et un tee-shirt non reliés entre eux, «le patchwork» avec l'adjonction d'un quadrillage de 2 carrés par 4 et «les diagrammes» avec l'adjonction d'une représentation de chaque type de diagramme propres à la culture scolaire genevoise (de gauche à droite, traduire ces représentations par «diagramme en arbre», «diagramme de Carroll», «tableau à double entrée», «diagramme sagittal» et «diagramme de Venn»). On peut tout d'abord se demander pour quelle raison la GNT a été amenée à joindre à l'intitulé ces représentations. S'agit-il d'informations ou de repères à destination des parents, du titulaire ou de l'élève lui-même? Par contraste, pourquoi les autres intitulés ne font-ils pas l'objet de représentations emblématiques?

Nous exposerons à titre d'exemple l'analyse du «produit cartésien». L'activité en question consiste à effectuer le produit de deux ensembles d'objets, par exemple un ensemble de pantalons (dont le cardinal est x), et un ensemble de tee-shirts (dont le cardinal est y), en produisant tous les combinés possibles formant un nouvel ensemble, toutes les tenues possibles formées d'un pantalon et d'un tee-shirt, appartenant, respectivement, à chacun des deux ensembles initiaux. Le cardinal de cet ensemble produit vaut alors x • y. L'élève peut décoder l'emblème apposé par la GNT: «le produit cartésien c'est ce qu'on a fait avec des pantalons et des tee shirts», (vidant, par ce raccourci, l'activité de son contenu mathématique!). Or le terme technique utilisé dans la fiche n'est certainement pas utilisé face aux élèves; pour ce qui est des parents, il est peu probable que sans explication ils comprennent ce que signifient cet intitulé et cet emblème (à moins de savoir mathématiquement ce qu'est le produit cartésien, auquel cas ils ne peuvent pas non plus imaginer l'activité en cause). En revanche, l'information sera probablement comprise immédiatement du titulaire de classe qui, lui, acculturé à ce que signifie «produit cartésien» dans l'école genevoise, pourra comprendre, à travers l'emblème, comment (avec quel contenu d'objets) ce produit cartésien a été travaillé. La même analyse pourrait être faite pour les deux autres intitulés («patchwork» et «diagrammes»). A minima l'élève peut se repérer dans les différents schémas qui font emblème de l'ensemble de l'activité. Remarquons que les représentations des diagrammes ne portent pas de noms. Là également, seul le titulaire peut décoder, au travers de ces schémas minimaux, de quels types de diagrammes il s'agit. Pour ce qui est des parents, sans culture scolaire genevoise, ils n'ont que fort peu de chance de comprendre de quoi il s'agit.

Pour ce qui concerne les autres intitulés, sans représentation annexe, nous ferons l'hypothèse que soit le contenu exprimé semble trop «transparent» pour avoir besoin d'une représentation complémentaire, les termes («les opérations en lignes», «les nombres pairs et impairs», «les codes à virgule», «les coordonnées») semblent «tout» dire (alors qu'aucun type d'activité ne peut être inféré de ces intitulés), soit ils recouvrent des activités justement très déterminées dans la culture scolaire («les machines numériques», «le déplacement dans le quadrillage») mais sans terminologie proprement mathématique (comme l'est par exemple «le produit cartésien»). Notons que «la numération niveau …P», «l'argent» et «les signes > < et =» ont probablement des statuts particuliers. Le niveau de numération en terme de degré scolaire fait d'emblée référence (il est en première ligne) à l'adaptation (ou non) au degré dans lequel est placé l'élève et l'écart éventuel par rapport à ce degré: la numération est alors le critère principal. Pour ce qui est de «l'argent», tout le monde sait ce qu'est de l'argent donc point n'est besoin d'expliquer plus avant. Quant aux signes >, < et =, ils font par nature emblèmes, pour l'élève, mais aussi pour le titulaire.

On peut conclure de ces différentes remarques que le document est probablement avant tout destiné au titulaire de classe: celui-ci peut ainsi juger de l'état d'avancement de ce qu'on pourrait nommer leur degré d'acculturation par rapport aux types d'activités effectuées avec la GNT. L'absence de correspondance apparente entre les deux types d'intitulés (les objets de savoir et les objets de travail) vient renforcer cette hypothèse puisqu'il s'agit avant tout d'adapter l'élève à des formes nouvelles. Pour cela point n'est besoin d'avoir un projet didactique pour les savoirs mathématiques eux-mêmes, mais plutôt d'avoir un projet de «fréquentation» d'objets que l'on peut considérer comme périphériques par rapport aux mathématiques. Dans la fiche, les objets de savoir apparaissent comme «en plus» et quasi «naturellement» à la suite de cette remise à niveau et n'ont pas besoin de faire l'objet ni d'un compte-rendu plus substantiel au titulaire, ni d'intitulés montrant comment ces objets sont travaillés. Cela dit, nous faisons l'hypothèse que dans la cadre de la *classe d'accueil* les objets sont nécessairement organisés dans le temps et prennent place à un moment ou à un autre de la chronogenèse de la *classe d'accueil*.

L'ENTRETIEN-DOSSIER

Nous n'exposerons ici que les thèmes de l'entretien qui concernent directement le bilan d'entrée et la fiche-bilan, de manière à réduire l'incertitude concernant les interprétations avancées.

Un premier constat s'impose: les extraits de l'entretien dossier ne permettent en aucune façon de mettre à jour le fait que deux bilans distincts ont été passés et pourtant la GNT désigne clairement les deux types d'objets de son investigation, la numération et les opérations arithmétiques élémentaires. La GNT parle des raisons d'un bilan et des choix en fonction de cette population d'élèves. Les principaux points évoqués concernent les objets les plus fortement teintés de culture scolaire locale et qui tiennent à des activités inhabituelles pour les élèves: «la maîtrise de la suite des nombres», en particulier lorsqu'elle est décroissante, renvoie effectivement à des difficultés rencontrées par plusieurs élèves («math 1» et «math 2»). Mais la référence explicite à des élèves particuliers ou à des bilans distincts ne figure jamais dans le discours de la GNT. En revanche ses propos désignent les élèves par le vocable «les petits» par opposition aux «grands»: elle évoque une progression entre le travail du «petit» et celui du «grand», qui ne permet toutefois pas d'identifier la différence de bilan passé.

De ce discours, on peut tirer ce qui semble au cœur des préoccupations de la GNT, et du système à travers elle, situer l'élève non par rapport à ses compétences (même si c'est cela qui semble être dit), mais par rapport à son adaptabilité à une activité nouvelle. Ce sont ainsi surtout des représentations inhabituelles pour les élèves qui sont évoquées. Même si dans son discours la GNT évoque un «programme en fonction de chaque enfant», la teneur de ses propos contredit cette pétition de principe puisqu'ils ne particularisent pas la situation de chacun ni la différence de bilan effectué. L'entretien ne permet donc pas de comprendre ce qui incite la GNT à choisir un bilan plutôt qu'un autre. Cette question reste sans réponse ou du moins notre dispositif ne permet pas d'y répondre.

Pour ce qui concerne les buts des différentes activités en STACC (qui feront ensuite l'objet de la fiche-bilan périodique), les termes «raccrocher les élèves» et «remise à niveau» par rapport à l'école genevoise signalent les buts principaux. L'accent est porté sur l'aspect «inhabituel», pour les élèves, des formes d'activités proposées. Il s'agit, en effet, d'acculturer les élèves à des objets peu ou pas connus mais avec pour support des contenus mathématiques supposés connus, (par exemple les suites numériques dans l'ordre décroissant). Ainsi, les activités sont préconisées pour «faire du comptage», «prononcer des nombres», «réapprendre les nombres», c'est-à-dire acquérir la suite langagière des nombres en français. Il semble donc que ce sont moins les contenus d'apprentissage mathématiques qui font l'objet du projet, que des éléments en rapport avec des objets périphériques telles que les représentations propres à la culture scolaire genevoise (et romande). De ce point de vue l'analyse de l'entretien confirme bien les éléments mis à jour par l'analyse des matériaux écrits.

La GNT se propose de continuer encore dans les semaines suivantes des activités dans le domaine de la numération et des opérations qui, selon elle, «nécessitent peu de vocabulaire» puis de passer progressivement à des activités encore moins habituelles et nécessitant de sa part des explications plus approfondies et donc une connaissance langagière plus étendue: elle introduira des représentations sous la forme des différents diagrammes figurant dans la fiche-bilan (tableau à double entrée, diagrammes de Venn, de Carroll, sagittal, quadrillages…), toutes représentations dont elle sait que ces élèves-là, provenant de ces pays-là, n'ont aucune connaissance.

BRÈVE CONCLUSION DES ANALYSES

L'institution vise à «fabriquer» de «bons sujets» de l'institution dans la mesure où elle tente de créer chez les élèves un rapport aux objets d'enseignement qui soit conforme à celui de l'institution d'adoption. Dans ce contexte, les «suites numériques» et les «opérations» s'avèrent les objets les plus travaillés au cours des premières semaines d'école. Le projet d'enseignement consiste surtout à donner à l'élève des techniques ou des modèles d'action compatibles avec ce qui est attendu. Cette charge d'adaptation des élèves au système revient à la GNT. On peut donc s'attendre à ce que toute activité propre à la *classe d'accueil* mette d'abord l'accent sur les représentations et les modèles d'action. Ce point sera confirmé par l'analyse des séances.

En *classe ordinaire*, si l'on se réfère à l'analyse de la fiche-bilan et de l'entretien dossier, le maître titulaire sera tenu au courant de «l'état d'acculturation» de ses élèves sans pour autant avoir à en tenir compte pour l'avancement du temps didactique de la classe. Celui-ci avance, quoiqu'il en soit et les élèves non francophones n'y participent qu'à mi-temps. Si bien qu'on peut se demander par quels moyens les élèves «raccrochent» (selon les termes de la GNT) ce système didactique-là.

DEUXIÈME PARTIE: L'ANALYSE D'UNE SÉANCE EN STACC

Forte des résultats d'analyse du bilan, cette section vise avant tout à comprendre comment le professeur travaille avec ces élèves nouveaux arrivants. Lors de la première séance observée, environ un mois après le bilan d'entrée, des activités différenciées sont conduites avec les élèves de 2P, de 3P et de 5P.

Dans un premier temps, nous effectuerons une analyse au plan *diachronique* visant à faire émerger les différentes phases de la séance, du point de vue de la GNT et du point de vue des groupes d'élèves en prenant en compte l'ordre des activités pour chacun des acteurs. Dans un deuxième temps, nous effectuerons une analyse activité par activité qui comprendra une analyse préalable de celles-ci (plan *achronique*), puis une analyse de quelques événements majeurs (plan *diachronique*): les productions des élèves et les phases d'interaction avec la GNT. Ce faisant, nous dégagerons quelques éléments du travail du contrat didactique en termes de mésogenèse, de topogenèse et de chronogenèse en *classe d'accueil.* Dans un troisième temps, enfin, nous mettrons l'ensemble de ces éléments en relation avec les entretiens préalable et *a posteriori.*

ANALYSE DES DIFFÉRENTES PHASES DE LA SÉANCE (PLAN DIACHRONIQUE)

Le tableau synoptique ci-contre rend compte d'une séance complexe au cours de laquelle de nombreuses activités ont lieu, différenciées selon les élèves, et selon des modalités de travail individuelles, par groupes ou encore avec la GNT.

Le tableau synoptique de cette séance indique une sorte de «chassé-croisé» entre les différentes activités que la GNT conduit parallèlement avec les quatre groupes identifiés, voire d'un élève à l'autre dans certains cas. La plupart des interactions mentionnées sont initiées par la GNT, signe que c'est elle, depuis son *topos*, qui a la haute main sur le déroulement de la leçon. Les quelques interactions initiées par des élèves sont parfois refusées ou suspendues par la GNT. On n'observe aucune interaction entre les élèves (mais la caméra n'a pas enregistré toutes les interactions), hormis celles que la GNT elle-même initie (Armin et Gwali ou encore Viviana et Elena sont invités à collaborer à certains moments). On constate, surtout dans les 11 dernières minutes, un émiettement dans le déroulement des activités, dû à la gestion simultanée des quatre différents groupes. Les interactions sont alors de très courte durée puisque la GNT passe rapidement d'un groupe à l'autre.

Du point de vue des élèves (les 4 différents groupes), on assiste à quatre déroulements différents. Le tableau comparatif indique quatre scènes ou quatre réalités différentes où les moments de travail individuel (ou par groupe de deux) des élèves correspondent aux phases où la GNT s'occupe d'un autre groupe, si bien qu'on peut se demander si ces phases (importantes du point de vue de leur durée) qui sont hors du contrôle direct de la GNT sont là uniquement en raison de la présence des autres groupes (donc pas pensées en fonction de buts didactiques) ou si elles participent de décisions prises à l'avance. On peut penser que dans ces phases, un espace a-didactique potentiel, pour les élèves, est créé. C'est pourquoi nous examinerons ce que la GNT prévoit lors de l'entretien préalable puis son bilan lors de l'entretien *a posteriori.* Ces phases sont-elles prévues de la sorte ou sont-elles conjoncturelles?

	Point de vue de la GNT	Points de vue des élèves			
Temps (min.)	Découpage des activités:	Armin (AR) et Ména (ME) (2P)	Gwali (GW) (2P)	Tiko (TI) et Shaïn (SH) (3P)	Viviana (VI) et Elena (EL) (5P)
1 à 18	Jeu «Farandole des animaux» avec les 2P	Jeu «Farandole des animaux» avec GNT	Jeu «Farandole des animaux» avec GNT	Autre activité, non math. (indiv.)	Autre activité, non math. (indiv.)
19 à 21	Remise fiches et jeu de domino aux 2P	Fiche NU16 (avec GNT puis à sa place) Interactions avec GNT (min. 19-20; 21; 32; 33-34; 41)	Jeu de domino (individuel) Interaction avec GNT (min. 21) Activité numération (avec GNT)	Jeu «Farandole des animaux» avec GNT	
22 à 30	Jeu «Farandole des animaux» avec les 3P				
31 à 47	– 3 activités «à la table» avec les 5P – Correction fiches (2P + 3P) – Activité «à la table» avec GW (2P)	Autre activité, non math. (indiv.)	Jeu de domino (individuel)	Fiche f (avec GNT puis à sa place) Différentes interactions avec GNT (min. 31; 37; 40; 44-46)	Fiche g (avec GNT puis à sa place) Interactions avec GNT (min. 33; 34; 36-38)
					Activité numération (avec GNT)
		AR: domino avec GW ME: autre activité à sa place (?)	Domino avec AR		Fiche Th.3 (avec GNT puis à sa place) Interactions avec GNT (min. 42-44; 46; 47)

Tableau 13. Tableau synoptique de la séance du point de vue de la GNT et des élèves

On peut ainsi répertorier quatre groupes d'élèves qui, tour à tour, agissent sous l'œil de la caméra ou en dehors de celui-ci. Etant donné les différentes activités en parallèle dans cette séance, il semble bon de donner au lecteur une représentation des différents lieux dans lesquels elles se déroulent à l'intérieur de la classe.

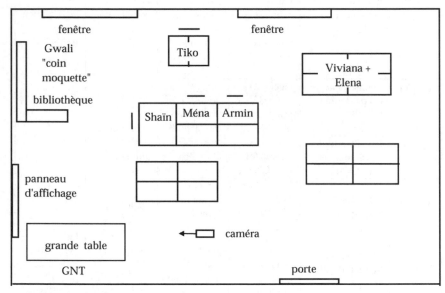

Figure 26. Etude de cas 3: plan de la classe.

La plupart du temps la caméra est pointée sur la grande table où la GNT réunit les élèves avec lesquels elle travaille, les autres activités se déroulent aux places respectives des élèves ou dans le «coin moquette» (terme de la GNT). A noter d'emblée que si certains élèves du même degré sont dans une proximité spatiale (c'est le cas de Armin et Ména ou de Viviana et Elena), d'autres sont séparés dans l'espace de la classe (c'est le cas de Tiko et Shaïn).

Parmi les activités qui relèvent des mathématiques, nous analyserons quelques activités seulement (en gris dans le tableau). Le jeu intitulé «Farandole des animaux» a fait l'objet d'autres études (voir Leutenegger, 1998 et 1999) et certaines activités n'ont pu être filmées de façon intégrale[4] c'est pourquoi nous nous limiterons à une seule activité par groupe d'élèves (la plus complète et qui laisse des traces écrites fiables):

trois fiches de numération (NU16, fiche f, fiche g)[5] réalisées, respective-ment, par les élèves de 2P (sauf Gwali), 3P et 5P et un jeu de domino (lié à la numération) effectué par Gwali.

ANALYSE DES QUATRE ACTIVITÉS (PLANS ACHRONIQUE ET DIACHRONIQUE)

Nous considérerons provisoirement que les activités sont indépendantes d'un groupe à l'autre mais que l'enchaînement des activités à l'intérieur d'un groupe est important pour comprendre ce qui se joue du côté des élèves et du côté de la GNT, notamment au plans méso-, topo- et chro-nogénétique. Sans séparer complètement dans le texte les analyses au plan achronique et au plan diachronique, nous présenterons trois ana-lyses croisées, selon les trois «entrées» possibles du système ternaire: une analyse succincte des fiches (ou du jeu, respectivement) (analyse au plan achronique), une analyse des productions des élèves et une analyse des interactions qui nous paraissent les plus significatives de la gestion enseignante.

Groupe 1: Armin et Ména (2P) Fiche NU16

La fiche NU16 (voir ci-dessous), tirée des moyens d'enseignement offi-ciel de 2P, consiste à relier deux séries de nombres, de 1 à 56 d'une part et de 100 à 66 d'autre part, de manière à former une image de chat jouant avec une pelote ou un ballon.

---

4   Parmi les observables possibles, des choix ont été effectués par le caméraman d'entente avec le chercheur et sur la base de l'entretien préalable avec la GNT. Les activités parallèles ne permettent toutefois pas, avec une seule caméra, de filmer intégralement chaque activité.

5   NU16 fait partie des moyens d'enseignement officiels alors que les fiche f et g ont été construites par la GNT.

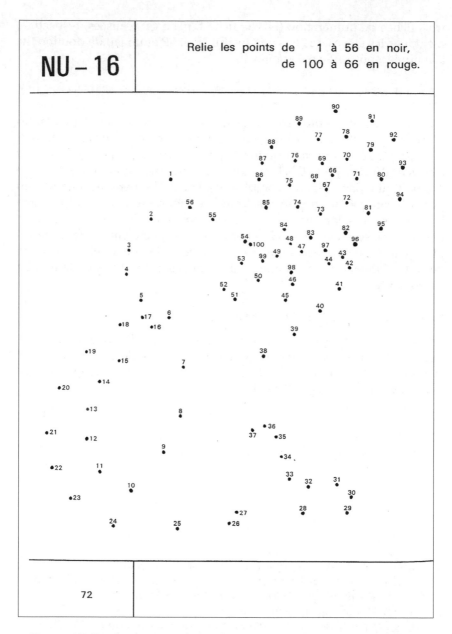

Figure 27. Etude de cas 3: fiche de numération de Armin et Ména.

L'activité consiste, classiquement, à ordonner des nombres. La présentation de la fiche offre une petite difficulté spatiale aux points de jonction et d'interpénétration entre les deux images à reconstituer. Il s'agit de ne pas mêler les deux séries de nombres, croissante d'une part et décroissante d'autre part. Aucune précision n'est donnée quant à la grandeur de l'intervalle entre les nombres à relier, mais implicitement un intervalle régulier de 1 est attendu.

Dans sa consigne initiale, la GNT demande aux deux élèves de «regarder si ils comprennent ce qu'ils doivent faire». Armin semble donner une réponse satisfaisante à l'enseignante («(xxx) cinq six sept») puisqu'elle poursuit par un «oui alors attention» puis indique à Armin quel crayon utiliser pour chaque série. Ce faisant elle indique également qu'il s'agit dans un deuxième temps de parcourir les nombres dans l'ordre décroissant. Armin et Ména peuvent «aller à leur place» lorsqu'ils se sont mis d'accord avec l'enseignante sur le travail à effectuer. Puis en cours de travail, la GNT interagit avec chacun des deux élèves, en présence de l'autre.

Puis Armin et Ména remplissent leur fiche individuellement lorsque la caméra est pointée sur la grande table. Il n'a donc pas été possible d'observer si l'un d'eux procède autrement que selon la consigne, par exemple en mêlant les deux séries. La production finale d'Armin n'a pas grand intérêt puisque le «produit fini» ne présente pas d'erreur. Chez Ména, en revanche, deux erreurs subsistent malgré le grand «J», noté par la GNT (pour quelle raison?). L'une des erreurs consiste à passer de 80 à 70 puis à 66. Cette erreur est partiellement corrigée par l'élève qui relie également 80 à 79 et à la suite décroissante, tout en laissant les traits de crayon précédents. L'autre erreur consiste à ne pas terminer la série: en effet, de 69 à 66, les nombres ne sont plus reliés entre eux.

Dans les différents échanges observés, l'intervention de la GNT consiste surtout à donner un ou plusieurs éléments de réponse visant à permettre aux élèves la poursuite du travail. Le but est probablement de faire comprendre la demande implicite: sérier des nombres dans l'ordre décroissant. Devant une impasse (un nombre dont on ne trouve pas l'emplacement spatial, par exemple), c'est la GNT qui poursuit la série à la place de l'élève pour éviter, semble-t-il, un ordre croissant (notamment entre 100 et 66). Au moins provisoirement, on peut conclure de cette observation que les décisions de la GNT sont affaire conjoncturelle.

Groupe 2: Gwali (2P) Jeu de domino

Faute de traces écrites, il est très difficile de rendre compte de manière complète de ce qui s'est déroulé pour cette élève. Néanmoins nous procéderons par reconstruction (partielle) à partir des éléments filmés puisque, là encore, la caméra n'a pas saisi l'ensemble du travail de l'élève. Il nous semble toutefois intéressant d'analyser certaines parties du protocole, du point de vue des interactions de Gwali avec la GNT.

Le jeu de domino se présente sous la forme de rectangles cartonnés de 5cm sur 10cm, qui figurent deux coccinelles, sur le dos desquelles sont dessinés, classiquement, des points (de 0 à 6). Il s'agit, comme dans le jeu traditionnel de domino, d'associer des coccinelles présentant le même nombre de points pour arriver à une «chaîne». Celle-ci exige de la place, c'est pourquoi la GNT envoie Gwali réaliser cette activité par terre, dans le «coin moquette». C'est ici le nombre en tant que quantité d'objets (les points de 0 à 6) comparable deux à deux, qui est en cause. Jamais un nombre en tant que code ne leur est associé.

Si l'on considère les consignes de la GNT à Gwali, très peu d'indications sont données. Elle montre (en les désignant par «six et six») la correspondance du nombre de points figurant sur le dos de deux des coccinelles dessinées, mais ne donne pas de consigne plus explicite quant au but poursuivi. La brièveté de la consigne peut faire penser que ce n'est pas la première fois que cette élève est confrontée à cette tâche.

Gwali ne parvient pas à réaliser la série (sait-elle ce qui lui est demandé?) et, dans la dernière phase de la séance, la GNT demande à Armin de «faire avec elle», mais de ne pas «faire le travail à sa place»:

Extrait 1: minutes 45-47

(…)
650   Ar: *(vient à la table avec sa fiche avant Ti)*
651   D: Armin/est-ce que tu as compris ce que Gwali doit faire
652   Ar: *(fait signe que oui de la tête)*
653   Ar: tu as compris/est-ce que tu peux aller l'aider un peu/s'il te plaît va faire avec elle
654   Ar: *(va vers Gw)*
(…)
675   D: Gwali/tu fais le travail avec Armin//Armin/Armin il faut montrer à Gwali/faut pas tout faire/elle doit **elle** faire/toi tu fais/pis elle elle fait pas/*(revient à la table)* alors maintenant Gwali tu

continues/**toi**/(rire) c'est comme ça hein/(à Vi et Sp) elle a pas bien compris encore/voilà/

(...)

Dans sa gestion globale, l'enseignante «occupe» un moment Armin, qui a terminé depuis longtemps son travail, et peut elle-même se consacrer aux autres élèves (les 3P et les 5P). Elle croit ainsi du même coup «débloquer» la situation pour Gwali. Or, c'est évidemment Armin qui réalise lui-même la série, Gwali ne faisant qu'assister à cette réalisation et, aux yeux de la GNT, n'apprend pas. Nous verrons par la suite que, pour cette élève, nouvelle arrivante très en difficulté, cette première séance est emblématique de sa conduite en situation didactique. La GNT se trouve elle-même en permanence devant l'échec de son enseignement. Gwali, en effet, profite de chaque faille de la gestion enseignante pour éviter ce qui est attendu d'elle, au profit d'une certaine «débrouillardise», que la GNT lui reconnaîtra du reste.

Groupe 3: Tiko et Shaïn (3P) Fiche f

Ces deux élèves «entrent en scène» à partir de la minute 22 (un jeu avec la GNT). Suite à ce jeu, la GNT leur donne une fiche à remplir individuellement. A noter que les deux élèves ne sont pas l'un à côté de l'autre dans l'espace de la classe et réalisent la fiche, semble-t-il, chacun pour soi.

<u>Complète ces séries :</u>

12. 14. 16. — . — . — . — . — . — . — .

122 . 124. —— . —— . —— . —— . —— .

238 . 236 . —— . —— . —— . —— . —— . —— .

458 . 456 . —— . —— . —— . —— . —— . —— .

3	43	133	653
5	45	135	655
7	—	——	——
—	—	——	——
—	—	——	——
—	—	——	——
—	—	——	——

10 . 20 . 30 . — . — . — . — . — . — .

610 . 620 . —— . —— . —— . —— . —— . —— .

910 . 920 . —— . —— . —— . —— . —— . —— .

371. 361. 351. —— . —— . —— . —— . —— . —— .

649. 639. —— . —— . —— . —— . —— . —— . —— .

Figure 28. Etude de cas 3: fiche f de numération de Tiko et Shaïn.

La fiche, très parente des items du bilan d'entrée, se présente sous la forme de séries de nombres à compléter en les ordonnant. Chacune des séries de nombres reprend apparemment, les mêmes critères de construction que ceux du bilan: à l'intérieur de chacun des exercices, les séries présentent des nombres croissants. La GNT a probablement construit la fiche avec une intention de complexification d'un item à l'autre. A l'intérieur du premier exercice, un changement apparaît entre les deux premières séries et les deux suivantes, puisqu'il s'agit de passer de suites croissantes à des suites décroissantes (avec le même intervalle, de deux, entre les nombres). Du point de vue du contrat didactique, des ruptures sont à prévoir qui seront, vraisemblablement, l'élément moteur sur lequel la GNT compte pour faire avancer le temps didactique. Entre les exercices, la «complexification» s'opère d'abord spatialement (de l'ex. 1, série «horizontale», à l'ex. 2, série «verticale»), l'écart entre les nombres étant conservé (écart = 2). Entre le deuxième et le troisième exercice, on revient à des séries «horizontales», avec cette fois un écart de 10 entre les nombres. Enfin, le dernier exercice, probablement le plus «difficile» aux yeux de l'enseignante, l'écart de 10 étant conservé, consiste en suites décroissantes dans les centaines. C'est apparemment le contrat didactique qui prend en charge l'ensemble de la réalisation de la fiche (tout comme pour les séries du même type dans le bilan d'entrée), puisque aucune raison intrinsèque ne permet de récuser d'autres types de séries que celles attendues.

Dans sa consigne initiale, la GNT demande à Tiko et Shaïn de «continuer les lignes». Elle ne dévoile aucune «marche à suivre», au contraire de ce qui s'était produit avec Armin et Ména. Ici, la GNT semble faire confiance aux élèves quant à leur compétence à réaliser, seuls, les items («vous savez très bien faire ça je suis sûre, d'accord, allez à vos places»).

Pour Tiko, seul le deuxième exercice présente des «erreurs» (aux yeux de la GNT) puisque l'élève complète ses séries avec des intervalles de 3 entre les nombres (au lieu de 2 attendu). En ce qui concerne Shaïn, dans le premier exercice, une rupture apparaît puisque qu'il poursuit une suite croissante au troisième item (238 236 <u>238 240 242 244 246 248</u>) contre la suite décroissante attendue; puis il «corrige» (en raison d'une intervention de la GNT?). Une «erreur» se glisse dans le dernier exercice: Shaïn constitue la suite ..... 321 311 <u>300</u> qu'il barre; il récrit 301 puis 291. Le reste de sa fiche ne comporte que des réponses attendues.

Nous examinerons plus spécialement deux interactions avec la GNT au sujet de cette fiche: à la minute 37 où elle intervient pour contrôler l'avancée du travail de Shaïn et le moment de correction de la fiche de Tiko, individuellement et «à la table».

Lors de son passage vers Shaïn, celui-ci fait remarquer à la GNT son «erreur» au 3ᵉ item. Ce n'est donc pas l'intervention de l'enseignante qui amène la correction.

Extrait 2: minute 37

(...)
588   D: *(va vers Sh)* ça va là↑
589   Sh: (xxx)
590   D: (à Sh) t'as bientôt fini/si tu as fini tu vas mettre heu/tu me l'apporte//qu'est-ce qui se passe↑
591   Sh: là *(montre sur la fiche f)*
592   D: trente-huit trente-six trente-quatre c'est très bien/tu as bien corrigé/ bravo//alors essaie maintenant/tu trou/est-ce que tu trouves que c'est des trop grands nombres/ou ça va/**quatre**-cent-cinquante-huit [**quatre**-cent-cinquante-six
593   Sh: [le plus grand c'est (xxx)
(...)

Nous ferons deux remarques à propos de cet extrait. Premièrement la GNT nomme les nombres «trente-huit trente-six trente-quatre» qui en réalité sont les nombres «238», «236» et «234» écrits par Shaïn. Elle focalise ainsi son discours sur le lieu de l'«erreur». Ce faisant elle montre aussi qu'il suffit de s'occuper des dizaines et des unités pour réaliser la suite numérique, le nombre de centaines ne «complexifiant» de fait pas la tâche. Elle demande à Shaïn si l'item suivant comporte «de trop grands nombres» en insistant sur le «quatre», ce qui isole à nouveau, par le mode d'énonciation, les centaines du reste du nombre.

Lors de son interaction avec Tiko, qui dit qu'il «n'a pas compris», la GNT le fait venir «à la table». Remarquons que Tiko est le seul élève qui initie, durant cette séance, une interaction avec l'enseignante sous la forme d'une demande de ce type. Toutes les autres interactions sont initiées par la GNT. Ce qui indique, en termes de topogenèse, que les élèves sont plutôt en position d'attente tout au long de la séance.

Comme avec Shaïn, la GNT ne nomme pas les centaines mais le lieu possible d'une erreur dans la série. Elle passe ensuite à la correction du deuxième exercice et attire l'attention de Tiko sur le lieu de l'erreur en le faisant lire ce qu'il a écrit au premier item: «trois cinq sept dix», Tiko interrompt son énonciation, signe pour la GNT (?) qu'il a repéré l'erreur: «oui/tu as compris↑/hein↑/». Après cet accord apparent, qui aurait pu conduire Tiko à corriger, la GNT le retient en demandant une explication sur sa démarche:

Extrait 3: minute 40

(...)

664   D: tu as fait comment/j'ai pas compris/pourquoi/cent-trente-trois/ cent-trente-cinq/cent-trente-sept/pourquoi tu dis cent quarante/qu'est-ce que tu as pensé↑//que c'était plus combien↑

665   Ti: deux

666   D: plus quatre ou plus trois↑

667   Ti: deux

668   D: cent-trente-sept plus quatre ça fait cent-quarante et un

669   Ti: *(tend sa feuille à D)*

670   D: t'attends une minute/j'travaille avec lui/t'attends une petite minute/alors (à Ti) bon Tiko il faudra aller revoir ça/est-ce que tu as compris↑

671   Ti: *(signe que oui de la tête)*

672   D: ce que tu as fait faux/dix vingt trente quarante cinquante/ça c'est juste//six-cent-**dix**/six-cent-**vingt**/six-cent-**trente**/six-cent **quarante**↑/ neuf-cent-dix/neuf-cent-vingt↑/c'est juste↓/trois-cent septante-et-un trois-cent-soixante-et-un trois-cent-cinquante-et-un trois cent-quarante (xxx mi-voix *corrige*) très bien//**six-cent**-quarante-neuf six-cent-trente neuf vingt-neuf dix-neuf/six-cent-neuf cinq-cent nonante-neuf/c'est bien ce passage là hein↑/c'est difficile ça/voilà/y a juste ce problème/ tu veux vite le corriger s'il te plaît tu mets à côté/dépêche-toi/tu peux faire ça/allez

673   Ti: *(s'en va)*

(...)

L'échange ressemble à un dialogue de sourds, Tiko évoquant la grandeur de l'écart considéré comme correct («deux») et la GNT cherchant à lui faire dire qu'il a considéré un intervalle de trois ou de quatre. Remarquons que cette fois la GNT nomme les nombres intégralement (<u>cent</u>-trente-trois, etc. tour de parole 664).

Groupe 4: Viviana et Elena (5P) fiche g

La fiche g se présente sous la forme d'une feuille A3 sur laquelle la GNT a dessiné un segment de droite (de longueur différente pour chaque élève: 25cm pour Viviana et 30cm pour Elena) bornée aux extrémités par les nombres 7 et 8. Elle note, en bas à gauche de la feuille, quatre nombres décimaux, nommés respectivement a, b, c et d. Les élèves sont censées mesurer au moyen d'un triple décimètre, des espaces égaux entre eux, puis positionner sur la droite les nombres a, b, c, d. Pour Viviana, les valeurs des nombres à positionner sont: a = 7,6 b = 7,1 c = 7,4 et d = 7,5. Pour Elena ces valeurs sont: a = 7,4 b = 7,6 c = 7,1 et d = 8,0. A cette première série de nombres s'ajoutent, au cours de l'échange, trois autres nombres: pour Viviana, e = 7,2 f = 7,7 et g = 7,9. Pour Elena, e = 7,8 f = 7,3 et g = 7,2. Les deux séries, de Viviana et Elena, sont pratiquement semblables mais données dans des ordres différents en regard des lettres. Une différence réside évidemment dans les mesures à effectuer sur la droite pour la partager en dix dixièmes (c'est ce qui est attendu, puisque les nombres sont au dixième) puisque celle de Viviana devrait comporter des segments de 2,5 cm. (un nombre non entier), alors que l'autre devrait comporter des segments de 3 cm.

L'ordonnancement demandé est d'une forme un peu différente de celles propres au bilan puisque la mesure intervient. Du point de vue des erreurs possibles, l'obstacle majeur tient à la mesure d'intervalles équivalents. Mais le positionnement des nombres n'offre que peu de difficulté puisqu'aucun nombre n'est un «intrus» dans la série au sens où ils ont tous une valeur entre 7 et 8 (bornes de la droite) et sont tous des décimaux notés au dixième. Il en eût été autrement si, parmi eux, la GNT avait introduit des nombres inférieurs à 7 ou supérieurs à 8 (par exemple 8,3) ou si l'un des nombres avait été noté au centième (par exemple 7, 45).

Aucune des fiches de Viviana ou d'Elena ne présente d'erreur, de trace de correction ou d'hésitation, ce qui indique que les élèves n'ont pas rencontré d'obstacle majeur ou que si elles en ont rencontrés, ceux-ci ont été immédiatement levés par elles ou par la GNT, car ne perdons pas de vue que celle-ci se tient aux côté des élèves «à la table» presque tout au long de la réalisation de la fiche. C'est ce que nous examinerons ci-dessous.

Nous nous limiterons à l'analyse des interactions qui nous paraissent les plus représentatives de la gestion enseignante. Les interactions sont en effet beaucoup plus nombreuses avec ce groupe, du fait de la proximité spatiale durant l'activité. Une interaction nous semblent particulièrement intéressante qui concerne le début du travail sur la fiche g.

La GNT situe d'emblée le «niveau» des deux élèves par leur compétence supposée:

Extrait 4: minute 34

(…)
504   D: *(donne feuilles à Vi et Sp)* alors///alors vous vous comptez avec des nombres/à virgule/virgule/maintenant/les petits (montre Ar et Mé) ont compté avec heu des numéros↑/jusqu'à trente-neuf//les deux enfants/Shaïn et Tiko ils comptent jusqu'à mille ou presque//et vous vous comptez/[avec des nombres à virgules/d'accord↑
505   Ar: [moi je compte jusqu'à mille
(…)

Pour la GNT, Armin et Ména sont des «petits» qui comptent «avec des numéros», tandis que Shaïn et Tiko sont des «enfants» qui «comptent jusqu'à mille ou presque» et Viviana et Elena «comptent maintenant avec des nombres à virgule». Cette formulation particulière lie dans le discours, le niveau des élèves (du point de vue de leur développement et du point de vue de leur compétence présumée) et l'ordre de grandeur des nombres (qui, dans le cas des «petits», deviennent des «numéros», sorte d'infantilisation du mot «nombre»). A noter la remarque d'Armin, qui comprend suffisamment le français pour protester de sa compétence à compter, lui aussi, jusqu'à mille…

La GNT précise à Viviana et Elena qu'il s'agira de faire des «lignes» (les marqueurs des emplacements des dixièmes?) et de prendre «des mesures» pour placer ces «lignes». Elle précise qu'il ne sert à rien de copier l'une sur l'autre puisque «ce n'est pas la même chose». La concision de la consigne indique que pour les élèves ce type de fiche est connu. Aucune précision quant à la signification des éléments inscrits, ni du mot «lignes» n'intervient ce qui indique que ce n'est pas la première fois qu'elles travaillent sur une droite numérique. Par la suite, la GNT «tient la main» de Viviana pour effectuer la mesure: elle lui tient sa règle pour qu'elle ne bouge pas durant la mesure et lui indique les gestes moteurs à effectuer pour être précise. Le reste ne semble pas faire obstacle aux élèves et la GNT se contente d'avaliser les réponses (correctes) et de donner trois nombres supplémentaires à placer à chaque élève.

Pour tous les groupes, les analyses vont dans le sens d'un guidage très marqué de la GNT sur les actions des élèves. Les productions de ceux-ci dépendent très fortement des gestes d'enseignement que la GNT distribue d'un groupe à l'autre. L'analyse des interactions montre que la GNT anticipe les erreurs possibles et les prévient en guidant l'élève par une forme de «maïeutique» aboutissant à la réponse considérée comme correcte. Lorsque cela lui semble nécessaire, la GNT guide l'élève dans ses gestes moteurs (c'est le cas des élèves de 5P).

ANALYSE DES ENTRETIENS PRÉALABLE ET A POSTERIORI

Nous étudierons tout d'abord quelques éléments du projet d'enseignement tel qu'il se donne à voir dans l'entretien préalable. Nous examinerons notamment quelles sont les activités prévues et nous chercherons à comprendre sur quoi la GNT cherche à faire levier pour atteindre ses objectifs. Nous confronterons ensuite l'analyse de la séance avec l'entretien *a posteriori*. Le fil conducteur en sera également le projet d'enseignement tel que le discours le présente, dans ses modifications ou ses réaménagements.

L'entretien préalable

Les activités prévues sont encore floues, hormis le jeu «Farandole des animaux» déjà clairement fixé et pour quel élèves. Le choix des autres activités n'est pas définitif: le type en est fixé mais pas son opérationnalisation par une activité particulière. Certaines, comme la fiche de Tiko et Shaïn, feront l'objet d'un choix *in situ* («si ça va bien», dit la GNT). Pour tous les élèves, la GNT prévoit une activité d'ordonnancement de nombres dont le code numérique est inscrit; l'ordre de grandeur de ces nombres variant selon le degré. Gwali (2P) est une élève non prévue, et pour cause, puisqu'elle ne sera accueillie dans cette classe qu'une semaine après l'entretien (à la rentrée, après les vacances d'automne).

Nous allons mettre en évidence les buts de la GNT concernant l'avancée du temps didactique. Les activités prennent place dans la chronogenèse de la *classe d'accueil*, mais sont également en lien avec l'avancée du temps didactique des classes ordinaires correspondantes, c'est pourquoi nous distinguerons les trois groupes d'élèves selon le degré.

En 2P, on constate que les fiches sont prévues comme application de ce qui est censé s'apprendre dans le jeu «Farandole des animaux» (estimation de la place d'un nombre dans une série). En effet, la GNT souhaite «recontrôler la numération le plus loin possible». Les élèves auront à construire jusqu'à 39 (c'est le but du jeu «Farandole des animaux»), une série de «nombres à trous» (terme de l'enseignante), c'est-à-dire avec des intervalles supérieurs à 1 et non nécessairement égaux entre eux. La fiche est considérée comme «application» écrite après le jeu et semble faire office d'«essai» dans la direction d'un savoir nouveau pour les élèves. La compréhension du contrat, négocié lors du jeu (sérier des nombres avec des intervalles supérieurs à 1 et inégaux entre eux), sera testée avec la fiche et servira de point d'appui à la GNT pour prévoir la suite à donner (en cas d'échec et en cas de réussite). La GNT anticipe des difficultés liées à des caractéristiques de la tâche mais n'anticipe pas la forme des erreurs. Tout se passe comme si le but visé et les caractéristiques du problème étaient indépendants.

En 3P, ce sont tout d'abord des fiches issues des moyens d'enseignement de 2P qui ont été réalisées dans les premières semaines (notamment NU16) et l'avancée consiste à faire faire maintenant des activités qui rejoignent celles effectuées en *classe ordinaire*. En 3P, il s'agit de travailler avec des nombres jusqu'à 1000. Dès lors, la GNT est tenue de justifier ses choix auprès du titulaire de classe; c'est la fonction première des fiches, écrites, donc aisément transmissibles:

Extrait 1: entretien préalable

(…)
D: je peux le faire passer comme un test de contrôle que je pourrai passer au maître//nous avons travaillé//et je peux montrer par d'autres types de fiches que Shaïn et Tiko se sentaient à l'aise là-dedans dans cette suite de nombres/dans cette numération
(…)
D: donc Tiko est assez mûr pour en effet faire pratiquement le programme de son année c'est/alors au lieu de le faire dans sa classe il le fait avec moi parce que/j'ai moins d'élèves/que je peux mieux m'occuper de lui///
(…)

La fonction des fiches de numération prévues est donc liée à l'avancement du temps didactique de la *classe ordinaire*: elles ont, comme les fiches prévues en 2P, une fonction de contrôle mais cette fois pour montrer au titulaire de la *classe ordinaire* que Tiko et Shaïn sont en passe de rattraper (dans ce domaine) le niveau de 3P dans lequel ils sont insérés.

Shaïn est toutefois un élève dont la GNT «n'est pas sûre» et à propos de qui il convient de contrôler l'état d'avancement des connaissances (ce qu'elle ne manque pas de faire en cours de séance). C'est pourquoi elle isole spatialement Shaïn et Tiko.

Pour les élèves de 5P, la GNT déclare que Viviana et Elena «ont atteint un niveau de 4P». Si l'on revient au dossier initial de septembre, on constate que les fiches tirées des classeurs officiels sont puisées dans les moyens de 3P en raison de la forme de ces fiches (donc des ostensifs qu'elles mettent en scène). Par ailleurs, selon la GNT, d'autres activités de niveau 4P ont été effectuées. Ce qui lui permet de faire un pas de plus avec ces deux élèves. A nouveau l'avancée tient compte de la *chronogenèse de la classe ordinaire*:

Extrait 2: entretien préalable

(…)
D: Elena et Viviana qui passeraient aussi dans des nombres à classer mais de codes à virgule///(3 sec) ce serait une séquence numération donc qui rejoint un peu leur programme qu'elles doivent faire dans les classes en cinquième (…)

L'entretien préalable confirme également notre hypothèse sur les raisons de consignes aussi succinctes aux deux élèves. Celles-ci ont en effet déjà travaillé sur un même type de fiche. Peut-être pour cette raison, la GNT ne prévoit pas de possibles erreurs.

L'entretien a posteriori

Pour les élèves de 2P, la GNT donne quelques raisons pour lesquelles elle donne des tâches différentes à Gwali et à Armin et Ména. Elle s'appuie principalement sur les performances de Gwali à des activités effectuées dans les jours précédant la séance filmée (et qui font office de bilan d'entrée). La GNT a constaté que Gwali ne fait pas la relation entre le code numérique écrit et la quantité d'objets. Est-ce la raison pour laquelle les deux tâches de Gwali font intervenir de manière indépendante, d'une part une correspondance quant à la quantité d'objets (le jeu de domino) et d'autre part une sériation de codes numériques? Néanmoins la GNT décrit l'apprentissage de cette élève durant la séance. Si dans les jours précédents Gwali était incapable d'«aligner des nombres plus grands que un deux trois quatre et puis après c'est fini», elle est, depuis la séance, capable d'«arriver à quatorze». La GNT cite également d'autres activités, réalisées après la séance, consistant à associer cette fois, le code numérique écrit avec une quantité de jetons (jusqu'à quatorze). Cette dernière activité semble coordonner cette fois la correspondance entre la quantité et le code. A noter que de tels types d'activités sont préconisés en 1P par les concepteurs des moyens officiels. La GNT ne fait donc que suivre (pour cette élève «peu ou pas scolarisée»), les directives concernant la première année d'enseignement obligatoire.

L'entretien ne porte que très peu sur les productions des élèves: aucune remarque sur celles de Gwali, autre que ses compétences à «aller jusqu'à quatorze» et un seul constat de «bonne réussite» pour Armin et Ména. Aucune des erreurs de Ména n'a donc été relevée par l'enseignante dans l'entretien, pas plus que ses propres interventions sur ces erreurs. Toutefois, l'avancée annoncée lors de l'entretien préalable, semble n'avoir eu lieu que partiellement pour Armin et Ména, selon la GNT. Elle attribue cette difficulté à une caractéristique psychologique des élèves, leur «manque de maturité»[6] comparativement avec les «grands». A aucun moment les conditions propres à la situation ne sont évoquées comme pouvant intervenir sur les productions des élèves.

Pour ce qui concerne les élèves de 3P, la GNT évoque la fiche préparée par elle-même. Celle-ci semble construite en priorité pour Shaïn. En effet, les répétitions à l'intérieur des séries de la fiche f sont voulues et concernent Shaïn en particulier. Cela dit, pour les deux élèves, l'avancée consiste «à donner le plus souvent possible des fiches de troisième (…) on essaie de raccrocher avec». Le terme «raccrocher» revient ici, comme dans le projet initial et le but en ce qui concerne ces élèves est en passe d'être atteint.

Pour ce qui concerne les élèves de 5P, le choix de la fiche g (dont la GNT ne parle pas du tout lors de l'entretien préalable) entre dans son projet didactique du moment puisque cette fiche est dans la suite directe d'autres activités sur les décimaux où il s'agissait également de placer des nombres sur une droite numérique à construire; ce qui confirme bien notre hypothèse sur la concision de la consigne donnée. La GNT évoque une première activité réalisée, semblable à la fiche g, mais plus simple puisque les intervalles à mesurer valent un nombre entier de centimètres. L'avancée consiste, comme pour les élèves de 3P,

---

6 A noter que cette caractéristique revient très souvent dans le discours des GNT, nos diverses études de cas le montrent.

à rejoindre le programme officiel du degré d'insertion des élèves. Mais un certain nombre d'obstacles propres au matériel et aux activités possibles semblent se présenter pour ce degré puisque peu de fiches de numération sont prévues dans ce degré (ce type de savoir n'est évidemment plus d'actualité). La GNT est donc obligée de puiser dans «des vieux cahiers d'exercices épouvantables qui étaient faits spécialement pour les enfants en difficultés c'est fait pour le drill». Les activités décrites (faites pour du drill), rejoignent nos hypothèses: les activités en STACC visent bien à établir des techniques et des modèles d'action.

Brève conclusion de l'analyse des entretiens

L'analyse des entretiens permet notamment de rendre compte de la chronogenèse propre à chacun des systèmes concernés. Si les élèves de 2P (en particulier Gwali) se trouvent, après cette première séance observée, «en décalage» par rapport au temps didactique de leur *classe ordinaire* (dans le domaine de la numération), ceux de 3P et de 5P sont considérés comme en train de le «rejoindre» petit à petit. Les activités proposées à ces élèves durant la séance en témoignent. Cela dit, même si ces élèves sont moins en décalage que les autres du point de vue des activités, il apparaît que leur rapport à ces «objets de l'école» ne sont pas encore considérés comme conformes au rapport attendu. D'ailleurs, la GNT contrôle, au pas à pas, les actions de la plupart de ces élèves. Tiko est celui dont le rapport aux objets est sans doute considéré comme le plus conforme, le discours de l'enseignante en atteste.

CONCLUSION DE L'ÉTUDE DE CAS

En conclusion à cette troisième étude de cas, nous pointerons le résultat le plus marquant: le fonctionnement conjoint des systèmes classe *d'accueil* et *classe ordinaire*. Pour étayer nos conclusions, nous ferons, également de ce point de vue, quelques incursions dans l'entretien protocole de la première séance.

On considérera l'avancée des savoirs mathématiques dans le système didactique de la *classe* d'accueil (avec ses contraintes propres) et l'avancée des savoirs mathématiques dans le système didactique de la *classe ordinaire* en tant que source de contraintes pesant sur le système *classe d'accueil*. On l'a vu par l'analyse de la fiche-bilan mais aussi par l'analyse de la première séance, la *classe d'accueil*, comme les autres systèmes parallèles étudiés, ne fonctionne pas comme un système isolé mais est au contraire articulée aux différentes *classes ordinaires* auxquelles appartiennent les élèves. A ce titre, on considérera la *classe d'accueil* comme non homogène (l'analyse de la séance le montre), la GNT mène, pourrait-on dire, plusieurs temps didactiques en parallèle. Même si à certaines occasions, il lui arrive de mener la même activité auprès de différents groupes (par exemple le jeu «Farandole des animaux»).

La distinction opérée entre les élèves de 2P dans la *classe d'accueil* n'empêche du reste pas que ces élèves appartiennent à la même *classe ordinaire*. Certains groupes ou élèves (une élève de 4P et l'un des élèves de 6P) ne font partie d'aucune des séances filmées et analysées. Pour autant, nous considérerons tout de même leur présence en *classe d'accueil* puisque la GNT, elle, est tenue, dans l'économie des séances, de «faire avec» toute la classe, à partir du moment où les élèves y sont intégrés (tard dans l'année pour certains). Ce qui signifie que la double avancée mentionnée plus haut est bien plus complexe et qu'il faut y apporter maintenant quelques nuances. Nous considérerons six avancées en *classe d'accueil*, correspondant aux différents groupes[7] et cinq avancées en *classes ordinaires*, correspondant aux différents degrés.

Les contraintes dans la *classe d'accueil* et dans les différentes classes ordinaires, lors de la séance observée, sont évoquées dans le premier entretien protocole. Elles proviennent, selon la GNT, «de la barrière de la langue». On s'en doutait, elle ne peut mener avec les élèves des activités qui demandent une connaissance approfondie de la langue. Des jeux de société tels que la «Farandole des animaux» lui semblent suffisamment «minimalistes», du point de vue du langage, pour prendre place dans la chronogenèse de la *classe d'accueil* en ce tout début d'année, de même que les fiches. De Tiko et de Shaïn, la GNT dit qu'ils réalisent maintenant, en *classe d'accueil*, des activités de même niveau qu'en *classe ordinaire*. Dans le laps de temps entre la séance et l'entretien sur protocole, la situation de Shaïn a donc avancé. Des autres élèves, la GNT ne dit pas si le niveau a, comme pour les élèves de 2P, «été rattrapé» ou non.

On constate dans tous les cas que la GNT ne donne que peu d'informations sur ce qui se déroule en parallèle dans la *classe ordinaire*. Il semble, tout comme dans notre première étude de cas, qu'une chronoge-

---

7   Au fil de l'année scolaire de nouveaux élèves sont intégrés à la *classe d'accueil*. Dès avril six groupes forment la *classe d'accueil*.

nèse se déroule en *classe d'accueil* et que celle-ci a des caractéristiques précises qui donnent une idée de la chronogenèse en *classe ordinaire* puisque les différents degrés en présence la révèle, ce qui n'était pas le cas de l'étude en classe de soutien. Au début de l'année, les élèves réalisent des activités qui sont systématiquement d'un degré (voire plus) en-dessous de leur degré d'insertion. Tout se passe comme si un élève de 3P de *classe d'accueil* «équivalait» à un élève de 2P de *classe ordinaire*. De même un élève de 2P avec des activités officielles en 1P. Enfin, les élèves de 5P ont des activités de 3P. Puis ce décalage tend à «se combler» et il se comble d'autant plus vite que l'on se trouve dans un degré plus élevé. On observe que les élèves de 5P réalisent (déjà) lors de la première séance observée, des activités correspondant à leur degré d'insertion. En revanche, il faut attendre plus longtemps (deux mois) en 2P et 3P pour que ce soit le cas. Gwali, quant à elle, ne «rattrape» jamais l'écart et mène, en fin de 2P, des activités prévues en 1P.

Chapitre 5

Une classe ordinaire de 1P

Cette quatrième et dernière étude de cas vise trois objectifs principaux:

Premièrement, par rapport au système *classe de soutien*, elle permet, en revenant à une *classe ordinaire* de 1P (élèves de 6-7 ans), conduite par un professeur titulaire, de situer l'élève en difficulté parmi ses pairs. Avec la collaboration de l'enseignante, nous avons sélectionné deux élèves, l'un considéré comme «fort» en mathématique et l'autre considéré comme «en difficulté» dans cette matière; ces deux élèves ont été particulièrement observés durant leur travail individuel, le travail collectif de la classe ayant également fait l'objet de l'observation.

Deuxièmement, l'étude permet, d'un point de vue méthodologique, de montrer que les méthodes construites et mises en œuvre pour l'observation de petits groupes d'élèves sont également à même de rendre compte du fonctionnement d'une classe complète d'une vingtaine d'élèves.

Enfin, et toujours dans une perspective méthodologique, nous profiterons de cette étude de cas pour faire état des avancées plus récentes dans le champ des recherches comparatistes en didactique (Mercier *et al.*, 2002) en nous appuyant sur un modèle permettant de décrire *l'action conjointe professeur-élèves* (au sens de Schubauer-Leoni, Leutenegger, Ligozat *et al.*, 2007 et de Ligozat & Leutenegger, 2008). Ce modèle, en cours de construction, a pour origine une première proposition de modèle de *l'action du professeur*, parue dans la revue «*Recherche en Didactique des Mathématiques*» (Sensevy, Mercier & Schubauer-Leoni, 2000). Depuis lors différents travaux de modélisation visant une description de cette action du professeur se sont succédé (Ligozat, 2002; Sensevy, 2001, 2002; Sensevy, Mercier, Schubauer-Leoni, Ligozat & Perrot, 2005) et se sont avérés fructueux pour la compréhension plus large du fonctionnement des systèmes didactiques. Grâce à ces résultats, nous soutenons, avec d'autres, la thèse selon laquelle on ne peut comprendre l'action du professeur sans décrire celle des élèves. Cette hypothèse de travail a conduit plusieurs chercheurs, dans le cadre des études comparatistes en didactique, à envisager une théorisation de l'activité didactique sous l'angle d'une *action conjointe du professeur et des élèves* (Ligozat & Leutenegger, 2008; Schubauer-Leoni, Leutenegger, Ligozat *et al.*, 2007; Schubauer-Leoni, Ligozat, Leutenegger, Sensevy & Mercier, 2004; Sensevy & Mercier, 2007).

Cette quatrième étude de cas se propose de faire fonctionner le modèle pour contribuer à en dégager les possibilités et en définir les limites, à travers un nouvel exemple d'observation, dans le domaine numérique. Les analyses qui suivent font ainsi état de l'avancement des travaux de l'Equipe Genevoise de Didactique Comparée, sous la direction de M.L. Schubauer-Leoni, sur l'opérationnalisation de ce modèle.[1]

Après une brève présentation des enjeux et des principaux éléments de structure du modèle[2] nous décrirons le dispositif d'observation en classe ordinaire et présenterons une analyse des fiches de 1P-2P *(plan achronique)* proposées à l'enseignante titulaire et aux élèves. Puis nous ferons travailler le modèle sur nos matériaux empiriques *(plan diachronique)*. Ce faisant, nous chercherons à dégager les modalités de fonctionnement d'un *contrat didactique* nécessairement *différentiel* (au sens de Schubauer-Leoni, 2002 et de Leutenegger & Schubauer-Leoni, 2002) entre professeur et élèves à propos des objets d'enseignement/apprentissage.

Présentation du modèle de l'action conjointe

Le modèle de *l'action conjointe professeur-élèves* (ci-après P-Els) permet de décrire les formes de l'action humaine, spécifiées par les contraintes du didactique, selon le triplet de genèses défini plus haut (méso-, topo- et chronogenèse). Il comporte une double ambition comparatiste, qui a été décrite ailleurs (Ligozat & Leutenegger, à paraître; Schubauer-Leoni, Leutenegger, Ligozat *et al.*, 2007) et que nous rappellerons brièvement

---

1   La thèse de Ligozat (2008) permet de revenir sur ce modèle en l'affinant.
2   Nous reprendrons ici l'essentiel de la présentation du modèle figurant dans une contribution en cours (Ligozat & Leutenegger, à paraître).

ici: l'enjeu concerne d'une part la possible *mise en évidence de pratiques spécifiques et/ou génériques* (au sens de Mercier, Schubauer-Leoni et Sensevy, 2002) entre différents enjeux de savoirs et, d'autre part, un travail de *spécification/conversion de concepts théoriques* tels que les notions d'activité, action, intention, pratiques, etc., développées actuellement par les disciplines d'étude des dimensions du travail humain et portées par des champs disciplinaires, tels que la psychologie, la sociologie, la philosophie analytique ou encore les sciences du langage.[3]

Lors de la construction du premier modèle, celui de *l'action du professeur*, Sensevy, Mercier et Schubauer-Leoni (2000) ont retenu quatre dimensions actionnelles fondamentales: *définir, dévoluer, réguler l'incertitude, instituer.* Ces fonctions sont postulées comme génériques de l'activité didactique; elles coexistent à différents niveaux de réalités – et selon un grain plus ou moins fin de l'observation – des processus didactiques, allant des micro institutions, qui font avancer le temps didactique de manière presque imperceptible dans une séance d'enseignement/apprentissage, aux macros systèmes de définitions qui opèrent par des changements de milieux pour passer d'une situation à une autre, par exemple.

A un deuxième niveau, l'action didactique du professeur, plus spécifiquement, peut être caractérisée par des entités praxéologiques telles que des *types de tâches et des techniques d'enseignement.* Or, ce sont d'abord les manières de faire, donc des gestes techniques qui sont accessibles à l'observation. La détermination de types de tâches ne peut se faire que sur la base d'une articulation entre les différentes techniques observables; on ne dispose donc pas (encore) d'un mode de désignation *a priori*, ou culturellement construit, de ces types de tâches. En l'état, les travaux de l'équipe genevoise de Didactique Comparée ont dégagé trois grandes familles de techniques caractérisant l'activité didactique (la construction de la référence, la gestion des territoires et la gestion des temporalités), dont la théorisation en termes de tâches reste encore à affiner. Nous reviendrons sur ces trois registres un peu plus loin car ils jouent un rôle central dans les analyses.

---

3   Voir notamment les travaux de Bronckart (2004), Filliettaz (2002) ou encore Vernant (1997), qui, depuis un point de vue psycholinguistique, montrent l'intérêt d'une distinction entre activité, action de la personne singulière, action collective, en remontant aux différentes significations des concepts d'activité et action, puis en les déplaçant pour les besoins de l'étude de l'activité humaine à travers les discours.

Pour ce chapitre, nous allons, dans l'ordre des analyses, examiner prioritairement la *construction de la référence*, avant d'analyser la *gestion des territoires et des temporalités*. Nous articulerons ces catégories actionnelles avec les trois genèses, devenues classiques, qui permettent la description du fonctionnement du contrat didactique dans ses processus: l'activité de construction de la référence peut en effet s'interpréter en termes de *processus mésogénétique*, la gestion des territoires et des temporalités relevant des deux autres genèses (*topogenèse* et *chronogenèse*).

Chaque objet de la *mésogenèse* est potentiellement un moyen de faire progresser le temps didactique en fonction des rapports que les sujets établissent à celui-ci (selon les positions dissymétriques Professeur/Elève(s), mais encore différentiellement, entre les élèves). C'est pourquoi la *construction de la référence* entre les acteurs (professeur et élèves) constituera une entrée prioritaire. Or, la dissymétrie professeur/élèves détermine un partage des responsabilités et des tâches des sujets didactiques, c'est pourquoi, nous chercherons à mettre en rapport cette construction de la référence avec une analyse des prises en charge respectives du professeur et des élèves, soit une étude de la *topogenèse*. *In fine*, l'étude de ces deux genèses permettra de re-construire la *chronogenèse* qui préside l'évolution du projet d'enseignement et du temps didactique. Celle-ci est donc plutôt l'affaire du professeur; car si en certaines occasions, on peut observer que des élèves nourrissent le milieu en amenant des objets de nature à servir le projet du professeur, celui-ci n'est pas nécessairement prêt à les accueillir, d'autres études l'ont montré (Ligozat & Leutenegger, à paraître).

La prise en compte du triplet de genèses nous a permis, dès les premiers travaux sur la modélisation, à partir de leçons mettant en jeu la situation de la «Course à 20» (Sensevy, Mercier & Schubauer-Leoni, 2000), de définir trois catégories de techniques observables dans l'activité didactique (voir également tableau en annexe de ce chapitre):

– Les techniques d'action mésogenétiques:
  – Dénomination/désignation d'Objets du Dispositif (OD);
  – Elaboration de Règles d'Action (RA) pour réaliser une tâche/ gagner à un jeu de l'ordre du faire, du dire ou du prouver;
  – Dénomination/désignation de Traits Pertinents (TP) ou Non Pertinents (TnP);
  – Identification de ConTRaDictions (CTRD) ou ALTernatives (ALT);
Ces catégories mésogénétiques apparaissent enchâssées dans des for-

mats de communication propres aux processus d'interaction didactique. On opère donc des distinctions dans chacune des catégories (OD, RA, TP ou CTRD) selon que:

(a) la proposition émane du professeur (P), par des gestes d'indication/prescription;
(b) la proposition émane d'un élève (EL), puis est reprise immédiatement par P, ou qu'il y fait allusion plus tard sous forme d'une résonance;
(c) la proposition émane d'un EL, mais suscitée par une question *ad hoc* de P.

– Les techniques d'action topogénétiques:
  – Accompagnement de P dans les phases de transitions de l'activité des ELs;
  – Modulation des postures de P par rapport à une tâche (mimétisme, mise à distance, surplomb);
  – Organisation, maintien ou modifications de coalitions (P+EL/ Classe ou P+Classe/EL(s)).

– Les techniques d'action chronogénétiques:
  – Appel à la mémoire didactique;
  – Orientation d'actions possibles;
  – Ralentissement/accélération de l'action et du «débit» des objets;
  – Annonce d'indices de fin;
  – Déclaration d'avancées;
  – Relances.

Ces techniques d'action, respectivement topogénétiques et chronogénétiques, sont en principe déterminées à partir des éléments mésogénétiques, qui constituent *une référence* pour le cours de l'action conjointe P-ELs. En termes de types de tâches, la construction de la référence et la gestion des territoires et des temporalités font partie des responsabilités que le professeur doit assumer. Or, les travaux précédents l'ont montré (notamment en suivant la voie ouverte par les travaux de Mercier, 1999, l'élève a, lui aussi, sa part de responsabilités dans le fonctionnement didactique. Si pour l'heure, les trois familles de techniques présentées ci-dessus restent encore relativement centrées sur les gestes du professeur, il s'agit maintenant de rapporter ceux-ci à l'action de l'élève. Ainsi, l'enjeu actuel de développement du modèle vers une description de l'action conjointe, se situe sans doute dans une caractérisation plus fine des modalités d'action des élèves dans le processus d'enseignement et apprentissage.

A noter encore que les catégories sont inclusives: l'énonciation d'un trait pertinent en fait *ipso facto* un objet du dispositif, dont certains élèves vont s'emparer et d'autres non; nous aurons l'occasion d'y revenir dans notre analyse. C'est ainsi que ces catégories contribuent à décrire comment se construit dynamiquement la référence, soit un monde supposé partagé par les instances de la relation didactique.

La notion de trait pertinent peut être longuement questionnée dans le cas du didactique ordinaire, puisque le professeur ne contrôle pas nécessairement un milieu permettant à l'élève d'établir un rapport idoine au savoir. C'est ainsi que l'on peut observer des actions d'élèves, pertinentes par rapport à ce que le professeur attend d'eux, sans pour autant que cette pertinence n'ait de fondement dans une situation mathématique, telle que le chercheur peut l'identifier (voir notamment à ce sujet Ligozat, 2002; Schubauer-Leoni, Leutenegger, Ligozat *et al.*, 2007).

Cette catégorisation est le résultat d'un processus inductif, mais pas seulement. En travaillant initialement sur des leçons «Course à 20» (Schubauer-Leoni *et al*, 2004), nous avons profité de la robustesse de cette situation, conçue depuis l'ingénierie, pour fixer les premiers éléments de catégorisation. Il s'agit, dans les travaux actuels, de les mettre à l'épreuve d'autres matériaux empiriques, avec d'autres objets mathématiques, avec des classes contrastées; ce chapitre est conçu pour participer de cette mise à l'épreuve. Sans détailler, précisons que pour chacun des objets étudiés, que ce soit dans le domaine du système de numération (Ligozat, 2002, 2004), de la mesure des grandeurs (Ligozat, 2005), de la proportionnalité (Ligozat & Leutenegger, 2008) ou encore du dénombrement dans les petits degrés (Schubauer-Leoni, Leutenegger, Ligozat *et al.*, 2007), c'est l'analyse *a priori* du problème et de ses composantes (voir ci-dessous pour «Les cousins» et «La cible»), traités dans l'activité collective de la classe, voire dans l'action conjointe du professeur avec certains élèves, qui nous permet d'avancer dans la construction de cette catégorisation. C'est ce que nous examinerons après avoir présenté le dispositif d'observation pour cette quatrième étude de cas.

Dispositif d'observation en classe ordinaire[4]

Le dispositif d'observation comporte une séance en classe et, comme pour les autres études de cas, deux entretiens, préalable et *a posteriori*, avec l'enseignante titulaire.

Comme pour les autres études de cas, la séance est filmée, mais cette fois deux caméras permettent d'embrasser la scène. L'une d'elles, fixe, permet de saisir les événements collectifs, notamment ce qui se déroule au tableau noir, et l'autre, mobile, permet de suivre l'activité des deux élèves choisis et regroupés pour l'occasion en un même lieu. Cette prise de vue est doublée d'un enregistrement sonore auprès des deux élèves. La titulaire est, quant à elle, munie d'un enregistreur et d'un micro-cravate de façon à la suivre dans ses déplacements lors de l'activité individuelle des élèves. Une prise de notes concernant les deux élèves choisis complète l'observation.

Les entretiens font l'objet d'un enregistrement sonore seulement. Ils sont, comme pour les autres études de cas, conduits sur la base de canevas d'entretiens visant, respectivement, une description détaillée du projet d'enseignement (à cette occasion la titulaire désigne les deux élèves observés) et un bilan de la séance passée.

Comme dans les autres dispositifs, des personnes différentes[5] mènent les entretiens ou observent la séance. Pour la séance, elles sont au

---

4   Les données dont il sera question ont été collectées dans le cadre d'un séminaire de recherche destiné à des étudiants de 2e cycle en Sciences de l'éducation: chaque «pièce» du dispositif a fait l'objet d'un travail spécifique (observation de la séance en classe ou conduite d'un entretien et transcriptions des matériaux enregistrés) de la part d'un ou plusieurs étudiants du séminaire sous la responsabilité de leur formateur universitaire. Chaque fois que nécessaire, nous citerons les personnes responsables des données dont nous ferons état. Que tous les étudiants impliqués dans cette prise de données ou dans la transcription des matériaux soient ici remerciés: R. Bigotta, S. Bujard, S. Chamay, E. Chavaz, Ch. Dessonnaz, S. Guglielmin, A. Messerli, D. Monnier, F. Rossier, A. Schaller, B.S. Susac, A. Veuthey, A. Vivien.

5   Ici des étudiants différents. Pour rappel, les raisons de ces choix tiennent à l'évitement d'implicites dans la situation d'interlocution, surtout lors de l'entretien *a posteriori*: le professeur est amené à décrire les événements passés le plus précisément possible puisque le chercheur qui mène l'entretien n'a pas assisté à ces événements. Ce dernier peut alors poser de «vraies» questions d'information pour sa compréhension des événements.

nombre de trois: deux d'entre elles commandent les caméras et la troisième double l'observation filmée par une prise de notes concernant l'activité des deux élèves choisis.

Choix des activités observées

Nous étudierons ici des activités concernant le concept de nombre, lié à l'énumération de collections équipotentes. Ce type d'activité repose sur des travaux anciens déjà (notamment Meljac, 1979) concernant le dénombrement spontané chez l'enfant. Il s'agissait d'étudier différentes situations, notamment celle dite «des poupées» consistant, pour de jeunes enfants, à aller chercher des robes pour habiller quatre, six ou neuf poupées, la distance entre les deux collections des robes et des poupées étant considérée comme une variable de situation puisqu'elle détermine des contraintes différentes: dans le cas d'une coprésence des robes et des poupées, une correspondance terme à terme entre chaque poupée et chaque robe est possible et ne contraint pas un comptage systématique pour réussir la correspondance des collections. La solution du problème dans le cas qu'une distance entre les deux collections (elles ne sont pas dans le même champ visuel) est soumise au contraire à une nécessité d'énumération de chacune d'entre elles et à une correspondance des deux quantités. Briand (1999) relève, en s'appuyant sur les travaux d'El Bouazzaoui (1982) une sous-estimation, chez Meljac, de l'influence des rétroactions sur les différentes situations étudiées. Dans la veine des études piagétiennes, les préoccupations de ces études étaient en effet surtout centrées sur la possibilité d'observer une genèse dans le comptage spontané, sans l'aide ou la demande directe de l'adulte. On est donc loin d'une situation scolaire. D'un point de vue didactique, les recherches menées par El Bouazzaoui (1982) et d'autres (notamment Pérès, 1984, 1985) ont contribué, pour l'étude et la modélisation des situations didactiques, à observer les effets de ce type de variables sur l'acquisition des premières connaissances numériques des élèves dans le cadre de l'école élémentaire cette fois.

Les travaux plus récents de Briand (1999) ont permis d'approfondir les connaissances didactiques en matière de conception et d'énumération des collections. L'auteur décrit notamment l'articulation entre les procédés d'exploration d'une collection par l'énumération (le «chemin» à parcourir entre les éléments d'une collection pour les compter systématiquement), la comptine numérique et l'énonciation du cardinal de la collection (le dernier mot-nombre correspondant au dernier élément de la collection pris en compte). Nous verrons que cette articulation est importante pour interpréter les événements concernant notre observation.

A partir de la situation des «poupées», et plus généralement de situations dérivées de la situation fondamentale pour le nombre, l'école élémentaire, en Suisse Romande notamment, préconise des activités de ce type permettant une introduction au concept de nombre auprès des jeunes élèves.

Pour ce qui concerne notre étude de cas, deux tâches prescrites, tirées des moyens d'enseignement officiels, en constituent le cœur:

La tâche prescrite initiale, proposée par la recherche en milieu d'année scolaire à l'enseignante titulaire, fait partie des moyens d'enseignement de 1P.[6] Il s'agit d'une fiche intitulée *«Les cousins»* construite sur la base de la situation fondamentale: il s'agit, en un seul trajet, d'aller chercher et de dénombrer une quantité d'objets équivalente à une autre quantité préalablement dénombrée; la caractéristique principale de la situation étant que l'élève, faute d'une proximité entre les deux collections, n'a pas la possibilité d'effectuer une correspondance terme à terme, seul le dénombrement de chacune des collections et la mise en mémoire du cardinal (ou de l'inventaire des objets) permet de réaliser la correspondance. Une vérification matérielle (rétroaction) permet toutefois à l'élève de savoir si une erreur est intervenue, mais, cas échéant, à lui de trouver laquelle.

Or, la titulaire a qui nous avons proposé cette fiche avait déjà réalisé *«Les cousins»* en classe, elle ne pouvait donc la proposer une seconde fois à ses élèves (voir nos remarques sur la «répétabilité» d'une activité mathématique). Elle a toutefois accepté de remplacer cette tâche prescrite par une autre, officielle en 2P, en l'adaptant à son degré de 1P. Cette seconde fiche, intitulée *«La cible»*, est connexe par rapport à la première: la même situation fondamentale est à son origine, mais la situation diffère sur plusieurs points (voir ci-dessous les analyses *a priori* de ces différentes fiches). Cette suite possible de l'activité lui semble bienvenue, puisque *«Les cousins»* ont fait l'objet d'une évaluation des connaissances de ses élèves: elle connait donc le niveau des élèves en la matière et une suite est envisageable. Les productions des élèves lors de cette évaluation sont à verser au corpus de recherche.

---

6   Ging, Sauthier, Stierli, (1996). Livre du Maître. Méthodologie 1P.

TYPES DE MATÉRIAUX COLLECTIONNÉS

Le corpus de recherche comprend quatre «pièces» principales:

- la séance de 60 minutes filmée (deux caméras) puis transcrite intégralement ainsi que les productions écrites de tous les élèves de la classe. A ces matériaux s'ajoutent les notes d'observation de la séance (3ᵉ observateur).
- l'entretien préalable enregistré puis transcrit intégralement.
- l'entretien *a posteriori* enregistré puis transcrit intégralement.
- les productions écrites des élèves lors de l'évaluation des *«Cousins»*.

ACTEURS ET INSTITUTIONS

Cette classe de 1P comprend 20 élèves, 13 filles et 7 garçons, dont plusieurs non francophones, l'école étant située dans un quartier populaire de la ville de Genève. Les deux élèves choisis pour l'observation, Jérémie et Vitorio, sont considérés comme contrastés par la titulaire: Jérémie est réputé «en difficulté» en mathématiques alors que Vitorio «se débrouille bien» en cette matière.

La titulaire est une enseignante chevronnée, elle a une quinzaine d'année d'expérience de l'enseignement, notamment dans les degrés élémentaires. Elle participe en outre à la formation des nouveaux enseignants puisqu'elle collabore avec l'Université dans une fonction de «formatrice de terrain». A ce titre, elle accueille des enseignants en formation lors de leurs stages obligatoires sur le terrain scolaire.

PREMIÈRE PARTIE: LES FICHES DE 1P ET 2P
(ANALYSE AU PLAN ACHRONIQUE)

«LES COUSINS» (1P)

«Les cousins» font partie du module 2 des moyens d'enseignement de 1P («Des problèmes pour approcher le nombre et lui donner du sens») et figurent dans le «livre du maître» (Ging, Sauthier, Stierli, 1996) sous forme de trois fiches (voir Figure 29) accompagnées de consignes de gestion de l'activité (à réaliser individuellement) et de descriptions de «démarches possibles de l'élève». Les objectifs du module 2 concernent en premier lieu la possibilité pour l'élève d'«apprendre, exercer, étendre la suite orale des nombres». Les objectifs mentionnent encore la nécessité de mettre en relation la connaissance de la comptine numérique avec l'écriture de la suite des nombres (la «bande numérique») et l'attention à ce que cette comptine soit fonctionnelle pour le dénombrement («outil de comptage» et «support pour le dénombrement de collections d'objets»).

Le «livre du maître» indique que l'activité

> *«Les cousins»* occupe une position charnière dans la construction du nombre par l'enfant, entre le stade ordinal de la comptine (succession de mots dans un ordre donné) et le passage à l'aspect cardinal que représente le dernier mot de la suite. (p. 90)

L'activité dite «phare» se veut donc l'occasion, pour les élèves, de travailler particulièrement l'articulation entre ordinal et cardinal. Du point de vue du maniement de la situation, la consigne suivante est à donner oralement à ces élèves qui ne savent pas encore nécessairement lire:

> Chacun de vous va recouvrir toutes les cases blanches de son personnage avec des petits cartons de couleur. Vous allez les chercher dans les paniers là-bas et en prendre juste ce qu'il faut, pas plus, pas moins. Vous recevez chacun trois jetons. Chaque fois que vous allez vers les paniers, vous me donnez un jeton. Vous n'êtes pas obligés de les utiliser tous. Lorsque vous n'avez plus de jetons, vous n'avez plus le droit d'aller vers les paniers. (p. 96)

Le paragraphe «Mise en œuvre» précise que «chaque élève reçoit un personnage à recouvrir en fonction de l'étendue de sa comptine numérique.» (p. 96) (c'est-à-dire la suite des nombres connus). Les personnages dont il est question, dessinés sur trois feuilles au format A4, sont tels que dans la Figure 29 et les «petits cartons de couleur» sont autant de vignettes de forme carrée, adaptées à la taille des cases blanches dessinées (côté du carré: 1,5 cm). Les jetons permettent de limiter le nombre de trajets: ici trois trajets au plus. Le livre du maître mentionne une variante possible à l'activité: limiter le nombre de trajets à un seul («Aujourd'hui vous ne recevez qu'un jeton»), «pour faire évoluer les stratégies des élèves qui n'utilisent pas le nombre comme outil» (p. 96).

Dans tous les cas, le problème à traiter consiste donc à compter ou inventorier (et se souvenir) du nombre exact (ou de l'inventaire) de cases blanches et compter le nombre exact de vignettes (ou les inventorier) pour recouvrir ces cases blanches, sans mise en correspondance terme à terme immédiate possible, comme dans la situation fondamentale pour le concept de nombre.

Figure 29. Etude de cas 4: les personnages à compléter.

Les trois items présentent les caractéristiques numériques suivantes, liées à la disposition des cases blanches par rapport aux noires et aux deux régions «tête» et «corps» du personnage:

Item 1: 28 cases disposées selon plusieurs «blocs» possibles (12 + 16 ou 12 + 10 + 1 + 5).

Item 2: 14 cases («blocs» possibles: 4 + 10 ou 4 + 4 + 6).

Item 3: 19 cases dont la disposition spatiale offre plus de difficultés à l'énumération puisqu'elles ne sont pas toutes alignées et qu'elles offrent des intersections pouvant donner lieu à un double dé-compte («blocs» possibles: 5 + 14).

Dans le cas d'une variante en deux trajets (non suggérée par le Livre du Maître, mais possible à mettre en œuvre par le professeur), pour chacun des personnages, l'élève pourrait tenir compte des «blocs» possibles (tête et corps), chaque trajet correspondant à un «bloc».

Les procédures de dénombrement ne sont pas mentionnées dans la consigne: à l'élève d'anticiper qu'il faudra effectuer une correspondance numérique entre le nombre de cases blanches et les vignettes à aller chercher. Les termes «juste ce qu'il faut, pas plus, pas moins» indiquent le but à atteindre (ni trop ni trop peu de vignettes) et indique implicitement à l'élève ce qu'il a à faire. La mention des trois jetons indique le nombre de trajets maximum: l'élève peut tâtonner (essai-erreur) lors des deux premiers trajets ou tenir compte des différents «blocs» de cases blanches de son personnage (tête et corps ou autre partition).

Les variantes possibles, quant à elles, offrent des contraintes supplémentaires. Un seul trajet ne permet plus de tâtonner (essai-erreur) et contraint la procédure de dénombrement ou une procédure permettant de garder mémoire du nombre de carrés (par exemple par un inventaire puis un dessin, un code ou un symbole) puis une mise en correspondance avec la quantité de vignettes à ramener. Deux trajets exactement supposent une contrainte supplémentaire: partager le nombre en deux parties qui correspondent ou non aux «blocs» mentionnés, mais l'élève peut également considérer que l'un des trajets consiste à ramener une vignette et l'autre à ramener toutes les autres. Ce qui, du reste, serait le signe d'un niveau de conceptualisation assez élevé.

Le recouvrement des cases a une fonction de rétroaction pour l'élève: il peut alors constater qu'il a ramené trop ou pas suffisamment de vignettes.

Les consignes données au professeur concernant la gestion de l'activité portent sur son déroulement et sur les variables de contrôle à respecter: ne pas permettre aux élèves de prendre les personnages près des paniers contenant les vignettes pour éviter une correspondance terme à terme, contrôler la restitution des jetons, que faire lorsque les élèves ont terminé le premier item. Quelques indications sont données par rapport aux prérequis des élèves (connaissance de la comptine numérique plus ou moins étendue). Un encadré décrit des démarches possibles de l'élève concernant «le dénombrement» (énumération) et «la façon de se souvenir d'une quantité». Un procédé permettant de garder en mémoire le nombre de cases blanches («dans sa tête» ou notation du nombre sur un support) est mentionné parmi les possibles, mais le professeur n'est pas invité à recommander la notation aux élèves. Une *mise en commun* est préconisée, dont le but est de faire expliciter les différents procédés, recommandation est faite au professeur de ne pas valoriser un procédé parmi d'autres.

A noter que plusieurs informations «manquent», c'est au professeur d'interpréter ce qu'il s'agit de faire:

– Du point de vue de l'organisation de la classe, les élèves sont-ils en mesure d'observer ce que font les autres?

- La mention des 100 petits carrés (vignettes) à disposition et à photo-copier (précise le Livre du Maître) concerne-t-elle toute la classe ou chaque élève?
- Combien de paniers sont-ils à disposition? Sont-ils répartis dans la classe ou sont-ils dans un même lieu? Les élèves peuvent-ils prendre des vignettes dans des paniers différents?
- Les élèves sont-ils tous confrontés aux trois items? Dans ce cas, dans quel ordre? Sinon, comment choisir le personnage pour chaque élève: à quoi voit-on que l'élève «est prêt à affronter» tel personnage? L'étendue de la «comptine» apprise est-elle le seul critère?
- Quelle gestion en cas de difficultés, d'erreurs, d'obstacles ou d'im-passes?

Du côté des élèves et de leurs démarches possibles, c'est d'abord leur *anti-cipation* du recouvrement possible des cases blanches qui est en cause: les trois trajets possibles permettent une première réponse aléatoire (voire deux), l'anticipation étant reportée au dernier trajet à effectuer. L'anticipa-tion se joue également entre les trois items: si le premier personnage a donné lieu à un échec, l'élève profite-t-il de cet échec pour anticiper une meilleure stratégie pour le recouvrement du personnage suivant?

Plusieurs types d'erreurs sont possibles durant les différentes opéra-tions à effectuer:

- Un comptage sans énumération de chaque case, en effectuant le «che-min» de comptage (voir à ce sujet, Briand, 1999). Le troisième item en particulier pourrait donner lieu à des erreurs de ce type. Les procé-dés d'énumération de ces éléments ne sont pas identiques pour les cases blanches ou pour les vignettes puisque le «chemin» à effectuer pour énumérer suppose des manipulations différentes, par exemple les vignettes des paniers peuvent être écartées spatialement à mesure du comptage.
- Une erreur par rapport au cardinal du nombre (la dernière case ou la dernière vignette comptée devrait correspondre au cardinal).
- Une erreur par rapport à la mise en mémoire du nombre ou de l'in-ventaire qui génère à son tour des erreurs dans la correspondance entre les collections.
- Plusieurs de ces erreurs peuvent également se combiner.

Du point de vue des deux variantes préconisées (deux trajets ou un seul trajet), d'autres conduites sont à prévoir:

– Un seul trajet suppose une anticipation qui ne tolère pas de tâtonnement.
– Deux trajets exactement comportent une autre contrainte: deux nombres sont à produire et à mémoriser.

«LA CIBLE» (2P)

Le problème de *«La cible»* est connexe à celui des *«Cousins»*. *«La cible»* est préconisée en 2P[7], mais relève de la même situation fondamentale pour le concept de nombre. La fiche format A4 (une seule cette fois) se présente de la manière suivante:

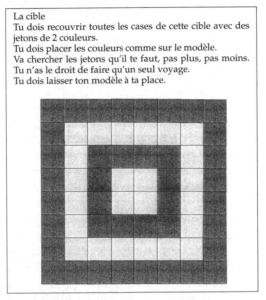

Figure 30. Etude de cas 4: fiche «La cible».

Les rangées concentriques, jaunes et rouges, déterminent quatre espaces composés, respectivement de 28, 20, 12 et 4 cases. Les consignes, écrites cette fois (les élèves sont censés savoir lire), sont très semblables à celles des *«Cousins»*, mais cette fois un seul trajet est requis et deux collections de vignettes (de deux couleurs différentes)

---

7   Ging, Sauthier, Stierli, (1997). COROME Livre du Maître. Méthodologie 2P.

sont à produire (éventuellement quatre sous-collections, déterminées par chacun des rangs concentriques de la cible.)

L'analyse *a priori* est parente de celle que nous avons exposée pour «*Les cousins*», nous ne mentionnerons ici que les caractéristiques qui diffèrent de l'analyse précédente.

Du point de vue du problème à traiter, il s'agit pour l'élève d'anticiper les deux (voire quatre) collections et de trouver un moyen de les mémoriser («dans sa tête» ou par notation sur un support) une fois les énumérations effectuées sur la cible et avant d'aller chercher les vignettes. Les erreurs possibles tiennent essentiellement aux procédés d'énumération sur la cible (systématicité des procédés de comptage), l'énumération des vignettes carrées des paniers offrant le même type de difficulté que pour «*Les cousins*», à ceci près que deux collections (les jaunes et les rouges) doivent être formées. Un problème pratique pourrait se poser si quatre collections (correspondant aux quatre rangées concentriques) étaient réalisées: comment transporter ce matériel lorsqu'on n'a que deux mains?

Du point de vue des caractéristiques numériques, le nombre de cases est supérieur à celui des «*Cousins*» (40 rouges et 24 jaunes cette fois): on attend des élèves de 2P qu'ils sachent compter plus avant. Un seul trajet est requis, contrainte qui n'autorise aucun procédé par essai-erreur. Les procédés d'énumération sont censés cette fois être maîtrisés: en effet, la disposition concentrique des cases pourrait donner lieu à des erreurs (compter deux fois une case d'angle) qui ne peuvent être évitées que par un procédé très systématique (un «chemin» de comptage, au sens de Briand, 1999, bien maîtrisé). A noter encore que des procédés différents pourraient émerger selon que l'on compte «à la suite» les deux rangées jaunes ou rouges (par exemple pour les rouges: 1, 2, 3, …, 28; 29, 30, …, 40) ou une rangée après l'autre (par exemple pour les rouges: 1, 2, 3, …, 28 puis 1, 2, 3, …, 12). Dans ce cas, fait-on l'addition, ici de 28 et 12, ou garde-t-on les sous collections séparées?

Du point de vue de la mémoire de travail pendant l'énumération, si deux collections sont constituées, comment gérer la mémoire du nombre de cases jaunes (par exemple), lorsqu'on énumère les rouges? *A fortiori* si quatre collections sont constituées.

Du point de vue de la gestion de l'activité, des recommandations très semblables à celles de 1P sont données au professeur et les mêmes informations «manquent» quant aux moyens de gestion (sauf qu'ici il n'y a qu'une seule cible, contrairement aux trois personnages des «*Cousins*»).

DEUXIÈME PARTIE:
L'ANALYSE DE LA SÉANCE (PLAN DIACHRONIQUE)

L'enseignante titulaire a déjà réalisé l'activité des *«Cousins»* dans sa classe, les items 1 et 2 ayant été traités par l'ensemble des élèves de sa classe; quant au troisième item, le personnage pyramidal, il a été promu au rang d'évaluation. Pour ce qui est de l'observation, bien qu'appartenant aux moyens de 2P, *«La cible»* est choisie afin de rester dans le même champ conceptuel, l'enseignante y apportant toutefois des modifications visant à rendre le problème compatible avec ce qui est exigé en 1P. Deux nouvelles versions de *«La cible»* sont produites: la première comprend deux rangs de cases concentriques seulement et la seconde, trois rangs:

Cible 1   Cible 2

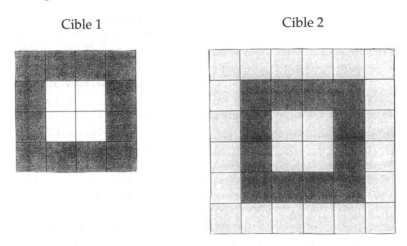

Figure 31. Etude de cas 4: Cibles 1 et 2.

Les deux cibles, ici réduites, figurent sur une page A4, les consignes étant identiques à *«La cible»* originale. Les élèves auront donc à produire, respectivement, deux collections de 4 jaunes et 12 rouges (Cible 1) et deux collections de 24 jaunes et 12 rouges ou trois collections correspondant aux rangs de cases concentriques (Cible 2): 4 jaunes, 12 rouges, 20 jaunes. La Cible 1 est réputée «plus simple» que la Cible 2 puisqu'elle suppose des quantités plus réduites, la Cible 2 se complexifiant par la présence de deux sous-collections de cases jaunes. Du point de vue de la connexité et de la complexité des problèmes, les Cibles 1 et 2 sont réputées «plus compliquées» que «*Les cousins*», mais «plus simples» que «*La cible*» originale. A noter encore que si les deux Cibles sont traitées dans l'ordre, Cible 1 puis Cible 2, la seconde comprend la première: le problème pourrait donc se réduire dans ce cas à compter les cases jaunes du troisième rang en gardant en mémoire les nombres correspondant à la Cible 1. Nous verrons plus loin, avec l'analyse de l'entretien préalable, quelles sont les raisons de ces choix, mais on peut d'ores et déjà penser qu'ils déterminent une possible *chronogenèse* dans l'enseignement/apprentissage de ces objets.

Structure d'ensemble et choix des événements remarquables

Pour l'heure, nous décrirons la structure d'ensemble de la séance en classe et nous exposerons le choix des événements significatifs retenus pour l'analyse à l'aide du modèle de l'action conjointe. Le tableau synoptique ci-contre est organisé en cinq colonnes dont une concerne les événements observés dans le collectif de la classe et une autre, les deux élèves choisis. Une interruption est notée (récréation), ce laps de temps n'est pas décompté dans le déroulement temporel de la séance effective. Les plages grisées des dernières colonnes sont laissées vides puisque elles correspondent à l'action conjointe collective (minutes 1-11 et minutes 43-60), l'action des deux élèves observés n'étant pas prise en compte pour elle-même. Dans la colonne «Evénements dans la classe», les minutes 40-42 sont grisées également car ces minutes correspondent à l'action conjointe avec un élève particulier, Vitorio, le reste de la classe restant en attente du retour de l'enseignante: l'action collective s'interrompt. Pour le reste, le corpus fait aussi bien état des observations des deux élèves que des déplacements et interactions de l'enseignante avec d'autres élèves.

Tableau 14. Tableau synoptique de la séance

Temps (min.)	Phases	Modalités de travail	Evénements classe	Evénements 2 élèves observés (Jérémie + Vitorio)
1 à 4	Introduction (film) et présentation activité du jour	Collectif	E situe «Cible» par rapport à «Cousins» (signale la progression)	
5 à 11	Consignes		E introduit l'activité (consigne «Cibles 1 et 2» + liens avec «Cousins»	
12 à 42	Traitement du problème	Individuel	Organisation pratique et matérielle	Organisation pratique et matérielle dans le groupe
			– E se déplace d'un él. à l'autre, propose cible 1 puis cible 2 lorsque él. termine – 1 élève termine les 2 cibles – E annonce mise en commun – éls. terminent cible en cours (sauf Vit. => cible 2) – E en alternance avec Vit et Jér. – E annonce mise en commun (min. 40-42)	Observation Jér et Vit: Cible 1 Jér compte cases noires Cible 1 Vit papier à annoter + interaction avec E Jér cible 1: différentes erreurs (manque 2 rouges) + interactions avec E Vit cible 1: termine puis passe à cible 2 => interactions avec E
(1/2h)			(récréation)	
43 à 57	Mise en commun	Collectif	E: «quelle méthode pour faire juste du premier coup en un trajet?» ≠ él. sont appelés	
58 à 60	Annonce de la suite		E annonce évaluation sur Cible	

Après une première phase collective de 11 minutes où l'enseignante rappelle d'une part les activités connexes précédentes («*Les cousins*» et leur évaluation) et introduit l'activité du jour, une phase de travail individuel, jusqu'à la récréation, consiste à traiter le problème de la Cible 1 puis de la Cible 2, si le premier est résolu. L'enseignante, qui circule d'un élève à l'autre, gère le passage d'un problème à l'autre. Après la récréation, les élèves sont réunis sur «les petits bancs» (lieu de réunion classique des classes élémentaires, devant le tableau noir) pour une «mise en commun» des solutions trouvées. Enfin, la séance se termine par l'annonce d'une évaluation à propos de ce type de problème quelques jours plus tard.

Nous nous focaliserons sur des événements correspondant à trois types de questions:

– Des événements liés à la macro-gestion du temps didactique pour montrer qu'une observation ponctuelle (une séance) ne peut éviter de tenir compte de la connexité de l'activité avec celles qui précèdent et qui suivent;
– Des événements liés à la micro-gestion de la séance pour montrer comment l'enseignante gère les activités parallèles des différents élèves (phase de travail individuelle) et, collectivement, comment elle «fait avancer» les objets de savoir dans la classe;
– Des événements liés à l'observation des deux élèves déclarés, respectivement, «fort» en mathématiques (Vitorio) et «faible» en cette matière (Jérémie) pour décrire le fonctionnement d'un contrat didactique nécessairement différentiel.

Sous l'angle de l'action conjointe professeur-élèves, ces questions seront traitées selon deux niveaux d'analyse. A un premier niveau, nous examinerons un peu grossièrement les objets qui sont mobilisés aux différentes étapes de l'activité. Du point de vue de la *construction de la référence*, une première strate de la mésogenèse (qui suppose dans le même temps des mouvements topogénétiques et chronogénétiques) peut en effet être décrite avec l'apparition des principaux déplacements d'objets et modifications des tâches. A un second niveau d'analyse, à l'aide des catégories du modèle, nous examinerons plus finement le processus de construction mésogénétique en nous appuyant sur quelques extraits du protocole, correspondant aux événements significatifs retenus.

Analyse de l'action conjointe professeur-élèves

Premier niveau de modélisation de l'action conjointe:
une chronique des événements

Nous examinerons tout d'abord, étape par étape, quelques événements majeurs permettant de d'explorer les trois questions posées. Puis nous focaliserons notre attention sur les procédés de résolution du problème par les deux élèves plus particulièrement observés. Ce faisant, nous comptons expliquer, au moins en partie, les attentes différentielles de l'enseignante à leur égard.

1re étape: minutes 1 à 4
Aux minutes 3-4, l'enseignante situe *«La cible»* par rapport aux *«Cousins»*:

Extrait 1: minutes 3-4

(…)
ENS: vous vous souvenez↑ de ce bonhomme là que vous aviez fait pour le test mmh↑
E1s: ouiiii
ENS: c'était dur↑
E1s: noonnnn
(…)
ENS: vous allez voir que/ça ressemble un peu mais que c'est quand même un peu plus dur↓//alors l'activité que je vais vous montrer elle vient d'une activité de 2e primaire donc que vous aurez l'année prochaine qui s'appelle la cible/alors ça c'est l'activité de 2e primaire (*elle montre la fiche*)
El2: deuxième primaire↑
ENS: attendez deux secondes/j'ai dit qu'elle venait cette activité/j'ai pas dit que c'était celle-ci//d'accord↑//alors si je vous mets la fiche là je vais voir si vous arrivez à découvrir la consigne tous seuls↓//l'activité est comme ça//elle est comme ça//et puis vous avez droit à un jeton vert↓
El1: qu'un seul↑
ENS: alors vous devez faire quoi vous pensez↑//Lucien↑
(…)

L'enseignante s'appuie sur l'activité précédente, le «bonhomme» étant emblématique du problème des *«Cousins»*. D'un point de vue mésogénétique, elle désigne ainsi la référence commune de la classe: ce qu'on a fait lors du test avec le «bonhomme». Cette référence l'autorise à demander aux élèves de «découvrir la consigne tout seuls». D'un point de vue topogénétique, il ne lui revient pas nécessairement la charge de savoir ce qu'il y a à faire, étant donné cette référence commune. D'un point de vue chronogénétique, l'enseignante situe le nouveau problème: il est «plus dur» puisque venant de deuxième primaire. Aux dires des élèves le précédent n'était «pas dur»: si la majorité maîtrise le premier problème, alors on peut aller de l'avant. Devant l'exclamation de l'un des élèves, elle pondère immédiatement: ce ne sera pas tout à fait la même activité que la fiche de 2P présentée. Elle signale néanmoins une première contrainte: il n'y aura «qu'un seul jeton vert». L'un des élèves au moins comprend immédiatement: «qu'un seul» s'exclame-t-il, sous-entendu, un seul trajet possible, ce qui autorise l'enseignante à aller plus loin et à demander à Lucien d'expliquer ce qu'il s'agira de faire. Lucien s'exécute comme attendu et l'enseignante pourra même dire «en fait je ne sais pas pourquoi je suis là pour expliquer les consignes» puisqu'un élève le fait aussi bien qu'elle.

Dans toute cette phase, on se comprend à demi-mots entre professeur et élèves, point n'est besoin de s'expliquer sur tout: l'activité du jour sera connexe à la précédente tout en étant plus complexe, mais le système d'attentes réciproques semble fonctionner à merveille.

2e étape: minutes 4 à 11

L'activité peut alors réellement commencer et, d'un point de vue mésogénétique, l'enseignante peut présenter les nouvelles consignes, le matériel et les contraintes à respecter: les deux cibles à remplir l'une après l'autre (les élèves pourront choisir par laquelle commencer puis remplir la seconde), un seul trajet (= un seul jeton vert), les deux couleurs à respecter. L'enseignante répète la consigne et s'assure, avec une nouvelle répétition par un élève, que la classe a compris. La référence porte maintenant sur un ensemble de consignes, de contraintes et de représentations de ce qui est attendu. L'enseignante pointe une dernière fois la différence avec «*Les cousins*»: «donc ça veut dire que vous allez devoir réfléchir à certaines choses en plus, attention c'est quand même plus difficile que le bonhomme. On en discutera après pourquoi c'est plus difficile». D'un point de vue chronogénétique, elle reporte donc à plus tard, après le traitement du problème, le débat sur les deux collections à constituer. Elle utilise la situation d'observation à des fins didactiques et de contrôle: «vous ne cachez pas les jetons (qui serait en trop) parce que franchement ça sert à rien de tricher et en plus c'est filmé alors je peux vous dire qu'on peut voir la cassette et je verrai bien les gros malins qui jettent leurs jetons sous le sous-main».

3e étape: minutes 12 à 42

L'activité individuelle est entamée. La plupart des élèves traitent d'abord la cible 1 puis, si l'enseignante constate qu'elle a été dûment remplie avec les vignettes rouges et jaunes, ils sont invités à traiter la seconde. Dès la minute 15 émergent des différences entre les élèves puisque quelques-uns ont déjà terminé le premier problème. Parmi les autres, certains ne traiteront jamais le second problème, puisqu'à la minute 26 l'enseignante demande aux élèves de terminer la première cible, mais de ne plus entamer la seconde.

L'un des deux élèves observés, Jérémie, est de ceux-là. Des erreurs récurrentes d'énumération (deux jetons rouges qui manquent malgré plusieurs comptages permis par l'enseignante) l'amènent à des interactions fréquentes avec l'enseignante qui évalue sa production puis le fait recommencer le problème (minutes 21, 24, 27, 33) jusqu'à obtenir la solution attendue (minute 37).

Quant à Vitorio, il est un cas à part puisque tout en ne réussissant pas immédiatement le premier problème, à la minute 27, l'enseignante l'autorise – et même le pousse – à traiter la seconde cible:

Extrait 2: minute 27

(...)
ENS: ah/ça joue cette fois↑
Vit: oui
ENS: tu veux essayer très rapidement le plus difficile↑
Vit: peut-être après la récré
ENS: après la récré/mais après la récré on s'occupe d'autre chose/tu veux
    essayer très rapidement↑
Vit: je vais essayer de voir comment ça marche
ENS: essaye le grand rapidement/toi tu travailles vite
(...)

Les attentes de l'enseignante ne sont manifestement pas les mêmes à l'égard de cet élève réputé «bon» en mathématiques. D'un point de vue topogénétique, Vitorio est dans un rapport de collaboration avec son enseignante, au contraire de Jérémie qui est dans une position d'attente d'une évaluation de sa production: Vitorio négocie le traitement du second problème après la récréation, mais accepte finalement de se pencher sur la question (il va «essayer de voir comment ça marche»). L'enseignante lui fait confiance pour mener à bien cette tâche: il travaille rapidement. La suite montrera que tout ne va pas si bien pour Vitorio: il va s'empêtrer dans les trois collections qu'il tente de réaliser et fera attendre la classe entière jusqu'à la récréation. La mise en commun, prévue avant cette dernière devra être reportée à plus tard.

Cela dit, Vitorio est le premier élève (d'autres suivront) qui, dès la minute 14, pour la Cible 1, fait usage d'un bout de papier sur lequel il note, pour mémoire, le nombre de jetons:

Extrait 3: minute 14

(…)
ENS: vous avez pas le droit de prendre votre feuille avec//ça
Vit: *(regarde la maîtresse tout en se levant pour ramasser un bout de papier par terre)*
(…)
Vit: j'ai pas le droit? (il montre son petit bout de papier blanc)
ENS: j'ai jamais dit que vous n'aviez pas le droit moi/la seule chose que vous n'avez pas le droit c'est de prendre ça (désigne dessin Cible)//mais attend c'est quoi ça↑ *(elle veut prendre le papier de Vitorio qui ne le lâche pas)*
Vit: c'est (xxx)
ENS: mais tu as mis qu'un seul numéro↑
Vit: oui en tout
ENS: d'accord *(geste de la main vers le haut)*
(…)

Vitorio a noté «16», c'est-à-dire le nombre total de jetons, sans distinction des couleurs. C'est ce qui l'amènera, quelques minutes plus tard, à recommencer, l'enseignante n'acceptant pas qu'il ne pave la cible qu'avec des vignettes jaunes. C'est aussi ce qui, vraisemblablement, amènera l'enseignante à l'autoriser à traiter la seconde cible puisque le «retard» pris par Vitorio est dû à cette erreur.

A noter que le traitement différentiel des élèves a au moins deux conséquences du point de vue de la construction de la référence:

– Tous les élèves n'ont pas eu à traiter les deux problèmes: leur référence est donc nécessairement différente à l'issue de la phase de travail individuel et, conséquence immédiate, la progression (chronogenèse) vraisemblablement prévue par l'enseignante, ne peut jouer pour tous. Certains, comme Jérémie, ne seront jamais confrontés au problème de la Cible 2. Comme pour les élèves de soutien de nos premières études de cas, l'élève en difficulté est celui qui, par surcroît, a toujours «un contrat didactique de retard» puisque les attentes du professeur sont inférieures à celles qui concernent les dits «bons» élèves: à ceux-ci on propose des problèmes plus difficiles, les confrontant, par là-même, à des savoirs plus élaborés auxquels l'élève «en difficulté» n'a pas accès.

– Puisque les élèves ont eu le choix du premier problème, s'ils n'ont eu à traiter que celui-là, il se peut qu'entre ces élèves, lors de la «mise en commun», on ne parle pas de la même chose puisque les cibles traitées sont, de fait, différentes. On verra que cet aspect, faute de traitement des caractéristiques numériques des deux cibles, n'aura aucun effet observable.

4ᵉ étape: minutes 44 à 57

L'étape de «mise en commun» se construit ensuite à partir de l'implicite relevé ci-dessus: l'enseignante ouvre cette phase par «j'aimerais que vous m'expliquiez comment vous avez fait pour réussir le travail de la cible», sans préciser si l'on va débattre autour de la Cible 1 ou de la Cible 2. Joël, le premier élève interrogé, explique: «j'ai compté les cases jaunes et les cases rouges, j'avais douze rouges et vingt-quatre jaunes» (il s'agit donc de la Cible 2) puis indique qu'il a noté ces nombres sur un papier. Sans préciser encore de quelle cible il s'agit, l'enseignante demande «qui a fait la même chose que Joël». Aucun élève ne répond à cette question (on peut penser que certains au moins ne savent pas de quoi parle Joël puisqu'ils n'ont pas eu affaire à cette cible) et l'enseignante poursuit en se centrant sur la notation, pour mémoire, des nombres en précisant qu'elle n'a jamais interdit ce procédé. Elle fait un rapide sondage pour demander aux élèves qui a, ou n'a pas, fait usage d'une notation puis elle pointe Jérémie en lui demandant s'il a «fait juste du premier coup» (non) et pourquoi. Parce qu'il a oublié (les nombres) dit-il. Ce procédé de notation sera repris un peu plus tard (minute 53) lorsque l'enseignante demandera: «alors d'après vous quelle est la méthode pour faire du premier coup juste hein, en un trajet, comment

est-ce qu'on peut faire pour être sûr de trouver tout juste?» Noter les
nombres sur une feuille deviendra le procédé le plus efficace pour «ceux
qui n'ont pas bonne mémoire»: «ceux qui ont une très bonne mémoire
ils peuvent les laisser dans la tête (...) si vous n'êtes pas sûrs de vous
c'est vrai qu'utiliser une feuille ce n'est pas une mauvaise idée». La suite
de cette étape ne reviendra à aucun moment sur les caractéristiques
numériques de chacune des cibles. Tout au plus, l'enseignante pointera
les types d'erreurs survenues, liées à l'énumération des cases ou des
vignettes. Ainsi, jamais les élèves ne pourront confronter leurs solutions.

5ᵉ étape: minutes 58 à 60
La dernière étape de la séance est consacrée à la suite de l'activité:
dans quelques jours l'enseignante fournira une nouvelle cible, différente
des deux autres, «peut-être la grande» (issue des moyens d'enseignement de 2P), peut-être avec une troisième couleur: «je verrai ce dont
vous vous souvenez». Elle demande l'avis des élèves sur l'éventualité
d'une troisième couleur et, à cette proposition, Vitorio manifeste un
manque d'enthousiasme évident. L'enseignante s'en étonne, dévoilant à
nouveau des attentes différentes envers cet élève:

Extrait 4: minute 59

(...)
ENS: bon alors vendredi qui c'est qui veut une troisième couleur↑
Els: *(plusieurs élèves lèvent la main)*
Vit: (ne lève pas la main)
ENS: mais↑ on ne vous demande pas de faire tout juste j'vous demande de
    réfléchir//surtout de ta part Vitorio/ça m'étonne que tu voies ça
    comme un danger//
(...)

Avant de passer au second niveau d'analyse de l'action conjointe, nous
comparerons les événements ayant trait à quelques procédés des deux
élèves contrastés (l'énumération et le comptage ne sont pas toujours
observables de façon complète d'où l'imprécision de la description), le
jeu des attentes différentielles de l'enseignante à leur égard se déclinant
vraisemblablement en partie sur la base de ces procédés.

Tableau 15. Tableaux comparatifs des procédés
de Vitorio et de Jérémie[8]

Cible 1	
Vitorio	**Jérémie**
– Choix Cible 1.	– Choix Cible 1.
– Compte les cases sans distinction des couleurs (16). Au fur et à mesure du comptage, trace un trait sur les cases comptées.	– Compte les cases en suivant avec son doigt (nombre?).
– Ecrit «16» sur un bout de papier.	– Va chercher des jetons jaunes et repart vers sa place. S'arrête en chemin, semble réfléchir. Retourne près des bols de jetons et prend aussi des jetons rouges.
– Va chercher 16 jetons jaunes.	
[intervention de l'enseignante: rappelle la consigne, distingue les deux couleurs, lui demande de recommencer].	– Place les jetons sur Cible 1: 4 jetons jaunes (juste), mais manque 2 jetons rouges (10).
– Compte cases de chaque couleur.	[Intervention de l'enseignante: essayer de trouver un pour trouver juste du premier coup, lui demande de recommencer].
– Note sur un petit bout de papier qu'il déchire «4 12».	– Recompte les cases à plusieurs reprises.
– Sort 4 jetons jaunes et 12 jetons rouges des bols prévus à cet effet.	– Note sur une feuille : écrit «4» et à droite colorie en jaune puis écrit «21» puis «12» et à droite colorie en rouge.
– Recompte plusieurs fois les jetons de chaque couleur.	– Va chercher des jetons mais manque toujours deux rouges.
– Place les jetons sur Cible 1.	[Intervention de l'enseignante: demande de ne s'occuper que des rouges].
[Evaluation positive de l'enseignante: peut passer à la Cible 2].	– Retourne vers les bols et prend 9 rouges.
	– Place les jetons sur Cible 1 => manque 3 jetons. Retourne vers les bols, compte 12 jetons rouges, recompte.
	– Place les jetons sur Cible 1 => ok.
	[Evaluation positive de l'enseignante: fin de l'activité individuelle pour Jérémie].

---

8   Tableau établi sur la base des notes d'observation de A. Veuthey, S. Chamay et D. Monnier.

Cible 2	
Vitorio	**Jérémie**
– Compte cases jeunes de la bande concentrique extérieure. Au fur et à mesure du comptage, trace un trait sur les cases comptées. – Recompte puis note sur même papier: une barre appuyée et «20» à droite de «4 12» => «4 12	20». – Vers les bols: compte et fait un tas de 12 jetons rouge, un tas de 4 jaunes puis un autre tas de 20 jaunes. – Problème de transport des 3 tas avec 2 mains: met des jetons dans ses poches. – Recompte => erreurs de comptage sur les jetons de ses poches. – Enlève un jeton jaune et retourne à sa place. – Place les jetons sur Cible 2: manque 2 jaunes, rouges ok. [Intervention de l'enseignante: demande combien de jetons notés, identifie que Vitorio a compté 2 rouges de trop, mais a pris 2 jaunes de moins, interruption par la récréation].	– Ne commence pas Cible 2.

A noter que les deux élèves commettent des erreurs, mais celles-ci ne sont pas du même ordre: pour la Cible 1, Vitorio compte l'ensemble des cases, peut-être par assimilation à ce qu'il y avait à faire pour «*Les cousins*», puis, sur intervention de l'enseignante rappelant la consigne et les deux couleurs à respecter, compte chaque collection. Il note les nombres pour mémoire et barre systématiquement les cases déjà comptées. Jérémie, quant à lui, semble plutôt confronté à des difficultés concernant les procédés de comptage et procède en définitive par approximations successives jusqu'à obtenir les nombres de jetons attendus. A noter l'intervention de l'enseignante qui découpe pour Jérémie la tâche à effectuer: ne s'occuper un moment que des rouges.

Pour ce qui concerne la Cible 2, Vitorio se borne à compter les cases de la bande concentrique extérieure et à noter une séparation et «20» sur son billet à côté des nombres déjà inscrits:

Figure 32. Etude de cas 4: Ecritures de Vitorio.

Mais le fait même que Vitorio garde les deux premières collections, sans regrouper celles des cases jaunes (20 + 4) aura une conséquence pratique immédiate: comment transporter trois tas de jetons avec deux mains? Il opte pour mettre une partie des jetons dans ses poches et cette manipulation est vraisemblablement à l'origine de l'erreur: il manque 2 jetons jaunes lors du placement sur les cases. Se sont-ils perdus en route, y a-t-il eu une erreur de comptage? La vidéo ne permet pas une précision plus grande pour décrire l'action. En termes de mésogenèse, en ne s'embarrassant pas de recomptages inutiles – à juste titre, mais qui aboutit à trois collections plutôt que deux – Vitorio crée un autre milieu qu'il devra gérer aussi bien pratiquement que du point de vue des manipulations numériques.

Du point de vue de l'enseignante, le traitement différentiel s'explique vraisemblablement par les observations qu'elle-même réalise de ces procédés: elle n'intervient pas de la même manière auprès des deux élèves, le second niveau de modélisation de l'analyse de l'action conjointe permettra d'en explorer les modalités plus fines.

Deuxième niveau de modélisation de l'action conjointe: une caractérisation des événements*

Nous ferons état de ce deuxième niveau d'analyse à travers un premier extrait tiré des phases collectives (action conjointe Professeur-classe au cours des phases de désignation du problème, notées ci-dessus 1re et 2e étapes). Puis deux extraits, tirés des phases de travail individuel (action conjointe Professeur-Vitorio versus Professeur-Jérémie) décriront l'action conjointe différentielle.

---

* Voir annexes p. 383 pour le détail des méthodes de notation.

Extrait 1: La construction de la référence
dans la phase de désignation du problème

Temps (min)	Transcription	Construction de la référence	Gestion des territoires et temporalités
2	(…) 6 ENS: (…) alors l'activité que je vais vous présenter maintenant est la suivante// à la base ils devaient filmer l'activité avec les petits bonhommes comme ça	OD (1.1)	Chrono 1.1
3	que je vous avais présenté pour le test/ vous vous souvenez↑ de ce bonhomme là que vous aviez fait pour le test mmh↑		
	1 Els: [ouiiii		
	2 ENS: c'était dur↑		
	3 Els: noonnnn		
	4 E1: MOI J'AI FAIT D'UN COUP	TP (3.1) α β	Topo 1.1
	5 Els: moi aussi		
	6 ENS: OUI/ QUI C'EST QUI AVAIT FAIT D'UN COUP ça↑	Reprise TP (3.1) χ	
	7 E2: moi		
	8 ENS: OUI BEN JE PENSE QUE ÇA VA VOUS ÊTRE UTILE CEUX QUI ONT FAIT D'UN COUP/ qui c'est qui avait fait deux coups↑ de toute façon il n'y avait que deux coups hein// voilà en tout cas vous aviez pratiquement tous fait juste/ alors c'était cette activité qu'ils devaient filmer mais finalement on a eu un petit problème avec madame X on ne s'est pas très bien compris alors finalement ils viennent filmer quelque chose d'autre et vous allez voir que/ ça ressemble un peu mais que c'est quand même un peu plus dur↓// alors l'activité que je vais vous montrer elle vient d'une activité de 2ᵉ primaire donc que vous aurez l'année prochaine qui s'appelle la cible/ alors ça c'est l'activité de 2ᵉ primaire (*montre la fiche*)	Reprise TP (3.1) χ OD (1.1) OD (1.1) OD (1.1) OD (1.1) ostension physique	Chrono 1.2 Chrono 1.1 Chrono 1.6 Chrono 1.1 Chrono 1.2 Chrono 1.1
	9 E2: 2ᵉ primaire↑		
	10 ENS: attendez deux secondes/ j'ai dit qu'elle venait cette activité/ j'ai pas dit que c'était celle-ci/// d'accord↑// alors si je vous mets la fiche là	OD (1.1) ostension physique	Chrono 1.1

4		je vais voir si vous arrivez à découvrir la consigne tous seuls↓// l'activité est comme ça// elle est comme ça// et puis vous avez droit à un jeton vert↓	RA (2.2)	Topo 2.3 ↓
			OD (1.1)	
	1	E1: qu'un seul↑		Topo 2.2 →
	2	ENS: alors vous devez faire quoi vous pensez↑// Lucien ↑		
	3	Luc: on doit prendre des jetons↑		Topo 2.2 →
	4	ENS: oui/ bon ben oui mais pour faire quoi↑	RA (2.2)	Topo 2.4 ₪
	5	Luc: pour les mettre sur les carrés		
	6	ENS: Lucien vient voir montrer comment		
	7	E2: [fastoche		
	8	ENS: c'est fastoche↑ et bien on va voir ça tout à l'heure (brouhaha)/// mais/ j'aimerais bien pouvoir entendre Lucien/ ou tu t'assieds ou tu te calmes ↓		
	9	Luc: ben par exemple là j'en prends deux/ non j'en prends plusieurs et après je les mets ici		
	10	ENS: les rouges sur les carrés rouges↑ oui c'est juste/ et puis↑		Topo 2.3 ↓
	11	Luc: les jaunes sur les carrés jaunes	RA (2.2)	
	12	ENS: donc qu'est-ce qu'il faut faire au fond↑		Topo 2.2 →
	13	Luc: ben faut prendre tout/ faut prendre le nombre de carrés qu'il faut↑		
5	1	ENS : [oui		Topo 2.3 ↓
	2	Luc : avec un jeton et pis tu dois tous les compter après prendre les (xxx)		Topo 2.4 ₪
	3	ENS : eh bien dit donc/ en fait je ne sais pas pourquoi je suis là pour expliquer les consignes↓// donc qui a compris ce que voulait dire Lucien↑// qui n'a pas compris ce que voulait dire Lucien↑// toi t'as pas compris/ oui bon ben alors c'était peut être pas forcément clair de toute façon je vous réexplique↓// ça c'est l'activité de 2ᵉ primaire *(montre la fiche)*/	OD (1.2) + RA (2.1)	Topo 2.3 ↓

5	donc l'activité de 2ᵉ primaire// c'est que vous devez remplir/ (*elle fait un geste circulaire sur la cible*) la cible/ c'est une cible carrée/ mais c'est une cible quand même/ avec des jetons jaunes et des jetons rouges/ et vous devez prendre le bon nombre de jetons jaunes et le bon nombre de jetons rouges et pas un de plus ou pas un de moins// vous avez pas le droit d'en ramener// d'accord↑ et en plus vous n'avez qu'un jeton/ (*montre un jeton vert*) donc vous n'avez qu'un voyage//	RA (2.1)	Chrono 1.4
	4 Col: <u>QU'UN VOYAGE</u>↑		
	5 ENS: <u>HA OUAIS AH BEN COLINE TOUT A COUP TU NE FAIS PAS LA MEME TETE</u>// alors comme c'est quand même assez difficile// je voulais simplifier	TP (3.1) α β TP (3.1) χ	Chrono 1.6
6	qu'est-ce que ça veut dire simplifier↑ ça veut dire faire plus facile/ parce que vous n'êtes pas encore en 2ᵉ primaire// donc/// alors <u>je vous ai fait deux versions/ une version facile et une version un tout petit peu moins facile</u>// d'accord↑ alors pour faire la version très facile <u>j'ai tout découpé là et j'ai gardé juste ça</u> (*montre centre de la cible originale*)<u>/ et pis là ça donne ça/ comme c'est photocopié ça fait en noir et gris/</u> mais vous voyez ce que je veux dire↑	OD (1.1) OD (1.1) ostension graphique	Chrono 1.6 Topo 2.3 ↓
	1 Els: (*plusieurs élèves parlent en même temps*)		
	2 El: blanc		
	3 E2: [non rouge		
	4 ENS: blanc et gris oui/ <u>et puis la version un tout petit peu moins facile/ c'est celle-ci c'est-à-dire que j'ai enlevé le tour rouge/ le 2ᵉ tour/ le grand tour</u>	OD (1.1) ostension graphique	Topo 2.3 ↓
	5 E3: <u>moi je prends la plus grande</u>	OD (1.1)	

6	6	E4: <u>moi je prends celle-là</u>	OD (1.1)	
	7	ENS: c'est compris↑		
	8	E5: <u>moi je prends la moyenne</u>	OD (1.1)	
	9	E6: <u>moi je prends la plus grande</u>	OD (1.1)	
	10	E7: <u>moi aussi</u>	OD (1.1)	
	11	Luc: chutt		
	12	ENS: merci Lucien de// dire ce que je pense↓		
7		<u>donc vous avez droit à cette version là// ou bien cette version là/ est-ce que vous voulez choisir vous-même votre version ou bien vous voulez qu'on commence tous par la plus simple et ensuite ceux qui ont de la facilité utilisent celle-ci</u>	OD 1.1	Chrono 1.4
(…)				
9	1	ENS: alors qu'est-ce qu'on vient de dire↑ ah oui voilà ce que je voulais dire// vous avez qu'un seul jeton vert// donc vous pouvez faire combien de voyage↑ pour remplir votre cible↓	RA (2.1 + 2.2)	Topo 2.2 →
	2	E1s: un seul		
	3	ENS : DONC ÇA VEUT DIRE QUE VOUS ALLEZ DEVOIR↑// RÉFLÉCHIR À CERTAINES CHOSES EN PLUS/ ATTENTION C'EST QUAND MÊME PLUS DIFFICILE QUE LE BONHOMME// on en discutera après pourquoi c'est plus difficile hein↑ ok↑ Christelle question↑	TP (3.1)	Topo 2.3 ↓ Chrono 1.6
	4	Chr: oui// heu juste heu ben// on voit pas là/ (*elle se lève et s'agenouille devant une des deux cibles*) ah oui/ y a quand même les/		
	5	ENS: ben si/ il y a quand même les lignes// vous avez pas le droit de prendre les feuilles avec vous// et vous ne cachez pas les jetons parce que franchement ça sert à rien de tricher/ et en plus c'est filmé alors heu je peux vous dire qu'on peut voir la cassette et je verrai bien les gros malins qui jettent leurs jetons sous le sous-main// hein↑(..)	RA 2.1	Topo 2.3 ↓

Légende des codes utilisés dans les extraits:

Souligné: dénomination / désignation des Objets du Dispositif (OD)
SOULIGNE + CAPITALES: dénomination/désignation de Traits (non)
Pertinents (TP ou TnP). La catégorie TP, telle que déjà éprouvée
dans l'observation du didactique ordinaire (Ligozat 2002), se
décline selon trois modalités qui se superposent ou non:
        TP par rapport à une organisation /situation mathématique
        (α);
        TP par rapport au contrat didactique identifié par l'élève (β)
        TP par rapport au projet/attentes que le professeur a dans ce
        même contrat (χ)
Encadré: repérage d'une contradiction (CTRD)
surligné: Elaboration d'une règle d'action pour entrer dans la
situation/tâche et pour la traiter (RA)
Chrono: gestion des temporalités par le professeur
Topo: gestion des territoires par le professeur (pour Topo 2: ↔:
postulation mimétique →: mise à distance ↓: surplomb ฿:
coalition)

On l'a relevé dans le premier niveau d'analyse, aux minutes 1 à 4, on se
comprend à demi-mots entre professeur et élèves, point n'est besoin de
s'expliquer sur tout: l'activité du jour sera connexe avec la précédente tout
en étant plus complexe. Voyons donc maintenant comment se construit la
référence dans cette phase et dans la suivante (minutes 4 à 11).

A noter tout d'abord que très vite un premier *trait pertinent* (TP)
émerge par la bouche d'un élève (au tour de parole 3.4) sur la base des
objets du dispositif (OD) évoqués par l'enseignante, à savoir l'activité de
test représentée par «*Les cousins*». Le trait pertinent évoqué («faire d'un
seul coup» ou d'un seul trajet), repris par l'enseignante, lui permet d'introduire la nouvelle activité en dévoilant du même coup ses attentes: «je
pense que ça va vous être utile ceux qui ont fait d'un coup». D'un point
de vue chronogénétique, cette première construction de la référence lui
permet d'indiquer l'avancée souhaitée par rapport à l'activité précédente et, du reste, la suite de l'extrait présente une construction de la
référence ancrée dans l'activité des «*Cousins*». La nouvelle fiche (*«La
cible»*) est montrée aux élèves (ostension physique), à eux d'en comprendre ce qui est attendu, sachant qu'il n'y aura «qu'un seul jeton
vert». La consigne n'a pas besoin d'être énoncée par l'enseignante («je
vais voir si vous arrivez à découvrir la consigne tout seuls»), ce qui lui

permet sans doute de vérifier au passage que l'on se comprend bien sur le jeu auquel on va jouer dans cette nouvelle activité. L'un des élèves, Lucien, est chargé d'expliquer les *règles d'action* (RA) en collaboration avec l'enseignante (tour de parole 4.2 à 5.3). D'un point de vue topogénétique, en quittant provisoirement une position de surplomb, l'enseignante joue sur une coalition avec Lucien face aux autres élèves, jusqu'à une forme de *postulation mimétique*: «en fait je ne sais pas pourquoi je suis là pour expliquer les consignes», sous-entendu, puisque quelqu'un le fait aussi bien que moi. Cela dit, l'enseignante reprend aussitôt la main et répète l'essentiel des consignes (tour de parole 5.3) en soulignant au passage les caractéristiques des objets du dispositif (une «cible carrée»). Le trait pertinent «vous n'avez qu'un jeton vert» est immédiatement compris comme une contrainte de la situation: «un seul voyage» possible. La reprise par l'enseignante («ah ben Coline tout à coup tu ne fais pas la même tête») souligne implicitement le saut depuis l'activité précédente: l'enjeu de savoir (compter) est maintenant au cœur de la situation.

Après quoi l'enseignante décrit les deux cibles spécifiques (OD) dont il sera question. La question du choix de la cible à traiter est alors amené par un élève, puis d'autres (tour de parole 6.5: «moi je prends la grande»): l'enseignante ne tranche pas immédiatement et demande aux élèves s'ils préfèrent choisir ou se voir imposer l'une des deux cibles. Devant l'hésitation des élèves, elle leur propose de choisir eux-mêmes la première cible, la seconde sera traitée s'il reste du temps. En termes de construction de la référence, les prémisses d'au moins deux mésogenèses différentes émergent: on l'a déjà mentionné, commencer par la Cible 1 ou par la Cible 2 n'engage pas nécessairement les mêmes procédés ni la constitution de collections identiques (2 collections ou 3 pour la Cible 2). Ici c'est le hasard du choix de la cible qui participe à cet engagement dans le problème.

Deux rappels concernant les règles d'action (un seul jeton vert = un seul trajet et l'interdiction de prendre sa feuille vers les bols contenant les jetons ou vignettes rouges et jaunes) fixent, encore une fois, les contraintes de la situation; un avertissement (il y aura à «réfléchir à des choses en plus» par rapport aux «*Cousins*») indique une attente différente (et plus élevée) de l'enseignante et signale une avancée chronogénétique. Là, comme ailleurs, ces attentes ne peuvent être dévoilées au risque de «tuer» le problème à traiter.

Extrait 2: phase de travail individuel, Vitorio: seuls les événements concernant Vitorio et l'enseignante sont pris en compte.

Temps (min)	Transcription	Construction de la référence	Gestion des territoires et temporalités
13	(…) 1 ENS: je vous rappelle que vous n'avez qu'un seul voyage//	RA (2.1)	Topo 2.3 ↓
	2 Vit: *(prend un crayon et compte les cases foncées sur la cible 1)*		Topo 1.2
	3 ENS: donc vous devez remplir tout votre carré/ toute votre cible avec un seul voyage// je t'ai appelé↑ (7 sec)	RA (2.1)	Topo 2.3 ↓
	4 Jér: *(commence par compter les cases foncées de la cible 1 avec le doigt,*		
14	*s'arrête, pose le jeton vert sur une des cases foncées et recommence à compter en pointant avec le doigt)*		
	6 ENS: vous faites comme vous voulez / moi la seul chose que je vous demande c'est que vous ne preniez pas votre feuille avec le carré (4 sec) tu veux ça Coline↑ ben si tu (xxx)// vous avez pas le droit de prendre votre feuille avec// ça	RA (2.1)	Topo 2.3 ↓
	7 Vit: *(regarde ENS tout en se levant pour ramasser un bout de papier par terre)*		Topo 1.2
	8 ENS: c'est la seule chose que je vous demande/ c'est de ne pas prendre la feuille (3 sec) chut/ Tania/ Christelle/// mettez-vous là que je regarde un peu là// je t'ai pas appelé Armand toi	RA (2.1)	
	9 Vit: *(trace sur chaque case claire un trait en diagonale)* (11 sec)		Topo 1.2
	10 ENS: Marie (7 sec) Raphaelle//		
	11 Vit: *(va vers ENS, se ravise et revient s'asseoir)*		Topo 1.2
	12 ENS: Angelo// Alba (13 sec)		
15	1 Jér: *(lève le doigt)* 2 ENS: Raphaelle / je ne sais pas si vous êtes au courant qu'il y a des boîtes de l'autre côté (7 sec) Armand		

15	1　Vit: *(ÉCRIT «16» SUR LE PETIT BOUT DE PAPIER ET LÈVE LE DOIGT)* (8 sec)	TP(3.1) α + TnP(3.1) β	Topo 1.2
	2　ENS: Olga/ Vitorio et Jérémie		
	3　Vit: *(se lève, va vers ENS et lui donne son jeton vert)*		
	4　ENS: *(regarde le papier)*	OD (1.1)	
	5　Vit: j'ai pas le droit↑ *(montre son petit bout de papier blanc)*		
	6　ENS: j'ai jamais dit que vous n'aviez pas le droit moi /	RA (2.2) β	
	7　Jér: *(lui tend son jeton vert)*		Topo 1.1
	8　　ENS: la seule chose que vous n'avez pas le droit c'est de prendre ça *(désigne Cible sur un bureau)//* mais attends c'est quoi ça↑ *(tente de prendre le papier de Vitorio qui ne le lâche pas)*		
	9　Vit: c'est (xxx)		
	10　ENS: MAIS TU AS MIS QU'UN SEUL NUMÉRO↑	TnP (3.1) χ	
	11　Vit: OUI EN TOUT	TP (3.1) α	Topo 2.3 ↓
	12　ENS: D'ACCORD *(geste de la main vers le haut)*	TP (3.3) α	
	(…)		
(…)	Résumé: [Vitorio va chercher 16 jetons jaunes]		
20	(…)		
	1　Vit: *(PLACE LES JETONS JAUNES SUR TOUTES LES CASES DE LA CIBLE ET LÈVE LA MAIN)*	TnP (3.1) β	
	2　ENS: *(s'approche du bureau de Vit)* alors est-ce tu as bien compris comment il fallait faire↑ *(déplace un jeton sur la cible et pointe son doigt sur la case foncée)* le// on avait dit qu'on mettait quelle couleur sur la partie foncée↑	RA (2.2)	Topo 2.3 ↓
	3　Vit: rouge		
	4　ENS: ah voilà//		Topo 2.3 ↓
21	1　ENS: tu comprends maintenant pourquoi je faisais une drôle de tête quand tu me trouvais seize	OD (1.1) + TnP/TP β	Chrono 1.4
	2　Vit: oui		

21	3 ENS: parce que là regarde sur le clair tu vas mettre quelle couleur↑ tu vas mettre quelle couleur sur/ 4 Vit: jaune	RA (2.2)	Topo 2.3 ↓
	5 ENS: bon tu vas ranger tous les jaunes// (*rassemble tous les jetons en un tas à côté de la feuille*) je te redonne un jeton vert// et pis tu recommences/ d'accord↑ 6 Vit: (*hoche la tête*) (…)	RA (2.1)	Chrono 1.3
(…)	Résumé: observation de Jérémie		
23	(…) 1 Vit: (*COMPTE LES CASES CLAIRES ET FONCÉES ET ÉCRIT:* 4 ▨ 12 ▨) (…)	TP (3.1) α β	
(…)	Résumé: [Vitorio va chercher 4 jaunes et 12 rouges]		
27	1 Vit: (*PLACE LES JETONS JAUNES ET ROUGES SUR LES CASES CORRESPONDANTES*)	TP (3.1) α β	
	2 ENS: ah qui c'est qui est en train de s'occuper↑ Joël tu peux ramasser tous les jetons qui traînent/ s'il te plaît là autour des bancs/ oui parce qu'il y a des jetons qui sont par terre/ tu peux les ramasser s'il te plaît↑ 3 E1: il faut faire les deux (cibles)↑ 4 ENS: non// on n'a plus le temps là/ tu en as déjà fait un c'est déjà bien// tu peux laisser sur ton bureau (xxx) 5 Vit: (xxx)	OD (1.1)	Chrono 1.5
	6 ENS: AH / ÇA JOUE CETTE FOIS↑ 7 Vit : OUI	TP (3.3)	Chrono 1.5 (cible 1)
28	1 ENS: tu veux essayer très rapidement le plus difficile↑	OD (1.1) + (RA 2.1)	Chrono 1.7
	2 Vit: peut-être après la récré	(négociation temporalité)	
	3 ENS: après la récré/ mais après la récré on s'occupe d'autre chose/ tu veux essayer très rapidement↑	OD (1.1) + (RA 2.1)	Chrono 1.7
	4 Vit: je vais essayer de voir comment ça marche	(négociation β)	Topo 2.2
	5 ENS: essaye le grand rapidement/ toi tu travailles vite (xxx) (…)		Chrono 1.7

Vitorio, dès le tour de parole (ou plutôt le tour d'action) 13.2, dénombre les cases de l'une des deux collections, signe qu'il tient compte d'un trait pertinent (TP) de la situation. Plus loin (tour d'action 14.2), après que l'enseignante a précisé encore une fois les contraintes de la situation et les règles d'action (RA) pour le problème (ne faire qu'un seul voyage et ne pas prendre sa feuille avec soi), Vitorio ramasse un bout de papier au sol en regardant l'enseignante: du point de vue des catégories du modèle, ce TP ne peut être identifié (par le chercheur) qu'en regard de la suite donnée à cet événement. En effet, on verra plus loin (15.3) que Vitorio notera «16» sur ce bout de papier, nombre correspondant au total des cases de la Cible. Un jeu d'attentes réciproque se manifeste entre Vitorio et l'enseignante, premièrement par le regard de Vitorio à l'enseignante lorsqu'il ramasse le bout de papier (c'est du moins ainsi que l'on peut interpréter cet événement) et deuxièmement par sa question au tour de parole 15.7: «j'ai pas le droit», sous-entendu, d'écrire le nombre sur un papier, demande-t-il à l'enseignante. A partir du démenti de l'enseignante, cette RA et ce TP sont diffusés à la classe, signe que Vitorio se situe bien dans le champ des attentes de l'enseignante.

La suite des échanges entre l'enseignante et Vitorio, portera sur les deux collections à respecter: les jaunes et les rouges: Vitorio recommence, avec succès, en tenant compte des couleurs.

La fin de l'extrait (minutes 27-28) signale, comme nous le soulignions ci-dessus, des attentes différentielles à l'égard de Vitorio: lui seul a le droit de passer à la seconde cible alors que les autres élèves «n'auront pas le temps». Du point de vue de la construction de la référence pour Vitorio, on peut encore faire l'hypothèse que dans la suite, pour la Cible 2, la constitution de trois collections (et non deux) répond peut-être aussi[9] à la référence construite ici avec l'enseignante: il n'y a pas lieu de regrouper deux collections, fussent-elles constituées de jetons de la même couleur. On peut penser que l'économie de procédé mis en œuvre par Vitorio, allié à cette supposée attente de l'enseignante, aboutit à une RA que Vitorio se donne: il constitue trois collections de jetons.

---

9 Rappelons que pour la Cible 2, compter seulement les cases de la rangée externe sans recompter aussi les cases des rangées identiques à celles de la Cible 1, constitue un procédé très économique.

Extraits 3: phase de travail individuel, Jérémie: seuls les événements concernant Jérémie et l'enseignante sont pris en compte

Temps (min)	Transcription	Construction de la référence	Gestion des territoires et temporalités
13	(…) 1 ENS: je vous rappelle que vous n'avez qu'un seul voyage//	RA (2.1)	Topo 2.3 ↓
	2 Vit: (prend un crayon et compte les cases foncées sur la cible 1)		
	3 ENS: donc vous devez remplir tout votre carré/ toute votre cible avec un seul voyage// je t'ai appelé↑ (7 sec)	RA (2.1)	Topo 2.3 ↓
	4 Jér: *(commence par compter les cases foncées de la cible 1 avec le doigt,*		Topo 1.2
14	*s'arrête, pose le jeton vert sur une des cases foncées et recommence à compter en pointant avec le doigt)*		Topo 2.3 ↓
	1 ENS: vous faites comme vous voulez / moi la seul chose que je vous demande c'est que vous ne preniez pas votre feuille avec le carré (4 sec) tu veux ça Coline↑ ben si tu (xxx)// vous avez pas le droit de prendre votre feuille avec// ça (…)	RA (2.1)	
(…)	Résumé: [Jérémie va chercher 4 jaune et 10 rouges]		
19	(…) 1 Jér: *(place les jetons jaunes et rouges sur la cible. Il lui manque 2 jetons rouges)* (xxx) dix pfff (…)	TP (3.1)	
(…)			
21	(…) 1 ENS: bon/ alors/ Jérémie toi t'en est où ↑		
	2 Jér: (xxx) <u>IL M'EN MANQUE DEUX</u>		
	3 ENS: <u>mais là tu es allé chercher tous tes jetons</u>↑	OD (1.1) + TP (3.1) α	
	4 Jér: oui	OD (1.1) + TP (3.1) α	
	5 ENS: d'accord// <u>ALORS LÀ IL T'EN MANQUE DEUX DE JETONS</u>// hein/ alors	TP α	

21		ce que je te propose c'est que tu vas aller reposer tous tes jetons// je te redonne un jeton un jeton vert// et pis tu vas essayer de trouver un moyen pour remplir ton carré entièrement (*montre la cible*) sans faire de faute/ il faut que tu réfléchisses/	RA (2.1) ostension graphique	Chrono 1.4 Topo 2.3 ↓
	6	Jér: ça↑ (*montre les cases foncées*)		
	7	ENS: oui ben tout ça là/ seulement sans oublier ou sans en avoir en trop// j'aimerais que tu réfléchisses à un moyen pour trouver juste// du premier coup// qu'est-ce que tu peux faire par exemple pour trouver du premier coup	RA (2.2)	
	8	Jér: heu COMPTER SUR MA FEUILLE/ faire un	TP (3.1) α + RA (2.2)	
	9	ENS: oui mais visiblement si tu comptes sur ta feuille		Topo 2.3 ↓
22		alors qu'est-ce que tu veux me donner là/ Jérémie↑	RA (2.2)	
	1	Jér: heu// quatre (*en montrant la feuille*)		
	2	ENS: non c'est pas ça que tu dois me donner/ il faut que tu me donnes quoi /	OD (1.1) + TnP (3.1) β	Topo 2.3 ↓ Chrono 1.4
	3	Jér: le jeton vert		
	4	ENS: voilà/ tu peux aller chercher tes jetons (6 sec)	RA (2.2)	
(…)		Résumé : [Jérémie va chercher 9 jetons rouges et constate qu'il n'y en a pas assez : il appelle l'enseignante]		
34	1	ENS: Jérémie/ Jérémie est-ce que tu as la solution	OD (1.1)	Topo 2.3 ↓
	2	Jér: OUI/ DOUZE PLUS	TnP (3.1) α	
	3	ENS: mais non/ non/ vous ne commencez pas à faire vos commentaires/ je ne vois pas ce que cela apporte// alors/ tu en avais pris combien/ compte-les les rouges/ (*se met à la hauteur de Jér, accoudée sur sa table*)	OD (1.1) OD (1.1)	Topo 2.3 ↓
	4	Jér: un/ deux/ trois/ quatre/ cinq/ six/ sept huit neuf		

34	5 ENS: bien/ et tu devais en prendre combien 6 Jér: quatorze 7 ENS: bein regarde↑// attends attends on avait dit quoi↑/ t'en as/ t'en as quatorze à prendre↑ 8 Jér: (xxx) 9 ENS: t'en as combien à prendre de rouges en tout 10 Jér: *(recompte en pointant avec son index)* un deux trois quatre cinq six sept huit neuf dix onze douze 11 ENS: t'en as douze à prendre// tu vois c'est le chiffre que tu as marqué ici/ alors/ pourquoi tu en as pris neuf	CTRD (4.1) OD (1.1) OD (1.1) + CTRD (4.1)	
35	1 Jér: je ne sais pas (xxx) 2 ENS: d'accord/ alors tu peux aller en chercher douze maintenant// tu te souviens du numéro *(enlève tous les jetons rouges)* (…)	RA (2.1) OD (1.1)	Chrono 1.4

Les échanges entre Jérémie et l'enseignante et la construction d'une référence sont d'une toute autre facture. L'élève commence (13.8), comme Vitorio, par compter les cases foncées, un recomptage est toutefois nécessaire, qui aboutit à un constat d'échec par Jérémie: il lui manque 2 jetons rouges pour recouvrir les cases. L'échange avec l'enseignante aux minutes 21-22 porte d'abord sur une RA: l'enseignante répète les consignes et les contraintes puis dirige l'élève vers une autre RA (21.14), «visiblement si tu comptes sur ta feuille pis que tu mets dans ta tête/ça suffit pas puisque tu as fait une erreur//qu'est-ce que tu peux faire d'autre», demande l'enseignante. Son attente est décodée par Jérémie qui propose de «prendre un papier», qui devient RA et TP par rapport au contrat didactique (β) et à la situation mathématique (α). Ce faisant un implicite est présent du point de vue de la référence: pour l'enseignante, manifestement, si Jérémie a fait une erreur, c'est qu'il a *oublié* le nombre de cases. L'usage d'une notation est alors nécessaire. A aucun moment, l'enseignante ne semble remettre en cause (ou ne semble examiner) les procédés d'énumération de Jérémie ni sur les cases, ni sur les jetons-vignettes. Tout semble relever pour elle de la mémoire de ces nombres. L'observation ne permet pas d'attester d'erreurs du point de vue de l'énumération (celle-ci se passe en effet sans mot dire), mais on peut du moins constater plusieurs hésitations et recomptages (pointages) de la part de l'élève, notamment lorsqu'il pointe les cases d'angle, qui pourraient signaler un manque de maîtrise des procédés.

A noter également qu'on ne peut comprendre comment Jérémie décode si vite l'attente de l'enseignante (noter sur un papier) si on ne replace pas cet événement dans son contexte. En effet, d'autres élèves, après Vitorio, ont ostensiblement fait usage de ce procédé et, du reste, l'enseignante a publiquement fait valoir l'importance de celui-ci (voir observation de l'action conjointe professeur-Vitorio).

Nonobstant, Jérémie se plie à l'attente de l'enseignante et note (et colorie) les nombres sur un papier, les cardinaux sont adéquats cette fois, mais font apparaître une autre difficulté pour lui: l'écriture de douze. Il note «21» (TnP) puis se ravise, barre «21» et inscrit «12».

Les tours de parole 27.1 à 27.4 signalent le jeu d'attentes entre l'enseignante et Jérémie. Ce dernier donne non pas le jeton vert attendu par l'enseignante, mais sa feuille de notation (pour approbation?), ce que refuse l'enseignante (TnP b). Ce faisant, elle signale à Jérémie que le problème reste à sa charge (Topo 2.2), elle-même ne va pas statuer sur les nombres inscrits, à Jérémie d'opérer une vérification matérielle. Ces événements sont, selon nous, à mettre en perspective par rapport à la suite.

La minute 34 est en effet intéressante à plus d'un titre: il s'agit du traitement d'une contradiction (CTRD) lors de l'échange, mais aussi de la manière dont la référence et les attentes réciproques se manifestent. L'enseignante tente, pour faire identifier à l'élève combien de jetons manquent, de ramener Jérémie à sa notation («12» rouges), or celui-ci n'en tient pas compte et propose même «quatorze» rouges. Sur la demande de l'enseignante («combien»), Jérémie recompte plusieurs fois tous ses jetons.

En termes de construction de la référence et d'attentes supposées de l'enseignante, on peut faire l'hypothèse que Jérémie se trouve devant un dilemme: l'enseignante lui a suggéré l'usage d'une notation, dont elle-même semble ne rien vouloir faire lorsque Jérémie la lui présente une première fois (à la minute 27, elle refuse de la regarder), Jérémie abandonne alors «lui aussi» l'usage de sa notation et tente de se rappeler le nombre (ce qui aboutit à «quatorze»), or à ce propos l'enseignante le ramène à la notation pour tenter de lever la contradiction. Aux yeux de Jérémie, il est possible que tout se passe comme si l'enseignante ne savait pas ce qu'elle se voulait: «qu'est-ce que l'enseignante attend de moi?», «faut-il faire usage de la notation ou ne le faut-il pas?» pourraient être les questions principales que se pose Jérémie.

Dans le cas présent, une référence commune ne peut se construire puisque on peut penser qu'aux yeux de Jérémie, au fil de chaque échange, les attentes semblent changer, les objets du dispositif semblent ne plus être les mêmes, les traits pertinents identifiés ne semblent pas stables. Faut-il ou ne faut-il pas faire usage du papier de notation? Le nombre est-il conservé? A l'appui de cela, rappelons que Jérémie recompte tous ses jetons plusieurs fois. Ces constats et ces hypothèses vont dans le sens d'une remise en question permanente de la référence. On peut ainsi penser que la ou plutôt les références construites ne sont que très locales pour l'élève: elles répondent aux supposées attentes du moment de l'enseignante, mais ne parviennent pas à tisser un référentiel sur lequel bâtir une conceptualisation. L'une des questions qui se posent alors au chercheur tient à l'observation par l'enseignante elle-même: que décode-t-elle des fluctuations d'attentes supposées? Nous tenterons, avec l'entretien *a posteriori*, de répondre en partie à cette question.

Troisième partie: l'analyse des entretiens préalable et *a posteriori*

L'analyse de l'entretien préalable permettra de comprendre le projet d'enseignement, en interrogeant particulièrement les choix de l'enseignante concernant les caractéristiques des «Cible 1» et «Cible 2» suite aux «Cousins» et en considérant le statut des deux élèves contrastés aux yeux de l'enseignante. L'analyse de l'entretien *a posteriori* permettra de revenir sur les événements analysés, avec le point de vue de l'enseignante.

Analyse de l'entretien préalable

Le projet d'enseignement

L'enseignante situe d'emblée «*La cible*» par rapport aux «*Cousins*»: cette dernière fiche lui semble trop simple pour des élèves de 1P en milieu d'année scolaire, pour elle les «*Cousins*» est une activité qui pourrait être réalisée en 2e enfantine déjà, mais qu'elle-même réalise en début de 1P, conformément à l'usage des moyens d'enseignement officiels, «pour réactualiser des connaissances»:

Extrait 1: entretien préalable

E: (…) je l'ai faite au tout début du module de numération d'ailleurs quoi au tout début du module numéro (3 sec) le numéro deux//donc//j'pense j'trouve que c'est une tâche qui permet de (3 sec) de réactualiser des connaissances qui ont été souvent acquises en deuxième enfantine/c'est-à-dire de les stabiliser et de voir comment ils se débrouillent là-dedans//j'trouve que c'est une tâche de début de première primaire (…)

C'est ce qu'elle a fait cette année-là, mais en vue de l'observation, elle a fait passer, début février, un test à ses élèves qui porte sur le dernier personnage des *«Cousins»* (item 3). L'entretien nous apprend qu'à cette occasion, elle a aussi, selon elle, complexifié la tâche: elle n'a permis que deux voyages au plus (la plupart des élèves n'en ont fait qu'un seul) et a demandé aux élèves d'utiliser deux couleurs, respectivement pour la tête et le corps du personnage. Ce jeu sur les variables devait amener la nécessité d'une notation pour éviter d'«oublier» les nombres.

Extrait 2: entretien préalable

E: (…) moi j'me suis dite que dans un cas comme ça ils allaient compter comme ils avaient deux jetons ils allaient compter le chapeau d'abord et puis ensuite ils allaient compter le corps/donc ramener un jeton pour le chapeau et un jeton pour le corps/et d'ailleurs c'est pas du tout ce qu'ils ont fait ils ont compté ce qu'ils pouvaient jusqu'à/jusqu'à ce qu'ils sentaient que ça risquait//d'après moi ils ont du compter jusqu'au moment où ils sentaient qu'ils risquaient d'oublier ou bien de se planter et tout et puis soit ils cherchaient les jetons et puis ensuite ils ont complété//(…)

A noter que le fait de permettre deux voyages et de délimiter deux espaces, ne fait, en principe, que redoubler la même tâche à réaliser, sans la complexifier pour autant. Or, l'enseignante le souligne, les élèves eux-mêmes ont procédé autrement, en dénombrant le plus de cases possible, sans prendre le risque d'«oublier», puis ont ajouté les autres au second voyage. Sauf un élève qui a noté sur un papier les cases dénombrées: on apprendra dans la suite de l'entretien qu'il s'agit de Vitorio.

A noter encore que l'enseignante associe *«Les cousins»* à un ensemble d'activités de 1P-2P faisant intervenir le dénombrement d'objets: une activité de 2P intitulée *«Confettis»* en est emblématique, puisqu'il s'agit de dénombrer une grande quantité de confettis (dessinés) disposés aléatoirement sur une feuille. Dans la veine des études de Briand (1999) c'est l'articulation entre les procédés d'exploration d'une collection par l'énumération (le «chemin» à parcourir entre les éléments d'une collection pour les compter systématiquement, sans en oublier et sans compter deux fois le même), la comptine numérique et l'énonciation du cardinal de la collection, qui est au centre de cette activité.

Par rapport à ces activités de dénombrement, *«La cible»* lui semble «plus stratégique» puisqu'elle nécessite (au moins) deux collections différentes et que le nombre d'objets à dénombrer est plus élevé (tout comme dans *«Confettis»*) que ce qui est habituellement demandé en 1P. Ainsi, elle prévoit une «version allégée» de *«La cible»* tout en se référant aux *«Cousins»* du point de vue de la variable numérique à laquelle l'enseignante semble très attentive:

Extrait 3: entretien préalable

E: ...) j'ai prévu des modifications parce que là//j'ai (3 sec) compté là au niveau de la cible parce que pour les cousins/par exemple celui-ci (item 3) j'ai regardé quelque chose qui soit plus complexe mais pas trop complexe non plus quoi/parce que ça ne sert à rien non plus//de les dégoûter ou bien d'avoir des élèves qui font tout faux parce que vous n'allez rien avoir à observer/dans les cousins je crois que j'ai compté il y en avait dix-neuf un deux trois quatre cinq six sept huit neuf dix onze douze (4 sec) il y en a dix-neuf là de carrés à prendre donc ils avaient deux jetons pour prendre dix-neuf carrés/donc ce qui faisait une moyenne de neuf et demi quoi/et pis là (la cible) si j'avais pris le modèle entier/un deux trois quatre cinq six sept huit/ils devaient prendre soixante-quatre jetons en une fois/donc là ils devaient prendre dix-neuf jetons en une fois et là soixante-quatre en une fois donc on peut dire un saut/un saut quantitatif//très élevé quand même pour des enfants de cet âge//donc ce que j'ai fait c'est que j'ai supprimé le tour/heu rouge parce que le tour rouge//deux trois quatre cinq six sept huit seize dix-sept (6 sec) il y a déjà vingt-huit pour le tour rouge donc de vingt-huit ça fait quand même beaucoup/surtout qu'il y a encore le tour là le tour le petit tour rouge qu'il faut encore additionner/donc j'ai supprimé le tour rouge et j'ai fait la même version/avec que jaune/rouge jaune ou bien pour ceux qui ont plus de difficultés rouge et jaune uniquement//(...)

Ce faisant, l'enseignante n'évoque ni les conséquences de ce choix du point de vue des collections (trois collections possibles pour l'une des cibles), ni celles inhérentes à la réalisation des deux cibles consécutivement (la Cible 1 étant comprise dans la Cible 2). On peut penser qu'à ce moment de l'entretien elle se focalise sur une seule variable: le nombre.

Cela dit, elle veille à la possibilité pour les élèves de s'appuyer sur l'activité précédente des «*Cousins*»:

Extrait 4: entretien préalable

E: (...) si le saut est trop grand entre les deux activités//ils ne peuvent pas ré-exploiter les capacités qu'ils ont là dans cette activité//donc heu il faut que y ait/qu'un lien puisse se faire mentalement entre les deux activités autrement ils ne peuvent pas ré-exploiter l'expérience acquise dans cette activité là//donc ce n'est pas le but non plus (...) où/ça va les aider c'est au niveau des stratégies de mémorisation/parce que là aussi ils doivent mémoriser le nombre/en plus là il y en a deux à mémoriser puisqu'il y a deux couleurs/pour aller chercher les jetons//et puis/heu au niveau des stratégies de dénombrement aussi/pour ne pas recompter tout le temps la même chose mais maintenant c'est sûr qu'ils n'ont pas deux possibilités parce que là je vais leur demander de prendre qu'un seul jeton (...) parce que ça m'intéresse de voir comment ils se débrouillent avec deux types d'informations différentes quoi (4 sec) donc euh j'dirais que je prolongerais là-dessus//surtout//et puis en étant dans la comptine numérique//pour qu'ils puissent compter de plus en plus loin/et de plus en plus d'éléments (...)

La stratégie consistant à noter les nombres sur une feuille est relevée par l'enseignante comme étant adéquate. Toutefois, elle ne l'introduira pas elle-même, mais gardera cette éventualité pour le moment de «mise en commun» de la fin de la séance:

Extrait 5: entretien préalable

E: (...) moi je ne leur ai jamais interdit de prendre une petite feuille mais seulement c'est eux qui se l'auto interdisent parce que je leur avais dis qu'il fallait pas qu'ils prennent la feuille (fiche) avec eux du coup ils pensent qu'ils ne peuvent prendre rien du tout avec eux (...) j'vais en parler lorsqu'on fera la mise en commun après (...) parce qu'autrement si je leur dis vous avez le droit d'utiliser ça ils vont tous utiliser une feuille parce le fait que je le dise ils vont comprendre que stratégiquement c'est plus intéressant d'utiliser ça parce qu'autrement je ne le dirais pas un truc qui ne leur sert à rien ou pire qui les plante/donc ils vont tous utiliser ça parce que j'aimerais bien qu'ils arrivent//parce que le petit Vitorio qui a utilisé la feuille il l'a fait de son propre chef (…)

L'enseignante marque ici très clairement sa volonté de ne pas suggérer la notation à ses élèves pour leur donner l'occasion de trouver cette stratégie par eux-mêmes. A cette occasion Vitorio est cité en exemple, nous y reviendrons plus loin.

Toutefois, aux yeux de l'enseignante, la notation devrait, pour «*La cible*», répondre, non pas à une nécessité absolue de la situation, mais tout au moins constituer un procédé adéquat au regard des caractéristiques numériques et des deux collections à constituer, et donc des deux cardinaux, à mémoriser:

Extrait 6: entretien préalable

E: (…) compter ça ne posera pas tellement de problème de compter ce qui va être difficile c'est de maintenir l'information en tête avec le rapport à la couleur jusqu'aux jetons/compter les jetons parce que le temps qu'ils comptent les jetons rouges ils ont mille fois le temps d'oublier les jetons jaunes hein il y a pas de problème ça je peux être sûre qu'il y en a plein qui vont qui vont oublier tandis que là (les cousins) c'était facile il y a qu'un seul nombre à se souvenir//tandis que là il va falloir il va falloir qu'ils fassent quelque chose (…)

On verra, avec l'analyse de l'entretien *a posteriori*, combien le procédé de notation prendra le pas sur l'activité d'énumération et de dénombrement.

Les élèves contrastés

L'enseignante prévoit les deux variantes de cibles, en raison des contrastes qu'elle perçoit entre ses élèves:

Extrait 7: entretien préalable

E: (…) parce que il y en a qui arriveront sans problème ça/(cible 2) mais il y en a je vais leur laisser choisir de tout façon sachant que ceux//il y en a qui vont de tout façon faire les deux par ailleurs//sachant que ceux qui ont vraiment les capacités et qui ont un poil dans la main je vais fortement les//heu les motiver à faire celui-là quoi (4 sec) (…)

Pour les autres, la Cible 1 lui semble convenir. Pour ce qui concerne les élèves particulièrement observés, Vitorio, tout comme Joël, est considéré comme «fort» en mathématique, c'est du reste lui qui, pour *«Les cousins»* déjà, a eu l'idée de noter le nombre de cases sur une feuille à part: elle est certaine que malgré la désapprobation des autres élèves lors du test des *«Cousins»*[10] Vitorio mobilisera à nouveau cette stratégie. On peut penser qu'elle compte sur cet élève pour la diffuser aux autres.

Vitorio semble du reste être l'un des élèves réputés «forts» auprès de ses pairs et qui est pris régulièrement pour modèle par les autres, il s'agit donc d'éviter que les uns copient (trop vite?) sur les autres:

Extrait 8: entretien préalable

E: (…) ben simplement il faudrait les mettre dos à dos parce que autrement il va y avoir des interférences c'est-à-dire que celui qui est à côté sait très bien qui est fort et qui n'est pas fort parce que dans une classe ils savent très bien ou sont les flèches et les autres//donc prenons le cas par exemple de Jérémie et Alba par exemple celui qui est à côté de Vitorio (xxx) ben profite du dessin de Vitorio il va utiliser la même stratégie que Vitorio parce que il sait que Vitorio est un très bon élément//(…)

Par contraste, Jérémie est cité comme le seul élève qui, déjà pour *«Les cousins»* a rencontré des obstacles non surmontés: il a, selon l'enseignante, «de la peine à comprendre ce qu'on lui demande». Malgré tout, il devrait selon l'enseignante «faire un rapprochement avec les cousins».

ANALYSE DE L'ENTRETIEN *A POSTERIORI*

Comme pour l'analyse de l'entretien préalable, nous nous focaliserons d'une part sur le projet d'enseignement, sur lequel l'enseignante revient après coup, et d'autre part sur les deux élèves contrastés.

---

10 Les autres élèves ont tenté de dissuader Vitorio, arguant du fait que l'enseignante n'a pas autorisé ce procédé, ce que l'enseignante a démenti auprès de la classe: elle n'a pas autorisé le transport de la fiche, mais n'a rien dit de l'usage d'une feuille à part.

Le projet d'enseignement revisité

Globalement, l'enseignante se dit satisfaite de la façon dont le projet a été réalisé, le point principal étant que tous les élèves ont pu, à ses yeux, profiter de cette séance:

Extrait 1: entretien *a posteriori*

> E: (…) j'ai été assez satisfaite que la tâche soit bien adaptée même à des élèves en difficulté parce que souvent ce qui se passe c'est que si on adapte mal la tâche↑ soit c'est les élèves doués qui s'ennuient soit c'est les élèves en difficulté qui perdent euh qui n'apprennent rien parce que c'est carrément au-dessus de leurs moyens quoi//donc là justement c'était une tâche qui était adaptée à tout le monde (…) tout le monde s'y retrouve plus au moins puisque un des enfants en difficulté puis un des enfant qui a la moins de difficulté y ont trouvé eux-mêmes un apprentissage donc c'est une activité plutôt heu//plutôt encourageante à ce niveau là↓ (…)

L'enseignante revient sur certains de ses choix concernant les deux cibles: en supprimant, respectivement, un et deux rangs de la cible initiale, elle a veillé à ce que les élèves n'aient pas affaire à des nombres trop élevés. Elle voulait surtout jouer sur les deux couleurs, comme difficulté supplémentaire devant amener, sinon la nécessité, du moins l'intérêt d'une notation. Car c'est bien «la mémoire» qui intéresse l'enseignante plus que «le dénombrement», dit-elle. Elle a donc travaillé sur les variables de la situation pour amener l'intérêt d'une notation. Elle pense du reste poursuivre dans cette voie lors d'une séance future, où trois quantités de cases, de couleurs différentes, seront à recouvrir.

A noter encore que l'enseignante voit dans cette activité de notation la source d'autres apprentissages, non seulement en mathématiques, mais aussi dans le domaine de la langue, puisque, dit-elle, «en français c'est un thème extrêmement important» puisqu'il s'agit de «mémoriser des informations et puis les retenir pour pouvoir ensuite les comprendre». Rappelons que lors de l'entretien préalable, l'enseignante s'est refusé à introduire elle-même la stratégie consistant à noter les quantités; elle a décidé de ne pas suggérer la notation à ses élèves pour leur donner l'occasion de trouver cette stratégie par eux-mêmes. Si ce procédé n'était pas utilisé, elle reporterait à «la mise en commun» finale un débat à ce sujet.

Cet accent porté par l'enseignante à l'objectif de notation explique plusieurs événements de la séance, notamment le débat final, justement, qui ne porte pas du tout sur les caractéristiques numériques, mais exclusivement sur la notation «pour mémoriser» les quantités. On peut encore penser que cet objectif absorbe tout autre paramètre de la situation d'enseignement/apprentissage et oblitère, dans une certaine mesure, une observation des conduites liées aux caractéristiques numériques et aux collections; tous les procédés observés (quatre «procédures») sont ramenés peu ou prou à la notation:

Extrait 2: entretien *a posteriori*

E: (…) alors y a eu la procédure je compte sur les doigts/et pis je retiens à peu près avec mes doigts/alors plutôt difficilement parce qu'on a dix doigts/alors après pour se souvenir combien de fois les dix doigts//y a la procédure je compte et puis je mets en tête j'essaie de retenir mentalement/y a la procédure j'utilise le papier et puis je dessine les petits carrés/enfin les ronds et la procédure j'utilise le papier et je colorie et je met le numéro correspondant à côté/y a/y a eu un peu tout ça quoi/apparemment y a pas eu d'autres trucs/(…)

Par comparaison, à aucun moment l'enseignante ne revient sur les différences et les liens entre les deux cibles, notamment le fait que la Cible 1 est comprise dans la Cible 2 et que l'ordre de présentation de celles-ci est important. Du coup, pour elle, la conduite de Vitorio concernant la Cible 2 lui semble inexplicable (il forme une troisième collection qui s'ajoute aux deux précédentes et se voit dans l'obligation de séparer les jetons jaunes: il glisse une des collections de jetons dans ses poches). En regard des événements de la séance, on peut aussi penser que Vitorio, seul élève ayant mis en œuvre ce procédé de notation lors de l'activité des *«Cousins»* et premier élève à l'utiliser pour *«La cible»*, est au cœur des attentes de l'enseignante. Nous y reviendrons plus précisément ci-dessous.

Les élèves contrastés

Par rapport à son projet, l'enseignante cite Vitorio et Jérémie comme étant deux élèves contrastés qui ont pu profiter pleinement de cette séance:

Extrait 3: entretien *a posteriori*

E: (…) les deux élèves qui ont été observés c'est-à-dire un des meilleurs/et un des plus faibles/même celui/donc celui qui était le le/heu/avait le plus de facilité a fait des erreurs et pas du tout la même erreur que celui qui était faible il a fait des erreurs au niveau de la compréhension des consignes et puis au niveau des stratégies/avec les jetons pour les garder/et il en a perdu en cours de route/tandis que l'autre a eu des problèmes de dénombrement/de comptage par exemple donc des problèmes beaucoup plus liés à des heu/à des apprentissages/(…)

Concernant Vitorio, l'enseignante fait état de sa surprise d'observer des erreurs chez cet élève, erreurs qu'elle attribue à la situation d'observation et non à la situation mathématique:

Extrait 4: entretien *a posteriori*

E: (…) Vitorio était euh↑ il était désorienté par cette histoire de caméra (…) parce que il a fait des erreurs↓ le fait de prendre seize jetons jaunes↓ c'est pas du tout son style/normalement il aurait pris douze rouges et quatre jaunes je me demande si ce n'est pas la première fois depuis trois ans que je l'ai que je vois une erreur aussi basique chez lui//donc d'après moi il a dû être impressionné↓ d'ailleurs au départ il ne voulait pas être filmé↓ puis du coup il accepté à la fin mais ça a dû le déconcentrer↓ (…)

De Jérémie, elle attendait les erreurs liées au dénombrement, qu'elle a effectivement observées:

Extrait 5: entretien *a posteriori*

E: (…) [Jérémie] qu'il se soit mélangé les pinceaux avec son comptage pis qu'il ait fait un truc hyper compliqué pis à la fin il se plante↑ c'est déjà plus son style de chercher midi à quatorze heure (…)

Le statut contrasté des deux élèves apparaît en plusieurs occasions lors de l'entretien:

Extrait 6: entretien *a posteriori*

E: (…) [Vitorio] le problème c'est que lui il s'est plus souvenu de la consigne/ce n'est pas une erreur intellectuelle/contrairement à l'autre/

[Jérémie] qui a fait plus d'erreurs qu'on va mettre sur le compte de l'apprentissage/lui [Vitorio] a carrément oublié/(…) d'ailleurs là je lui ai dit mais là on devait mettre quelle couleur/il m'a dit rouge/là y a jaune/il a tout de suite vu et il m'a dit qu'il avait fait une erreur/(…)

Si les erreurs de Jérémie sont, pour l'enseignante, liées aux apprentissages de base (elle reviendra plus loin sur le fait qu'il «confond» encore «dix» et «douze» et compte «un, deux, trois,…neuf, douze»), celles de Vitorio sont attribuées à une gêne liée à l'observation par vidéo. Il a du reste un statut d'élève «modèle» dans la classe, en particulier à propos de la notation:

Extrait 7: entretien *a posteriori*

E: (…) c'était le seul dans les Cousins à avoir utilisé le support de la feuille/et comme c'est un enfant assez brillant/bon là ça transparaît pas/parce qu'en l'occurrence il a fait deux fois des erreurs/vraiment des erreurs minimales/(…) c'est un enfant qui est brillant et les autres le savent/parce que les autres savent où sont les élèves qui ont de la facilité ou pas//contrairement à ce que l'on veut faire croire/heu les autres ont immédiatement emboîté le pas je dirais/la plupart ceux qui sont plus stratèges de la classe se sont rapidement dit que le petit Vitorio allait utiliser cette stratégie et pis qu'elle était payante/(…) dans les Cousins/quand il y avait le test/c'est le seul qui a réfléchi comme ça/les autres ont tous fait de tête et là comme par hasard/ils étaient le tiers de la classe à le faire quoi/mais ça ça vient directement de lui/même celui/l'autre [Jérémie] qui a été filmé/qui a de grosses difficultés a utilisé cette stratégie là/j'ai discuté avec lui pour voir avec lui comment il pourrait mieux s'en sortir/il a immédiatement parlé de ça/parce que je suis certaine parce que il a dû voir son camarade qui avait la feuille/il a pas dû trouver tout seul je pense (…)

Ces propos confirment sans doute le statut de Vitorio, en tant qu'élève *chronogène* (au sens de Sensevy, 1998). On peut du reste penser que la raison pour laquelle l'enseignante d'une part propose à Vitorio la seconde cible (à la différence du reste de la classe) et d'autre part attend que cet élève ait terminé le travail sur cette cible[11] relève du même

---

11 Pour rappel, le retard pris par Vitorio, en raison de la perte de jetons lors de la formation des trois collections, renvoie la «mise en commun» à plus tard, après la récréation, ce que l'enseignante n'avait pas prévu.

phénomène: elle a besoin de Vitorio et de son procédé de notation pour faire avancer le temps didactique lors de la mise en commun. En tant qu'élève «modèle», il faut donc que Vitorio puisse étayer sa procédure en montrant qu'elle est efficace dans tous les cas (Cible 1 et Cible 2); ne traiter qu'une seule cible et/ou commettre des erreurs le permettrait plus difficilement. L'enseignante réorganise donc la séance et la mise en commun en fonction de Vitorio. Ces interprétations ne s'appuient pas directement sur les propos de l'enseignante, mais constituent des inférences à partir de ceux-ci. A noter que lors de la mise en commun, c'est plutôt Joël (un autre élève considéré comme «brillant» par l'enseignante) qui est amené à exposer sa procédure: est-ce justement parce que l'enseignante a été surprise par les conduites de Vitorio, qu'elle ne l'interroge pas directement? Vitorio, du reste, semble occuper une position beaucoup moins chronogène lors de la mise en commun puisqu'il résiste à la proposition finale de l'enseignante: ajouter une troisième couleur (voir ci-dessus le «Premier niveau de modélisation de l'action conjointe», cinquième étape).

Pour ce qui concerne Jérémie, l'une des questions posées suite à l'analyse de la séance portait sur l'observation par l'enseignante: que décode-t-elle des fluctuations d'attentes supposées de Jérémie? On peut penser que l'enseignante n'est pas en mesure de les décoder. Elle met l'accent sur les erreurs de dénombrement de Jérémie et positive les conduites de l'élève puisqu'elle s'attendait à des erreurs plus importantes encore:

Extrait 8: entretien *a posteriori*

E: (…) Jérémie lui il a fait des erreurs↑ d'ailleurs vous verrez dans le film↑ où il a amené que dix jetons↑ pis je lui dis mais compte des cases parce que en plus il a un problème de mémoire cet enfant c'est-à-dire que moi j'ai cru qu'il se souvenait plus pis qu'il avait pris dix jetons↓ en fait il a fait un deux trois quatre cinq six sept huit neuf douze//donc en fait il a confondu il l'a dit lui-même il a confondu le dix et le douze il confond le dix et le douze↓ ce qui est quand même une erreur d'apprentissage en première primaire qui est importante c'est en principe ils ont une comptine numérique qui va bien au-delà de dix hein↑ (…) il a dû recompter plusieurs fois↓ je lui ai fait compter d'ailleurs plusieurs fois les mêmes choses/pour qu'il se souvienne de combien il devait en reprendre↓ (…) il faisait pas le transfert entre ce qu'il comptait et ce qu'il devait aller chercher↓//donc là il y a encore des choses qui doivent être mises en place (…) moi je m'attendais encore à des erreurs plus importantes de sa part donc je suis plutôt↑ c'est des erreurs où il est en train de construire des références et puis y a pas toutes qui sont construites mais il a eu les réflexes de compter chaque couleur et tout↑ ce qu'il n'aurait pas forcément eu il n'y a pas si longtemps (…)

Pour cet élève, de qui elle attendait ce type d'erreur, l'objectif principal (la notation) semble suspendu: si elle relève qu'il a sans doute «copié» sur Vitorio (voir extrait 7 ci-dessus), elle ne revient jamais sur ce que Jérémie a fait ou non de cette notation. Comme pour d'autres élèves en difficulté, le contrat didactique est revu «à la baisse», les propos de l'enseignante indiquent qu'elle n'attendait pas, de sa part, un travail sur la notation. Est-ce l'une des raisons pour laquelle elle n'observe rien à ce sujet-là non plus lors de la séance?

Or, nous avions relevé également, au regard des observables de la séance qu'à aucun moment, l'enseignante ne semblait remettre en cause (ou ne semblait examiner) les procédés d'énumération de Jérémie ni sur les cases, ni sur les jetons-vignettes. Tout semblait relever pour elle de la mémoire de ces nombres, la notation devant pallier cette difficulté de mémoire. Apparemment, les propos de l'enseignante lors de l'entretien *a posteriori* semblent aller à l'encontre de ces constats: ce sont justement les procédés de comptage que l'enseignante a observés, l'extrait 8 en témoigne. Mais le peu d'observables tient au fait qu'elle n'en parle pas face à Jérémie. L'aurait-elle pu? La réponse est sans doute négative: cette attente reste implicite, à l'élève de construire ses procédures d'énumération et de dénombrement. Jérémie a, semble-t-il, répondu à cette attente-là. Mais il a vraisemblablement aussi décodé l'attente de l'enseignante concernant la classe (la notation), d'où, peut-être, le dilemme dans lequel il s'est trouvé. On peut en effet penser que le jeu des attentes réciproques entre Jérémie et l'enseignante d'une part et entre l'enseignante et la classe d'autre part (attentes différentielles) contribue (dans quelle mesure?) à créer les implicites relevés ci-dessus du point de vue de la référence: pour Jérémie, cette référence reste locale et surtout instable.

CONCLUSIONS DE L'ÉTUDE DE CAS

En guise de conclusion à cette étude de cas, nous reviendrons à deux des trois fonctions qu'elle remplit dans cet ouvrage: du point de vue des phénomènes didactiques, situer l'élève en difficulté parmi ses pairs, dans une classe ordinaire; du point de vue méthodologique, contribuer au travail du modèle de l'action conjointe pour en dégager les possibilités et en définir les limites. Nous garderons la troisième question, celle de l'observation de classes ordinaires complètes, au-delà des petits groupes d'élèves qui font l'objet de nos trois premières études de cas, pour nos conclusions à cet ouvrage.

L'ÉLÈVE EN DIFFICULTÉ PARMI SES PAIRS

L'observation de deux élèves contrastés met en évidence une fois de plus (voir notamment Schubauer-Leoni, 2002 et Leutenegger, 2003) l'existence d'un contrat didactique nécessairement différentiel. Les conduites de Jérémie répondent aux supposées attentes du moment de l'enseignante, mais ne parviennent pas à tisser un référentiel, commun avec le reste de la classe, sur lequel bâtir une conceptualisation puisque l'usage d'une notation ne répond pas, au moins pour Jérémie, à une fonction pour le problème posé, mais constitue une réponse sociale à la demande de l'enseignante. On peut penser que Jérémie, tout comme d'autres élèves en difficulté, est, en cette occurrence, sous le contrôle d'obligations sociales plus que face à des contraintes d'ordre mathématique. L'observation permet, une fois de plus, de pointer ces caractéristiques du fonctionnement paradoxal d'un contrat didactique nécessairement différentiel. Mais, l'observation va plus loin, puisqu'elle permet également de pointer le fait que Jérémie, pour ce qui concerne le dénombrement proprement dit, répond à ces attentes revues «à la baisse» en traitant le problème de comptage qui se pose à lui. Ce n'est que lorsqu'il tente de répondre aussi aux attentes concernant la classe (la notation) qu'il se trouve en position de répondre à une obligation sociale, renforcée, probablement, par la présence de Vitorio à ses côtés: l'enseignante le dit, les trois quarts de la classe font comme Vitorio et inscrivent les nombres sur une feuille de papier. Parmi eux, lesquels répondent à une obligation sociale et lesquels considèrent la notation comme une nécessité au plan du problème mathématique?

LE MODÈLE DE L'ACTION CONJOINTE

Au-delà de la chronique qui fait l'objet d'un premier niveau d'analyse de l'action conjointe, le second niveau permet une description fine de la construction de la référence: *qui* porte les objets de la mésogenèse et *qui* les fait avancer?

Dans la phase de désignation du problème, tout semble se passer pour le mieux, l'enseignante peut s'appuyer sur l'activité précédente des «Cousins», on se comprend à demi-mots entre professeur et élèves, point n'est besoin de s'expliquer sur tout: l'activité du jour sera connexe à la précédente tout en étant plus complexe, mais le système d'attentes réciproques semble fonctionner à merveille. D'un point de vue mésogénétique, la référence aux «Cousins» est alors commune à la classe. D'un point de vue topogénétique, on l'a relevé, il ne revient pas nécessairement à l'enseignante la charge de dire ce qu'il y a à faire, étant donné cette référence commune. C'est ce qui ressort d'un premier niveau d'analyse. Or, en termes de construction de la référence, l'analyse à l'aide du second niveau du modèle permet de montrer que les prémisses d'au moins deux mésogenèses différentes émergent de cette phase: commencer par la Cible 1 ou par la Cible 2 n'engage pas nécessairement les mêmes procédés ni la constitution de collections identiques.

Dans les phases de travail individuel, du point de vue des deux élèves contrastés, cette forme de «dissection» de l'activité montre que chacun d'entre eux opère vraisemblablement sur des milieux différents, non seulement en raison des cibles différentes (puisque Jérémie ne traitera jamais la Cible 2), mais également en raison du système d'attentes différentielles et de la construction de références différentes: le milieu reste entièrement numérique pour Jérémie alors que pour Vitorio le milieu est aussi lié à la notation. Dès le premier niveau d'analyse, le statut de chacun des deux élèves semble clair; mais pour comprendre quelle référence Jérémie construit conjointement avec l'enseignante, le premier niveau ne suffit pas. Si l'on compare les deux observations du point de vue des actions liées à la construction de la référence, on constate que les deux types de milieu (numérique ou partiellement numérique) donnent lieu à des règles d'action, à l'énoncé de traits pertinents ou non pertinents, liés à l'organisation mathématique (respectivement numérique ou relevant de la notation) ou liés au contrat didactique. Nonobstant la différence au niveau des attentes respectives de l'enseignante concernant ces deux élèves, les types d'actions observées ne sont pas si différents.

En revanche, des différences substantielles se font jour concernant la gestion des territoires et des temporalités. En examinant cette colonne d'analyse, on s'aperçoit que Vitorio, dans un premier temps (minutes 13 à 26) agit seul pour faire avancer «sa» chronogenèse: l'enseignante n'intervient pas à ce sujet. Au contraire, pour Jérémie, l'enseignante intervient à plusieurs reprises pour réorienter l'action de l'élève (chrono 1.4). Pour Vitorio, ce n'est qu'à la minute 27, qu'elle intervient chronogénétiquement, non pas pour réorienter l'action de l'élève, mais pour lui signifier, par un indice de fin, que telle partie de l'activité est achevée ou encore pour relancer une suite (la Cible 2).

En ce qui concerne les types d'actions, on observe, de la part de l'enseignante, relativement moins de gestes topogénétiques visant à évaluer la pertinence des actions de Vitorio (topo 2.3, surplomb topogénétique) que celle des actions de Jérémie. Pour ce dernier, à chaque passage devant l'enseignante, une évaluation se fait jour.

Ces quelques constats ouvrent sur une perspective de quantification des types d'actions: dès lors des comparaisons plus étayées seraient possibles, soit entre élèves différents, mais aussi entre séances différentes et entre classes différentes. Ce n'était pas le but poursuivi pour cette étude de cas, une systématicité bien plus importante eût été requise, mais à notre sens, cette perspective est ouverte désormais.

Annexe à l'étude de cas:

Tableau 16. Tableau des catégories de l'action conjointe P-Els (tiré de Schubauer-Leoni, Leutenegger, Ligozat *et al.*, 2007)

			Structures fondamentales de l'action conjointe DEFINIR/ REGULER & GERER L'INCERTITUDE / DEVOLUER / INSTITUER	
	Types de tâches		**Types de gestes et techniques d'action**	
Construction de la référence, indication	**Dénomination, organisation de l'action conjointe et de l'interaction Intégration des objets Analyse de l'action**	**I. Mésogenèse**	**1. Dénomination/désignation des objets du dispositif** ○ 1.1 Ostension (éléments verbaux, gestuels, matériels, graphiques) de la part de P ○ 1.2 Diffusion de désignations produites par un ou plusieurs Els	**Instruments verbaux et non verbaux** Usage des pronoms, marqueurs oraux, notations, dynamique du trilogue
			2. Elaboration d'une règle d'action pour entrer dans la situation/la tâche et pour la traiter *(à propos du faire du dire du prouver)* ○ 2.1 Indication/prescription de la part de P ○ 2.2 Co-construction (P en coopération avec un ou plus Els)	
			3. Dénomination/désignation de traits pertinents *(à propos du faire du dire du prouver)* 3.1 Identification et dénomination de TP - de la part de P - de la part de El(s) → reprise/non reprise par P 3.2 Questions d'un El relative à un TP → reprise/non reprise par P 3.3 Questions de P → réponse d'un El comportant un TP → reprise/non reprise par P	
			4. Repérage d'une contradiction *(à propos du faire du dire du prouver)* 4.1 Identification et dénomination - de la part de P - de la part de El(s) → reprise/non reprise par P 4.2 Résonance sur une proposition contradictoire provenant de El(s) → reprise/ non reprise par P	
Gestion des territoires et des temporalités		**II. Topogenèse**	**1. Gestion des phases de l'activité des Els** 1.1 Position d'accompagnement et de transition - gestion individuelle (P avec E) - gestion collective (P avec Classe) 1.2 Suspension de l'action par P (El ou Classe sans P)	
			2. Gestion des positions topogénétiques de P *(à propos du faire du dire du prouver)* 2.1 Postulation mimétique (P au niveau de E ou Cl) 2.2 Mise à distance, retrait (Els, Cl travail sans intervention de P) 2.3 Surplomb topogénétique (P statue, évalue la pertinence du faire du dire du prouver) 2.4 Coalition (P instaure/ « joue avec » coalition entre El contre Cl ou Cl contre un El	
		III. Chronogenèse	**1. Gestion des temporalités : Temps didactique de P / Temps d'apprentissage de la classe** 1.1 Appel à la mémoire didactique (MD) de la classe 1. initié par P 2. diffusion par P d'un élément de MD évoqué par un ou plus Els 1.2 Anticipation / finalisation d'actions possibles : 3. par P 4. par Els / Cl relativement à une diffusion à la charge de P 1.3 ralentissement /accélération de l'action 5. par P 6. par Els / Cl → reprise / pas reprise par P 1.4 Orientation de l'action 7. en fonction d'éléments nouveaux repérés par P 8. en fonction d'él. nouveaux repérés par El(s) diffusés / pas diffusés par P 1.5 Repérage d'indices de fin d'activité 9. par P 10. par El(s) diffusés / pas diffusés par P 1.6 Déclarations d'avancées 11. par P dans un but d'institutionnalisation 12. par un ou plus El → reprise par P 1.7 Relance de la part de P à l'égard de un E ou la Cl entière	

Conclusion

Pour conclure cet ouvrage, nous reviendrons tout d'abord sur les principaux résultats pour montrer l'articulation entre le fonctionnement des systèmes parallèles, le temps didactique et le contrat didactique, nécessairement différentiel; nous nous pencherons brièvement aussi sur quelques effets «formatifs» du dispositif d'observation. La dernière partie reviendra sur les méthodes cliniques d'observation et d'analyse des systèmes ordinaires.

L'ARTICULATION ENTRE LE FONCTIONNEMENT DES SYSTÈMES ET LE TEMPS DIDACTIQUE

Les résultats majeurs seront examinés du point de vue du fonctionnement des systèmes didactiques, en comparant, chaque fois que possible, les différentes études de cas. Pour les trois premières, nous tiendrons compte des différentes étapes de nos dispositifs: dossier initial et sections étudiées. La quatrième étude de cas, dont le statut est différent, viendra en contrepoint des résultats présentés.

Pour chacune des trois premières études de cas, l'analyse du dossier initial et de l'entretien correspondant permet de dessiner à grands traits les éléments marquant du fonctionnement conjoint des systèmes. Pour ce qui concerne la première et la troisième étude de cas[1], cette partie de l'analyse permet de confronter les différents types de traces collectionnés, celles de l'évaluation des élèves par l'institution scolaire (tests de début d'année ou bilan d'entrée) avec celles de l'action enseignante auprès des élèves de *classe de soutien* ou de *classe d'accueil*. L'évaluation initiale permet de s'informer sur les déclarations de conformité (ou de non conformité) du rapport des élèves aux objets de l'école en regard du rapport attendu par cette même institution.

---

1   Pour ce qui est de la deuxième, rappelons que notre analyse n'a pu s'appuyer que sur l'entretien et non pas sur un système de traces plus complet.

Pour ce qui concerne l'analyse du dossier initial de la première étude de cas, celle-ci indique un décalage entre les systèmes *classe ordinaire* et *classe de soutien* du point de vue du temps didactique. L'analyse des tests montre que les critères de non conformité du rapport institutionnel des élèves pris en charge par le soutien, portent sur des savoirs considérés comme anciens, ce qui n'est guère étonnant. Mais le contenu et le type de savoir interrogent quant à eux la fonction du soutien: ce ne sont que les algorithmes qui sont testés (addition et soustraction «en colonnes» relèvent de savoir-faire «anciens» en 4P) et c'est la capacité des élèves à «dérouler» une suite d'actions, de manière adéquate et pertinente aux yeux de l'institution scolaire, qui est examinée. En effet, *l'aspect numéral des algorithmes est largement privilégié au détriment de leur composante numérique*. C'est ce que montre l'analyse des tâches, des productions des élèves et des notes des enseignants (titulaire et GNT) sur les copies des élèves. C'est aussi ce que montre la section présentée, qui porte entièrement sur des algorithmes de soustraction.

L'analyse du dossier initial de cette étude de cas montre encore que les savoirs avancent en *classe ordinaire*, et ne peuvent qu'avancer. On l'a vu, lorsque la GNT se trouve dans la classe avec le titulaire au moment de la passation des tests, elle participe à cet avancement des savoirs (en l'occurrence la multiplication). Sa fonction d'enseignante de soutien n'entre en vigueur qu'après la série de tests et à partir du moment où elle officie dans le local dévolu à cet effet. C'est alors que les savoirs travaillés en *classe de soutien* apparaissent en décalage par rapport à ceux de la *classe ordinaire*: la *classe de soutien* fait retour sur des savoirs considérés comme anciens et ne traite pas des savoirs sensibles. Une chronogenèse parallèle s'instaure et se déroule en *classe de soutien*, celle-ci étant soumise au fonctionnement (classique) du contrat didactique.

Des résultats semblables ont été obtenus lors de notre deuxième étude de cas, mais celle-ci montre, en raison des comparaisons établies entre le fonctionnement de la *classe de soutien* et celui de la *classe complémentaire*, que *ces phénomènes ne sont pas dus à des caractéristiques de fonctionnement des personnes*. Cette deuxième GNT remplit en effet à la fois les fonctions d'enseignante de soutien et de complémentaire et l'étude met à jour des phénomènes différents selon les systèmes: le système *classe complémentaire* ne présente pas – on pouvait s'y attendre – cette caractéristique d'un décalage avec la *classe ordinaire*. Les différentes sections exposées indiquent en revanche, dans les deux cas, un décalage entre les temps didactiques de la *classe ordinaire* et de la *classe de soutien*.

On peut donc penser que *ces observations sont à rapporter à des mécanismes tenant aux contraintes institutionnelles et au fonctionnement des systèmes didactiques.*

Dans le cas de la *classe d'accueil*, les déclarations de conformité (ou de non-conformité) sont révélatrices du fonctionnement du système d'enseignement. L'analyse l'a montré, le bilan d'entrée est un «pseudo bilan» puisque tout se passe comme si une part importante des décisions d'orientation des élèves vers un degré ou un autre, étaient prises d'avance; les items ne sont pas standardisés, mais sont sélectionnés en fonction de critères peu explicites ou tout au moins peu explicités, puisque sur la base du seul dossier et de l'entretien, il n'est pas possible de dire en fonction de quoi tel élève est testé pour être dirigé ensuite vers son degré scolaire d'insertion.[2] Qui plus est, un élève qui entre dans le système est toujours dirigé soit vers le degré correspondant à son âge, soit vers un degré scolaire en-dessous. Il n'est du reste pas testé sur des compétences mathématiques relevant d'un niveau supérieur. Il semble que les préoccupations du système ne sont pas de situer l'élève par rapport à ses compétences en mathématiques, mais par rapport à son adaptabilité à des tâches nouvelles pour lui. L'analyse montre comment le système cherche à «produire de bons sujets» de l'institution. Si cette adaptabilité est un critère défendable, celle-ci ne porte toutefois que sur des indices de «surface», c'est-à-dire de «bonnes formes», emblématiques des différents contenus mathématiques et non sur le sens mathématique sous-jacent. Que l'on se souvienne des items de la fiche-bilan et des objets respectifs de «travail» et de «savoir». Les tâches mises en œuvre ou évoquées relèvent essentiellement, là aussi, des algorithmes (les quatre opérations élémentaires et des séries numériques) ou de représentations inhabituelles pour des élèves provenant de systèmes d'enseignement étrangers.

Les activités subséquentes au bilan d'entrée portent également sur des représentations inhabituelles pour ces élèves qui sont conduits à une observation des figures et des codes communs. On peut penser que ces activités amènent nécessairement les élèves à se fier à des «marques», à

2   Information prise plus tard, auprès de l'enseignante-GNT concernée, il s'avère que le «degré» de scolarisation antérieur de l'élève (dans son pays d'origine) joue un rôle dans le choix du test (bilan «math 1» ou «math 2»). Cela dit, cette indication ne précise pas, de manière plus fine, les critères de choix des items à l'intérieur de chacun des bilans.

des «emblèmes», à des repères qui deviennent autant d'éléments de négociation du contrat didactique, au détriment du sens mathématique des situations proposées. Soulignons qu'il n'est pas dans notre propos d'affirmer que cette connaissance des codes communs n'est pas légitime. Elle est au contraire probablement très importante et nécessaire. Mais dans le cas présent, le système tend à isoler ces aspects. C'est bien là que le bât blesse, puisqu'en *classe d'accueil* on observe que les négociations du contrat didactique portent essentiellement sur la fréquentation des signifiants propres à la culture scolaire du lieu et peu sur les signifiés: il s'agit de donner au nouvel arrivant, des techniques et des modèles d'action conformes à ceux attendus par l'institution.

Du point de vue du temps didactique, le travail en *classe d'accueil* fait l'objet, auprès du titulaire de classe, d'une mise au courant régulière qui signale «l'état d'acculturation» des élèves (par l'intermédiaire de la fiche-bilan). A ce sujet, pour une étude plus complète, il eut été indispensable d'examiner l'ensemble des fiches-bilan remplies par la GNT au fil de l'année scolaire et transmises aux différents titulaires. Sur la base du seul dossier initial, on peut dire qu'en *classe ordinaire* les savoirs avancent selon le programme établi et sous la responsabilité de l'enseignant titulaire. Les élèves de la *classe d'accueil* y participent à mi-temps. Or il semble admis que les élèves «raccrochent» au système ordinaire, lorsque leur capacité à jouer sur les éléments du contrat didactique devient patent pour la GNT. Que l'on se souvienne de l'élève Tiko, par exemple, qui est considéré très rapidement comme ayant «rattrapé» son degré d'insertion, sur la foi de son fonctionnement dans le contrat.

Dans les trois cas de systèmes observés, c'est l'obtention de routines, de techniques, de suites d'action selon des modèles préétablis, qui semblent pallier les difficultés déclarées. D'où une «algorithmisation» des tâches proposées en *classe de soutien*, au détriment de situations laissant un espace a-didactique à l'élève. Ce type de fonctionnement qui favorise un travail sur les signifiants (plus que sur les signifiés) n'est donc pas le propre de la *classe d'accueil* mais appartient également à la *classe de soutien*, nos première et deuxième études de cas l'ont montré.

Au-delà des bilans et des déclarations de conformité des systèmes, quelles sont donc les conséquences du fonctionnement selon un double système et une double chronogenèse? C'est ce que nous tenterons de dégager maintenant. Dans le cas du système *classe d'accueil*, la chronogenèse est organisée de manière à «rejoindre» le temps didactique des *classes ordinaires* correspondantes. Les élèves observés sont considérés à un moment ou à un autre comme ayant «rejoint» l'état d'avancement des connaissances de leur degré d'insertion. A noter que plus ils appartiennent à un degré élevé, plus ils «rejoignent» rapidement leur degré, semble-t-il. Le savoir ne fait donc qu'avancer en *classe d'accueil* et ne revient pas, du point de vue des élèves, sur des savoirs considérés comme anciens. L'observation montre la manière dont les différentes chronogenèses (en l'occurrence quatre) sont gérées par la GNT, puisqu'elle prend en charge des élèves de différents degrés en même temps, ce qui n'est jamais le cas des GNT s'occupant de *classes de soutien*. Dans ce dernier cas, le décalage entre les deux temps didactiques, en *classe ordinaire* et en *classe de soutien*, a des conséquences fortes, jusque dans le choix des activités par la GNT et, du côté des élèves, dans le détail de résolution des problèmes posés. Dans certains cas, du point de vue de l'élève, une rupture du contrat didactique se fait jour en raison de la double chronogenèse à laquelle il est soumis dans la *classe ordinaire* et dans la *classe de soutien*. Il tente alors d'y remédier en adoptant des procédures qui respectent à la fois les clauses implicites du contrat didactique de la *classe de soutien* et celles de la *classe ordinaire*. Les conduites des élèves (et leurs procédures notamment lors de la résolution des algorithmes) montrent ainsi la manière dont se négocie le double contrat didactique.

La première étude de cas (soutien) montre également que plus les élèves apparaissent à l'enseignant comme «en difficulté», moins le système se donne de moyens, notamment au plan de la mémoire entre les systèmes, ainsi qu'au plan des situations mathématiques mises en œuvre, pour coordonner les deux chronogenèses.[3]

---

3 Dans le cas où un élève apparaît comme «très en difficulté» dans le cadre du soutien, le temps didactique «recule» encore par rapport à la chronogenèse de la *classe ordinaire*: la GNT revient à des savoirs considérés comme plus anciens encore. C'est le cas de l'observation de l'élève Mélanie, dans le cadre de la séance sur les algorithmes de soustraction: face à ce qu'elle identifie comme une difficulté liée à la numération de position, l'enseignante «revient» à ce qui est préconisé comme antérieur à l'écriture de l'opération, à savoir «la manipulation» de matériel structuré. La décision prise isole encore un peu plus cette élève puisque la GNT congédie les trois autres élèves et travaille en aparté avec elle. A noter que ce retour à la manipulation est considéré par une large partie de la population enseignante, comme un moyen pour remédier aux difficultés en mathématiques. Certains résultats des travaux de

Dans le cas de la *classe d'accueil* et dans celui de la *classe complémentaire*, l'institution se donne un certain nombre de moyens pour assurer une forme de mémoire institutionnelle entre les systèmes parallèles. La fiche-bilan est l'un de ces moyens en *classe d'accueil*. Entre la *classe complémentaire* et la *classe ordinaire*, l'usage de cahiers d'élèves semble remplir également une fonction dans la mémoire des systèmes puisque les travaux effectués en *classe complémentaire* sont consignés dans le cahier de mathématique de l'élève, le titulaire de la *classe ordinaire* y a donc également accès. Le cahier permet en outre à la GNT d'interrompre une activité et de la reprendre dans une séance ultérieure.

En *classe de soutien* (1re et 2e études de cas), aucun moyen de cet ordre n'est présent: les problèmes et exercices sont effectués sur des feuilles de brouillon qui ne sont pas capitalisées. Tout se passe comme si le système *classe de soutien* fonctionnait (ou se voulait fonctionner) comme un système quasi isolé. Et pourtant il n'en est rien puisque le système de normes qui préside à l'envoi de l'élève en *classe de soutien*, appartient, de fait, à la *classe ordinaire*. En effet, dans notre première étude de cas, c'est le titulaire de classe qui teste les élèves; et non pas la GNT (comme c'est le cas en *classe d'accueil*). Le système *classe ordinaire* teste les élèves de façon interne et la GNT intervient à titre de «réparatrice» d'un état constaté par celui qui est censé faire avancer le savoir. La norme – en tant que rapport officiel aux objets de l'école – par rapport à laquelle le décalage est constaté se situe donc du côté du système ordinaire.

Dans le cas de la *classe d'accueil*, c'est la GNT qui teste l'adaptabilité des élèves en début d'année et qui rend compte régulièrement au titulaire de leur «état d'acculturation». Pourtant c'est, là aussi, la *classe ordinaire* qui fait exister les objets auxquels il s'agit d'acculturer les élèves et c'est le temps didactique de celle-ci, qui règle ce qui relève de la chronogenèse en *classe d'accueil*.

L'observation permet de montrer le détail de ces mécanismes qui relèvent, selon nous, d'une incapacité du système à incorporer des sujets dont le rapport aux objets institutionnels est considéré comme non conforme. Les élèves pris en charge par la *classe de soutien* (peut-être plus

---

Grossen, Schubauer-Leoni, Vanetta & Minoggio (1998), le montrent également sur la base de l'analyse d'un questionnaire diffusé très largement à de nombreux et différents représentants de l'institution scolaire, enseignants titulaires, enseignants de soutien, enseignants spécialisés, dans différents cantons romands.

fortement et surtout plus durablement que ceux de la *classe d'accueil*), sont ceux qui pourraient «mettre en danger» l'avancement du temps didactique dans le système ordinaire, témoins les indices de ce fonctionnement dans les notes du titulaire de la classe de notre première étude de cas: celui-ci n'intervient jamais sur des contenus de savoir considérés comme anciens, il en charge la GNT. *Plus le savoir est ancien, plus le titulaire a tendance à laisser le soin à la GNT de pallier les difficultés observées et ainsi préserver l'avancement du temps didactique en classe ordinaire. Or les contenus d'enseignements de la classe de soutien, ne «rattrapent» finalement jamais les savoirs sensibles de la classe ordinaire et les élèves en soutien ont, de fait, systématiquement un «contrat didactique de retard».*

Pour revenir à nos questions de recherche initiales, en termes de *conditions et de modalités de compossibilité des différents systèmes didactiques qui évoluent parallèlement (classes ordinaires et classes de soutien ou classes d'accueil ou classes complémentaires)*, l'étude a montré que ces conditions ne permettent pas toujours une compatibilité des systèmes entre eux. En particulier, les phénomènes liés à la chronogenèse, dans un contrat didactique classique, indiquent, du point de vue des élèves des *classes de soutien*, un certain nombre d'obstacles créés par les conditions de fonctionnement conjoint des systèmes. Les élèves déclarés «en difficulté», ont à gérer leur appartenance à une double chronogenèse et donc les éléments implicites d'un double contrat didactique. Etant donné que dans la *classe de soutien* et dans la *classe ordinaire*, le temps didactique avance de façon indépendante, mais que les objets de savoir sur lesquels portent cette double chronogenèse, sont les mêmes, avec un «décalage», les élèves se trouvent confrontés à des obstacles que l'on peut dire *chronogénétiques*, qui restent inaperçus de l'institution scolaire et du système d'enseignement. Il reste néanmoins à s'interroger sur les raisons de ce fonctionnement disjoint des systèmes, c'est-à-dire sur les capacités du système d'enseignement à tolérer (et à gérer) un dysfonctionnement supposé de la part des élèves.

En revanche, l'étude montre que les moyens, que se donne le double système *classe ordinaire-classe complémentaire* pour gérer une forme de mémoire institutionnelle entre les systèmes (la présence des cahiers d'élèves montre que ces moyens existent), participent de la compossibilité de ces systèmes entre eux: du point de vue des élèves, il n'existe pas, semble-t-il, dans ce cas, de hiatus dans la chronogenèse; du moins nous ne disposons d'aucune observation de phénomènes liés à des obstacles chronogénétiques, comme c'est le cas dans les *classes de soutien*.

La compossibilité des systèmes se joue encore différemment dans le cas des *classes d'accueil*. Cette fois, tout se passe comme si le système d'enseignement offrait aux élèves nouveaux arrivants, une sorte de «sas» permettant l'entrée et le passage en *classe ordinaire*. Mais l'étude n'a pas permis de montrer (ce n'était pas son but) ce qu'il advient des élèves lorsqu'ils sont pleinement intégrés au système d'enseignement, c'est-à-dire lorsqu'ils ne bénéficient plus de la *classe d'accueil*. Ce pourrait être, du reste, l'un des prolongements possibles de cette étude. Le suivi diachronique d'un certain nombre d'élèves particuliers, au travers des différents systèmes, serait en mesure de montrer les caractéristiques du passage d'un système à un autre.

Un autre développement possible pour travailler la problématique du temps didactique en lien avec le fonctionnement et la compossibilité des systèmes, serait d'étudier en parallèle ce qui se déroule, par exemple, en *classe de soutien* et en *classe ordinaire* pour les mêmes élèves sur une période qui serait à déterminer. En effet, les observations effectuées ne permettent qu'un certain nombre d'hypothèses sur le fonctionnement parallèle de la *classe ordinaire* qui ont besoin de confirmations par l'observation de séances en *classe ordinaire*. Ce faisant, il s'agirait également de confronter les discours de l'enseignant de *classe de soutien* et du titulaire de la *classe ordinaire* dont sont issus les élèves.

L'objet de notre quatrième étude de cas, en *classe ordinaire* cette fois, constitue un premier pas dans ce sens puisqu'elle permet de situer l'élève dit «en difficulté» parmi ses pairs et de décrire la manière dont l'écart se creuse entre les élèves. En effet, notre étude l'a montré, l'élève en difficulté n'a pas toujours l'occasion de rencontrer les mêmes situations que les élèves considérés comme plus avancés.[4] Les attentes de l'enseignant s'avèrent différentielles et les élèves n'ont pas à traiter les mêmes problèmes. Comme pour les élèves de soutien de nos premières études de cas, l'élève en difficulté est celui qui, par surcroît, a encore et toujours «un contrat didactique de retard» puisque les attentes du professeur sont inférieures à celles qui concernent les dits «bons» élèves: à ceux-ci on propose des problèmes plus difficiles, les confrontant, par là-même, à des savoirs plus élaborés auxquels l'élève «en difficulté» n'a pas accès. On peut aussi penser que, du coup, ils n'ont pas l'occasion

---

4   Pour une autre étude dans le même degré 1P, en mathématiques, mais aussi dans le domaine de la langue (l'italien et le français), voir Schubauer-Leoni, Bocchi *et al.* (2007).

d'exercer (suffisamment) les techniques expérimentées: une fois le problème résolu, ils passent à autre chose, contrairement aux élèves plus rapides qui, eux, sont invités à faire d'autres exercices en attendant.

La dernière partie de cette étude de cas l'a montré, la gestion par l'enseignant des territoires et des temporalités diffère en fonction des attentes différentielles à l'égard des élèves. L'action de l'élève en difficulté est souvent évaluée par l'enseignant, laissant peu de place à une validation de ses résultats par l'élève lui-même. Au contraire de l'élève dit «bon» en mathématiques qui, en plus d'avoir l'occasion de rencontrer des situations différentes et de s'exercer à des techniques, parvient, dans une certaine mesure, à rester maître de son action: l'enseignant lui fait confiance pour valider lui-même ses solutions. Que l'écart se creuse entre ces deux types d'élèves, n'est donc pas étonnant.

Notons encore que la comparaison entre les différents systèmes, du point de vue des observables, est un point fort de ces études de cas et de leurs résultats. Sans cette comparaison, il n'eût pas été possible d'en dégager le fonctionnement différentiel ni même d'en préciser le fonctionnement tout court. Ce sont, en effet, les *contrastes* que ces études de cas produisent qui permettent de circonscrire les conditions d'émergence des phénomènes construits.

QUELQUES PISTES CONCERNANT LES EFFETS FORMATIFS DU DISPOSITIF DE RECHERCHE

Certaines traces, observables au travers du discours, mais surtout de la gestion des séances d'enseignement indiquent que le dispositif de recherche participe d'une formation des enseignantes impliquées. Cette observation des effets du dispositif, qui n'a pas été construit en vue d'une telle fonction, n'est pas nouvelle: rappelons que dans ses travaux de thèse de 1986, Schubauer-Leoni montre que de tels effets existent et que sur une longue durée ils sont quasi incontournables. En effet, pour que le contrat de recherche initial passé avec les enseignants perdure au fil du temps, il est nécessaire d'aménager des conditions pour que les acteurs y «trouvent leur compte» sous une forme ou une autre. Des effets formatifs, constatés par eux, constituent alors la meilleure issue pour que les enseignants acceptent ce qu'il faut bien admettre comme étant une intrusion dans leur classe. La restitution des protocoles de séances et les entretiens à leur sujet font partie de ces conditions qui, à terme, conduisent à des effets formatifs. Nous montrerons toutefois que ces effets, pour le dispositif qui nous concerne, sont limités pour toute une série de raisons que nous exposerons.

A noter tout d'abord que dans toutes les études de cas, l'analyse des entretiens montre que le dispositif joue un rôle actif dans les prises de décision des enseignantes. Certaines des réflexions à haute voix des enseignantes font figure de «prise sur le vif» des problèmes didactiques qui se posent à elles: non pas seulement en tant qu'individus mais en tant que représentants institutionnels qui rencontrent un point aveugle de l'institution scolaire à laquelle ils appartiennent. C'est l'intervention d'une autre institution, celle de recherche, qui fait émerger le problème posé: en demandant au professeur de décrire la préparation de la leçon, le chercheur est susceptible de mettre en évidence un manque à savoir institutionnel relatif à cet objet d'enseignement. L'ensemble des observations (entretiens et séance) montre comment le professeur tente de combler ce manque à savoir par l'aménagement de la situation.

Toutes les études de cas ont aussi montré un déplacement du rapport personnel aux objets «tâche mathématique» et «élèves». Dans tous les cas, en effet, il est possible de montrer que le dispositif a au moins pour effet de focaliser l'attention du professeur sur le détail des problèmes mathématiques posés et sur les variables didactiques. Chacune des enseignantes (GNT dans les cas de systèmes parallèles ou titulaire dans le cas de la classe ordinaire de 1P) a été amenée à travailler sur les variables en apportant des modifications par rapport à une fiche ou un problème initial, pour en obtenir des effets au plan des apprentissages des élèves.

L'ensemble des analyses montre l'importance de deux plans de connaissances, du point de vue du professeur: le plan didactique et le plan mathématique qui ne peuvent néanmoins être dissociés. Prenons deux exemples concernant nos deux premières études de cas, l'un où la GNT a été amenée à modifier son rapport aux objets mathématiques et didactique et l'autre non.

En analysant les conduites des élèves à propos des notations de retenues (nommées le «petit un» en tant qu'écriture économique par rapport à l'écriture du «10»), la GNT de notre première étude de cas a été amenée à s'interroger sur les aspects numériques des tâches proposées. L'analyse montre que l'observation des conduites des élèves par le truchement du protocole, met en lumière, aux yeux de la GNT, les aspects numériques à traiter au plan didactique, puisque, les effets de l'incident analysé le lui ont montré, l'aspect numérique ne se laisse pas oublier si facilement. Le manque à savoir rencontré par la GNT porte sur cet aspect numérique des algorithmes de soustraction.

Dans la deuxième étude de cas, prenons l'exemple de l'analyse de «*La collection mystérieuse*». Dans ce cas, on observe que pour la GNT, nul n'est besoin de faire une différence entre les procédures additive et multiplicative. Addition, multiplication ou comptage sont tout un pour elle en fonction du but visé: trouver des solutions au problème. Il semble que c'est l'intrication de deux problèmes qui fait obstacle: l'objet d'enseignement (multiplication) affiché dans le document n'a aucune nécessité du point de vue de la tâche à effectuer (les procédures de l'élève Guillaume le montrent) et, par ailleurs, le rapport personnel de la GNT à la multiplication entre en ligne de compte. En effet, son intervention ne vise qu'à «raccourcir» ou «simplifier» une écriture, puisque pour elle une multiplication n'est jamais qu'une addition répétée. L'objectif d'enseignement se perd au profit de l'efficacité à trouver des solutions. Etant donné la situation elle-même (telle que proposée dans le document), il n'y a, de son point de vue, aucune raison de modifier sa gestion.

Pour ce qui concerne les trois dispositifs de longue durée (cas 1, 2, 3), du point de vue des discours, on observe pourtant un déplacement des thèmes abordés: le discours initial porte sur les élèves (en tant que personnes) alors que le discours lors des «boucles» suivantes du dispositif (à propos de la même situation) est davantage tourné vers les contenus mathématiques et les conditions didactiques mises en œuvre. Mais nous n'avons pas observé que ces connaissances, qui semblent construites, sont mobilisables dans une autre situation. Tout au moins les GNT ne semblent pas tenter de faire levier sur des éléments de la situation qui leur ont pourtant paru importants pour les problèmes mathématiques précédents. Elles s'en tiennent à leur gestion habituelle. Le dispositif de recherche est à interroger sur ce point. En effet, celui-ci ne permet pas, à notre sens, des rétroactions suffisantes pour que le professeur soit amené à travailler plus avant sur les contenus de savoirs mathématiques en lien avec le projet d'enseignement. Dans l'exemple précédent (2e étude de cas), les essais répétés de la chercheuse, lors de l'entretien, pour convaincre la GNT qu'une multiplication n'est pas une addition, n'y suffisent pas.

A cela s'ajoute probablement un autre élément: les apprentissages des élèves sont au moins en partie invisibles au professeur, même sur la base des protocoles de séances. Du point de vue du rapport au macro-objet que serait «l'apprentissage», les analyses montrent que les straté-gies des élèves semblent, dans le discours des enseignantes interrogées, naître de rien ou simplement, «au bout d'un moment», sont là. Il suffit d'attendre que les élèves soient suffisamment «mûrs». Les rétroactions possibles des situations mises en œuvre ne semblent pas perçues comme décisives. Si bien que l'organisation pratique l'emporte sur l'organisa-tion des situations. Du reste, bon nombre d'analyses le montrent, c'est du professeur et de sa gestion que semble dépendre, aux yeux des GNT, les apprentissages des élèves. Dans cette perspective, il n'y a, *a priori*, aucune raison de considérer la situation autrement que comme un «pré-texte» à l'action enseignante.

Pour le discours courant, qui émerge aussi bien dans les propos des professeurs que dans les méthodologies à leur usage, les apprentissages se réalisent grâce aux étapes suivantes: il s'agit d'abord de «manipuler» puis de «passer au papier-crayon» et enfin «d'intérioriser». L'étape d'in-tériorisation n'est évidemment pas explicitable et c'est bien là que le bât blesse puisque cette étape semble couler de source après les autres. Or l'intériorisation est considérée par les professeurs (nous l'avons constaté dans les études de cas de systèmes parallèles mais aussi lors des études exploratoires), comme le produit d'une observation directe du réel (il suffit de regarder, pour voir). C'est donc en fonction d'une théorie «pra-tique» (parce que mise en œuvre pratiquement), de type comportemen-taliste, que le professeur prend ses décisions. Le dispositif de recherche lui-même ne permet pas de rétroactions suffisantes pour remettre en cause ces conceptions de l'apprentissage et, partant, les stratégies ensei-gnantes.

POUR UNE CLINIQUE/EXPÉRIMENTALE DU DIDACTIQUE

En conclusion, nous reprendrons la question d'une clinique/expérimentale pour étudier les phénomènes didactiques en classes «tout-venant». Nous reviendrons également sur les questions de méthodes (en nous appuyant sur les résultats de nos études de cas) pour en montrer les possibles mais aussi les limites en l'état des travaux à ce sujet. Ce faisant, nous montrerons que les méthodes propres au dispositif de recherche et d'analyse (avec les découpages en sections qu'elle suppose) sont des conditions de mise en évidence des phénomènes.

APPROCHE CLINIQUE ET CLASSES «TOUT-VENANT»

Les résultats obtenus (les phénomènes construits) grâce à nos trois premières études de cas ont montré que travailler «cliniquement» sur le fonctionnement des systèmes permet non seulement de l'articuler avec le temps didactique mais aussi d'articuler les systèmes entre eux. Ils montrent ainsi que les systèmes didactiques ne fonctionnent jamais isolément[5]: l'étude de systèmes tels que les *classes de soutien* ou les *classes d'accueil* ou encore les *classes complémentaires* montre comment ces systèmes sont liés aux systèmes didactiques principaux que sont les *classes ordinaires* et, plus en amont, le système d'enseignement *stricto sensu*.[6] La problématique du temps didactique est à cet égard un indicateur majeur des modalités de compossibilité des systèmes. La quatrième étude de cas, traitée grâce à une clinique qui s'instrumente désormais d'un modèle de l'action conjointe, ajoute des éléments comparatifs puisqu'elle décrit le fonctionnement d'un contrat didactique différentiel. Cette quatrième étude montre également que l'entrée par la mésogenèse prime sur l'étude de la chronogenèse: l'analyse – grâce au modèle – permet de décrire les objets sur lesquels porte l'action conjointe enseignant-élèves, une chronogenèse ne peut se dégager qu'à partir de cette analyse première.

Une certaine «imprévisibilité» caractérise l'observation clinique en milieu naturel. La *classe complémentaire* de notre deuxième étude de cas est à cet égard exemplaire puisque elle fait l'objet d'une observation

---

5 C'est aussi ce que Chevallard (1980/1991 et 1982b) montre lorsqu'il préconise une étude des systèmes didactiques dans leur environnement.

6 Au sens de Chevallard (1980/1991).

quasi accidentelle. En effet, le but initial était d'observer, comme pour notre première étude de cas, une _classe de soutien_. Or la double fonction de la GNT concernée nous a permis cette observation non prévue, mais dont nous avons pu tirer parti. A terme, elle s'est même avérée cruciale pour la description du fonctionnement conjoint des systèmes. Ce qui signifie que l'observation clinique ne peut que se tenir sur une ligne de crête entre d'une part une reconstruction du sens à partir des outils théoriques à sa disposition et d'autre part une _disponibilité à rencontrer des événements imprévus_. Les études de cas ont montré qu'en certaines occurrences, ces événements, et les systèmes d'événements construits à partir des événements, sont devenus des pièces maîtresses pour décrire le fonctionnement didactique alors que dans d'autres occurrences, ils sont restés inexplorés ou inexploités. La fiche-bilan de notre troisième étude de cas est, elle aussi typiquement un matériel non prévu par le dispositif et qui n'a pas pu être exploité de manière satisfaisante en regard des questions posées, puisque son intérêt n'a pas été perçu assez tôt par l'observateur. Dans le cas contraire, il eût été intéressant de récolter toutes les fiches-bilan remplies au fil de l'année scolaire.

L'intérêt d'un abord clinique réside dans la possibilité de mettre en évidence des phénomènes qui, par leur complexité et le nombre de variables en jeu, ne peuvent que difficilement se décrire. L'étude de systèmes didactiques parallèles offre l'avantage d'une description à une échelle réduite (effectifs de classes réduits) du fonctionnement conjoint des systèmes. Les méthodes préconisées, loin d'apporter des certitudes, permettent au moins de _réduire l'incertitude_ concernant les phénomènes en présence. _Cette réduction de l'incertitude passe par la reconstruction du sens de l'objet observé_, les systèmes didactiques parallèles, mais aussi les systèmes ordinaires.

Cette reconstruction du sens ne peut se passer de la prise en compte de l'observateur. En effet, la présence de l'observateur a, quoiqu'il en soit, valeur d'intervention sur le système observé, ne serait-ce que par le regard porté sur l'objet au fil du dispositif. En l'occurrence, l'étude du discours lors des entretiens montre que ceux-ci ne révèlent pas seulement le projet d'enseignement tel qu'il serait au travers des décisions du professeur; le dispositif d'observation participe à ces décisions et, du fait même, à la complexité du système observé. Ce qui signifie que les phénomènes didactiques observés n'appartiennent pas en propre à l'objet d'étude (le terrain observé) mais sont, au moins en partie, le produit de l'observation, c'est-à-dire des objets qui n'existent pas «dans la nature» mais appartiennent d'abord à la théorie qui les met en évidence. Mais si l'observation a mis en évidence des modifications, elle a également montré des effets de «résistance» du système au changement, cette résistance étant partie intégrante du fonctionnement des rapports personnels et institutionnels aux objets de l'école, du côté des élèves mais également du côté des professeurs. L'analyse des modifications de gestion ou des absences de modification, selon les situations didactiques, a montré certaines limites du dispositif d'observation lui-même.

DE L'OBSERVATION DU PETIT GROUPE À L'OBSERVATION DE LA CLASSE

En regard de l'observation de petits groupes d'élèves (nos trois premières études de cas), l'observation d'une classe ordinaire (quatrième étude de cas) pose le problème des traces à retenir: faut-il observer (et filmer) l'ensemble des événements et des élèves? Ou peut-on se passer d'un certain nombre de traces? Et dans ce cas, quels choix effectuer?

Avant de tenter une réponse à ces questions, il s'agit de les rapporter à la réalité du terrain à observer et à certaines caractéristiques des leçons ordinaires en classe élémentaire, à Genève particulièrement. Il est en effet très rare d'observer une classe dont la gestion est entièrement collective: la plupart des professeurs conduisent les travaux en petits groupes ou individuellement, se partagent et circulent entre ces groupes ou ces élèves, réservant, comme l'enseignante de cette étude de cas, la fin de la séance à une «mise en commun» où les procédés sont exposés. A noter que cette «mise en commun» reste une fiction puisque la teneur de ce qui est mis en commun n'est que peu contrôlée: dans le cas observé, personne ne demande de quelle cible on parle, même s'il s'agit d'une cible que certains n'ont pas traitée lors des travaux individuels. Et pourtant tout le monde semble se comprendre. D'autres l'ont étudié (voir Bugnon & Mino, 2001), peu de ces «mises en commun» apparaissent, dans les manuels scolaires suisses romands, comme relevant de situations de validation collective. A tel point que, du moins dans les petits degrés, presque aucune occasion de travail collectif visant une validation ne se présente et que les institutionnalisations collectives du savoir, elles-mêmes sont rares.

Dans ces conditions il est crucial d'observer ce qui se déroule dans les groupes d'élèves et de rapporter ces observables aux phases collectives (au moins les phases de mise en route, de consignes collectives et de «mise en commun»). Mais cet «éclatement» du travail de la classe oblige à faire des choix du point de vue de l'observation puisqu'il ne peut être question de placer une caméra devant chaque élève.

Dans le cas présent, nous avons focalisé l'observation sur quelques élèves contrastés, mais cette observation n'est pas exclusive puisque les phases collectives ont également été observées. Il s'agit donc d'articuler ces différents types d'observables en «jouant» sur des focales différentes: on ne peut comprendre l'action d'un élève singulier qu'en la mettant en relation avec l'action collective (et conjointe) de la classe.

Cette première réponse relève aussi, dans un deuxième temps, du questionnement de recherche. En effet, le choix du type d'événements analysés (parmi tous les événements dont on a trace) relève des questions de recherche posées. En l'occurrence, l'attention s'est portée sur le jeu des attentes réciproques entre l'enseignante et chacun des deux élèves contrastés. Mais ce jeu d'attentes se rapporte nécessairement, selon une focale plus large, à l'action conjointe enseignante-classe.

Systèmes d'événements et systèmes de questionnements

L'ensemble des résultats mis à jour à propos de l'articulation entre le fonctionnement des systèmes et le temps didactique, a montré que plusieurs phénomènes didactiques pouvaient être décrits au moyen de l'approche préconisée. Ces phénomènes ne peuvent être dégagés, dans leur fonctionnement dynamique, que grâce à une *prise en compte conjointe de séries d'événements* (au sens de Foucault, 1963/1997) *que l'analyse organise en un système. Chaque événement isolé est en lui-même insignifiant et ne trouve son sens que relativement à la série dans laquelle l'analyse, et les cadres théoriques qui est à son origine, le replace.* Ces systèmes d'événements sont relatifs à ce que l'on peut dire être un espace-temps. Ils sont relatifs à un espace, dans le sens où les événements enregistrés n'appartiennent pas nécessairement tous à une même entité de traces (protocoles de séances, protocoles d'entretiens, documents de toutes sortes) mais se développent dans un *système de traces* qui font sens pour l'observateur. Et ils sont relatifs à un temps, puisque les séries d'événements enregistrés se développent également au travers de leur succession temporelle. Les systèmes d'événements ne peuvent prendre corps que diachroniquement, en leur dynamique.

L'analyse des seuls protocoles de séances ne suffisent pas pour répondre aux questions posées: l'analyse des protocoles d'entretien permet de situer le projet en actes, observé dans les séances, dans l'inten-

tion didactique du professeur et à travers elle de l'intention d'enseignement de l'institution scolaire.[7] L'intérêt d'une analyse fouillée, selon
notre méthode de questionnement réciproque des différentes traces,
réside dans une multiplication des signes possibles, parfois redondants,
concernant le statut des objets institutionnels. Par exemple, l'analyse du
bilan d'entrée dans le cas de la *classe d'accueil* ou celle des tests de début
d'année dans le cas de la *classe de soutien*, a montré une nécessité de
«croiser» les faits entre eux pour en tirer un sens plus général. Sur la foi
d'un seul item du bilan, il est, par exemple, impossible d'affirmer que
l'on a affaire à un «pseudo-bilan». Une certaine redondance des observations s'avère nécessaire pour attester de la stabilité du phénomène. La
construction de signes, qui ne sont pas nécessairement tous de même
nature, mais qui entrent dans une même série signifiante, passe par cette
redondance… avec les lourdeurs de l'analyse qu'elle suppose, nous y
reviendrons plus loin.

Procéder de la sorte suppose un système de questionnement constant
au fil des analyses. En effet prendre en compte des indices (qui ne
deviennent signifiants que par référence à une série) permet de poser
des hypothèses et surtout de *suspendre* les interprétations que l'on pourrait donner aux événements voire aux systèmes d'événements. Ceux-ci
sont enregistrés en tant qu'événements mais ne prennent valeur signifiante de phénomènes didactiques qu'en regard de l'ensemble.

A titre d'exemple, notre première étude de cas a permis de mettre à
jour un système de questionnement qui «s'ouvre»[8] par un événement
peu signifiant en lui-même, mais qui devient significatif du fonctionnement du système tout entier: la procédure de l'élève David lors de la
résolution d'une soustraction dans l'une des premières séances de soutien.[9] L'élève inscrit des retenues qui n'ont pas lieu d'être[10] et, qui plus

---

7   Portugais (1998) montre que l'intention d'enseignement est à examiner à la fois
    dans plusieurs composantes, puisque plusieurs ordres d'intentionnalité s'in-
    terpénètrent dans ce qu'il nomme une «trame intentionnelle du didactique».

8   Il ne «s'ouvre» que par rétroaction de l'analyse, selon le troisième principe
    que nous avons exposé dans notre chapitre sur la méthodologie d'analyse.
    Au cours du travail d'analyse il n'existe que comme événement enregistré.
    Voir également Leutenegger, 2000.

9   Voir l'analyse du dossier initial de notre première étude de cas.

10 Voir la réponse de David à la soustraction 938-503 dans la séance de soutien
    du 25 septembre.

est, trouve un résultat correct. Ce tout petit événement pourrait passer totalement inaperçu, s'il n'était revisité à la lumière d'autres événements: le contenu des items du test et les opérations arithmétiques faisant l'objet des premières séances de soutien, les annotations du titulaire et de la GNT qui montrent le statut d'ancienneté du savoir soustraire (opérations ayant les mêmes caractéristiques numériques), le discours de la GNT lors du choix des opérations pour la première séance observée, et ainsi de suite. Cet événement, la procédure de David lors de cette soustraction, devient tout à fait symptomatique de la manière dont les élèves négocient le double contrat didactique, dans la *classe de soutien* d'une part et de la *classe ordinaire* d'autre part. Il devient également symptomatique de la manière dont fonctionne la double chronogenèse et des obstacles chronogénétiques auxquels les élèves de *classe de soutien* se trouvent confrontés. Or, pour lui donner un statut de «signe» (à partir du symptôme), il s'agit, au fil des analyses, de garder l'événement «sous le coude» comme faisant partie du système de questionnement en cours. En tant qu'*événement enregistré*, il est à replacer dans une série signifiante. Confronter (en collectionnant) les indices entre eux, et en suspendant provisoirement les interprétations, ont pour objectif une *réduction de l'incertitude* quant à la liaison des événements entre eux, quant au sens à donner à cette liaison et partant, au fonctionnement (et aux obstacles) de la double chronogenèse.

LES FAITS COLLECTIONNÉS ET LES PROTOCOLES

L'analyse des différents dispositifs de recherche, montre que ceux-ci ne prennent jamais en compte la totalité des faits et des matériaux possibles; ce serait du reste pure illusion de penser qu'alors on aurait un «corpus complet», comme le relève également Chevallard (1982b). Le «fantasme du corpus complet» procède, dit l'auteur, d'un empirisme qui «participe d'un mécanisme de défense, mis en place contre l'effroi suscité par l'incertain» (p. 30). C'est bien justement sur ce point que notre recherche clinique prétend avoir à dire que nul n'est besoin de certitudes arrêtées pour décrire des phénomènes didactiques: par ses méthodes, la clinique «se contente» de réduire l'incertitude (ce qui n'est déjà pas si mal) en gardant sciemment le questionnement ouvert.

   Ces remarques s'appliquent du reste, non seulement à la collection des données mais également à la transcription des matériaux sonores et visuels sous forme de protocoles. En effet, là également, il ne s'agit pas de tenter d'obtenir une transcription de l'ensemble des faits et gestes, mais seulement de montrer que le soin du détail, que nous-même avons pris, permet de répondre (au moins en partie) aux questions posées. En effet, certains détails tels que l'intonation de la voix ou les silences, s'ils s'avèrent pour la plupart des matériaux, inutiles ou peu utiles à l'analyse, se montrent parfois indispensables à la construction des systèmes d'événements, et partant, à leur donner sens. En tant qu'«indices de frange» (selon les termes de Ginzburg, 1986/1989), ils s'avèrent parfois incontournables. Que l'on songe en particulier à la transcription des scansions dans la voix des élèves de notre deuxième étude de cas, qui montrent comment ils procèdent du point de vue des opérations successives. Les traces écrites sur la feuille de brouillon des élèves (de Guillaume en particulier), sont, dans ce cas, insuffisantes pour reconstruire entièrement la procédure. Or mettre en évidence la procédure de cet élève particulier est nécessaire pour montrer ce qu'en fait la GNT: c'est en travaillant sur cette scansion que l'enseignante elle-même, lors de l'entretien sur protocole, livre les éléments essentiels de son propre rapport à l'objet «multiplication» souligné plus haut. La scansion indique un comptage de la part de l'élève, lequel comptage lui évite de traiter le problème par une multiplication, et l'enseignante ne s'en trouve pas gênée du point de vue de son intention d'enseignement à propos de l'objet «multiplication», justement. C'est de nouveau la série de ces événements, dans laquelle l'événement «scansions dans la voix» prend, rétroactivement dans l'analyse, une place majeure, qui est à prendre en compte et qui devient signifiante du fonctionnement du système.

Cela dit, l'opération de transcription reste bien évidemment peu économique, et donc problématique, tant que des solutions techniques n'auront pas été trouvées et mises en œuvre pour éviter la lourdeur de cette tâche. Mais nous restons toutefois quelque peu dubitative quant aux effets de solutions purement techniques à trouver à ce problème: en effet, la transcription, avec les choix qu'elle suppose, n'est pas seulement un geste technique mais procède du questionnement de la recherche et, en tant que telle, interpelle quoi qu'il en soit l'observateur-transcripteur.[11]

---

11 Cet aspect méthodologique a été travaillé dans l'équipe genevoise de Didactique comparée, sous la direction de M.L. Schubauer-Leoni. Les travaux actuels montrent qu'il est possible de choisir, dans la masse de données collectées, les faits à retenir pour une transcription. Voir à ce sujet, la thèse de Ligozat (2008) et les thèses en cours de Chiesa Millar, Munch, Forget et

LES MÉTHODES D'ANALYSE

Les principes d'analyse[12] construits ont été extrêmement utiles, voire indispensables, pour traiter de données aussi nombreuses et disparates. Sans ces trois principes de l'analyse, qui répondent à un certain nombre de nécessités théoriques, le fil de l'analyse eut été perdu, tout au moins pour nos premières études de cas (longue durée). En particulier le *principe de questionnement réciproque* et le *principe d'ordre des analyses*, permettent de maintenir une certaine stabilité, au travers de l'ensemble des traces analysées pour chacune des trois premières études de cas. Si le *principe de questionnement* est stable, en revanche le questionnement lui-même dépend des questions de recherche posées. Ce qui signifie qu'avec les mêmes matériaux, il est probablement envisageable de traiter cliniquement d'autres questions ou d'approfondir un point ou un autre de l'analyse. A ce titre le *plan d'analyse diachronique* mérite, probablement, un approfondissement du point de vue de certains objets: la quatrième étude de cas constitue un pas dans ce sens puisqu'elle nous a donné l'occasion d'analyser de façon plus détaillée les systèmes d'événements répertoriés.

Du point de vue d'un autre aspect des analyses entreprises et réalisées, la question du *découpage des protocoles* (les critères de ce découpage du point de vue des traces prises en compte) n'a pas été approfondie ici. Dans ce sens les travaux en cours dans l'équipe genevoise de Didactique Comparée, montrent l'intérêt de tenir compte d'un système d'indices (aux plans mésogénétique, topogénétique et chronogénétique) permettant de justifier du découpage du protocole. Cette avancée des recherches, exposée ici grâce à notre quatrième étude de cas, permet de dégager des critères stables et surtout reproductibles pour l'analyse.

En conclusion, nous reviendrons sur la question de la *possibilité* et de la *nécessité* d'une clinique/expérimentale pour traiter de problèmes de didactique rebelles à des méthodes plus classiques dans ce champ de recherche. Il s'agit ainsi de répondre d'une part du point de vue de la *possibilité* et d'autre part du point de vue de la *nécessité*.

Bocchi, respectivement en didactique des mathématiques sur le thème de la mesure, en didactique de la géographie sur le thème des échelles, dans les institutions de la petite enfance sur différents objets d'apprentissage, en didactique du français sur le thème de l'institutionnalisation et en didactique de l'italien sur l'entrée dans la lecture/écriture dans les petits degrés.

12 Voir notre chapitre sur la méthodologie d'analyse.

Du point de vue de la *possibilité*, les méthodes cliniques/expérimentales proposées s'avèrent extrêmement intéressantes et utiles pour traiter de la dynamique des systèmes didactiques. L'ensemble de ces travaux, avec ses études de cas opérées au moyen des méthodes préconisées, a démontré que ce traitement est *possible* et qu'il mène à la description fine des phénomènes didactiques visés. En s'attachant à une *observation diachronique* des systèmes, les méthodes permettent de replacer les événements et les systèmes d'événements dans un espace-temps (au sens de Mercier, 1999), espace et temps de la séance mais aussi espace et temps propres au fonctionnement institutionnel (de l'institution scolaire), en croisant ces deux dimensions et en replaçant les événements dans une dimension mnésique. En effet, les systèmes didactiques sont des systèmes «à mémoire», ce qui signifie, entre autres, que des rétroactions sont possibles et même inévitables et que ces rétroactions jouent un rôle moteur dans la dynamique créée. Il ne suffit donc pas d'effectuer une «mise à plat» des événements didactiques, mais au contraire de les relier pour en reconstruire la cohérence interne. C'est cette liaison qui pose problème à une analyse classique. De cette liaison, les méthodes en usage en didactique, ne sont pas à même de rendre compte, car elles ne sont pas pensées pour étudier les systèmes didactiques «tout-venant».

En se donnant pour tâche d'interroger les faits et les événements et en les replaçant dans des séries signifiantes, cette clinique/expérimentale porte un regard nouveau sur les phénomènes didactiques. C'est ici que la méthode clinique devient une *nécessité* pour traiter de ce type de problème. Nous allons montrer qu'elle répond prioritairement à une *nécessité épistémologique*.

Revenons un instant à Foucault et à sa *Naissance de la clinique* (1963/1997). L'auteur montre qu'historiquement, l'intérêt de la clinique médicale, et du regard nouveau qui est porté sur la maladie, est d'abord la possibilité de «dessiner les chances et les risques; il [ce regard] est calculateur» (p. 89). En définissant ce qu'il en est du *signe* par rapport au *symptôme*, c'est-à-dire *un construit de la part de l'observateur*, par opposition à *une manifestation de la maladie* qu'est le symptôme (même si, matériellement, signe et symptôme semblent confondus), Foucault montre que le *signe* permet d'annoncer (il pronostique le devenir de la maladie et surtout son issue), il permet de revenir sur le passé (dans sa dimension anamnestique) et il permet de décrire l'actualité (dans sa dimension diagnostique). Ce qui détermine une distance nouvelle entre signe et maladie, en ce sens que pour Foucault, *le signe ne donne pas à connaître mais tout au plus à reconnaître.* La nuance est de taille d'un point de vue épistémologique, puisque «reconnaître» suppose des critères de reconnaissance. «Connaître», au moins dans l'acception qui était de règle dans la médecine d'alors (celle du 18ᵉ siècle), présuppose plutôt l'émergence d'un savoir issu directement du réel, celui du symptôme. Foucault montre que le retournement épistémologique que permet la clinique est à entendre de façon subtile:

> Ce n'est donc pas, dit-il, la conception de la maladie qui a d'abord changé, puis la manière de la reconnaître; ce n'est pas non plus le système signalétique qui a été modifié puis la théorie; mais tout ensemble et plus profondément *le rapport de la maladie à ce regard auquel elle s'offre et qu'en même temps elle constitue.* A ce niveau, pas de partage à faire entre théorie et expérience, ou méthodes et résultats; *il faut lire les structures profondes de la visibilité où le champ et le regard sont liés l'un à l'autre par des codes de savoir.* (p. 89)[13]

Une clinique/expérimentale pour le didactique répond d'abord à une *nécessité* de ne pas tomber dans un empirisme qui ne tirerait son savoir que de son expérience *de visu*. Le risque est grand, en effet, dès lors que l'on «va voir» ce qui se passe dans les classes tout-venant, de réduire les phénomènes didactiques, en les naturalisant. C'est ainsi qu'il s'agissait de construire des méthodes (et une théorie cohérente) permettant, à chaque étape de la recherche, d'établir la distance nécessaire entre ce qui se construit comme signe et ce qui appartient au terrain observé. A cet égard, le chapitre traitant de «l'observation clinique en didactique» se veut une première tentative de clarification de la distance à instaurer entre les «objets» appartenant au terrain observé et les «objets» de la recherche, et partant, de la construction de *signes pour l'observateur*, dans le champ didactique.

Les principes d'analyse préconisés et rendus opérationnels, les analyses et les résultats l'ont montré, répondent en effet à une nécessité d'ériger les «symptômes scolaires» en *signes pour l'observateur*. L'enjeu est de taille: il est en effet crucial, selon nous, de développer des théories et des méthodes permettant non seulement de décrire un certain nombre de faits sur le terrain des classes tout-venant, mais également de pronostiquer ce qu'il advient de ces faits. Une reproductibilité des séries d'événements dont la liaison peut être décrite selon un certain degré de certitude, est donc en jeu.

---

13 Les italiques correspondent à ce que nous souhaitons souligner.

Travailler aux conditions de possibilité du didactique (et aux conditions de possibilités de la didactification d'objets de savoir, comme s'y emploie la méthode d'ingénierie, du reste) passe, selon nous, par un questionnement sur le fonctionnement des systèmes didactiques ordinaires. Il s'agit donc de travailler sur les caractéristiques propres au fonctionnement de ces systèmes en même temps que sur les conditions d'organisation des savoirs, les uns ne vont pas sans les autres. La production de savoirs didactiques, voire de savoirs sur le didactique en est l'enjeu principal.

Cela dit, les observations, les phénomènes qui ont été construits à partir de ces observations et les conclusions que nous donnons provisoirement à cette étude, ne sont que lacunaires et la construction d'une clinique/expérimentale pour le didactique, un vaste chantier. Travailler à cette construction suppose que les méthodes soient remises sur le métier, en même temps que d'autres problèmes rebelles (ou moins rebelles) à des analyses classiques soient traités, pour étendre le champ des possibles et des nécessités de cette approche. C'est ce à quoi nous souhaitons nous employer.

Références bibliographiques

Abreu (de), G., Bishop, A. & Pompeu, G. (1997). What Children and Teachers Count as Mathematics. In T. Nunes & P. Bryant (Ed.), *Learning and Teaching Mathematics. An International Perspectives* (pp. 233-264). Hove: Psychology Press Ltd.

Allal, L. (2001). Situated cognition and learning: From conceptual frameworks to classroom investigations. *Revue suisse des sciences de l'éducation, 23*, 407-420.

Altet, M. (1994). Comment interagissent enseignant et élèves en classe. Note de synthèse. *Revue française de pédagogie, 107*, 123-139.

Altet, M. (1999). Analyse transversale Enseigner-apprendre: un travail interactif d'ajustement en situation. In *L'analyse plurielle d'une séquence d'enseignement-apprentissage*. Nantes: Cahiers du CREN.

Amade-Escot, C., Verscheure, I. & Devos, O. (2002). «Milieu didactique» et «régulations» comme outils d'analyse de l'activité du professeur en éducation physique. *Les dossiers des sciences de l'éducation, 8*, 87-97.

Amirault, C. & Cheret, M. (1978). *Etude de divers moyens de détection des enfants en difficultés électives en mathématiques par l'intermédiaire de l'institution scolaire, en vue d'analyses statistiques*. Mémoire pour l'obtention du Certificat de capacité d'orthophonie, Université de Bordeaux.

Artigue, M. (1996). Ingénierie didactique. In J. Brun (Ed.), *Didactique des mathématiques* (pp. 243-274). Neuchâtel-Paris: Delachaux et Niestlé.

Artigue, M. (2002). Ingénierie didactique: quel rôle dans la recherche didactique aujourd'hui? *Les dossiers des Sciences de l'Education, 2*, 59-72.

Assude, T. (1996). De l'écologie et de l'économie d'un système didactique: une étude de cas. *Recherches en didactique des mathématiques, 16(1)*, 47-70.

Attali, A. & Bressoux, P. (2002). *L'évaluation des pratiques éducatives dans les premier et second degrés*. Rapport pour le Haut Conseil de l'Evaluation de l'Ecole. Paris: Ministère de l'Education Nationale.

Bange, P. (1992). *Analyse conversationnelle et théorie de l'action*. Paris: Hatier.

Baruk, S. (1973). *Echec et maths*. Paris: Seuil.

Baruk, S. (1988). Topo-logique. In J. Aubry, S. Baruk, Ma. Cifali, Mi. Cifali, F. Dolto, C. Halmos, M. Montrelay, F. Peraldi, A. Rassial, J.-J. Rassial, E. Roudinesco, J.-F. de Sauverzac & D. Vasse (Ed.), *Quelques pas sur le chemin de Françoise Dolto* (pp. 116-141). Paris: Seuil.

Baudelot, C. & Establet, R. (1972). *L'école capitaliste en France*. Paris: Maspero.

Baudouin, J.-M. & Friedrich, J. (Ed.) (2001). *Théories de l'action et éducation*. Bruxelles: De Boeck.

Baudrit, A. (1997). *Apprendre à deux. Etudes psychosociales de situations dyadiques*. Paris: PUF.

Bautier, E. & Rochex, J.-Y. (1997). Apprendre: des malentendus qui font la différence. In J.-P. Terrail (Ed.), *La scolarisation de la France* (pp. 105-122). Paris: La Dispute.

Bautier, E. & Rochex, J.-Y. (2004). Activité conjointe ne signifie pas significations partagées. In C. Moro & R. Rickenmann (Ed.), *Situation éducative et significations* (pp. 199-220). Bruxelles: De Boeck.

Bayer, E. & Ducrey, F. (1998/2001). Une éventuelle science de l'enseignement aurait-elle sa place en sciences de l'éducation? In R. Hofstetter & B. Schneuwly (Ed.), *Le pari des sciences de l'éducation* (pp. 243-276). Bruxelles: De Boeck.

Beillerot, J., Blanchard-Laville, C. & Mosconi, N. (Ed.) (1996). *Pour une clinique du rapport au savoir*. Paris: L'Harmattan.

Beillerot, J., Bouillet, A., Blanchard-Laville, C., Mosconi, N. & Obertelli, P. (Ed.) (1989). *Savoir et rapport au savoir. Elaborations théoriques et cliniques*. Paris: Bégédis Editions universitaires.

Berdot, P. & Blanchard-Laville, C. (1985). Ce que nous a appris Jocelyne ou du jeu au je en mathématiques. *Revue pratique des mots, 53*, 23-30.

Berdot, P., Blanchard-Laville, C. & Mercier, A. (1988). Quelques éléments méthodologiques et théoriques issus de l'analyse de suivis individuels d'élèves en échec en mathématiques. In *Actes du colloque de Sèvres (mai 1987) Didactique et acquisition des connaissances scientifiques* (pp. 325-337). Grenoble: La Pensée Sauvage.

Biollaz, L. (non daté). II Soustractions. 38 fiches graduées (no 401/2). Lausanne: Guilde de documentation de la Société pédagogique romande.

Blanchard, F., Casagrande, E. & Mc Culloch, P. (Ed.) (1994). *Echec scolaire. Nouvelles perspectives systémiques*. Paris: ESF.

Blanchard-Laville, C. (2000). De la co-disciplinarité en sciences de l'éducation. *Revue française de pédagogie, 132*, 55-66.

Blanchard-Laville, C., Chevallard, Y. & Schubauer-Leoni, M.L. (Ed.) (1996). *Regards croisés sur le didactique. Un colloque épistolaire.* Grenoble: La Pensée Sauvage.

Blanchard-Laville, C. & Fablet, D. (2001). *Sources théoriques et techniques de l'analyse de pratiques.* Paris: L'Harmattan.

Blanchet, A. (1997). Résolution de problèmes et didactique des mathématiques. In J. Brun, F. Conne & R. Floris (Ed.), *Analyse de protocoles entre didactique des mathématiques et psychologie cognitive. Actes des premières journées didactiques de la Fouly* (p. 57-76). Genève: Interactions didactiques.

Blanchet, A., Ghiglione, R., Massonnat, J. & Trognon, A. (1987). *Les techniques d'enquête en sciences sociales.* Paris: Dunod.

Blanchet, A. & Gotman, A. (1992/2001). *L'enquête et ses méthodes: l'entretien.* Paris: Nathan Université.

Blin, J.-F. (1997). *Représentations, pratiques et identités professionnelles.* Paris: L'Harmattan.

Boudon, R. (1973). *L'inégalité des chances.* Paris: Armand Colin.

Bourdieu, P. (1994). *Raisons pratiques. Sur la théorie de l'action.* Paris: Seuil.

Bourdieu, P. & Passeron, J.-C. (1970). *La reproduction: éléments pour une théorie du système d'enseignement.* Paris: Minuit.

Bowers, J., Cobb, P. & McClain, K. (1999). The evolution of mathematical practices: A case study. *Cognition and Instruction, 17,* 25–64.

Bressoux, P. (1994). Les recherches sur les effets-école et les effets-maîtres. *Revue française de pédagogie, 108,* 91-137.

Bressoux, P., Bru, M., Altet, M. & Leconte-Labert, C. (1999). Diversité des pratiques d'enseignement à l'école élémentaire. *Revue française de pédagogie, 126,* 97-110.

Bressoux, P. & Dessus, P. (2003). Stratégies de l'enseignant en situation d'interaction. In M. Kail & M. Fayol (Ed.), *Les sciences cognitives et l'école. La question des apprentissages* (pp. 213-257). Paris: PUF.

Briand, J. (1999). Contribution à la réorganisation des savoirs prénumériques et numériques. Etude et réalisation d'une situation d'enseignement de l'énumération dans le domaine pré-numérique. *Recherches en didactique des mathématiques, 19*(1), 41-75.

Briand, J., Loubet, M. & Salin, M.-H. (2004). *Apprentissages mathématiques en maternelle: situations et analyses* [CD-ROM]. Paris: Hatier.

Bronckart, J.-P. (Ed.) (2004). *Agir et discours en situation de travail* (Cahiers de la Section des sciences de l'éducation n° 103). Genève: Université de Genève.

Brousseau, G. (1979). L'observation des activités didactiques. *Revue française de pédagogie, 45,* 130-140.

Brousseau, G. (1986). Fondements et méthodes de la didactique des mathématiques. *Recherches en didactique des mathématiques, 7*(2), 33-115.

Brousseau, G. (1990). Le contrat didactique: le milieu. *Recherche en didactique des mathématiques, 9*(3), 309-336.

Brousseau, G. (1996). L'enseignant dans la théorie des situations didactiques. In R. Noirfalise & M.-J. Perrin-Glorian (Ed.), *Actes de la VIIIᵉ Ecole d'été de didactique des mathématiques* (pp. 3-46). Clermont-Ferrand: IREM de Clermont Ferrand.

Brousseau, G. (1998). *Théorie des situations didactiques.* Grenoble: La Pensée Sauvage.

Brousseau, G. & Centeno, J. (1991). Rôle de la mémoire didactique de l'enseignant. *Recherches en didactique des mathématiques, 11*(2.3), 167-210.

Brousseau, G. & Peres, J. (1981). *Le cas Gaël* [doc. ronéo]. Bordeaux: Université de Bordeaux I: Institut de recherche sur l'enseignement des mathématiques.

Brousseau, G. & Warfield, V. (2002). *Le cas Gaël* (Les cahiers du laboratoire Leibniz, no. 55). Page consultée le 23 octobre 2007 dans http://www-leibniz.imag.fr/LesCahiers/2002/Cahier55/ResumCahier55.html.

Bru, M. (1995). Quelles orientations de la recherche sur les pratiques de l'enseignement? *L'Année de la Recherche en sciences de l'éducation, 1994,* 165-174.

Bru, M. & Maurice, J.-J. (Ed.) (2001). Les pratiques enseignantes: contributions plurielles. *Les dossiers des sciences de l'éducation, 5.*

Bru, M. & Talbot, L. (Ed.) (2006). *Des compétences pour enseigner, entre objets sociaux et objets de recherche.* Paris: CNRS Editions.

Brun, J. (Ed.) (1996a). *Didactique des mathématiques.* Neuchâtel-Paris: Delachaux et Niestlé.

Brun, J. (1996b). Evolution des rapports entre la psychologie du développement cognitif et la didactique des mathématiques. In J. Brun (Ed.), *Didactique des mathématiques* (pp. 19-43). Neuchâtel-Paris: Delachaux et Niestlé.

Brun, J. & Conne, F. (1990). Analyses didactiques de protocoles d'observation du déroulement de situations. *Education et Recherche, 3,* 261-285.

Brun, J. & Conne, F. (1991, juillet). *Analyse de brouillons de calculs d'élèves confrontés à des items de divisions écrites.* Texte présenté au XVᵉ International Group for the Psychology of Mathematics Education, Assise, Italie.

Brun, J., Conne, F., Cordey, P.-A., Floris, R., Lemoyne, G., Leutenegger, F. & Portugais, J. (1994). Erreurs systématiques et schèmes-algorithmes. In M. Artigue, R. Gras, C. Laborde & P. Tavignot (Ed.), *Vingt ans de didactique des mathématiques en France. Hommage à G. Brousseau et G. Vergnaud* (pp. 203-209). Grenoble: La Pensée Sauvage.

Bugnon, J.-P. & Mino, Ch. (2001). *Argumentation mathématique et situation de validation en première primaire*. Mémoire de licence en Sciences de l'éducation, Université de Genève.

Canelas-Trevisi, S., Moro, C., Schneuwly, B. & Thévenaz, T. (1999). L'objet enseigné: vers une méthodologie plurielle d'analyse des pratiques d'enseignement en classe. *Repères, 20,* 143-162.

Centeno, J. (1995). *La mémoire didactique de l'enseignant* (texte établi par C. Margolinas). Thèse posthume inachevée, Université de Bordeaux.

Charlot, B. (2001). La notion de rapport au savoir: points d'ancrage théoriques et fondements anthropologiques. In B. Charlot (Ed.), *Les jeunes et le savoir, perspectives internationales* (pp. 4-24). Paris: Anthropos.

Charrière, G. (1995). *L'algèbre mode d'emploi*. Lausanne: Fournitures et éditions scolaires du canton de Vaud.

Chevallard, Y. (1980, éd. 1991). *La transposition didactique. Du savoir savant au savoir enseigné*. Grenoble: La Pensée Sauvage.

Chevallard, Y. (1982a, juillet). *Sur l'ingénierie didactique*. Texte manuscrit présenté à la 2ᵉ Ecole d'été de didactique des mathématiques (Olivet, 5-17 juillet, 1982).

Chevallard, Y. (1982b, juillet). *Sur les corpus expérimentaux*. Texte manuscrit présenté à la 2ᵉ Ecole d'été de didactique des mathématiques (Olivet, 5-17 juillet, 1982).

Chevallard, Y. (1988b). Médiation et individuation didactiques. *Interactions didactiques, 8,* 23-34.

Chevallard, Y. (1989). *Le concept de rapport au savoir. Rapport personnel, rapport institutionnel, rapport officiel* (publication interne). Aix-Marseille: Institut de recherche pour l'enseignement des mathématiques.

Chevallard, Y. (1992). Concepts fondamentaux de la didactique: perspectives apportées par une approche anthropologique. *Recherches en didactique des mathématiques, 12*(1), 73-112.

Chevallard, Y. (1995). La fonction professorale: esquisse d'un modèle didactique. In R. Noirfalise & M.-J. Perrin-Glorian (Ed.), *Actes de la VIIIᵉ école d'été de didactique des mathématiques* (pp. 83-122). Clermont-Ferrand: IREM.

Chevallard, Y. (1996a). Lettre du 10 décembre 1988. In C. Blanchard-Laville, Y. Chevallard & M.L. Schubauer-Leoni (Ed.), *Regards croisés sur le didactique. Un colloque épistolaire* (pp. 24-27). Grenoble: La Pensée Sauvage.

Chevallard, Y. (1996b). Lettre du 1 mai 1989. In C. Blanchard-Laville, Y. Chevallard & M.L. Schubauer-Leoni (Ed.), *Regards croisés sur le didactique. Un colloque épistolaire* (pp. 42-50). Grenoble: La Pensée Sauvage.

Chevallard, Y. (1996c). Lettre du 12 août 1989. In C. Blanchard-Laville, Y. Chevallard & M.L. Schubauer-Leoni (Ed.), *Regards croisés sur le didactique. Un colloque épistolaire* (pp. 93-111). Grenoble: La Pensée Sauvage.

Chevallard, Y. (1999). L'analyse des pratiques enseignantes en anthropologie du didactique. *Recherches en didactique des mathématiques, 19*(2), 221-265.

Chevallard, Y. & Mercier, A. (1987). *Sur la formation historique du temps didactique*. Marseille: IREM d'Aix-Marseille.

Chiesa Millar, V. (2004). La communication didactique en classe en classe de géographie: analyse de deux leçons sur un thème à la fin du primaire et au début du secondaire inférieur. In E. Nonnon, M.-J. Perrin-Glorian & D. Tissoires (Ed.), *Actes du congrès «Faut-il parler pour apprendre?»* (Arras, 24-26 mars 2004) [CD-ROM]. Arras: Nonon et Tissoires.

Chiocca, C. (1995). *Analyse du discours de l'enseignant de mathématiques en classe de mathématiques – représentations des lycéens sénégalais*. Thèse en didactique des mathématiques, Université de Paris 7.

Clot, Y. (1995). *Le travail sans l'homme?* Paris: La Découverte.

Clot, Y. (1999). *La fonction psychologique du travail*. Paris: PUF.

Clot, Y. (2001). Clinique du travail et action sur soi. In J.-M. Baudouin & J. Friedrich (Ed.), *Théories de l'action et éducation* (pp. 255-277). Bruxelles: De Boeck.

Clot, Y & Faïta, D. (2000). Genre et style en analyse du travail. Concepts et méthodes. *Travailler, 4*, 7-42.

Clot, Y. & Soubiran, M. (1999). Prendre la classe: une question de style? *Société française, 62-63* (9), 78-89.

Cobb, P. & Bauersfeld, H. (Ed.) (1995). *Emergence of mathematical meaning: Interaction in classroom cultures*. Hillsdale, NJ: Erlbaum.

Cobb, P., Gravemeijer, K., Yackel, E., McClain, K. & Whitenack, J. (1997). Mathematizing and symbolizing: The emergence of chains of significance in one first-grade classroom. In D. Kirshner & J.A. Whitson (Ed.), *Situated cognition: Social, semiotic and psychological perspectives* (pp. 151-233). Mahwah, NJ: Erlbaum.

Cobb, P., Stephan, M., McClain, K. & Gravemeijer, K. (2001). Participating in classroom mathematical practices. *Journal of the Learning Sciences, 10*, 113-164.

Cobb, P. & Yackel, E. (1998). A constructivist perspective on the culture of mathematics classroom. In F. Seeger, F. Voigt, & U. Waschescio (Ed.), *The culture of the mathematics classroom* (pp. 159-190). Cambridge: Cambridge University Press.

Conne, F. (1986). *La transposition didactique à travers l'enseignement des mathématiques en première et deuxième année de l'école primaire*. Thèse de doctorat en Sciences de l'Education, Université de Genève. Lausanne: Auteur/Couturier-Noverraz.

Conne, F. (1987a). Comptage et écriture des égalités dans les premières classes d'enseignement primaire. *Math-école, 128*, 2-12.

Conne, F. (1987b). Entre comptage et calcul. *Math-école, 130*, 11-23.

Conne, F. (1988a). Numérisation de la suite des nombres et faits numériques. *Math-école, 132*, 26-31.

Conne, F. (1988b). Numérisation de la suite des nombres et faits numériques. *Math-école, 133*, 20-23.

Conne, F. (1988c). Calculs numériques. *Math-école, 135*, 23-36.

DeBlois, L. & Vézina, N. (2001). Conceptions des futurs maîtres du primaire relativement à des activités d'enseignement en mathématiques. *Canadian Journal of Higher Education, 31*(2), 103-134.

Détienne, M. (2000). *Comparer l'incomparable*. Paris: Seuil.

Doise, W. & Palmonari, A. (1986). *L'étude des représentations sociales*. Neuchâtel-Paris: Delachaux et Niestlé.

Dolle, J.-M. & Bellano, D. (1989). *Ces enfants qui n'apprennent pas. Diagnostic et remédiations*. Paris: Centurion.

Dolto, F. (1989). *L'échec scolaire. Essais sur l'éducation*. Paris: Ergo Press.

Dolz, J., Ronveaux, Ch. & Schneuwly, B. (2006). Le synopsis: un outil pour analyser les objets enseignés. In M.-J. Perrin-Glorian & Y. Reuter (Ed.), *Les méthodes de recherche en didactiques* (pp. 175-190). Villeneuve d'Ascq: Presses universitaires du Septentrion.

Douady, R. (1997). Didactic engineering. In T. Nunes & P. Bryant (Ed.), *Learning and Teaching Mathematics. An international Perspectives* (pp. 373-401). Hove: Psychology Press Ltd.

El Bouazzaoui, H. (1982). *Etudes de situations scolaires des premiers enseignements du nombre et de la numération*. Thèse de 3e cycle en didactique des mathématiques, Université Bordeaux I.

Elias, N. (1970/1991). *Qu'est-ce que la sociologie?* La Tour d'Aigues: Editions de l'Aube.

Fasulo, A. & Pontecorvo, C. (1999). Discorso e istruzione. In C. Pontecorvo (Ed.), *Manuale di psicologia dell'educazione* (pp. 67-87). Bologna: Il Mulino.

Fayol, M. (1985). Nombre, numération et dénombrement: que sait-on de leur acquisition? *Revue française de pédagogie, 70*, 59-77.

Fayol, M. (1990). *L'enfant et le nombre. Du comptage à la résolution de problèmes.* Neuchâtel-Paris: Delachaux et Niestlé.

Felouzis, G. (1997). *L'efficacité des enseignants.* Paris: PUF

Fillietaz, L. (2002). *La parole en action. Eléments de pragmatique psychosociale.* Québec: Nota Bene.

Fluckiger, A. (2000). *Genèse expérimentale d'une notion mathématique: la notion de division comme modèle de connaissances numériques.* Thèse de doctorat en Sciences de l'Education. Université de Genève.

Foucault, M. (1963/1997). *Naissance de la clinique.* Paris: PUF.

Foucault, M. (1977). Vérité et pouvoir, entretien avec M. Fontana. *L'Arc, 70*, 21-22.

Friedberg, E. (1997). *Le pouvoir et la règle. Dynamique de l'action organisée.* Paris: Seuil.

Garnier, A. (2003). Le rapport au savoir de l'enseignant dans un enseignement usuel de gymnastique. In C. Amade-Escot (Ed.), *Didactique de l'éducation physique. Etat des recherches* (pp. 225-251). Paris: Revue E.P.S.

Garnier, C. & Rouquette, M.-L. (2000). *Représentations sociales et éducation.* Montréal: Educations nouvelles.

Giami, A. (1989). Recherche en psychologie clinique ou recherche clinique. In C. Revault d'Allones, C. Assouly-Piquet, F. Ben Slama, A. Blanchet, O. Douville, A. Giami, K.-C. Nguyen, M. Plaza & C. Samalin-Amboise, *La démarche clinique en sciences humaines* (pp. 35-48). Paris: Dunod.

Gilly, M. (1989/1999). Les représentations sociales dans le champ éducatif. In D. Jodelet (Ed.), *Les représentations sociales* (pp. 363-385). Neuchâtel-Lausanne: Delachaux & Niestlé.

Gilly, M., Roux, J.-P. & Trognon, A. (Ed.) (1999). *Apprendre dans l'interaction. Analyse des médiations sémiotiques.* Nancy: Presses Universitaires de Nancy/Aix-en-Provence: Université de Provence.

Ging, E., Sauthier, M.-H., Stierli, E. (1996). *Mathématiques 1P: Livre du Maître.* Neuchâtel: Commission Romande des Moyens d'Enseignement.

Ging, E., Sauthier, M.-H., Stierli, E. (1996). *Mathématiques 2P: Livre du Maître.* Neuchâtel: Commission Romande des Moyens d'Enseignement.

Ginzburg, C. (1986/1989). *Mythes, emblèmes, traces. Morphologie et histoire.* Paris: Flammarion.

Ginzburg, C. (1993). *Le fromage et les vers.* Paris: Flammarion.

Ginzburg, C. (1991/1997). *Le juge et l'historien. Considérations en marge du procès Sofri.* Paris: Verdier.

Ginzburg, C. (1998/2001). *A distance.* Paris: Gallimard.

Goffman, E. (1974). *Les rites d'interaction.* Paris: Minuit.

Gosling, P. (1992). *Qui est responsable de l'échec scolaire? Représentations sociales, attributions et rôle d'enseignant.* Paris: PUF.

Gréco, P. (1967). Epistémologie de la psychologie. In J. Piaget (Ed.), *Logique et connaissances scientifiques* (pp. 927-992). Paris: Gallimard.

Gréco, P. (Ed.) (1996). Psychologie. In *Encyclopedia Universalis* (vol. 19, pp. 224-232). Paris: Encyclopedia Universalis.

Greeno, J.G. (1998). The situativity of knowing, learning and research. *American Psychologist, 53*(1), 5-26.

Grossen, M., Schubauer-Leoni, M.L., Vanetta F. & Minoggio W. (1998). *Représentations des difficultés d'apprentissage, collaboration et gestion des rôles dans les équipes pluridisciplinaires* (Rapport n° 2, PNR 33, N° 4033-35848).

Groupe mathématique du SRP (1991). *Sur les pistes de la mathématique* (2ᵉ éd. rev. et aug.) (document n° 40 du Service de la Recherche Pédagogique). Genève: Département de l'Instruction Publique du Canton de Genève.

Grugeon, B. (1995). *Etudes des rapports institutionnels et des rapports personnels des élèves à l'algèbre élémentaire dans la transition entre deux cycles d'enseignement: BEP et Première G.* Thèse de doctorat en didactique des mathématiques, Université Paris 7.

Jaulin-Mannoni, F. (1979). *La rééducation du raisonnement mathématique.* Paris: ESF.

Jodelet, D. (Ed.) (1989/1999). *Les représentations sociales.* Paris: PUF.

Johsua, S. (1996). Qu'est-ce qu'un «résultat» en didactique des mathématiques? *Recherches en didactique des mathématiques, 16*(2), 197-220.

Johsua, S. & Dupin, J.-J. (1993). *Introduction à la didactique des sciences et des mathématiques.* Paris: PUF.

Krummheuer, G. (1988). Structures microsociologiques des situations d'enseignement en mathématiques. In C. Laborde (Ed.), *Actes du premier colloque franco-allemand de didactique des mathématiques et de l'informatique* (pp. 41-51). Grenoble: La Pensée Sauvage.

Krummheuer, G. (1995). The ethnography of argumentation. In. P. Cobb & H. Bauersfled (Ed.), *The emergence of mathematical meaning: Interaction in classroom cultures* (pp. 229-279). Hillsdale, NJ: Lawrence Erlbaum Associates.

Krummheuer, G. (2003). The comparative Analysis in Interpretative Classroom Research in Mathematics Education. Introduction to Working Group 8. Papier présenté à la 3ᵉ Conference of the European Society for Research in Mathematics Education (CERME) (28 février-3 mars 2003, Bellaria, Italie).

Lahire, B. (1995). *Tableaux de familles*. Paris: Gallimard/Seuil.

Lahire, B. (2002). *Portraits sociologiques. Dispositions et variations individuelles*. Paris: Nathan.

Lampert, M. (1990). When the problem is not the question and the solution is not the answer: Mathematical knowing and teaching. *American Educational Research Journal, 27*(1), 29-63.

Lave, J. & Wenger, E. (1991). *Situated learning: Legitimate peripheral participation*. Cambridge: Cambridge University Press.

Leutenegger, F. (1994, non publié). *Didactique des mathématiques et formation des enseignants: Préparations de séquences didactiques à propos d'algorithmes de calcul*. Equipe didactique des mathématiques, Université de Genève.

Leutenegger, F. (1996). Formation des enseignants à la didactique des mathématiques. Un savoir fondé sur l'expérience. *Journal de l'enseignement primaire, 58*, 35-37.

Leutenegger, F. (1997). *Discours sur les pratiques et interactions didactiques de généralistes non titulaires. Mise à l'épreuve de dispositifs diachroniques de recherche* (Rapport nᵒ 3, PNR 33, N° 4033-35848).

Leutenegger, F. (1998). Le travail de l'enseignant: système de protocoles et analyse des interactions. In J. Brun, F. Conne, R. Floris & M.L. Schubauer-Leoni (Ed.), *Méthodes d'étude du travail de l'enseignant. Actes des secondes journées didactiques de La Fouly* (pp. 89-112). Genève: Interactions didactiques.

Leutenegger, F. (1999). *Contribution à la théorisation d'une clinique pour le didactique. Trois études de cas en didactique des mathématiques*. Thèse de doctorat en Sciences de l'Education, Université de Genève.

Leutenegger, F. (2000). Construction d'une «clinique» pour le didactique. Une étude des phénomènes temporels de l'enseignement. *Recherches en Didactique des Mathématiques 20/2*, 209-250.

Leutenegger, F. (2003). Etude des interactions didactiques en classe de mathématiques: un prototype méthodologique. *Bulletin de psychologie* 56(4/466), 559-571.

Leutenegger, F. & Munch, A.-M. (2002). Phénomènes d'éducation et d'instruction: étude comparative menée au travers de deux institutions contrastées. *Revue française de pédagogie, 141*, 111-121.

Leutenegger, F. & Saada-Robert, M. (Ed.) (2002). *Expliquer et comprendre en Sciences de l'Education.* Bruxelles: De Boeck.

Leutenegger, F. & Schubauer-Leoni, M.L. (2002). Les élèves et leur rapport au contrat didactique: une perspective de didactique comparée. *Les dossiers des sciences de l'éducation, 8*, 73-86.

Leutenegger, F. & Schubauer-Leoni, M.L. (à paraître). Un dispositif pour étudier l'évolution de la relation d'enseignement/apprentissage dans une classe d'accueil. In M.L. Schubauer-Leoni, M. Grossen, F. Vanetta & W. Minoggio (Ed.), *Difficultés d'apprentissage, rôles institutionnels et pratiques de remédiation.*

Lepetit, B. (Ed.) (1995). *Les formes de l'expérience. Une autre histoire sociale.* Paris: Albin Michel.

Levi, G. (1985/1989). *Le pouvoir au village. Histoire d'un exorciste dans le Piémont du XVIIᵉ siècle.* Paris: Gallimard.

Levy, A. (1997). *Sciences cliniques et organisations sociales. Sens et crise du sens.* Paris: PUF.

Ligozat, F. (2002). *Analyse didactique des interactions dans une leçon sur les «grands nombres», suivie d'un essai de catégorisation de l'action enseignante en milieu ordinaire.* Mémoire de DEA en Sciences de l'Education, Université de Genève.

Ligozat, F. (2004). Gestes didactiques et discursifs des professeurs: quel statut dans le déroulement temporel d'une séance de mathématiques? In E. Nonnon, M.-J. Perrin-Glorian & D. Tissoires (Ed.), *Actes du congrès «Faut-il parler pour apprendre?»* (Arras, 24-26 mars 2004), [CD-ROM]. Arras: Nonon et Tissoires.

Ligozat, F. (2005). *Contribution à la construction d'un modèle de l'action conjointe du professeur et des élèves à propos de l'enseignement de la mesure à l'école primaire. Etude comparée dans les contextes institutionnels français et suisses romands.* Canevas de thèse en Sciences de l'éducation, Université de Genève.

Ligozat, F. (2008). *Un point de vue de Didactique Comparée sur la classe de mathématiques. Etude de l'action conjointe du professeur et des élèves à propos de l'enseignement/apprentissage de la mesure de grandeurs dans des classes françaises et suisses romandes*. Thèse de doctorat en sciences de l'éducation, FPSE, Université de Genève & U.F.R. Psychologie et sciences de l'éducation, Université de Provence.

Ligozat, F. & Leutenegger, F. (2008). Construction de la référence et milieux différentiels dans l'action conjointe du professeur et des élèves. Le cas d'un problème d'agrandissement de distances. *Recherche en Didactique des Mathématiques*. *28/3* 319-378.

Marcel, J.-F., Olry, P., Rothier-Bautzer, E. & Sonntag, M. (2002). Les pratiques comme objet d'analyse. Note de synthèse. *Revue française de pédagogie, 138*, 135-170.

Margolinas, C. (1993). *De l'importance du vrai et du faux dans la classe de mathématiques*. Grenoble: La Pensée Sauvage.

Margolinas, C. (1995). La structuration du milieu et ses apports dans l'analyse a posteriori des situations. In C. Margolinas (Ed.), *Actes du séminaire national 1993-1994. Les débats de didactique des mathématiques* (pp. 89-102). Grenoble: La Pensée Sauvage.

Margolinas C. (1999). Les pratiques de l'enseignant: une étude de didactique des mathématiques. Recherche de synthèses et perspectives. In M. Bailleul (Ed.), *Actes de la Xe Ecole d'été de didactique des mathématiques (Houlgate, 18-25 août 1999)* (pp. 10-33). Caen: IUFM.

Margolinas, C. & Perrin-Glorian, M.-J. (Ed.) (1997). Editorial. Des recherches visant à modéliser le rôle de l'enseignant. *Recherches en didactique des mathématiques, 17(3)*, 7-15.

Marilier, M.-C. (1994). *Travail en petits groupes en classe de mathématiques: des pratiques de représentations des enseignants. Etudes de cas*. Thèse de doctorat en Sciences de l'Education, Université Paris 5.

Matheron, Y. (2000). *Une étude didactique de la mémoire dans l'enseignement des mathématiques au collège et au lycée. Quelques exemples*. Thèse de doctorat en Sciences de l'Education, Université d'Aix-Marseille I.

Meljac, C. (1979). *Décrire, agir, compter*. Paris: PUF.

Mercier, A. (1988). Sur le contrat didactique. Eléments pérennes, ruptures globales. Poster présenté au 6e International Congress in Mathematic Education (Budapest, 1988).

Mercier, A. (1992). *L'élève et les contraintes temporelles de l'enseignement, un cas en calcul algébrique*. Thèse de doctorat en didactique des mathématiques, Université de Bordeaux I.

Mercier, A. (1995a). La biographie didactique d'un élève et les contraintes temporelles de l'enseignement. Un cas en calcul algébrique. *Recherches en didactique des mathématiques, 15(1)*, 97-142.

Mercier, A. (1995b). Les effets de l'intervention enseignante dans le milieu des situations adidactiques. (L'identification du milieu dans l'observation naturelle). In C. Margolinas (Ed.), *Actes du séminaire national 1993-1994. Les débats de didactique des mathématiques* (pp. 157-168). Grenoble: La Pensée Sauvage.

Mercier, A. (1995c). Le traitement public d'éléments privés du rapport des élèves aux objets de savoir mathématiques. In G. Arsac, J. Gréa, D. Grenier & A. Tiberghien (Ed.), *Différents types de savoirs et leur articulation* (pp. 145-169). Grenoble: La Pensée Sauvage.

Mercier, A. (1997). La relation didactique et ses effets. In C. Blanchard-Laville (Ed.), *Variations sur une leçon de mathématiques. Analyses d'une séquence: «L'écriture des grands nombres»* (pp. 259-312). Paris: L'Harmattan.

Mercier, A. (1998). La participation des élèves à l'enseignement. *Recherches en didactique des mathématiques, 18*(3), 279-310.

Mercier, A. (1999). *L'espace-temps didactique. Etude du didactique, en Sciences de l'Education.* Note de synthèse pour l'Habilitation à diriger des recherches, Université d'Aix-Marseille.

Mercier, A. & Salin, M.-H. (1988). L'analyse a priori, outil pour l'observation. In *Actes de l'Université d'été Orléans* (pp. 203-216). Orléans: Université d'Orléans.

Mercier, A., Schubauer-Leoni, M.L. & Sensevy, G. (Ed.) (2002). Vers une didactique comparée. *Revue française de pédagogie, 141.*

Milhaud, N. (1980). *Le comportement des maîtres face aux erreurs des élèves.* Mémoire de DEA, Etudes en didactique des mathématiques, Université de Bordeaux 1.

Mili, I. & Rickenmann, R. (2004). La construction des objets culturels dans l'enseignement artistique et musical. In R. Rickenmann & C. Moro (Ed.), *Education et significations* (pp. 165-196). Bruxelles: De Boeck.

Moliner, P. (Ed.) (2001). *La dynamique des représentations sociales.* Grenoble: PUG.

Mondada, L. (1995). Analyser les interactions en classe: Quelques enjeux théoriques et repères méthodologiques. *TRANEL Travaux neuchâtelois de linguistique, 22*, 55-89.

Morf, A. (1972). La formation des connaissances et la théorie didactique. *Dialectica, 26*(2), 103-114.

Morf, A. (1994). Une épistémologie pour le didactique: spéculations autour d'un aménagement conceptuel. *Revue des sciences de l'éducation, 20*(1), 29-40.

Morf, A., Grize, J.-B. & Pauli, L. (1969). Pour une pédagogie scientifique. *Dialectica, 23*(1), 24-31.

Mottier Lopez, L. (2003). Les structures de participation de la microculture de classe dans une leçon de mathématiques. *Revue suisse des sciences de l'éducation, 1*(25), 161-184.

Mottier Lopez, L. (2005). *Co-constitution de la microculture de classe dans une perspective située: étude d'activités de résolution de problèmes mathématiques en troisième année primaire.* Thèse de doctorat en Sciences de l'éducation, Université de Genève.

Mottier Lopez, L. (2007). Constitution interactive de la microculture de classe: pour quels effets de régulation sur les plans individuel et communautaire? In L. Allal & L. Mottier Lopez (Ed.), *Régulation des apprentissages en situation scolaire et en formation* (pp. 149-169). Bruxelles: De Boeck.

Mucchielli, A. (1996). *Dictionnaire des méthodes qualitatives en sciences humaines et sociales.* Paris: Armand Colin.

Nadot, S. (1997). Obstacles et apprentissages. In C. Blanchard-Laville (Ed.), *Variations sur une leçon de mathématiques. Analyses d'une séquence: «L'écriture des grands nombres»* (pp. 59-90). Paris: L'Harmattan.

Novotnà, J. (Ed.) (2002). Actes de la deuxième Conference of the European Society for Research in Mathematics Education (24 – 27 février 2001, Mariánské Lázne, République Tchèque).

Oddone, I., Rey, A. & Briante, G. (1981). *Redécouvrir l'expérience ouvrière. Vers une autre psychologie du travail.* Paris: Ed. Sociales.

Paquay, L. & Sirota, R. (2001). La construction d'un espace discursif en éducation. Mise en oeuvre et diffusion d'un modèle de formation des enseignants, le praticien réflexif. *Recherche et formation, 36,* 5-15.

Pastré, P. (1999). L'ingénierie didactique professionnelle. In P. Carré & P. Caspar (Ed.), *Traité des sciences et techniques de la formation* (pp. 403-417). Paris: Dunod.

Pauli, C. & Reusser, K. (2000). Zur Rolle der Lehrperson beim kooperativen Lernen. *Revue suisse des sciences de l'éducation, 3,* 421-442.

Peres, J. (1984). *Utilisation d'une théorie des situations en vue de l'identification des phénomènes didactiques au cours d'une activité d'apprentissage scolaire. Construction d'un code de désignation d'objets à l'école maternelle.* Université de Bordeaux I: Institut de recherche pour l'enseignement des mathématiques.

Peres, J. (1985). *Construction et utilisation d'un code de désignation d'objets à l'école maternelle Apprentissage de nature sémiologique et logico-mathéma-*

tique. Document pour les enseignants. Université de Bordeaux I: Institut de recherche pour l'enseignement des mathématiques.

Perréard Vité, A. (2003). *Réfléchir sur sa pratique: Etudes de cas pour la formation initiale et continue des enseignants.* Thèse de doctorat en Sciences de l'Education, Université de Genève.

Perrenoud, P. (2001). *Développer la pratique réflexive dans le métier enseignant. Professionnalisation et raison pédagogique.* Paris: ESF.

Perret, J.-F. (1985). *Comprendre l'écriture des nombres.* Berne: Peter Lang.

Perret, J.-F. & Perret-Clermont, A.-N. (2001). *Apprendre un métier dans un contexte de mutations technologiques.* Fribourg (Suisse): Presses universitaires de Fribourg.

Perret-Clermont, A.-N, Schubauer-Leoni, M.L. & Grossen, M. (1996). Interactions sociales dans le développement cognitif: nouvelles directions de recherche. In A.-N. Perret-Clermont, M. Grossen, M. Nicolet & M.L. Schubauer-Leoni (Ed.), *La construction de l'intelligence dans l'interaction sociale* (pp. 261-284). Berne: Peter Lang.

Perret-Clermont, A.-N., Schubauer-Leoni, M.L. & Trognon, A. (1992). L'extorsion des réponses en situation asymétrique. *Verbum, 1-2,* 3-32.

Perrin-Glorian, M.-J. (1993). Questions didactiques soulevées à partir de l'enseignement des mathématiques dans les classes «faibles». *Recherches en didactique des mathématiques, 13*(1.2), 5-118.

Perrin-Glorian, M.-J. (1994). Théorie des situations didactiques: naissance, développement, perspectives. In M. Artigue, R. Gras, C. Laborde & P. Tavignot (Ed.), *Vingt ans de didactiques des mathématiques en France. Hommage à G. Brousseau et G. Vergnaud* (pp. 97-147). Grenoble: La Pensée Sauvage.

Piaget, J. (1963). L'explication en psychologie et le parallélisme psychophysiologique. In P. Fraisse & J. Piaget (Ed.), *Traité de psychologie expérimentale. 1. Histoire et méthode* (pp. 121-152). Paris: PUF.

Piaget, J. (1965). *Sagesse et illusions de la philosophie.* Paris: PUF.

Piaget, J. (1967). Les deux problèmes principaux de l'épistémologie des sciences de l'homme. In J. Piaget (Ed.), *Logique et connaissance scientifique* (pp. 1114-1146). Paris: Gallimard.

Plaisance, E. & Vergnaud, G. (1999). *Les sciences de l'éducation.* Paris: La Découverte.

Portugais, J. (1995). *Didactique des mathématiques et formation des enseignants.* Berne: Peter Lang.

Portugais, J. (1998). Esquisse d'un modèle des intentions didactiques. Contribution à la didactique des mathématiques. In J. Brun, F. Conne,

R. Floris & M.L. Schubauer-Leoni (Ed.), _Méthodes d'étude du travail de l'enseignant. Actes des secondes journées didactiques de La Fouly_ (pp. 57-88). Genève: Interactions didactiques.

Portugais, J. & Brun, J. (1994). De futurs instituteurs formés à la didactique des mathématiques? Une étude de cas. In M. Artigue, R. Gras, C. Laborde & P. Tavignot (Ed.), _Vingt ans de didactiques des mathématiques en France. Hommage à G. Brousseau et G. Vergnaud_ (pp. 283-290). Grenoble: La Pensée Sauvage.

Pourtois, J.-P. & Desmet, H. (1997). _Epistémologie et instrumentation en sciences humaines_. Hayen: Mardaga.

Pour une pratique autonome de la mathématique (1990). _Educateur, 7_, 36-37.

Rescher, N. (1977). _Methodologycal Pragmatism_. Oxford: Blackwell.

Resnick, L. (1982). _Addition and subtraction: a cognitive perspective_. Hillsdales: Ed. Th. Carpenter, J. Moser, Th. Romberg.

Resnick, L. (1983). Procédure et compréhension en arithmétique élémentaire. In _Actes du Séminaire de didactique des mathématiques et de l'informatique_ (pp. 70-107). Grenoble: Université de Grenoble.

Revault d'Allones, C. (1985). Entretien non directif de recherche/entretien clinique. Des présupposés aux effets de l'entretien. In A. Blanchet & H. Bézille, _L'entretien dans les sciences sociales_ (pp. 183-190). Paris: Dunod.

Revault d'Allones, C., Assouly-Piquet, C., Ben Slama, F., Blanchet, A., Douville, O., Giami, A., Nguyen, K.-C., Plaza, M. & Samalin-Amboise, C. (1989). _La démarche clinique en sciences humaines_. Paris: Dunod.

Rickenmann, R. & Schubauer, R. (à paraître). _Un dispositif expérimental d'opérationalisation de gestes professionnels_. Ouvrage collectif en préparation.

Ricoeur, P. (1986). _Du texte à l'action. Essai d'herméneutique, II_. Paris: Seuil.

Ricoeur, P. (2000). _La mémoire, l'histoire, l'oubli_. Paris: Seuil.

Robert, A. (2001). Les recherches sur les pratiques des enseignants et les contraintes de l'exercice du métier d'enseignant. _Recherches en didactique des mathématiques, 21_(1-2), 57-80.

Robert, A. & Robinet, J. (1989). _Représentations des enseignants de mathématiques et leur enseignement_ (Cahier DIDIREM N° 1). Paris: Institut de recherche pour l'enseignement des mathématiques.

Robert, A. & Robinet J. (1996). Prise en compte du méta en didactique des mathématiques. _Recherches en didactique des mathématiques, 16_(2), 145-176.

Rochex, J.-Y. (2001). Echec scolaire et démocratisation: enjeux, réalités, concepts, problématiques et résultats de recherche. *Revue suisse des sciences de l'éducation, 2,* 339-356.

Ronveaux, Ch. & Schneuwly, B. (2007). Approches de l'objet enseigné. Quelques prolégomènes à une recherche didactique et illustration par de premiers résultats. *Education & Didactique, 1*(1), 55-72.

Rouchier, A. (1994). Naissance et développement de la didactique des mathématiques. In M. Artigue, R. Gras, C. Laborde & P. Tavignot (Ed.), *Vingt ans de didactique des mathématiques en France. Hommage à G. Brousseau et G. Vergnaud* (pp. 148-160). Grenoble: La Pensée Sauvage.

Saada-Robert, M. & Leutenegger, F. (2002). Expliquer/comprendre: enjeux scientifiques pour la recherche en éducation. In F. Leutenegger & M. Saada-Robert (Ed.), *Expliquer et comprendre en Sciences de l'Education* (pp. 7-28). Bruxelles: De Boeck.

Safty, A. (1993). *L'enseignement efficace. Théories et pratiques.* Québec: Presses de l'Université du Québec.

Salin, M.-H. (1976). *Le rôle de l'erreur dans l'apprentissage des mathématiques.* Mémoire de DEA de Didactique des mathématiques, Institut de recherche pour l'enseignement des mathématiques de Bordeaux.

Salin, M.-H. (1997). Contraintes de la situation didactique et décisions de l'enseignante. In C. Blanchard-Laville (Ed.), *Variations sur une leçon de mathématiques. Analyses d'une séquence: «L'écriture des grands nombres»* (pp. 31-57). Paris: L'Harmattan.

Salin, M.-H. (1998). Un dispositif d'observation de l'enseignement des mathématiques: le Centre pour l'Observation et la Recherche sur l'Enseignement des Mathématiques (COREM). In J. Brun, F. Conne, R. Floris & M.L. Schubauer-Leoni (Ed.), *Méthodes d'étude du travail de l'enseignant. Actes des secondes journées didactiques de La Fouly* (pp. 147-160). Genève: Interactions didactiques.

Salin, M.-H. (2002). Les pratiques ostensives dans l'enseignement des mathématiques comme objet d'analyse du travail du professeur. In P. Venturini, C. Amade-Escot & A. Terrisse (Ed.), *Etude des pratiques effectives: l'approche des didactiques* (pp. 71-81). Grenoble: La Pensée Sauvage.

Sarrazy, B. (1995). Le contrat didactique. Note de synthèse. *Revue française de pédagogie, 112,* 85-118.

Sarrazy, B. (2001). Les interactions maître-élèves dans l'enseignement des mathématiques. *Revue française de pédagogie, 136,* 117-132.

Saujat, F. (2001). Coanalyse de l'activité enseignante et développement de l'expérience: du travail de chacun au travail de tous et retour. *Education permanente, 146,* 87-98.

Schneuwly, B., Cordeiro, G. & Dolz, J. (2005). A la recherche de l'objet enseigné: une démarche multifocale. *Les dossiers des sciences de l'éducation, 14,* 77-93.

Schön, D. (1987). *Educating the reflective practitioner.* San Francisco: Jossey Bass.

Schubauer-Leoni, M.L. (1986). *Maître-élève-savoir: Analyse psychosociale du jeu et des enjeux de la relation didactique.* Thèse de doctorat en Sciences de l'Education, Université de Genève.

Schubauer-Leoni, M.L. (1988). Le contrat didactique dans une approche psycho-sociale des situations didactiques. *Interactions didactiques, 8,* 63-77.

Schubauer-Leoni, M.L. (1991). La place du maître dans le système didactique: esquisse d'une analyse didactique avec un regard de psychologue social des situations didactiques. In R. Gras (Ed.). *Actes de la VIème Ecole et Université d'été de didactique des mathématiques (Kérallie-Plestin-les-Grèves, 29 août – 7 septembre 1991)* (pp. 83-85). Rennes: IRMAR

Schubauer-Leoni, M.L. (1996a). Etude du contrat didactique pour des élèves en difficultés en mathématiques. In C. Raisky & M. Caillot (Ed.), *Au-delà des didactiques, le didactique* (pp. 159-189). Bruxelles: De Boeck.

Schubauer-Leoni, M.L. (1999). Les pratiques de l'enseignant de mathématiques: modèles et dispositifs de recherche pour comprendre ces pratiques. In M. Bailleul (Ed.), *Actes de la Xe Ecole d'été de didactique des mathématiques (Houlgate, 18-25 août 1999)* (pp. 34-49). Caen: IUFM

Schubauer-Leoni, M.L. (2001). L'analyse de la tâche dans une approche de didactique comparée. In J. Dolz, B. Schneuwly, T. Thévenaz-Christen & M. Wirthner (Ed.), *Actes du VIIIe colloque international de la DFLM (Neuchâtel, 26-28 septembre 2001)* [CD-ROM]. Neuchâtel: DFLM.

Schubauer-Leoni, M.L. (1998/2001). Les sciences didactiques parmi les sciences de l'éducation: l'étude du projet scientifique de la didactique des mathématiques. In R. Hofstetter & B. Schneuwly (Ed.), *Le pari des sciences de l'éducation* (pp. 329-352). Bruxelles: De Boeck.

Schubauer-Leoni, M.L. (2002). Didactique comparée et représentations sociales. *L'Année de la recherche en sciences de l'éducation, 2002,* 127-149.

Schubauer-Leoni, M.L., Bocchi, P.-C., Fluckiger, A., Koudogbo Adhiou, J., Leutenegger, F., Ligozat, F., Saada-Robert, M. & Thévenaz-Christen, T. (2007). Chapitre 4.2 Mathématiques et lecture. In G. Sensevy (Ed.), *Rapport PIREF Programme incitatif de recherche en éducation et formation* (pp. 255-294).

Schubauer-Leoni, M.L. & Grossen, M. (1993). Negociating the Meaning of Questions in Didactic and Experimental Contracts. *European Journal of Psychology of Education, 8*(4), 451-471.

Schubauer-Leoni, M.L., Grossen, M., Vanetta, F. & Minoggio, W. (Ed.) (2008). *Difficultés d'apprentissage, rôles institutionnels et pratiques de remédiation.*

Schubauer-Leoni, M.L. & Leutenegger, F. (1997a). Le travail de recherche sur la leçon: mise en perspective épistémologique. In C. Blanchard-Laville (Ed.), *Variations sur une leçon de mathématiques. Analyses d'une séquence: «L'écriture des grands nombres»* (pp. 15-30). Paris: L'Harmattan.

Schubauer-Leoni, M.L. & Leutenegger, F. (1997b). L'enseignante constructrice et gestionnaire de la séquence. In C. Blanchard-Laville (Ed.), *Variations sur une leçon de mathématiques. Analyses d'une séquence: «L'écriture des grands nombres»* (pp. 91-126). Paris: L'Harmattan.

Schubauer-Leoni, M.L. & Leutenegger, F. (2002). Expliquer et comprendre dans une approche clinique/expérimentale du didactique «ordinaire». In F. Leutenegger & M. Saada-Robert (Ed.), *Expliquer et comprendre en sciences de l'éducation* (pp. 227-251). Bruxelles: De Boeck.

Schubauer-Leoni, M.L., Leutenegger, F., Chiesa Millar, V. & Ligozat, F. (2006). Etude de leçons de mathématiques et de géographie faisant appel aux notions de proportionnalité et d'échelle. Connaissances antérieures et attributions de connaissances. In. A. Mercier & J.-F Le Maréchal (coord.) *L'intervention et le devenir des connaissances antérieures des élèves dans la dynamique des apprentissages scolaires.* Rapport final ACI «Ecole et sciences cognitives 2003». Projet No AF14. (pp. 39-54).

Schubauer-Leoni, M.L., Leutenegger, F., Ligozat, F & Fluckiger, A. (2007). Un modèle de l'action conjointe professeur-élèves: les phénomènes didactiques qu'il peut/doit traiter. In G. Sensevy & A. Mercier (Ed.), *Agir ensemble. L'action didactique conjointe du professeur et des élèves* (pp. 51-91). Rennes: Presses Universitaires de Rennes.

Schubauer-Leoni, M.L., Leutenegger, F. & Mercier, A. (1999). Interactions didactiques dans l'apprentissage des «grands nombres». In

M. Gilly, J.-P. Roux & A. Trognon (Ed.), *Apprendre dans l'interaction. Analyse des médiations sémiotiques* (pp. 301-328). Nancy/Aix-en-Provence: Presses Universitaires de Nancy/Publications de l'Université de Provence.

Schubauer-Leoni, M.L., Ligozat, F., Leutenegger, F., Sensevy, G. & Mercier, M. (2004). Capire l'azione dell'insegnante per interpretare l'attività dell'allievo in classe. In B. D'Amore & S. Sbaragli (Ed.) *La Didattica della matematica: una scienza per la scuola* (pp. 49-63). Bologna: Pitagora Editrice.

Schubauer-Leoni, M.L., Munch, A.-M. & Kunz-Felix, M. (2002). Comprendre les pratiques professionnelles dans les institutions de la petite enfance: intérêt de l'approche didactique. *Dossiers des sciences de l'éducation, 7*, 21-30.

Schubauer-Leoni, M.L. & Ntamakiliro, L. (1994). La construction de réponses à des problèmes impossibles. *Revue des sciences de l'éducation, 20*(1), 87-114.

Searle, J.R. (1996). *The Construction of Social Reality*. London: Penguin Books.

Seeger, F., Voigt, J. & Waschescio, U. (Ed.) (1998). *The culture of the mathematics classroom*. Cambridge: Cambridge University Press.

Sensevy, G. (1996). Le temps didactique et la durée de l'élève. Etude d'un cas au cours moyen: le journal des fractions. *Recherches en didactique des mathématiques, 16*(1), 7-46.

Sensevy, G. (1997). Désirs, institutions, savoir. In C. Blanchard-Laville (Ed.), *Variations sur une leçon de mathématiques. Analyses d'une séquence: «L'écriture des grands nombres»* (pp. 195-215). Paris: L'Harmattan.

Sensevy, G. (1998). *Institutions didactiques. Etude et autonomie à l'école élémentaire*. Paris: PUF.

Sensevy, G. (1999). *Eléments pour une anthropologie de l'action* didactique. Note de synthèse pour l'Habilitation à diriger des recherches, Université de Provence.

Sensevy, G. (2001). Théories de l'action et action du professeur. In J.-M. Baudoin & J. Friedrich (Ed.), *Théories de l'action et éducation* (pp. 203-224). Bruxelles: De Boeck.

Sensevy, G. (2002). Des catégories pour l'analyse comparée de l'action du professeur: un essai de mise à l'épreuve. In P. Venturini, C. Amade-Escot & A. Terrisse (Ed.), *Etude des pratiques effectives: l'approche des didactiques* (pp. 25-46). Grenoble: La Pensée Sauvage.

Sensevy, G. (2007). Des catégories pour décrire et comprendre l'action didactique. In G. Sensevy & A. Mercier (Ed.), *Agir ensemble. L'action didactique conjointe du professeur et des élèves* (pp. 13-49). Rennes: Presses Universitaires de Rennes.

Sensevy, G., Ligozat, F., Leutenegger, F. & Mercier, A. (2005). *The teacher's action, the researcher's conceptions in mathematics*. Communication présentée au 4e congrès de la European Society for Research in Mathematics Education (17-21 février 2005, Sant Feliu de Guixols, Espagne).

Sensevy, G. & Mercier, A. (Ed.) (2007). *Agir ensemble. L'action didactique conjointe du professeur et des élèves*. Rennes: Presses Universitaires de Rennes.

Sensevy, G., Mercier, A. & Schubauer-Leoni, M.L. (2000). Vers un modèle de l'action didactique du professeur. A propos de la course à 20. *Recherche en Didactique des Mathématiques, 20*(3), 263-304.

Sensevy, G., Mercier, A., Schubauer-Leoni, M.-L., Ligozat, F., & Perrot, G. (2005). An attempt to model the teacher's action in the mathematics class [Numéro spécial]. *Educational Studies in Mathematics, 59*(1,2,3), 153-181.

Sevaux, P. (1983). *A propos d'un soutien d'enfant en mathématiques: échec électif ou dyscalculie?* Mémoire pour l'obtention du certificat de capacité d'orthophonie, Université de Bordeaux I.

Sierpinska, A. (1996). Interactionnisme et théorie des situations: formats d'interaction et contrat didactique. *Didactique et technologies cognitives en mathématiques, 5522*, 5-37.

Sinclair, A., Tièche Christinat, C. & Garin, A. (1994). Comment l'enfant interprète-t-il les nombres écrits à plusieurs chiffres? In M. Artigue, R. Gras, C. Laborde & P. Tavignot (Ed.), *Vingt ans de didactiques des mathématiques en France. Hommage à G. Brousseau et G. Vergnaud* (pp. 243-249). Grenoble: La Pensée Sauvage.

Sorsana, C. (1999). *Psychologie des interactions sociocognitives*. Paris: Armand Colin.

Steinbring, H. (2000). Interactions Analysis of Mathematical Communication in Primary Teaching: The Epistemological Perspective. *Zentralblatt für Didaktik des Mathematik, 5*, 138-148.

Talbot, L. (2006). Les représentations des difficultés d'apprentissage chez les professeurs des écoles. [http://www.cairn.info/article.php?ID_REVUE=EMPA&ID_NUM-PUBLIE=EMPA_063&ID_ARTICLE=EMPA_063_0049].

Talbot, L., Marcel, J.-F. & Bru, M. (2005). *Eléments pour un diagnostic sur les ZEP du «Grand-Mirail»*. (Rapport remis à l'inspecteur d'académie de la Haute-Garonne).

Tardif, M. & Lessard, C. (1999). *Le travail enseignant au quotidien.* Bruxelles: De Boeck.

Thévenaz, T. (2002). Milieu didactique et travail de l'élève dans une interaction maître-élève: apprendre à expliquer une règle de jeu à l'école enfantine genevoise. In P. Venturini, C. Amade-Escot & A. Terrisse (Ed.), *Etudes des pratiques effectives: l'approche des didactiques* (pp. 47-70). Grenoble: La Pensée Sauvage.

Trognon, A., Saint-Dizier de Almeida, V. & Grossen, M. (1999). Résolution conjointe d'un problème arithmétique. In M. Gilly, J.-P. Roux & A. Trognon (Ed.), *Apprendre dans l'interaction. Analyse des médiations sémiotiques* (pp. 121-161). Nancy/Aix-en-Provence: Presses Universitaires de Nancy/Publications de l'Université de Provence.

Van Lehn, K. (1988). Toward a Theory of Impasse-Driven Learning. In H. Mandl & A. Lesgold (Ed.), *Learning Issues for Intelligent Tutoring Systems* (pp. 19-41). Heidelberg: Springer-Verlag.

Van Lehn, K. (1990). *Mind bugs. The origins of procedural misconceptions.* Cambridge, Massachussets: MIT Press.

Van Lehn, K. (1991). Rule Acquisition Events in the Discovery of Problem-Solving Strategies. *Cognitive Sciences, 15,* 1-47.

Vergnaud, G. (1981/1991). *L'enfant, la mathématique et la réalité.* Berne: Peter Lang.

Vergnaud, G. (1990). La théorie des champs conceptuels. *Recherches en didactique des mathématiques, 10*(2.3), 133-170.

Vergnaud, G. (1994). Le rôle de l'enseignant à la lumière des concepts de schème et de champ conceptuel. In M. Artigue, R. Gras, C. Laborde & P. Tavignot (Ed.), *Vingt ans de didactique des mathématiques. Hommage à G. Brousseau et G. Vergnaud* (pp. 177-191). Grenoble: La Pensée Sauvage.

Vergnaud, G. (2002). L'explication est-elle autre chose que la conceptualisation? In F. Leutenegger & M. Saada-Robert (Ed.), *Expliquer et comprendre en Sciences de l'Education* (pp. 31-44). Bruxelles: De Boeck.

Vermersch, P. (1990). Questionner l'action: l'entretien d'explicitation. *Psychologie Française, 35*(3), 227-235.

Vermersch, P. (1994). *L'entretien d'explicitation en formation initiale et en formation continue.* Paris: ESF.

Vernant, D. (1997). *Du discours à l'action.* Paris: PUF.

Verscheure, I. (2005). *Dynamique différentielle des interactions didactiques et co-construction de la différence des sexes en Education Physique et Sportive. Le cas de l'attaque en volley-ball en lycées agricoles.* Thèse de doctorat en didactique des Activités physiques et sportives, Université Paul Sabatier, Toulouse III.

Voigt, J. (1998). The culture of the mathematics classroom: Negotiating the mathematical meaning of empirical phenomena. In F. Seeger, F. Voigt & U. Waschescio (Ed.), *The culture of the mathematics classroom* (pp. 191-220). Cambridge: Cambridge University Press.

Vygotsky, L.S. (1927/1999). *La signification historique de la crise en psychologie.* Lausanne-Paris: Delachaux et Niestlé.

Weber, M. (1956/1971). *Economie et société.* Paris: Plon.

Wittmann, E.C. (1998). Mathematics Education as a «Design Science». In A. Sierpinska & J. Kilpatrick (Ed.), *Mathematics Education as a Research Domain: A Search for Identity* (pp. 87-103). Dordrecht: Kluwer Academic Publisher.

Wood, T. (1999). Creating a context for argument in mathematics class. *Journal for Research in Mathematics Education, 30,* 171-191.

Yackel, E. & Cobb, P. (1996). Sociomathematical norms, argumentation, and autonomy in mathematics. *Journal for Research in Mathematics Education, 27,* 458-477.

Zutavem, M. & Perret-Clermont, A.-N. (Ed.) (2000). L'apprentissage par le dialogue. *Revue suisse des sciences de l'éducation, 22*(3).

Exploration Ouvrages parus

Education: histoire et pensée

– Loïc Chalmel: *La petite école dans l'école – Origine piétiste-morave de l'école maternelle française.* Préface de J. Houssaye. 375 p., 1996, 2000, 2005.

– Loïc Chalmel: *Jean Georges Stuber (1722-1797) – Pédagogie pastorale.* Préface de D. Hameline, XXII, 187 p., 2001.

– Loïc Chalmel: *Réseaux philanthropinistes et pédagogie au 18ᵉ siècle.* XXVI, 270 p., 2004.

– Nanine Charbonnel: *Pour une critique de la raison éducative.* 189 p., 1988.

– Marie-Madeleine Compère: *L'histoire de l'éducation en Europe. Essai comparatif sur la façon dont elle s'écrit.* (En coédition avec INRP, Paris). 302 p., 1995.

– Lucien Criblez, Rita Hofstetter (Ed./Hg.), Danièle Périsset Bagnoud (avec la collaboration de/unter Mitarbeit von): *La formation des enseignant(e)s primaires. Histoire et réformes actuelles / Die Ausbildung von PrimarlehrerInnen. Geschichte und aktuelle Reformen.* VIII, 595 p., 2000.

– Daniel Denis, Pierre Kahn (Ed.): *L'Ecole de la Troisième République en questions. Débats et controverses dans le* Dictionnaire de pédagogie *de Ferdinand Buisson*. VII, 283 p., 2006.

– Marcelle Denis: *Comenius. Une pédagogie à l'échelle de l'Europe*. 288 p., 1992.

– Patrick Dubois: *Le Dictionnaire de Ferdinand Buisson. Aux fondations de l'école républicaine (1878-1911)*. VIII, 243 p., 2002.

– Philippe Foray: *La laïcité scolaire. Autonomie individuelle et apprentissage du monde commun*. X, 229 p., 2008.

– Jacqueline Gautherin: *Une discipline pour la République. La science de l'éducation en France (1882-1914)*. Préface de Viviane Isambert-Jamati. XX, 357 p., 2003.

– Daniel Hameline, Jürgen Helmchen, Jürgen Oelkers (Ed.): *L'éducation nouvelle et les enjeux de son histoire*. Actes du colloque international des archives Institut Jean-Jacques Rousseau. VI, 250 p., 1995.

– Rita Hofstetter: *Les lumières de la démocratie. Histoire de l'école primaire publique à Genève au XIXe siècle*. VII, 378 p., 1998.

– Rita Hofstetter, Charles Magnin, Lucien Criblez, Carlo Jenzer (†) (Ed.): *Une école pour la démocratie. Naissance et développement de l'école primaire publique en Suisse au 19e siècle*. XIV, 376 p., 1999.

– Rita Hofstetter, Bernard Schneuwly (Ed./Hg.): *Science(s) de l'éducation (19e-20e siècles) – Erziehungswissenschaft(en) (19.–20. Jahrhundert). Entre champs professionnels et champs disciplinaires – Zwischen Profession und Disziplin*. 512 p., 2002.

– Rita Hofstetter, Bernard Schneuwly (Ed.): *Passion, Fusion, Tension. New Education and Educational Sciences – Education nouvelle et Sciences de l'éducation. End 19th – middle 20th century – Fin du 19e – milieu du 20e siècle*. VII, 397 p., 2006.

– Rita Hofstetter, Bernard Schneuwly (Ed.), avec la collaboration de Valérie Lussi, Marco Cicchini, Lucien Criblez et Martina Späni: *Emergence des sciences de l'éducation en Suisse à la croisée de traditions académiques contrastées. Fin du 19e – première moitié du 20e siècle*. XIX, 539 p., 2007.

– Jean Houssaye: *Théorie et pratiques de l'éducation scolaire (1): Le triangle pédagogique*. Préface de D. Hameline. 267 p., 1988, 1992, 2000.

– Jean Houssaye: *Théorie et pratiques de l'éducation scolaire (2): Pratique pédagogique*. 295 p., 1988.

– Alain Kerlan: *La science n'éduquera pas. Comte, Durkheim, le modèle introuvable*. Préface de N. Charbonnel. 326 p., 1998.

– Francesca Matasci: *L'inimitable et l'exemplaire: Maria Boschetti Alberti. Histoire et figures de l'Ecole sereine*. Préface de Daniel Hameline. 232 p., 1987.

– Pierre Ognier: *L'Ecole républicaine française et ses miroirs*. Préface de D. Hameline. 297 p., 1988.

– Annick Ohayon, Dominique Ottavi & Antoine Savoye (Ed.): *L'Education nouvelle, histoire, présence et devenir*. VI, 336 p., 2004, 2007.

– Johann Heinrich Pestalozzi: *Ecrits sur l'expérience du Neuhof*. Suivi de quatre études de P.-Ph. Bugnard, D. Tröhler, M. Soëtard et L. Chalmel. Traduit de l'allemand par P.-G. Martin. X, 160 p., 2001.

- Johann Heinrich Pestalozzi: *Sur la législation et l'infanticide. Vérités, recherches et visions.* Suivi de quatre études de M. Porret, M.-F. Vouilloz Burnier, C. A. Muller et M. Soëtard. Traduit de l'allemand par P.-G. Matin. VI, 264 p.,2003.

- Martine Ruchat: *Inventer les arriérés pour créer l'intelligence. L'arriéré scolaire et la classe spéciale. Histoire d'un concept et d'une innovation psychopédagogique 1874–1914.* Préface de Daniel Hameline. XX, 239 p., 2003.

- Jean-François Saffange: *Libres regards sur Summerhill. L'œuvre pédagogique de A.-S. Neill.* Préface de D. Hameline. 216 p., 1985.

- Michel Soëtard, Christian Jamet (Ed.): *Le pédagogue et la modernité. A l'occasion du 250ᵉ anniversaire de la naissance de Johann Heinrich Pestalozzi (1746-1827).* Actes du colloque d'Angers (9-11 juillet 1996). IX, 238 p., 1998.

- Alain Vergnioux: *Pédagogie et théorie de la connaissance. Platon contre Piaget?* 198 p., 1991.

- Marie-Thérèse Weber: *La pédagogie fribourgeoise, du concile de Trente à Vatican II. Continuité ou discontinuité?* Préface de G. Avanzini. 223 p., 1997.

Recherches en sciences de l'éducation

- Linda Allal, Jean Cardinet, Phillipe Perrenoud (Ed.): *L'évaluation formative dans un enseignement différencié.* Actes du Colloque à l'Université de Genève, mars 1978. 264 p., 1979, 1981, 1983, 1985, 1989, 1991, 1995.

- Claudine Amstutz, Dorothée Baumgartner, Michel Croisier, Michelle Impériali, Claude Piquilloud: *L'investissement intellectuel des adolescents. Recherche clinique.* XVII, 510 p., 1994.

- Guy Avanzini (Ed.): *Sciences de l'éducation: regards multiples.* 212 p., 1994.

- Daniel Bain: *Orientation scolaire et fonctionnement de l'école.* Préface de J. B. Dupont et F. Gendre. VI, 617 p., 1979.

- Ana Benavente, António Firmino da Costa, Fernando Luis Machado, Manuela Castro Neves: *De l'autre côté de l'école.* 165 p., 1993.

- Anne-Claude Berthoud, Bernard Py: *Des linguistes et des enseignants. Maîtrise et acquisition des langues secondes.* 124 p., 1993.

- Dominique Bucheton: *Ecritures-réécritures – Récits d'adolescents.* 320 p., 1995.

- Sandra Canelas-Trevisi: *La grammaire enseignée en classe. Le sens des objets et des manipulations.* 261 p., 2009.

- Jean Cardinet, Yvan Tourneur (†): *Assurer la mesure. Guide pour les études de généralisabilité.* 381 p., 1985.

- Felice Carugati, Francesca Emiliani, Augusto Palmonari: *Tenter le possible. Une expérience de socialisation d'adolescents en milieu communautaire.* Traduit de l'italien par Claude Béguin. Préface de R. Zazzo. 216 p., 1981.

- Evelyne Cauzinille-Marmèche, Jacques Mathieu, Annick Weil-Barais: *Les savants en herbe.* Préface de J.-F. Richard. XVI, 210 p., 1983, 1985.

- Vittoria Cesari Lusso: *Quand le défi est appelé intégration. Parcours de socialisation et de personnalisation de jeunes issus de la migration.* XVIII, 328 p., 2001.

- Nanine Charbonnel (Ed.): *Le Don de la Parole. Mélanges offerts à Daniel Hameline pour son soixante-cinquième anniversaire.* VIII, 161 p., 1997.

- Gisèle Chatelanat, Christiane Moro, Madelon Saada-Robert (Ed.): *Unité et pluralité des sciences de l'éducation. Sondages au cœur de la recherche.* VI, 267 p., 2004.

- Christian Daudel: *Les fondements de la recherche en didactique de la géographie.* 246 p., 1990.

- Bertrand Daunay: *La paraphrase dans l'enseignement du français.* XIV, 262 p., 2002.

- Jean-Marie De Ketele: *Observer pour éduquer.* (Epuisé)

- Joaquim Dolz, Jean-Claude Meyer (Ed.): *Activités métalangagières et enseignement du français. Actes des journées d'étude en didactique du français (Cartigny, 28 février – 1 mars 1997).* XIII, 283 p., 1998.

- Pierre Dominicé: *La formation, enjeu de l'évaluation.* Préface de B. Schwartz. (Epuisé)

- Pierre-André Doudin, Daniel Martin, Ottavia Albanese (Ed.): *Métacognition et éducation.* XIV, 392 p., 1999, 2001.

- Pierre Dominicé, Michel Rousson: *L'éducation des adultes et ses effets. Problématique et étude de cas.* (Epuisé)

- Andrée Dumas Carré, Annick Weil-Barais (Ed.): *Tutelle et médiation dans l'éducation scientifique.* VIII, 360 p., 1998.

- Jean-Blaise Dupont, Claire Jobin, Roland Capel: *Choix professionnels adolescents. Etude longitudinale à la fin de la scolarité secondaire.* 2 vol., 419 p., 1992.

- Vincent Dupriez, Jean-François Orianne, Marie Verhoeven (Ed.): De l'école au marché du travail, l'égalité des chances en question. X, 411 p., 2008.

- Raymond Duval: *Sémiosis et pensée humaine – Registres sémiotiques et apprentissages intellectuels.* 412 p., 1995.

- Eric Espéret: *Langage et origine sociale des élèves.* (Epuisé)

- Jean-Marc Fabre: *Jugement et certitude. Recherche sur l'évaluation des connaissances.* Préface de G. Noizet. (Epuisé)

- Monique Frumholz: *Ecriture et orthophonie.* 272 p., 1997.

- Pierre Furter: *Les systèmes de formation dans leurs contextes.* (Epuisé)

- André Gauthier (Ed.): *Explorations en linguistique anglaise. Aperçus didactiques.* Avec Jean-Claude Souesme, Viviane Arigne, Ruth Huart-Friedlander. 243 p., 1989.

- Michel Gilly, Arlette Brucher, Patricia Broadfoot, Marylin Osborn: *Instituteurs anglais instituteurs francais. Pratiques et conceptions du rôle.* XIV, 202 p., 1993.

- André Giordan: *L'élève et/ou les connaissances scientifiques. Approche didactique de la construction des concepts scientifiques par les élèves.* 3e édition, revue et corrigée. 180 p., 1994.

- André Giordan, Yves Girault, Pierre Clément (Ed.): *Conceptions et connaissances.* 319 p., 1994.

- André Giordan (Ed.): *Psychologie genétique et didactique des sciences.* Avec Androula Henriques et Vinh Bang. (Epuisé)

- Armin Gretler, Ruth Gurny, Anne-Nelly Perret-Clermont, Edo Poglia (Ed.): *Etre migrant. Approches des problèmes socio-culturels et linguistiques des enfants migrants en Suisse.* 383 p., 1981, 1989.

- Francis Grossmann: *Enfances de la lecture. Manières de faire, manières de lire à l'école maternelle.* Préface de Michel Dabène. 260 p., 1996, 2000.

- Jean-Pascal Simon, Francis Grossmann (Ed.): *Lecture à l'Université. Langue maternelle, seconde et étrangère.* VII, 289 p., 2004.

- Michael Huberman, Monica Gather Thurler: *De la recherche à la pratique. Eléments de base et mode d'emploi.* 2 vol., 335 p., 1991.

- Institut romand de recherches et de documentation pédagogiques (Neuchâtel): Connaissances mathématiques à l'école primaire: J.-F. Perret: *Présentation et synthèse d'une évaluation romande;* F. Jaquet, J. Cardinet: *Bilan des acquisitions en fin de première année;* F. Jaquet, E. George, J.-F. Perret: *Bilan des acquisitions en fin de deuxième année;* J.-F. Perret: *Bilan des acquisitions en fin de troisième année;* R. Hutin, L.-O. Pochon, J.-F. Perret: *Bilan des acquisitions en fin de quatrième année;* L.-O. Pochon: *Bilan des acquisitions en fin de cinquième et sixième année.* 1988-1991.

- Daniel Jacobi: *Textes et images de la vulgarisation scientifique.* Préface de J. B. Grize. (Epuisé)

- René Jeanneret (Ed.): *Universités du troisième âge en Suisse.* Préface de P. Vellas. 215 p., 1985.

- Samuel Johsua, Jean-Jacques Dupin: *Représentations et modélisations: le «débat scientifique» dans la classe et l'apprentissage de la physique.* 220 p., 1989.

- Constance Kamii: *Les jeunes enfants réinventent l'arithmétique.* Préface de B. Inhelder. 171 p., 1990, 1994.

- Helga Kilcher-Hagedorn, Christine Othenin-Girard, Geneviève de Weck: *Le savoir grammatical des élèves. Recherches et réflexions critiques.* Préface de J.-P. Bronckart. 241 p., 1986.

- Georges Leresche (†): *Calcul des probabilités.* (Epuisé)

- Francia Leutenegger: *Le temps d'instruire. Approche clinique et expérimentale du didactique ordinaire en mathématique.* XVIII, 431 p., 2009.

- Even Loarer, Daniel Chartier, Michel Huteau, Jacques Lautrey: *Peut-on éduquer l'intelligence? L'évaluation d'une méthode d'éducation cognitive.* 232 p., 1995.

- Georges Lüdi, Bernard Py: *Etre bilingue.* 3e édition. XII, 203 p., 2003.

- Pierre Marc: *Autour de la notion pédagogique d'attente.* 235 p., 1983, 1991, 1995.

- Jean-Louis Martinand: *Connaître et transformer la matière.* Préface de G. Delacôte. (Epuisé)

- Jonas Masdonati: *La transition entre école et monde du travail. Préparer les jeunes à l'entrée en formation professionnelle.* 300 p., 2007.

- Marinette Matthey: *Apprentissage d'une langue et interaction verbale.* XII, 247 p., 1996, 2003.

- Paul Mengal: *Statistique descriptive appliquée aux sciences humaines.* VII, 107 p., 1979, 1984, 1991, 1994, 1999 (5e + 6e), 2004.

- Henri Moniot (Ed.): *Enseigner l'histoire. Des manuels à la mémoire.* (Epuisé)

- Cléopâtre Montandon, Philippe Perrenoud: *Entre parents et enseignants: un dialogue impossible?* Nouvelle édition, revue et augmentée. 216 p., 1994.

- Christiane Moro, Bernard Schneuwly, Michel Brossard (Ed.): *Outils et signes. Perspectives actuelles de la théorie de Vygotski.* 221 p., 1997.

- Christiane Moro & Cintia Rodríguez: *L'objet et la construction de son usage chez le bébé. Une approche sémiotique du développement préverbal.* X, 446 p., 2005.

- Lucie Mottier Lopez: *Apprentissage situé. La microculture de classe en mathématiques.* XXI, 311 p., 2008.

- Gabriel Mugny (Ed.): *Psychologie sociale du développement cognitif.* Préface de M. Gilly. (Epuisé)

- Sara Pain: *Les difficultés d'apprentissage. Diagnostic et traitement.* 125 p., 1981, 1985, 1992.

- Sara Pain: *La fonction de l'ignorance.* (Epuisé)

- Christiane Perregaux: *Les enfants à deux voix. Des effets du bilinguisme successif sur l'apprentissage de la lecture.* 399 p., 1994.

- Jean-François Perret: *Comprendre l'écriture des nombres.* 293 p., 1985.

- Anne-Nelly Perret-Clermont: *La construction de l'intelligence dans l'interaction sociale.* Edition revue et augmentée avec la collaboration de Michèle Grossen, Michel Nicolet et Maria-Luisa Schubauer-Leoni. 305 p., 1979, 1981, 1986, 1996, 2000.

- Edo Poglia, Anne-Nelly Perret-Clermont, Armin Gretler, Pierre Dasen (Ed.): *Pluralité culturelle et éducation en Suisse. Etre migrant.* 476 p., 1995.

- Jean Portugais: *Didactique des mathématiques et formation des enseignants.* 340 p., 1995.

- Yves Reuter (Ed.): *Les interactions lecture-écriture.* Actes du colloque organisé par THÉODILE-CREL (Lille III, 1993). XII, 404 p., 1994, 1998.

- Philippe R. Richard: *Raisonnement et stratégies de preuve dans l'enseignement des mathématiques.* XII, 324 p., 2004.

- Yviane Rouiller et Katia Lehraus (Ed.): *Vers des apprentissages en coopération: rencontres et perspectives.* XII, 237 p., 2008.

- Guy Rumelhard: *La génétique et ses représentations dans l'enseignement.* Préface de A. Jacquard. 169 p., 1986.

- El Hadi Saada: *Les langues et l'école. Bilinguisme inégal dans l'école algérienne.* Préface de J.-P. Bronckart. 257 p., 1983.

- Muriel Surdez: *Diplômes et nation. La constitution d'un espace suisse des professions avocate et artisanales (1880-1930).* X, 308 p., 2005.

- Valérie Tartas: *La construction du temps social par l'enfant.* Préfaces de Jérôme Bruner et Michel Bossard XXI, 252 p., 2008.

- Gérard Vergnaud: *L'enfant, la mathématique et la réalité. Problèmes de l'enseignement des mathématiques à l'école élémentaire.* V, 218 p., 1981, 1983, 1985, 1991, 1994.

- Jacques Weiss (Ed.): *A la recherche d'une pédagogie de la lecture.* (Epuisé)

- Tania Zittoun: *Insertions. A quinze ans, entre échec et apprentissage.* XVI, 192 p., 2006.